"让世界看见更美的你"系列丛书 一

做好自己 | 是一切的根本

拾遗梦自己

林礼君 著

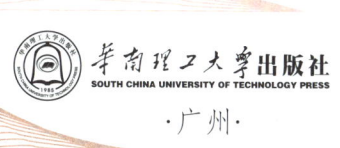

华南理工大学出版社
·广州·

图书在版编目（CIP）数据

拎清楚自己：做好自己是一切的根本 / 林礼君著． －－广州：华南理工大学出版社，2025.5． －－ISBN 978－7－5623－8061－0

Ⅰ．B821-49

中国国家版本馆 CIP 数据核字第 202596TL73 号

Linqingchu Ziji：Zuohao Ziji Shi Yiqie De Genben
拎清楚自己：做好自己是一切的根本
林礼君　著

出　版　人：房俊东
出版发行：华南理工大学出版社
　　　　　（广州五山华南理工大学 17 号楼，邮编 510640）
　　　　　http：// hg.cb.scut.edu.cn　E-mail：scutc13@scut.edu.cn
　　　　　营销部电话：020-87113487　87111048（传真）
策划编辑：林起提
责任编辑：郭银霞
责任校对：梁樱雯
插图与封面设计：吴重阳
印　刷　者：广东鹏腾宇文化创新有限公司
开　　　本：787mm×1092mm　1/16　印张：24　字数：394 千
版　　　次：2025 年 5 月第 1 版　印次：2025 年 5 月第 1 次印刷
定　　　价：99.90 元

版权所有　盗版必究　　印装差错　负责调换

致敬与致谢

无比感恩感谢上天的眷顾和包容,让我历经磨难还可以再次侥幸存活。在生命最脆弱的时候,上天给我派来了(指偶遇)两位老师:一位是深谙佛学的何老师,让我有幸系统地听闻佛家深邃的智慧;一位是精通少林寺易筋经功夫的蒋老师,让我有幸学习到达摩祖师所创编的功夫康养之道。正是这两位老师的无私奉献和爱心护持,把我领进了佛家智慧博大精深的世界和易筋经洗髓功法自强不息的大门。正所谓"师父领进门,修行在个人",坚持每日学习与精进,成了我修炼演变的目标。如此这般身心灵的内外兼修,让我受益良多,我的身心也才能够逐渐康复。在此,向两位恩师致以崇高的敬意!

在历经创业艰难"百战多"之后,我选择继续读书深造,是母校华南理工大学给予了我无穷的力量。特别是我的论文导师朱桂龙教授,他曾是华南理工大学工商管理学院院长,更是我的授业恩师。学院在他的带领下获得了长足发展,跃居全国商学院前列。我也在他的指导和鼓励下取得了可喜的进步,不仅没被苦难击垮,反而更加坚定了前行的步伐。特别是在"三拎清"课题研究过程中,他的谆谆教导,帮助我将个人的思考与国家发展大势融为一体,让我有心有力,在拎清楚自己的路上砥砺前行。《拎清楚自己:做好自己是一切的根本》一书的力量感也油然而生了。在此,特向敬爱的恩师致以崇高敬意!

还有燕妮、明亮两位助手,承蒙他们对我的不离不弃,我才得以顺利开展对"拎清楚自己、拎清楚人、拎清楚事情"的研究。也正是这"三拎清"研究,让我看清楚了这世间背后的逻辑,并以此观照自己,才看到了自己的"可怜之处"和"可恨之处",也才得以有心有力修自己，向好向前走畅途；才有了自己如今脱胎换骨般的获得感和幸福感；也才有了凝聚中华优秀传统文化中以儒释道三家为代表的古圣先贤智慧与古今中外伟大科学家的理论精髓于一体的《拎清楚自己：做好自己是一切的根本》一书的诞生。在此，一并向所有在此书写作过程中给予我关心、支持和帮助的家人和朋友，致以诚挚感谢！

序
人的内生动力不可估量

翻阅《拎清楚自己：做好自己是一切的根本》，其中的两句话"一切为了人""一切都是人"如涓涓细流，悄无声息地渗入我的心田，激起层层思想的涟漪，让我不禁陷入深深的思考。这十个字虽简短，却蕴含着丰富的人文关怀与智慧之光，深刻揭示了人类存在的本质与价值。自古以来，中华民族便崇尚"修身齐家治国平天下"的崇高追求，而"修身"作为这一切的基石，更是我们不可忽视的重要一环。

"拎清楚自己"一语，不仅为我们指明了修身的方向，更是一种积极向上的行动。在这个日新月异、纷繁复杂的社会里，我们时常会感到迷茫与彷徨，如何正确地认识自己、完善自己、做好自己，进而成就自己、成就家庭、报效国家，已然成了一个亟待探索与解决的重要课题。而本书紧扣"人"这一核心，深入剖析了"人性"与"人心"的奥秘，向我们揭示了"做好自己是一切的根本"这一朴素真理，为我们指明了前行的道路，提供了宝贵的行动指南。

人是一切管理活动的中心。凭借多年的管理学研究和教育经历，我深知"人"字背后的深厚内涵，以及人的内生动力所蕴藏的巨大潜能。

*从人的个体属性来看，做好自己，是过好一生的关键。*每个人都是独一无二的个体，包括认知、情感和价值理念。只有不断提升内在修养，树立正确的世界观、人生观和价值观，才能更好地应对生活、学习和工作中的各种挑战与困难，实现自己的人生价值，享受从容优

雅的幸福人生。

从人的家庭属性来看，做好自己，是家庭和谐幸福的基石。 家庭是社会的细胞，也是我们成长与发展的港湾。只有关心家庭成员的需求和感受，营造和谐温馨的家庭氛围，主动承担家庭责任和义务，为家庭的幸福和美满贡献自己的力量，才能感受和享受家庭带来的温暖和快乐。

从人的社会属性来看，做好自己，是国家繁荣昌盛的保障。 作为社会的一分子，我们的行为和言论都会对社会产生影响。因此，我们需要保持积极向上的精神状态，增强社会责任感和使命感，树立远大的理想和抱负，发挥自己的专业特长，为国家的繁荣昌盛和社会的进步贡献自己的力量。

全书基于生态位视角，从个体、家庭和社会三个层面，对"拎清楚自己"这一问题进行了系统剖析。作为华南理工大学工商管理学院原院长，我与林礼君同学相识已有十二年之久，见证了他百战归来再读书深造，在我校EMBA课程学习中的成长，以及在企业经营实践中的变化，在多次的企业考察和学习交流中，师生情谊历久弥新！特别是在庚子年那段特殊时期，他两次从生死劫难中坚韧地站起来，对"人"的本质形成了独到而深刻的见解。尽管我们平时也有交流类似话题，且常常深入企业经营一线，但都是就事论事，旨在解决眼前的实际问题。然而，细读这本书让我为之一振，今日的礼君已非昔日的礼君，他的思考已经脱胎换骨，达到了一个新的至高境界。其非一般的经历和体悟所产生的深邃智慧与洞见，让前行的人们有了坐标，使激发内生动力的巨大潜能有了源泉。

实现中国式现代化是全中国人民共同奋斗的目标。发展新质生产力是推动中国式现代化的强劲动力。创新驱动是新质生产力发展的核心和突破口。创新驱动实质上是人才驱动。指引人拎清楚自己，激发与释放人的内生动力，为创新创造注入源源不断的强劲动能，是实现人才驱动的关键环节。超越自我、追求卓越是每个人的目标与渴望。因此，我满怀热忱地向为此奋斗的人们推荐这本书。我深信，作者在书中所展现的非同常人的经历与真切感悟，以及由此带来的人生审视与升华，定会让你从中汲取到灵感与启示，为你的人生和事业增添力量。

让我们一起在拎清楚自己的道路上不断前行，激活内心的动力源泉，绽放出生命的无限可能，共同创造更加幸福美好的未来！

华南理工大学工商管理学院原院长
广东省第三届优秀社会科学家

2024年6月于广州

自序

愿因我的存在，为人世间创造更多美好

"一切为了人，一切都是人"——这是我与"上帝"两次握手后，恍如隔世中带回来的自省启示。

无比庆幸自己还能重回人间，以苏轼笔下"归来仍是少年"三岁不到的姿态再活一次，愈发真切地感受到：生在华夏，活在伟大的祖国，是何等幸福！

俗话说"三岁看大，七岁看老"。过去的"我"是怎样的，已经有了定论；现在的"我"是怎样的，你知我知大家皆知；未来的"我"是怎样的，希望不辜负天命。由此，我由心而发两大愿：

愿因我的存在，为人世间创造更多美好！

愿世间的一切美好都与你有关！

第一愿是希望自己：自强不息"修品性"，厚德载物"修德行"，历事炼心"修智慧"，勤勉精进"修能力"。让自己还有这样的品性、德行、智慧和能力，为人世间创造更多美好。

第二愿是希望将"自己受益、身边人也受益"的个人感悟告诉天下有缘人，以造福更多的人。历经半辈子摸爬滚打的我，差点捞了个"寂寞"，经历过，方知要过好自己的一生不容易。

发大愿容易，持续践行却难，能知行合一更难。与主治医生的一番对话，似乎点醒梦中人的"我"——来到人世间，要拎清楚的东西不少，而自己竟然知之甚少。

怎么办呢？世界那么大，多我一个不多，少我一个不少，若没有了我，这个世界与我何关呢？既然"我"还在，就得拎清楚自己该"怎么想，怎么说，怎么做"，这就是"三拎清"项目的起缘，即

"拎清楚自己、拎清楚人、拎清楚事情"研究。

通过研究发现，人人都绕不开一个"德"字，且在"德"面前人人平等，没有例外。

从学习阶段的"立德树人"，到工作阶段的"德才兼备"，再到职业阶段的"品德优良"，"德"字贯穿其中。随着个人能力和能量的增长，其角色和位置也在不断演变：一条路径是内在能力和能量的变化，即从学生到学生干部，再到成为专业人才；另一条路径是外在角色和位置的变化，即从小初高到大硕博；从为人子女到为人父母；从员工到管理者再到老板。一内一外，两条路径交相辉映，相得益彰。若是在人生进阶的过程中，"德"与"位"不配，"灾殃"就如影随形，麻烦不断，成长与发展因此受限，"身心灵"也相应受到影响。这不就是古人告诫的"德不配位，必有灾殃"吗？

正如佛家"一念天堂，一念地狱"之论述和道家"福祸无门，惟人自召"之判断，古圣先贤告诉我们一个共同的道理：**人是一切"幸福与悲催""美好与丑陋"的创造者和享有者，各取所需，各尽所能，尽享其中，所愿所不愿，皆源于自己**。世间"幸福与悲催"共存，"美好与丑陋"同在，我们想要什么，在意什么，亲近什么，就感召什么，这就是万有引力定律的现实反映。人人都渴望拥有健康的身体和纯净的灵魂，而"拎清楚"便是这一切的前提，否则就由不得自己了。"人、事、财、物"与"功、名、利、禄"吸引着每个人，在这"八卦阵"里，自己是否有足够的能力去连接幸福与美好，还是只吸引来悲催与丑陋，全看自身的能量与什么同频共振。而人是一切信息交互（本质为能量传递）的主体，若是自己受限，心有挂碍（即畏难、担心、害怕），外有障碍（即想不到、看不见、听不见、说不出、做不到），世间的一切美好怎么会与自己有关呢？

在本书中，以创办企业的老板之位，通过"三视"和"一照"，即审视自己"我怎么了"，环视周遭"世界怎么了"，检视当下"世间怎么了"，观照自己"我该怎么办"，来反省、反思其心路历程。如此，拉开时间和空间的帷幕，从古至今，从中到外，把真实不虚的现实铺开，或许就能将自己从悲催的"井底之蛙"泥潭中拔出来，以更加理性客观的视角看待问题；或许就能透过表象看本质，以不同往常的叙事方式，给天下有缘人一点启发。

"拎清楚"只是对自我知识的重构。知是行之始，行是知之践，知行能否合一，完全取决于自己持经能否达变。若不懂得灵活运用知识，甚至固执己见，则"南墙"重现，悲催将再次上演，这是我个人的切实体悟。

知是行之始——知识只是行动的开始。若没有知识做支撑，工作就无从下手，更谈不上游刃有余。若知识碎片化不成体系，人就无法成为专业人才，不可能有心有力有办法，只能在似懂非懂中徘徊不前。

行是知之践——实践是检验真理的唯一标准。知识是不是正确的，需要实践验证其真实性和是否有偏差，如此又反过来修正和完善知识体系。

知行合一——主动多经历人和事是历事炼心的必由之路。知识能否体系化、能否学以致用、能否取得成效，知行合一是关键。我们不能等到知识成了体系再去实践，而应该边学边用，让知识在复盘、总结、精进、迭代的循环中得到完善。

在本书中，我还探讨了一些人人需要面对的、如何过好自己一生的重要话题，涵盖了：什么是幸福、什么是美好、什么是好、什么是爱、什么是德、什么是善、什么是良、什么是厚、什么是道、什么是福、什么是祸……而这一切，始终绕不开"德"这一核心，它体现为一个人的品性、德行、智慧和能力。

礼仪之邦明大德众庆幸，君子之德风人间华夏兴。为你好、我好、大家好，为祖国明天更好，我愿尽自己的一点微光，播撒真善美，传递正能量，而这本书便是我献给有缘人的"见面礼"。书中肯定还有不尽完善之处，请大家多多批评指正为谢。

广州市名仁慈善基金会发起人

2024年6月于广州

目 录
CONTENTS

第一章　愿世间的一切美好都与你有关 / 001

　　一、只有差点失去过，才懂得活着真好　　/ 002
　　二、天下大势，浩浩荡荡；顺之者昌，逆之者亡　　/ 003
　　三、过好这一生，说难也不难，说不难也难　　/ 016
　　四、心向往美好，我为自己做了些什么　　/ 023
　　结语一：心随所愿皆如愿　　/ 027

第二章　"百年未有之大变局"到底怎么了 / 031

　　一、宇宙能量大转换　　/ 032
　　二、三拨人的命运从此改变　　/ 036
　　三、感恩上天给我"重生"的机会　　/ 039
　　四、苦难是人生最好的老师　　/ 041
　　结语二：眼见表象勿心慌　　/ 046

第三章　现实中的"忽上忽下"每天上演 / 049

　　一、作人→作己→无我，由愿力推动向上走　　/ 050
　　二、作贱→作孽→作恶，由业力牵引向下滑　　/ 062
　　三、分水岭：做生活的有心人，做工作的明白人　　/ 070
　　四、动力源：能力抵不过业力，业力抵不过愿力　　/ 078
　　结语三：真实不虚的存在　　/ 087

第四章　古圣先贤告诫与我有关还是无关　/ 090

一、儒释道三家如何看待"我"　/ 091

二、人人绕不开一个"德"字　/ 101

三、福祸无门，惟人自召：所愿，所不愿，皆源于自己　/ 107

四、命自我立，福自己求：除了态度，我们一无所有　/ 116

结语四：人人平等都一样　/ 122

第五章　"凡夫俗子"与人世间的底层逻辑　/ 125

一、佛家认为"惑业苦"是人生常态　/ 126

二、佛家认为人性有"五漏"——"贪嗔痴慢疑"　/ 134

三、佛家认为"人心颠倒"——"一念天堂，一念地狱"　/ 141

四、回归本位：德以配位，必定安然　/ 146

结语五：德以配位必安然　/ 160

第六章　道路千万条与人心亿万颗一样　/ 164

一、道路千万条，意外百出，安全就一条　/ 165

二、人心亿万颗，纷争不断，善良就一颗　/ 170

三、邪恶抵不过善良，善良是什么　/ 186

四、聪明抵不过厚道，厚道是什么　/ 194

结语六：善良厚道是一家　/ 201

第七章　"熙熙攘攘"与"忽上忽下"如何驾驭　/ 204

一、利益面前"熙熙攘攘"，谁都想多得　/ 205

二、功名利禄"忽上忽下"，谁可主沉浮　/ 216

三、让智慧根植于心，装上导航不迷失　　　　　/ 229
四、持经达变立于世，游刃有余多自在　　　　　/ 235
结语七：根植于心勤修炼　　　　　　　　　　　/ 252

第八章　习惯沉积与修炼演变如何选择　　　　　/ 256

一、多数人在习惯沉积的熵增中，慢慢老去　　　/ 259
二、少数人在修炼演变的熵减中，焕发活力　　　/ 267
三、鹰的重生，展现出强大的生命力　　　　　　/ 276
四、历事炼心，持续精进中绽放生命　　　　　　/ 281
结语八：修行补漏才关键　　　　　　　　　　　/ 291

第九章　积万贯家产还是造福一方人更重要　　　/ 295

一、积万贯家产，人人都想　　　　　　　　　　/ 296
二、造福一方人，大有人在　　　　　　　　　　/ 300
三、为何发大愿？家国天下　　　　　　　　　　/ 306
四、一手做事业，一手积善业　　　　　　　　　/ 315
结语九：仁爱厚德最重要　　　　　　　　　　　/ 321

第十章　"一厢情愿"还是"两情相悦"更舒适　/ 324

一、认知局限，决定了我与世界的关系　　　　　/ 325
二、换个位，升个维，转个念，我的世界大不相同 / 338
三、扭转命运的齿轮，有心人，天不负，向好向前
　　走畅途　　　　　　　　　　　　　　　　　/ 343
四、愿因我的存在，为人世间创造更多美好　　　/ 351
结语十：皆大欢喜方圆满　　　　　　　　　　　/ 365

第一章　愿世间的一切美好都与你有关

/ 拎清楚自己："我怎么了" /

一切为了人，一切都是人。

两句话，十个字，从我的脑海里忽然浮现出来。

这是缘何而起，又是缘何而得？说来话长。

常言道，"没有无缘无故的爱，也没有无缘无故的恨"。凡事皆有因，有因必有果。这因从何而起？这果因何而结？此刻，或许有许多人跟我一样，也很想知道：

● 生与死之间的距离有多远？在这个世界上，每一秒都有生命诞生，每一秒都有生命逝去。只要那一呼一吸还在，生命就能生生不息；如果这口气没了，生命也就到此结束。原来生死就在呼吸之间。

● 爱与恨之间的距离有多远？人这一生，为了功名利禄，由爱生怨，由怨转恨，纠结彷徨，争吵不休。然而，当无常来临，所有的爱恨情仇都将化为乌有，一了百了。原来爱恨就在无常之间。

● 好与坏之间的距离有多远？多少人不明是非、不辨黑白、不分曲直、不知对错、不识好歹，就因为某个念头转不过弯来，而错失了世界许多的美好缘分，让生命留下了无法弥补的遗憾。原来好坏就在一念之间。

生老病死、爱恨情仇都是人生常态，功名利禄、世间繁华多么美好，回头看好像也如过眼云烟。为了这些，我们一生都在劳碌奔波，历经悲欢离合，到头来才发现，由生到死、由爱生恨、由好变坏容易，想要生命重来、破镜重圆、失而复得却太难了。

人生的美好如此难得，惟愿世间的一切美好都与你、与我、与每个人有关，这是我感恩老天眷顾的发心所在，也是决心要写作这本书的缘起。"行有不得，反求诸己"，从问自己"我怎么了"开始，或许这一切美好便会与我们有关。至于好不好、对不对、有没有用，那就见仁见智吧。

一、只有差点失去过，才懂得活着真好

1. 醒来就问自己：我怎么了

人生旅途走到当下，我有过两次刻骨铭心的体验，一次在2020年，一次在2022年。当我从病床上苏醒，身体异常虚弱，浑身动弹不得，甚至连说话的力气都没有时，看到家人关切而又紧张的样子，那一刻，我的眼泪止不住地流，忍不住问自己："我怎么了？"这或许是每一个侥幸活下来的人都会问自己的问题，也正是我想要探究其背后逻辑的动力所在。从生到"死"（指失去意识），而后又"死"而复生，这种状态有人叫"濒死体验"，我用一个词叫"太虚"，就是处于濒临死亡之际，一边是万丈深渊，一边是人世间。体验人的这种"从无所能"，到"还可以"，到"真可以"的艰难历程，连人最常做的"拉屎拉尿"都不能自主，到慢慢恢复一些人的基本功能，诸如"手能动、眼睛能看见"，到恢复了人的"直立行走"能力，那种欣慰的感觉，我至今不能忘怀，时时感恩不已啊！我的心境也由此发生了巨大的变化，从惊心动魄到恐怖害怕，从跌宕起伏到扣人心弦，从如此悲催到如此幸福，我的人生就像坐过山车一样忽上忽下，充满了刺激和挑战。试问如此幸运的人，天下到底有几人？

2. 在ICU的日子里，发生了什么

ICU（intensive care unit），重症加强护理病房，那是一个在生死边缘徘徊的战场，是生命与死神搏斗的地方。在ICU里发生的一切，病人几乎是完全不能觉知的。从ICU出来的病人几乎只有两个去处：要么直接被拉到殡仪馆，要么被拉回到病床。万幸的是，我属于被拉回到病床的那一类。感恩上天的眷顾，我才有了审视一下自己的机会（"我怎么了"），才有了环视一下四周的机会（"世界怎么了"），才有了检视一下世间的机会（"世间怎么了"），才有了观照一下自己"应该怎么做"的机会，否则，我是不是就这样不明不白地走了？

3. 奋斗了大半辈子，为何如此悲催

俗话说："可怜之人，必有可恨之处。"我奋斗了大半辈子，却落得两

次差点失去生命的悲催下场，我的可恨之处是什么呢？回顾自己三十年来的企业创办经营之路，几乎是摸爬滚打、砥砺前行、没日没夜地奋斗，一直处在向外求生存、谋发展的状态，几乎没有什么时间停下来问问自己：我这一路奔波劳碌到底是为了什么。一直以来，我对自己的判断，都是处于"我以为"的模式，还自我感觉良好。然而，人生的无常就像突如其来的暴风雨，将我打得措手不及，非让我按下暂停键，好好反省、反思自己不可。

4. 人若没了生命，世界和我有关吗

要当好一个老板不易。身处利益矛盾的漩涡中心，对内是各层级的员工，对外是客户和用户，以及投资者、渠道商和供应商等合作伙伴。任何一个人不满意，或者不能遂愿，埋怨攻击的第一个人就是老板。老板疲惫不堪或者满身伤痕是常态。当理想与现实差距太大，当智慧与事物本质相差太远，当能力与素质差距悬殊的时候，会引发疾病甚至性命堪虞，这是真实不虚的存在啊！我不就是因为这样弄得差一点点就丢了性命吗？

人若没了生命，世界和我有关吗？若从ICU被拉到殡仪馆了，我与人世间的关系可能就只剩下清明和七月半的关系了。现如今，我还活着实属侥幸，可有些拥有类似经历的人就没那么幸运了。从上市公司到中小企业的老板，这类不幸的消息常常见诸媒体，或者有所耳闻。我忍不住想：有没有一种智慧，能够拯救这些老板于水火之中呢？有没有一条阳光大道可以供我们走下去呢？

二、天下大势，浩浩荡荡；顺之者昌，逆之者亡

经历磨难之后，当我静下心来思考，才意识到古圣先贤早已向我们揭示了如何度过幸福美好一生的智慧："天下大势，浩浩荡荡；顺之者昌，逆之者亡。"它贴近现实，可从三个层面来理解。

在个人层面，人们对美好生活的向往，便是大势。能否顺势而为，主要看每个人的思维模式。当一个人思维开阔，积极主动顺应潮流，便能持续成长、蓬勃发展，过上幸福美好的生活；反之，若一个人思维受限，消极被动或逆势而为，世间的一切美好便很难与其有关系。

在国家层面，全心全意为人民服务，便是大势。能否顺势而为，主要看每个人的初心所在。习近平总书记说："人民对美好生活的向往，就是我们的奋斗目标。"一个人只有坚持"为中国人民谋幸福，为中华民族谋复兴"的初心使命，才能跟随国家的繁荣发展而安居乐业，过上幸福美好的生活；反之，若背离这一初心使命，则可能走向危险的边缘，甚至触犯法律而身陷囹圄。

在社会层面，万事万物遵循科学规律，便是大势。能否顺势而为，主要看是否顺应规律。当一个人顺应哲学社会科学、自然科学等规律行事，不断增强自身的能量，便能保持向好向前、稳步发展，过上幸福美好的生活；反之，若违背这些基本规律，不断消耗自己的能量，则可能会出现各种问题，人生难有如意圆满的结局。

1. 个人层面：思维受限有麻烦

在日常生活中，我们常常会遇到这样一种情况：自己的想法和观点似乎被某种无形的力量所束缚，无法自由地拓展和深化。这种认知局限导致的思维受限，会给学习、工作和生活带来各种麻烦。

由于站位不同，所求不同，所见也不同，每个人都有自己的思想牢笼，将自己囚禁其中。有些人的思维方式过于固化，倚仗自己过往的知识和经验，对新事物、新观点心生抵触，唯恐这些新元素会撼动自己过往赖以生存的认知。因此，他们可能会下意识地回避新的学习和锻炼机会，更喜欢待在自己的舒适圈里。这种故步自封的思维模式，使他们在快速发展的社会中显得格格不入。他们既缺乏应变能力，又难以自我调整，最终往往会被时代所淘汰。

（1）流于表面，深度不够

思维受限的第一大表象：流于表面，深度不够。电影《教父》里有句经典台词："花半秒钟就看透事物本质的人，和花一辈子都看不清事物本质的人，注定有截然不同的命运。"这就是思维深度带来的差异。

令人遗憾的是，现实中有许多人只停留在问题的表面，满足于浅层次的解决方案，没有深入挖掘问题的本质。这种流于表面的思维方式不仅无法真正解决问题，还会让人陷入无休止的忙碌之中。

在企业管理中,也存在这种思维受限的现象。企业中有这样一些管理者,每当出现了一个问题,他们就急急忙忙去处理,紧接着另外一个问题出现了,他们又急急忙忙去处理,结果问题一个接一个层出不穷。他们忙于"救火",却忘记了"防火"。这种治标不治本的管理方式不仅无法从根本上解决问题,还会让问题变得更加复杂,甚至让企业管理严重内耗。现实生活中,有多少人会意识到,自己也可能会像忙于"救火"的管理者那样,只流于问题的表面,而看不到事物的本质呢?

(2) 视野狭隘,广度不够

思维受限的第二大表象:视野狭隘,广度不够。有的人如同井底之蛙,仅从自身的角度看待问题,缺乏全局观。尽管一个人拥有的资源和信息有限,但如果自己不愿意主动站在别人的视角去审视问题,也就不可能跳出自己的立场,将思维提升至更高的维度,客观地去理解和洞察事物,那又如何能看清事物的全貌呢?

这种思维模式的危害在于,它限制了人的视野和想象力,使自己在解决问题时缺乏创新性和灵活性,如同被困在了一个狭小的世界里,还洋洋得意地以为自己就在广阔的天地之中。"夜郎自大①"便是典型的例子。汉朝的时候,在西南方有个名叫夜郎的小国家。它是一个独立的国家,可是国土面积很小,百姓也少,物产更是少得可怜。但是由于邻近地区以夜郎这个国家最大,从没离开过夜郎这片土地的夜郎国国王,因为骄傲和无知,以为自己统治的是全天下最大的国家,结果在汉朝使者面前出丑而不自知。现实生活中,有多少人会意识到,自己也可能会像夜郎国国王那样视野狭隘,而产生了自大的心态呢?

(3) 只看眼前,高度不够

思维受限的第三大表象:只看眼前,高度不够。这就像站在山脚、半山腰和山顶所看到的风景大相径庭一样,如果一个人的思维高度不够,就只能局限于眼前这方寸之内的景象。一个人只有站在更高的地方,才能拥有更广阔的视野,看到更远的风景。

很遗憾的是,我们时常看到一些经营者只愿意站在山脚下,片面追求

---

① "夜郎自大"这个成语,最早出自西汉司马迁编写的《史记·西南夷列传》。

眼下的利润，而忽视了企业的长远发展。他们不仅不重视产品和服务质量，更不重视企业的品牌口碑，这种行为就是典型的只看眼前。比如，某快消品牌在刚出现时，凭借新颖的概念和网红效应，吸引了大量消费者，短时间内该品牌门店在全国迅速扩张，经营者获得了丰厚的利润。然而，这导致经营者将主要精力放在了营销和快速扩张上，而忽视了产品和服务质量。在产品方面，其所谓的特色只是噱头，价格却比普通同类产品高出许多，性价比极低，时间一长，消费者便感到厌倦。在服务方面，由于门店扩张速度过快，服务人员的培训跟不上，服务质量参差不齐，有些门店甚至出现服务态度恶劣的情况。随着时间的推移，消费者的热情逐渐消退，该品牌负面评价越来越多，门店客流量也大幅减少，最终许多门店纷纷倒闭，该品牌也逐渐被市场遗忘。这充分体现了经营者只追求眼前利润，忽视企业长远发展所带来的后果。

（4）零零碎碎，体系不够

思维受限的第四大表象：零零碎碎，体系不够。有的人或许拥有一些零散的想法和观点，但缺乏逻辑联系，使得他们在面对复杂问题时捉襟见肘，一叶障目而不见泰山。这种碎片化思维模式，往往源于缺乏系统的学习和深入的思考，未能构建出一个完整的思维框架和知识体系，导致只知其一不知其二，知其然而不知其所以然。

在企业中常有一种现象引人深思：部分员工总是对老板的决策持怀疑态度，认为老板的决策不明智，甚至有些荒谬，进而成为企业变革的阻碍者，最终错失了跟随企业发展的机会。这些员工的出发点看起来很正当，然而真相是，他们往往只能基于自身的岗位和专业背景，窥见企业决策的一隅，所见的只是冰山一角而已。而老板作为决策者，一般来说拥有更全面的企业信息，能够站在更高的维度，洞察事情的全貌，进而做出正确的决策。这部分员工从碎片化思维的视角出发，对系统性思维的决策表示不解，这再正常不过了。从这个角度来看，就不难理解前述的现象了。现实生活中，有多少人会意识到，自己可能也会像企业某些员工那样，思维缺乏系统性，导致看不到事情的全貌而错失了机会呢？

深度不够、广度不够、高度不够、体系不够，不管是哪种形式，当一个人陷入自己建造的思想牢笼时，往往表现出"我以为"的思维模式：我以为"众人皆醉我独醒",总认为自己的观点是正确的,别人的观点是错误的。这种思维模式非常可怕,它容易让人变得固执己见,容易钻牛角尖,跟自己较劲,也跟别人起冲突,不仅自己非常容易受伤,也会轻易地伤害到别人。

2. 国家层面:背离初心有灾殃

人心该向着什么?该背离什么?我认为,只要顺应全心全意为人民服务的大势,向着"为中国人民谋幸福,为中华民族谋复兴"的初心使命,就能永远得到他人的支持与认可,向好向前发展。然而,让人感到惋惜的是,一些人在各种诱惑面前渐渐背离了这个初心,其中不乏一些曾经志在报效祖国、造福社会的精英们,因为一时的无知或贪念而误入歧途,酿成大错。他们有的因为受到他人的诱导而触犯法律,有的因为贪婪无度,打"擦边球",钻法律漏洞,最终陷入法律制裁的深渊。更有甚者,明知故犯,大搞权钱交易、权色交易,对法律的权威置若罔闻。然而,法网恢恢,疏而不漏,这些人终将被绳之以法,身陷囹圄。

(1) 不知法而犯法

"法盲栽跟头,懂法才富有。"这句通俗易懂的普法宣传语,相信不少人都听过。然而,依旧有人不主动去学习法律、了解法律,还因为对法律的无知而陷入困境,甚至因此付出沉重的代价。

法律知识的欠缺,如同隐形的地雷,稍有不慎可能就会踩到。有的人可能会在无意中触碰了法律的红线,给自己和企业带来无法预料的麻烦。例如,有些不法分子利用某些老人对法律的无知和贪图小便宜的心理,诱导他们参与"洗钱"活动,使无辜的老人成为罪犯的"替罪羊"。此外,一些初创企业老板在日常运营过程中,由于对法律法规了解不足,直到被执法机关查处时才如梦初醒,但此时不仅要承担高额的罚款,还可能面临企业关停整顿的严重后果。

(2) 打"擦边球"

国内有一些知名企业因为采用打"擦边球"的营销方式而引发争议。例如,某企业因其广告风格多次涉及低俗内容及打"擦边球",屡次受到处罚和舆论的质疑。

2019年2月，某企业一则广告的视频画面中，几个穿泳衣的女性模特在海边奔跑，配文"早晚一杯、白白嫩嫩""从小喝到大"，被网友指责为低俗、虚假广告。而该企业负责人则表示，广告词"从小喝到大"指的不是饮料丰胸，而是指从小孩开始喝到长大成人，声称以此宣传消费者对该品牌饮料的信赖，并不违反广告法。随后，监管部门依法认定该广告违背社会良好风尚，向该企业开出20万元罚单。然而，尽管该企业已多次因违规行为遭受监管部门的处罚，但其依然在包装上保留了"从小喝到大"的宣传语，并未根本性改变其营销方式。

虽然打"擦边球"的营销方式可能会在短期内为企业带来一定的曝光和销量，但从长远来看，这种营销方式对企业的品牌形象和声誉都是有害的。企业应该注重合法合规的营销方式，通过提升产品质量和服务水平来赢得消费者的信任和支持。

（3）钻法律的漏洞

还有一些人错误地认为，凭借高学历或高地位，熟读法律的各项条文，就能"巧妙"地找出法律的漏洞，并利用隐蔽的手段逃避法律的制裁，从而可以放心追逐个人的名利和权势。他们自以为能瞒天过海，却忽视了法律的庄严与公正，忘记了国家法度不容侵犯，更忘记了法律的高压线不可触碰。

国家投入了大量的资源，才能培养出一个高级知识分子。他们学成之后，本应该发光发热，服务社会、建设国家。令人遗憾的是，有的人却背道而驰，选择利用自己的聪明才智钻法律的漏洞。好好的才华用错了地方，岂不可惜？何况"常在河边走，哪有不湿鞋"，最终只会聪明反被聪明误，走上违法犯罪的道路。

（4）知法犯法

近年来，我们通过新闻媒体不难发现，有的企业经营者、高管和政府官员知法犯法，因为涉及严重的违法犯罪行为而身陷囹圄。他们曾经费尽心机积累的财富，曾经挖空心思谋求的地位，最终在法律的制裁下"竹篮打水一场空"。他们的行为不仅给自己带来了无法挽回的后果，还给祖宗抹黑，对子孙后代造成了不良影响。

还有不少人不惜以身试法、以身犯险，以为将资产转移到国外就安全了，心里打着"等自己在国内捞够了就移民到海外逍遥快活"的如意算盘。

可是千算万算不如天算，违法犯罪的事情终会败露，自己将身陷牢狱之灾，被国人戳脊梁骨。落得这样的结局，岂不可悲？

君子爱财，取之有道。无论我们身处何位，都应该坚守初心，严于律己，遵纪守法，追求正道，始终保持正念、正知、正行，真正做到知法、懂法、守法、用法、护法，如此才能避免身陷困境。

3. 社会层面：违背规律有劫难

《道德经》第七十三章曰："天网恢恢，疏而不漏。"一个人无论身处何地，无论做什么，都逃脱不了天道的观察和审判。这就是所谓的"天道有轮回，苍天饶过谁"。

很多人认为天道虽然看不见、摸不着，但是可以在冥冥之中感受得到，只是自己不知道如何用语言解释清楚其原理。

天道通常指宇宙运行的自然规律、道德法则及超越人类意志的至高原则。在哲学社会科学中，在以儒释道三家为代表的古圣先贤的智慧中早已得到体现，在伟大科学家总结出的自然科学理论中同样可以找到其依据。

（1）古圣先贤的智慧

■ 人在做，天在看

有些人认为自己可以在法律的监管之外为所欲为，逃避相应的法律责任。然而，他们忽视了一个重要的事实：即使在法律无法触及的角落，良心和道德约束仍然存在。古人有言："人在做，天在看。"这意味着即使在最隐秘的角落，人的行为也会被某种力量所审视，无法逃避内心的谴责和社会舆论的压力。

■ 人算不如天算

受人性、人心以及业力的影响，有些人习惯性地打如意算盘，权衡自己的名利得失，考虑愿不愿、要不要、该不该承担和付出。与此同时，天道也在默默计算着每一个人的账目，记录其承担了多少和为别人付出了多少。承担和付出，不在于能力，而在于态度，在于内心深处愿不愿、要不要、该不该承担和付出。许多人都误解了"人定胜天"的真正含义，认为凭借自己的聪明才智，定能战胜苍天，战胜大自然。这是多么的狂妄自大。殊不知，在宇宙的法则面前，人类的智慧和力量显得如此渺小和微不足道，人怎么可能算得过天呢？"人定胜天"是在告诉我们，只有人心安定了，才能胜任上天赋予自己的天命，才能绽放本自具足的生命光芒啊！

■ 善有善报，恶有恶报

俗话说："善有善报，恶有恶报，不是不报，时候未到。"有人或许会说，在现实生活中常常看到有些人做了坏事却逍遥法外，有些人行善积德却遭遇不幸，这岂不是对"善有善报，恶有恶报"的讽刺吗？

其实不然。古人认为，虽然天道公正无私，但因果报应却并不总是立竿见影。善恶报应的表现有三种：一是现世报，即今生作善恶之报，今生受苦乐之报；二是隔世报，或前世作业今生报，或今生作业来世报；三是立马报，即眼下作业，眼前受报，这也是最快的"现世报"。有时候，它需要时间来慢慢显现；有时候，它需要通过其他方式来呈现。无论如何，天道都不会放过任何一个作恶的人，也不会亏待任何一个行善的人。因此，"勿以恶小而为之，勿以善小而不为"。

■ 德不配位，必有灾殃

《周易·系辞下》曰："德不配位，必有灾殃。德薄而位尊，智小而谋大，力小而任重，鲜不及矣。"古人用这句话告诫我们：一个人的德行与自己的位置不匹配，就一定会发生灾祸。德行浅薄却地位尊贵，是不行的；智慧不够却图谋大业，是不行的；能力弱小却背负重任，是不行的。为什么古人如此笃定？因为这样的事情每天都在上演，古往今来，没有例外。

在这个世界上，不管是谁，只要自己的德行配不上自己所在的位置，没有做好这个位置该做的事情，就必定会给自己招惹麻烦，甚至是灾祸，最终往往会在无常面前自食其果。

（2）自然科学理论依据

众多伟大科学家深入探索、研究，发现原来宇宙万物背后隐藏着主宰一切的法则——宇宙本是一体，人世间的能量传递无时无刻不在影响着每一个生命体。人世间的能量传递，遵循着能量守恒与转化、熵增与熵减、作用力与反作用力、万有引力等定律。每一个生命体都在不断地接收与释放能量，而能否实现能量的"正向转化"与"高效利用"，即传递的是"正能量"还是"负能量"，则决定了生命体的兴衰成败。若是违背了这些规律，或许将给自己带来劫难。

■ 能量守恒定律

能量守恒定律，是物理学中最基本的定律之一，它阐述了关于能量转换和传递的普遍原理。

能量守恒定律，即热力学第一定律，是指在一个封闭（孤立）系统内总能量保持不变。能量既不会凭空产生，也不会凭空消失，它只会从一种形式转化为另一种形式，或者从一个物体转移到其他物体，而能量的总量保持不变。

根据能量守恒定律，我们可以认识到生命本身就是一个能量体，它是由多种不同形式的能量构成的复杂系统，包括身体能量、精神能量、心灵能量。将这一原理应用到个人能量管理上，我们可以理解为一个人的内在能量是动态变化的，可以通过吸收外界的正能量来提升自己的能量水平。例如，与积极乐观的人交往，阅读鼓舞人心的书籍，或者进行有益身心的活动，都能为我们的内心注入正能量。相反，如果我们总是接触负面信息，或者陷入消极情绪中，我们的内在能量就会减少。

积极乐观的时候能量大
消极悲观的时候能量就会变小

然而，在现实生活中，我们常常会发现自己的能量在不断地减少和消耗，甚至出现能量内耗的现象。能量内耗是指在一个系统中，由于各种因素的作用，能量不能得到充分的利用和转化，而被浪费或损失掉的现象。能量内耗会导致系统效率降低、性能下降、稳定性变差等问题，严重时甚至会导致系统崩溃。

人的一生中，最大的敌人不是别人，而是我们自己。正如王阳明所说："破山中贼易，破心中贼难。"现实生活中，"畏难、担心、害怕"是最常见的心贼，容易让人陷入消极被动的思想牢笼之中，人们常常被想象出来但还没发生的"困难"压倒，从而消耗大量的身体能量、精神能量、心灵能量。

■ 熵增定律

熵增定律，即热力学第二定律，它描述了封闭系统中熵（无序度）的自然增加趋势。

熵是物理学中一个非常重要的概念，它表示系统的无序程度或混乱程度。熵增原理表明，在一个孤立系统中，如果没有外力作用，系统的熵将不断增大，即系统将越来越无序和混乱；而熵减则是指通过外力作用或内部调整，使系统的熵减小，即系统变得更有序和稳定。

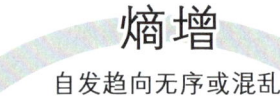

在现实生活中，我们常常会遇到因无序而内耗的现象。这种内耗会导致个体、家庭、企业乃至国家变得混乱和低效。

个体内耗，是幸福感下降的微观体现。在现代社会，人们面临着前所未有的压力和挑战，从工作到生活，从身心健康到人际关系，种种因素使得个体常常陷入畏难、担心、害怕之中。不愿承担和付出（懒），只想坐享成果（贪），想得多，做得少。这种常见的内心挣扎和消耗，使得人们难以集中精力去追求和享受生活中的美好，从而导致幸福感降低。《2023年度中国精神心理健康》蓝皮书显示，目前我国抑郁症人数超过9500万人，平均每14个人里，就有1个抑郁症患者。但国内抑郁症的就诊率仅9.5%，41%

的抑郁症学生曾因疾病而休学。更令人震惊的是，全球每年有70多万人因抑郁症而自杀身亡。

家庭内耗，则反映了社会细胞的不和谐。家庭是社会的基本单位，家庭成员之间的相互支持和理解，是维系家庭和谐的关键。然而，当家庭成员之间没有包容、体谅与感恩之心，反而怪来怪去、相互指责、彼此埋怨，甚至漠不关心时，家庭就变成了一个争吵不休的战场，常常弄得鸡飞狗跳，徒留一地鸡毛。这种内耗不仅消耗了家庭成员的情感和精力，也破坏了家庭的稳定和幸福。《2023年民政事业发展统计公报》显示，我国依法办理离婚手续360.53万对，离婚率为2.6‰，比2022年增加了0.6‰。

企业内耗，是组织效率低下的表现。在企业中，团队合作是实现目标的重要途径。然而，员工不去想着怎么做好自己的工作，不去想着怎么为客户解决问题、创造价值，反而只想着怎么偷懒，如何轻松拿到工资，甚至千方百计、挖空心思，想从公司捞点好处，这就是公司最常见的内耗。这种内耗不仅浪费了员工宝贵的青春，还耗费了企业宝贵的市场机会，使得企业沉没成本居高不下，进而使企业错失发展的良机，甚至影响企业的长期竞争力。即便是如华为这般卓越的业界标杆，亦曾深刻意识到提升内部效率的紧迫性，并率先踏上了组织变革的征途。华为创始人任正非先生，作为率先将"熵"理论引入企业管理领域并予以系统阐释的远见卓识者，其思想深度与前瞻性尤为显著。他不仅将这一理念深植于华为的管理体系之中，更在内部推荐《熵减：华为活力之源》一书，以此作为企业持续精进、焕发新生的理论指南。

国家内耗，则是一个更为宏观的命题。当一个国家内部运转存在低质低效、资源分配不均、政策执行不力等问题时，就会产生各种内耗。这种内耗不仅浪费了国家的资源，还可能导致社会不稳定、经济发展受阻，甚至影响国家的国际形象和地位。据报道，美国总统特朗普于当地时间2024年11月12日宣布，埃隆·马斯克和前共和党总统参选人维韦克·拉马斯瓦米将共同领导"政府效率部"，将为拆解政府官僚机构铺平道路，削减多余的监管法规和浪费的开支，并重组联邦机构。就连美国这样的世界强国都要提升效率，可见国家内耗这一问题不得不重视。

■ 作用与反作用定律

作用与反作用定律，即牛顿运动第三定律，它告诉我们每一个作用力都会有一个大小相等、方向相反的反作用力。

在日常生活中，作用力与反作用力无处不在。比如，当我们用脚用力踢足球时，脚对足球施加了一个向前的力，使足球向前滚动，而足球同时也对脚施加了一个大小相等、方向相反的力，这就是导致我们脚疼的原因。

在学习工作中，作用力与反作用力同样显著。比如，我们下了多少功夫去研究一个课题、准备一个项目，最终就能在学习成绩、工作业绩上见到相应的成效。这种付出与回报的关系，正是作用力与反作用力的体现。如果我们投入的时间、精力和智慧越多，那么获得的成果和收益相应也就越大。

在人际交往中，作用力和反作用力也很常见。比如，当我们对别人好时，别人也会对我们好；当我们对别人恶时，别人也会对我们恶。这就是作用力和反作用力的直接表现。正如《论语·颜渊》中所说："己所不欲，勿施于人。"我们对别人的态度和行为，往往会引发别人对我们相似的态度和行为。

"爱出者爱返，福往者福来"，便是这个道理。当我们付出爱和善意时，通常会得到相应的回报。因此，要想收获幸福和爱，我们必须先学会给予。无论是对家人、朋友、同事还是陌生人，只要我们给予他们真心和善意，爱和福报最终都会以某种形式回到我们身边。

爱出者爱返，福往者福来

一次小小的善举，收获意想不到的福报

■ 万有引力定律

万有引力定律，即任何物体之间都有相互吸引力，这个力的大小与各个物体的质量成正比,而与它们之间的距离的平方成反比。

这一原理同样适用于人的一生。多少人在面对"人、事、财、物"四要素和"功、名、利、禄"四利益时,犹如陷进人间真实不虚的"八卦阵"里,忽上忽下,忽左忽右,彷徨迷茫。这些东西吸引着每一个人,自己是否有足够的引力去承载美好,还是只吸引来了不好的灾殃,全看自身的能量能否与之相匹配。

"天下熙熙皆为利来;天下攘攘皆为利往。""钱"或许是最具能量的媒介之一,因为人人都想得到。能量与之相匹配的,恐怕唯有"德"。所谓"厚德载物",只有具备深厚品德、功德和福德的人,才能吸引和承载财富。反之,如果一个人的德行不足以支撑其所拥有的财富,那么财富对他而言可能会成为一种负担,甚至可能带来灾难。

"君子爱财,取之有道。"这个财富之"道"是什么呢?利的背后是事,事的背后是人。一个人唯有把人做好,才能把事做好,才能体现出自己有"德",才能获得相应的财富。勤勉精进是基础,创新创造靠智慧,除此两条正道以外,或许别无坦途。

4. 摆脱困境,到底有没有良方

思维受限有麻烦,背离初心有灾殃,违背规律有劫难。面对这样的现实,我们不禁要问:究竟怎样才能够过好这一生呢?难道真的没有良方可以摆脱困境吗?

作为一个侥幸死里逃生的人,我感到无比的庆幸。醒过来之后,我的脑海中不断浮现出审视自己的念头"我怎么了";进而睁开双眼环视周遭,拉开时间和空间距离,从古今中外来看"世界怎么了";低头沉思"人应该怎样"才能过好这一生。经过两年多的潜心研究,苦思冥想,寻根究底,我终于找到了心中的答案:**拎清楚自己——做好自己是一切的根本。**

这些智慧来自哪里呢?其实早在两千多年前,中华优秀传统文化中以儒释道三家为代表的古圣先贤,以及古往今来的杰出科学家们,就已经告诉我们了。古圣先贤通过自我修行获得智慧,科学家们通过科学实验探索真知,揭示了人生的真谛和宇宙的奥秘,为我们提供了极为宝贵的启示。也就是说,智慧宝藏一直都在我们身边,只是我们没有留意、没有研究、没有学以致用而已。如今,我且结合当下的时代现实,以及自身的经历和感悟，尝试去理解古圣先贤原本的意思，尝试去理解科学家总结出来的定律，希望用自己的语言将其中的奥义深入浅出地演绎出来。如此不烦笔墨，只希望能够给大家带来一些启迪，让更多的人受益。

记得我上中学时，对书中的两句话印象特别深刻。一句是俄国作家列夫·托尔斯泰在《安娜·卡列尼娜》中说的："幸福的人都是相似的，不幸的人各有各的不幸。"另一句是《钢铁是怎样炼成的》主人翁保尔·柯察金所说的："人最宝贵的东西是生命，生命对人来说只有一次，因此，人的一生应当这样度过：当一个人回首往事时，不因虚度年华而悔恨，也不因碌碌无为而羞愧。"年过半百的我深以为然，特别是在历经生死磨难之后，更是别有一番滋味在心头。诚然，相比于泱泱中华以儒释道三家为代表的古圣先贤，以及国内外众多科学家来说，我深知自己的智慧和能力有限，所以这本书只代表了我个人的一点感悟，其中难免存在诸多的局限性，我诚挚地希望各位读者能够不吝赐教，多多指正。我既不图名，也不图利，只图能够给予有缘人一些帮助。如此，便心满意足。

三、过好这一生，说难也不难，说不难也难

1. 人生航道，逆水行舟，不进则退

中国近代思想家、政治家、教育家梁启超先生在《莅山西票商欢迎会学说词》中说道："夫旧而能守，斯亦已矣。然鄙人以为人之处于世也，如逆水行舟，不进则退。"这与熵增定律有着异曲同工之妙。若个人在生命旅途中未能积极作为（不进），则生命的熵值将不断增大（则退），陷入无序与内耗的困境，最终耗尽生命的活力。生命依赖于"负熵"而存续，通过积极行动，减少生命的熵值，人生会变得有序而充满活力。

（1）内在修养，是进还是退

君不见，自我内耗、无心无力者大有人在。多少人沉溺于畏难、担心、害怕的情绪之中，不愿面对现实，不敢承担风险，想得多，做得少。他们口中常挂着"不愿、不要、不该"，在消极中自我设限，失去了前进的动力，变成了不知为何而活的"空心人"。更有甚者选择了"等靠要"的态度，期待不劳而获，吃现成的果实，却不知这实则在消耗自己宝贵的生命。

那么该怎么做呢？从个人内在修养的角度出发，躬耕好自己的"方寸心田"，坚持做有用功，每天进步一点点，今天比昨天好，明天比今天好，未来一定会比现在更好。但如果每天只是原地踏步，甚至还稍有退步，那么长此以往，就会发现与原来的自己差距越来越大。

智慧的人们用数学公式说明了这个道理。人们用"1"代表原来的自己，如果每天进步一点点，即1.01，一年以后，1.01的365次方约等于37.78，自己的成就将远远超过原来的"1"。而如果每天退步一点点，即0.99，自己当下没有什么感觉，但一年以后，0.99的365次方约等于0.026，当下的自己远不如原来的自己。即使是原地踏步，即保持"1"不变，一年以后考虑到"通胀"因素，其实这个"1"也已经比一年前的那个"1"落后了。

那么，如何确保自己每天都能进步一点点呢？古代的智者曾子为我们提供了一个宝贵的答案。曾子曰："吾日三省吾身：为人谋而不忠乎？与朋友交而不信乎？传不习乎？"这句话告诉我们，每天需要多次反省自己。在与他人合作、交流的过程中，自己是否做到了全心全意、尽心尽力，是否真正站在了对方的立场和角度去思考问题？在与朋友交往时，是否真诚、坦诚？是否信守承诺，始终如一？在传播知识的时候，这些知识自己都亲自实践过了吗？是否做到知行合一？

连曾子这样的智者每天都在反省和精进自己，作为普通人的我们，更应该每天都进行自我观照与反省。我们不妨这样问问自己：今天的思想是否比昨天更加成熟和深刻？今天的情绪控制是否比昨天更加平稳？今天的沟通表达是否比昨天更加流畅和准确？今天行善积德是否比昨天更加真诚和积极……通过每天的自我反省，可以发现自己的不足和需要努力改进的方向，进而持续向好向前，不断成长为更好的自己。

（2）外在成就，是进还是退

时代的巨轮不断向前推进，它不会因任何人的迟疑或停滞而稍作停留。这意味着，我们始终处于竞争之中，必须不断前行，持续成长与发展，才能在这个快速发展的时代立足。

那些敢于站在时代潮头、勇于开拓的人，他们抢占了先机，迅速积累了优势，与后来者拉开了明显的距离。亚马逊集团的创始人杰夫·贝索斯早在1994年就预见到电子商务的巨大潜力，创建了亚马逊。他的远见和决心使亚马逊从一个小型在线书店发展成为全球最大的电子商务公司之一。特斯拉和SpaceX的创始人马斯克，敢于挑战传统观念，推动电动汽车和太空探索的发展。他的勇气和决心使他在这些领域取得了显著的成就。字节跳动的创始人张一鸣，敏锐地把握了移动互联网和社交媒体的发展趋势，推出了今日头条和抖音等产品，如今抖音已成为全球最受欢迎的社交媒体平台之一。

那些选择与时俱进、顺应时代潮流的人，他们紧跟时代的步伐，也享受了时代的红利。小米的创始人雷军，敏锐地把握了智能手机和移动互联网的发展趋势，通过提供高性价比的产品和服务，迅速在中国市场取得了成功。他还积极拓展海外市场，使小米成为全球知名的科技公司之一。优衣库的创始人柳井正，通过引入先进的生产技术和设计理念，将优衣库打造成为全球知名的快时尚品牌。他不断关注市场变化和消费者需求，使优衣库始终走在时尚界的前沿。

然而，对于那些拒绝接受变化，或者跟不上时代潮流的人来说，他们最终只会被时代所淘汰。诺基亚曾经是手机行业的领导者，但由于没有把握好智能手机的发展趋势，坚守自己的传统手机业务，最终失去了市场领先地位。柯达曾是摄影行业的领导者，但由于没有把握好数字摄影的发展趋势，坚守自己的胶片业务，最终破产倒闭。

世界在变，唯我不变，行吗？肯定是不行的。在面对时代变化时，作为企业老板，更要以开放的姿态拥抱变化，保持敏锐的洞察力和勇气，修炼好自己的品性、德行、智慧和能力，才能带领企业向好向前发展。

2. 知易行难，人人都难，老板更难

"逆水行舟，不进则退"，这个道理理解起来很容易，实践起来却很难。因为每个人或多或少都会"心有挂碍，外有障碍"。畏难、担心、害怕，就是内心的挂碍。它们如同沉重的枷锁，束缚着一个人的心灵，使其无法自在地享受生活的美好，无法全心全意地追逐梦想。一个人"看不见、听不见、想不到、说不出、做不到"，或者是别人对自己"不认可、不配合、不支持"，就是外在的障碍。它们就像高山峻岭，阻碍着人前进，让人在成长之路上步履维艰，在发展的道路上困难重重。生而为人，若能心无挂碍、外无障碍，向好向前走畅途，那将是多么幸福和美好啊！

然而，现实往往并非如此简单。因为"人性五漏""人心颠倒"以及"人的业力"①的纷繁复杂，使得人生道路充满了重重障碍，时而遭遇逆风，时而面临急流，时而又被漩涡所困。在这样的环境下，要想"提升内在修养，取得外在成就"，无疑是一项巨大的挑战。

人人都难，老板更难。君不见，企业内耗，资源浪费比比皆是。在企业的发展道路上，本应是团队团结协作、共同进步，却因管理者与员工的慢作为、不作为、乱作为、反作为而错失机会，因互相拆台、彼此猜忌和权力斗争而变得效率低下。资源被浪费在无谓的内耗之中，创新和发展的动力被消耗殆尽。

作为一个创业多年的人，我深感这些年当老板的不容易，要劳心劳力去应对企业各种"内忧"与"外患"。当下还有多少老板如同曾经的我一样，身处内外交困之中，被折腾得"里外不是人"，有心无力，身心俱疲？

（1）内部：猫捉老鼠，一个头两个大

面对内部事无巨细的管理细节，企业的组织秩序往往取决于老板的智慧。一些老板在经营管理问题上总是殚精竭虑：员工难管理，出工不出力；管理者不担责，乱作为反作为；股东或合伙人上梁不正下梁歪……一系列内部问题，如同一道道横亘在企业面前的障碍，阻碍了企业的正常发展。缺乏智慧的老板，似乎不得不陪着他们玩"猫捉老鼠"的游戏，真是"一个头两个大"。

员工难管理是一个普遍存在的问题。有些员工在工作中缺乏动力，出工不出力，甚至消极怠工。面对这种情况，一些老板常常感到无计可施。不清楚员工的心态和需求，不知道应该提供怎样的激励机制，更不知道如何激发员工的积极性和创造力，似乎采取了很多的管理手段，实际上却总是得不到理想的管理效果。

管理者不担责、乱作为甚至反作为的问题也不容忽视。在企业中，管理者扮演着承上启下的重要角色。然而，有些管理者缺乏责任心，滥用职权或者故意制造混乱，导致企业的正常运营受到严重影响。若是企业的管理制度和监督机制不受用，缺乏对管理者的培训和考核，管理者做得怎么

---

① "人性五漏""人心颠倒"和"人的业力"将在第五章第二、三节和第三章第四节详细阐述。

样全凭他们的个人职业道德水平，那么这样的企业最容易失控。

股东或合伙人的人品问题也是企业内部常见的问题之一。当股东或合伙人"上梁不正"时，下面的管理者和员工也会跟着"歪"。各种企业内斗、以权谋私、挖空公司的新闻屡见不鲜，在小企业是如此，在大型上市公司亦是如此。

（2）外部：压力巨大，喘不过气来

面对外部竞争激烈的市场环境，企业的生存和发展也取决于老板的智慧。一些老板在业务发展上更是操碎了心：钱从哪里来？市场份额多大？客户如何维护？品牌口碑如何？怎么和对手竞争？产品服务是否有优势？……一系列外部问题，使得老板常常感到压力巨大，被压得喘不过气来。

在资金问题上，为了保障企业航行的稳健，老板们积极探寻融资的渠道，无论是与投资者建立深厚的信任桥梁，还是寻求风险投资与银行贷款等融资策略，都是他们必须掌握的技能。同时，老板们还需精心策划资金的分配，确保每一笔投资都能精准而高效地发挥作用，为企业带来长远的回报。

在客户问题上，为了赢得客户的信赖与忠诚，老板们深入洞察客户的需求与期望，提供精准的产品与服务。建立健全的售后服务体系，确保客户在购买产品后也能享受到贴心的服务体验，这是他们赢得客户口碑的法宝。同时，注重品牌建设，提升企业的知名度与美誉度，也是他们在市场竞争中脱颖而出的重要手段。

在竞争问题上，老板们需时刻关注市场的风向标，洞察行业的发展趋势，以便在瞬息万变的市场中及时调整企业战略，引领企业破浪前行。分析竞争对手的优劣，识别自身的短板，并致力于提升企业的核心竞争力，这是他们在市场竞争中立于不败之地的关键。

面对资金、客户、竞争等多重挑战，如果老板德不配位，自身的品性、德行、智慧与能力达不到作为老板的要求，又如何能在市场的惊涛骇浪中稳健前行，引领企业走向更加辉煌的未来呢？

3. 知难不难，做好自己，人都一样

（1）"我"是一切的根源

知易行难，难是因为并未真正知道难在哪里。静下心来捋一捋前因后

果，其实不难发现其脉络清晰：利的背后是事，事的背后是人，人的背后是"我"，"我"是一切的根源。那么，儒释道三家是怎么看"我"的呢？

儒家的孔子主张"修身齐家治国平天下"，"修身"排第一，意即身没修好，后面的"齐家治国平天下"都与己无关。释迦牟尼佛主张"'我'是一切的根源"，因上努力，果上随缘，随缘不变，不变随缘。道家的老子主张，做好自己是一切的根本。儒释道三家虽各说各话，但都阐述了一个道理——"因缘果"，强调的都是要"做好自己"啊！唯有拎清楚自己，才能找出这背后的逻辑。常常问问自己"我是谁？为了谁？依靠谁？"，或许就能自我觉醒，找到自己人生的答案。

（2）背后的逻辑：德

早在两千多年前，古圣先贤用一个"德"字，就把人与自己、人与他人、人与万事万物之间的关系给概括了。古圣先贤十分笃定地告诫我们："明德惟馨"，明白什么是德并努力践行发扬光大，就会像花一样散发出迷人的芬芳；"德不配位，必有灾殃"，若德行不足以支撑高位、智慧不足以谋划大事、能力不足以担当重任，都会给自己甚至给别人带来灾殃；"德全不危"，道德完备就不会有人心危虑、人身危险、人际危机；"厚德载物"，德行厚重就能承载健康、名誉、财富和地位；"大德必寿"，品德高尚者修为深厚、乐于助人、内心宁静、心胸坦荡，故而一定长寿。从能散发芳香，到能带来灾难，再到能避开危险，再到能承载健康、名誉、财富和地位，最终还能影响人的寿命，为什么一个"德"字竟如此神奇？为什么我们以前对古圣先贤的这一大智慧视而不见呢？

知难不难，难的是不知道，当知道难在哪里的时候，就找到了问题的根本，问题就已经不难解决了。世上无难事，只怕有心人。我们只有拎清楚自己，用心躬耕好自己的"方寸心田"，才能够躬耕好自己的"一亩三分地"（包括学业、家业、事业、善业），进而从容应对人生中的各种难题，最终实现让世界看见更美的自己。

4. 欲海航行，如何才能安然无恙

古人深谙人生如航道的智慧，用"逆水行舟"比喻在人世间遇到挑战与困境，要奋力向前，才不会被水流冲退；以"顺水推舟"寓意顺应趋势、

顺应潮流、顺应人心的智慧，用这种方式说话办事，所取得的结果才能事半功倍，行稳致远。

那人世间还有什么像流水一样呢？名我所欲也，利我所欲也，权亦我所欲也，但有人却希望"责我所不欲也"，只想得到却不想付出。功名利禄面前，忽上忽下，忽左忽右，这就是人性。我所欲也，不正是表达这世间人的欲望如滔滔江水连绵不绝汇集成海吗？这就是传说中的欲望之海，看不见，摸不着，但能感受得到。只要生命还在、人还在，人性"我所欲也"就还在。

一切为了人，一切都是人。不论是学业、家业、事业还是善业，初心都是为了让人更好。如何才能把事办好呢？这就又回到了"一切都是人"的原点：好事是人干出来的，坏事也是人干出来的。世事无常，人心叵测，在欲望的海洋中，企业老板身处利益矛盾的漩涡中心，是选择在欲海沉浮，还是选择在欲海航行呢？如选择在欲海沉浮，就是被动地接受命运的摆布，是沉是浮由不得自己，要看浪大还是浪小，如遇滔天巨浪，便有可能彻底消失，无影无踪。如选择在欲海航行，则是主动出击，不管是滔天巨浪迎面扑来，还是在过山车一样的海浪中汹涌翻滚，都要紧紧把握好船舵，目标才能向好向前。而我的选择，是后者。

那如何保证人只干好事，而不干坏事呢？拎清楚"人性""人心"以及"业力"是关键。即在"我所欲也"和"我所不欲也"等方面狠下功夫，因势利导，循循善诱，坚守真善美，摒弃假恶丑，在"我所欲也"的名誉、利益、权力等方面精心规划设计，与责任、义务等方面进行对应挂钩，防止某些人因"我所不欲也"而推卸应该承担的责任和义务。要权力，意味着要承担更多的责任和义务；要利益，意味着要做出更多的贡献；要名誉，意味着要起带头作用，各尽所能，各取所需，岂不美哉！

现实工作中，一些企业老板往往缺乏深思熟虑和规划设计，从而导致利益被"狡猾的能人"拿走了。名誉的得失变得无关紧要，权力也不知道有何用，或被别有用心之人乱用。这种情况直接破坏了企业的生态环境，劣币驱逐良币，让人感到遗憾和无奈。轻则企业无法壮大，发展受阻；重则企业没有利润，甚至走向倒闭。

欲海航行，关键在舵手。在提升内在修养方面，唯有从"我"做起，修炼好自己的品性、德行、智慧和能力，德以配位，才能使得人生这艘船安然无恙。在取得外在成就方面，唯有从"我"做起，顺其自然、顺势而为、顺水推舟，坚守真善美，摒弃假恶丑，才能引领企业这艘大船乘风破浪，勇毅前行，到达成功的彼岸，创造事业的辉煌。滔天巨浪方显英雄本色，艰难困苦铸造诺亚方舟。有心人，天不负，向好向前走畅途。这就是我坚定的选择，也是我为之努力的方向。

四、心向往美好，我为自己做了些什么

1. 前半生，谁人不想幸福美满

我们生活在一个物质丰富的时代，有些人常常将幸福与外在的拥有画上等号：有车有房、有钱有权即是幸福。然而，这些都拥有了，就真的幸福吗？我看未必。不少人豪宅几套，豪车几辆，事业有成，财富自由，可还是攀比成风，焦虑不安，整日愁眉不展，心里苦不堪言。可见，真正的幸福并非外在的物质。

在这个熙熙攘攘、追名逐利的世界里，我们追求的"有"不过是外在的表象，也就是"相"，而真正的幸福源于内心的"无"，这才是我们真正本自具足①的东西，别人给不了你，别人也抢不走。正如这句话所述："人们总是把幸福解读为'有'，有车，有房，有钱，有权；但幸福其实是'无'，无忧，无虑，无病，无灾。有，多半是做给别人看的，无，才是你自己的。"

无忧，无虑，无病，无灾，这是每个人都渴望拥有的理想状态，是人人所向往的幸福。

但现实是，很多人本末倒置，忙忙碌碌，一生都在追求外在的"有"，却身在福中不知福，忽略了珍惜当下的"无"，原本好好的"人天福报"就这样被糟蹋掉了。等到年过半百，撞了南墙，遭遇劫难，才恍然大悟：原来自己走错了道，站错了位，被命运捉弄了一场。

我也曾陷入迷惑困顿，前半生忙于追求身外之物，却忘了反观自己向内求。其实，每个人都本自具足，世间的一切幸福美好，从来都不曾远离，它一直静静地躺在每个人的"方寸心田"之中，等待着被唤醒、被发现。只是被人的"妄想"与"执着"蒙蔽了，被"人性五漏"和"人心颠倒"

---

① "本自具足"意为自己内在什么都不缺。

以及"人的业力"给消耗了，在熵增的混乱无序中暂时没能绽放出来而已。

生命本身就是能量体，与其让它内耗掉，还不如让它绽放出应有的光彩。而绽放出的光芒，若在不知不觉中也照亮了别人前行的路，或许就是生命最大的意义。而有心，是一切美好的开始。只要用心躬耕好自己的"方寸心田"，坚守真善美，摒弃假恶丑，让自己的心灵更加纯粹，便能感知美、发现美、描绘美、展现美、创造美，让内心本自具足的美尽情地绽放出来，最终实现让世界看见更美的自己。

这或许就是人人都想要的幸福美满啊！

2. 后半生，谁人不想长命百岁

从古代帝王到黎民百姓，人人都想长命百岁，活得越久越好。

回望古代，帝王们都希望自己能够在皇位上多坐几年，于是就有了电视剧《康熙王朝》主题曲中"向天再借五百年"的感慨。许多皇帝，比如秦始皇、汉武帝、明世宗等，在追求长生不老的路上可谓是想尽了办法，求神拜佛、寻丹问药，花费了多少人力、物力、财力啊，但结果都是事与愿违。诚然，古代还是有很多健康长寿的帝王，比如乾隆皇帝活到了89岁，南朝梁武帝萧衍活到了86岁，武则天活到了81岁。在那些年代，平民百姓的平均寿命还不到35岁，历代帝王的平均寿命也还不到40岁，乾隆、梁武帝和武则天三个帝王却能活到80岁以上，已经相当的长寿了。我们不禁要问：为什么有的皇帝短命，有的皇帝长寿，他们之间的差别在哪？

回到当下，我国的医疗体系越来越完善，生命科技越来越发达，长寿似乎越来越容易达成了。国家卫生健康委员会于2022年7月12日发布的《2021年我国卫生健康事业发展统计公报》显示，我国居民人均预期寿命由2020年的77.93岁提高到2021年的78.2岁。可见，在当前的医疗和科技水平下，我国的人均预期寿命已经达到了相对较高的水平。这可以作为一个参考标准，也就是说，只要超过78.2岁，便可以纳入相对长寿的范畴。

理想总是美好的，可实际上，有些趋势在往相反的方向走。近年来，这些现象频繁出现：越来越多的疾病呈现年轻化趋势，越来越多的疾病找不到根源，越来越多的疾病没有特效药。一些人年纪轻轻就因为猝死、癌症等而离世，甚至未能到年过半百，多可惜呀！

纵观古今，我们知道，在长寿这件事情上，求神拜佛保证不了自己一定长寿，寻丹问药保证不了自己一定长寿，国家医疗保障不了自己一定长寿，生命科技也保证不了自己一定长寿。那么，长寿[①]的秘诀到底在哪里呢？

3. 告别时，谁人不想功德圆满

告别，是每个人生命旅程的终点站。每个人都希望在咽下最后一口气的那一刻，能够平静安详地离开这个世界，不留遗憾，功德圆满，这便是人们口中的"善终"。然而，现实往往并不能如人们所想的那般美好。

有些人因为种种原因，来不及与亲朋好友告别，便已经天人永隔。他们或许正满怀期待地计划着未来的生活，却被突如其来的意外打破了一切。

有些人虽然得以告别，但离开的方式却并不体面。比如身患疾病的人，他们直到离开的那一刻，还全身插满管子，无法自主地掌控自己的身体。这样的离别，对于他们自己和家人来说，都是无比痛苦和煎熬的。

还有一些人，他们在生命的最后阶段，仍然有许多遗憾。他们或许想要完成自己的梦想，或许想要和家人共度更多美好时光，可惜一切都来不及了，这样的告别，无疑是无法弥补的遗憾。

不经历苦难的人，没到一定年纪的人，谁会主动去思考能不能善终的问题？人人想的都是：我怎么得到更多？我怎么过得更好？我留多少钱给子孙？实际上，我们一旦主动去思考能不能善终时，就会升起敬畏之心，就会对自己的言行举止有所要求，不会去作贱[②]自己，不会去作孽祸害别人，更不会去作恶危害社会。珍惜每一个当下，善待自己和他人，努力地去实现自己的梦想，或许就能让我们在告别时心无遗憾，坦然面对生命的终结，实现真正的善终。

4. 关键在于，我为自己做了些什么

人人都想幸福美满、长命百岁、功德圆满，于是，人们会在逢年过节的时候互相送上美好的祝福，还有不少人到寺庙祈福上香，祈求神灵保佑。实际上，这些做法不过是给自己一份心灵安慰罢了。能否实现这些美好的心愿，关键在于自己为之做了些什么。

自己是不情不愿，得过且过地活，还是心甘情愿，为自己为他人而

[①] 关于"长寿"的问题将在本书第八章中详细探讨。
[②] "作贱"在书中特指对自己不好，轻贱自己的意思。

活？不情不愿，得过且过地活，可能如酒囊饭袋之辈，庸庸碌碌，不得不去做一些事情，但内心却找不到人生的意义，十分被动和无力。而心甘情愿，为自己为他人而活，则意味着要勇敢地去追求自己的梦想，不断地挑战自我，彰显自我价值，尽自己最大的努力去造福一个家庭、一家企业，乃至造福一方人。

自己是被动地等待命运的安排，还是积极主动地追求自己的梦想？命运的概念神秘而复杂，我们无法完全掌控它，但我们可以选择如何面对它。被动地等待命运的安排，"等靠要""吃现成"的人生，可能会让自己错过许多机会和可能性；而积极主动地追求自己的梦想，则可以更好地把握自己的人生，实现自己的价值和意义。

自己是向外求，依赖于外界的帮助和指引，还是向内求，提升内在的能力和修养？向外求，可能会得到一些暂时的帮助和支持，但从长远来看，这样的依赖并不可靠，因为没有人有义务一直帮助他人，更没有人愿意一直背着别人的行囊负重前行。而向内求，则意味着要不断地提升自己的能力和修养，持续完善自身的生命能量场，让自己由内而外变得更加优秀和强大。

自己是任由习惯沉积（生命熵增），由着性子随着环境，脚踩西瓜皮溜到哪里算哪里，还是坚持修炼演变（生命熵减），不断地反思和改进自己的行为和习惯，塑造一个更好的自己？如果任由习惯沉积（生命熵增），不断地重复过去的错误和缺点做无用功，那么自己就无法真正地成长和进步，反而会加速老去的步伐。而如果坚持修炼演变（生命熵减），不断地反思和改进自己的行为和习惯去做有用功，就可以不断地提升自己，进而让自己成为一个更好的人。

不情不愿、得过且过地活，被动地等待命运的安排，向外求而依赖于外界的帮助和指引，任由习惯沉积，慢慢老去，这样的人生，何谈幸福美满？何谈长命百岁？何谈功德圆满？

心甘情愿、为自己为他人而活，积极主动地追求自己的梦想，向内求而提升内在的能力和修养，坚持修炼演变成为更好的自己，彼时，爱出者爱返，福往者福来，幸福美满不约而至，长命百岁顺其自然，功德圆满善始善终。

结语一：心随所愿皆如愿

杰出诗人臧克家在《有的人》中这样写道：
有的人活着
他已经死了；
有的人死了
他还活着。
有的人
骑在人民头上："呵，我多伟大！"
有的人
俯下身子给人民当牛马。
有的人
把名字刻入石头，想"不朽"；
有的人
情愿作野草，等着地下的火烧。
有的人
他活着别人就不能活；
有的人
他活着为了多数人更好地活。
骑在人民头上的
人民把他摔垮；
给人民作牛马的
人民永远记住他！
把名字刻入石头的
名字比尸首烂得更早；
只要春风吹到的地方
到处是青青的野草。
他活着别人就不能活的人，
他的下场可以看到；
他活着为了多数人更好地活着的人，
群众把他抬举得很高，很高。

臧克家在这首诗中把生死拎得明明白白，而我遭遇了两次劫难，才开始深入地思考自己生命的意义：我想成为一个怎样的人？我要给世界创造些什么？我要给世界留下点什么？

佛说："奇哉！奇哉！众生皆具如来智慧德相，只因妄想执着不能证得。"此语深邃，却直指人心。每个人本自具足，不分贫富贵贱，内心都蕴藏着无尽的智慧和力量。然而，由于种种"妄想"和"执着"，这些智慧和力量往往被蒙蔽，难以显现。继续深究，我们会发现古人造字也很有深意：亡女为妄。"亡"一曰死亡，二通"无"，可指无知，无知的人最容易忘记自己是谁。"女"有两层含义，一为女子，多偏向感性，若是女（女子）加亡（无知），则容易任性妄为；二为通假，"女"通"汝"，意思是"你"。《道德经》有"天欲其亡，必令其狂"，一个人狂妄无知，上天就让他走向灭亡。可见，"妄"多么可怕，若不能耕好自己的"方寸心田"，连人都做不稳。

人生之旅，长路漫漫，最大的敌人往往不是外界的风霜雨雪，而是藏匿于内心深处的那些"贼"。人一生都在与自己心中的"妄想"与"执着"作斗争，一生都在与自己的"生命熵增"作斗争。若不是经历两次劫难，我或许就如芸芸众生那般，向外汲汲以求，以为这样就能让世间的一切美好与自己有关。

然而，回顾过去的我，忘记了自己本自具足，忘记了向内求智慧与力量，忘记了要躬耕自己的"方寸心田"。正如一位智者所说："世上从来就没有庸才，只不过有人走错了方向，站错了位置，被命运捉弄一场罢了。"曾经的我就走错了方向，一直向外求，站错了位置，没坚守自己的本位，才被命运捉弄了一场，搞得差点丢了性命。

心随所愿，所愿，所不愿，皆源于自己，命自我立，福自己求。美好生活，人人心向往之，关键要看自己为之做了些什么。如果不想被命运捉弄，就该拎清楚自己，因为做好自己是一切的根本。但是，大部分人在为自己为别人做点什么的时候，都心不甘情不愿，只有少数人是心甘情愿的。面对自己的学业是如此，面对自己的家业是如此，面对自己的事业也是如此，面对自己的善业更是如此。其实，除了态度我们一无所有。

正如古人所言,"福祸无门,惟人自召"[①]。福与祸的到来并非偶然,亦非凭空产生,而是源于我们自身。我们所产生的每一个念头,我们所在意的每一件事情,我们所亲近的每一个人,都在无形中感召着未来的福祸,即想要什么,在意什么,亲近什么,就感召什么。这就是万有引力定律真实不虚的反映啊!

当一个人一念向善、心怀慈悲,在意天下苍生的福祉,亲近善良厚道之人,他的感召之力将汇聚成无尽的善缘。相反,如果一个人一念向恶、心怀恶意,在意自己的名利得失,亲近邪恶德薄之人,他的感召之力则会引来恶果。用一句直白的话说就是:如你在意自己的得失,你就在得失之间轮回;如你在意别人好不好,你就在喜悦和幸福之间流淌;如果你不识亲疏、黑白不分、善恶不辨、好歹不明,那就会在悲催之中徘徊。一切都源于自己。

愿因我的存在,为人世间创造更多美好。我希望自己自强不息"修品性",厚德载物"修德行",历事炼心"修智慧",勤勉精进"修能力"。愿自己还有这样的品性、德行、智慧和能力,为人世间创造更多美好。否则,不就辜负了老天爷对我的眷顾和厚爱了不是?!

愿世间的一切美好都与你有关。由于自己差点失去生命,我知道要过好自己的一生实在不容易,便希望能用已绵延数千年的中华民族古圣先贤智慧,以及古今中外伟大科学家总结出的自然科学规律,来指导我们的实践,拎清楚该怎么想、怎么说、怎么做,以期探寻这人世间的背后,到底有没有一套适合凡夫俗子"连接幸福与美好"的底层逻辑呢?以此造福天下有缘人行稳致远!

这两大愿,或许就是我"重回人世间"后最真挚和最美好的心愿吧!祝愿你我都能够平安喜乐相伴,幸福好运相随,身心健康相宜,心随所愿皆如愿。

---

① 关于"福"与"祸"的问题将在本书第四章详细阐述。

> 来到人世间，要拎清楚的事情不少，以下问题你能拎清楚吗？

1. 你觉得这世间美好吗？

2. 你如何理解"人在做，天在看"？

3. 想要幸福与美好，你觉得可以怎么做？

4. 如何才能传递正能量？

5. 你觉得人生难吗？为什么？

第二章 "百年未有之大变局"到底怎么了

/ 拎清楚自己周遭的世界 /

曾经，科技的迅猛发展让人类洋洋自得：抬头仰望星空，发射可回收火箭，建立庞大的空间站，勇敢地探索着未知的宇宙；低头俯瞰深海，用高精密仪器潜入那幽暗的水域，挑战着生命的极限。这一切的成就，似乎让人们觉得，人类已经相当强大，能够上天入海无所不能，掌握了无尽的力量，成为了宇宙真正的主宰者。

然而，当突如其来的病毒席卷全球时，我们才猛然惊醒：人类竟然如此渺小，被这小小的病毒搞得灰头土脸。这一"黑天鹅"事件，不仅对公共卫生体系提出了严峻考验，更对人类的认知边界产生了强烈冲击。它迫使人们不得不放慢脚步，睁大眼睛，重新审视这个熟悉又陌生的世界。

在自然层面上，极端气候事件已成为人类生存面临的严峻挑战。这些极端事件，如由气候异常变暖引发的冰川迅速融化、海平面持续上升，以及洪水肆虐、干旱蔓延、火灾频发等自然灾害，正无情地侵蚀着人类赖以生存的家园，对社会经济发展造成难以估量的损失。

在社会层面上，一些极端事件如同多米诺骨牌一般，引发了一系列连锁反应。国际环境动荡不安，地缘政治格局正悄然发生着深刻的变化；国内经济面临着前所未有的挑战，且与机遇并存，正面临着转型升级的压力；人们的生活方式也在这场变革中发生了翻天覆地的变化，如疾病年轻化、多样化及复杂化让人担忧，人们的心理健康问题也日益凸显，压力与焦虑成为许多人的常态。

这不禁让人思考：我们是否真的了解自己？是否真的了解这个世界？是否掌握了这个世界运转的逻辑？是否能够保持敬畏之心，敬畏天道，敬畏自然，敬畏生命？或许，只有当我们承认自己的渺小和无知，并开始反思这些问题时，才能找到人类的出路，真正走向光明的未来。

一、宇宙能量大转换

1. 站在宇宙看地球,地球怎么了

(1)两极气温变暖,史上最高

据英国《卫报》2020年2月13日报道,巴西科学家2月9日在南极西摩岛上测到当地气温一度达到20.75℃,这是有观测记录以来,南极洲首次测得超过20℃气温值。科学家称这"难以置信,极不正常"。

另外,2020年12月14日,总部位于日内瓦的世界气象组织确认,2020年6月20日,西伯利亚北极圈以内的维尔霍扬斯克监测到38℃气温值,创下北极地区高温新纪录。有报道称,这是该机构首次将北极地区创纪录的高温列入其极端天气报告档案。

(2)夏季洪灾泛滥,非常少有

2021年,奥纬咨询发布了报告《沉没成本:洪水的社会经济影响》。报告指出,2020年亚洲各地洪水造成3800多人死亡,670亿美元损失。其中,中国夏季洪涝灾害损失最高,为218亿美元(折合人民币1500多亿元)。[①]

2020年的亚洲洪灾,中国多地的最高水位已经超过了1998年特大洪水的历史极值;印度至少9个邦出现灾情,上百万人受灾;孟加拉国官员直言,该国三分之一的国土被淹;日本暴雨在九州地区引发洪水和山体滑坡,造成至少70多人死亡。

(3)森林大火连烧多月,实属罕见

据报道,2020年2月12日,澳大利亚一场始于2019年7月18日的大火,燃烧了足足7个多月才完全熄灭。数月以来,澳大利亚多地遭野火肆虐,造成至少33人死亡、超10亿动物死亡,2500多间房屋和1170万公顷土地被烧毁,所烧毁土地面积几乎相当于一个奥地利。

(4)地球究竟怎么了

以上的几个例子,仅仅只是近些年发生的极端气候所引起的灾害的一小部分。而在2020年后这5年间,类似的事件一波接一波,这显然超出了大

---

① 参考来源:三个皮匠报告。

部分普通人的认知。

在中国历史上，民间也有"庚子年多灾多难"的说法。比如，古人曾在《地母经》庚子年诗云中这样描述道："太岁庚子年，人民多暴卒。春夏水淹流，秋冬频饥渴。高田犹及半，晚稻无可割。秦淮足流荡，吴楚多劫夺。桑叶须后贱，蚕娘情不悦。见蚕不见丝，徒劳用心切。"《地母经》卜曰："鼠耗出头年，高低多偏颇。更看三冬里，山头起墓田。"

有人说，这是宇宙天体运行到一定的位置，影响了地球能量场发生变化，导致气候异常，自然灾害频发。也有人说，这些说法子虚乌有，并不科学，能量场的影响微乎其微。若将时间长河拉到更长的维度，就可以发现这些自然灾害具有偶然性，并非庚子年特有。众说纷纭之下，每个人都有权利去选择相信什么，不相信什么，因此世界上才有那么多人有不同的信仰。

但不管哪一种说法，一定有其背后的逻辑。关键是，我们能否警醒自己要常怀敬畏之心：敬畏天道，敬畏自然，敬畏生命？我们是否真的做好了自己？能否担起身为人类一员应尽的责任？能否尽己所能保护好人类共同赖以生存的家园？在灾难来临之时，我们是否能够使自己逢凶化吉，遇难成祥，安然无恙？

2. 站在地球看世界，人类怎么了

（1）新冠病毒全球肆虐

2019年末，突如其来的新型冠状病毒席卷全球，严重威胁着人类的生命与健康。这次疫情的蔓延之快、影响之广，让人始料未及。

自2020年1月30日晚，世界卫生组织宣布，将新型冠状病毒疫情列为"国际关注的突发公共卫生事件"开始，到2023年5月5日，世界卫生组织总干事谭德塞宣布，新冠疫情不再构成"国际关注的突发公共卫生事件"为止，在此期间，全球累计报告确诊病例逾7.6亿，死亡病例超过690万。在这场与新型冠状病毒的艰苦卓绝的抗争中，人类为抗击疫情所付出的努力与牺牲，着实令人心痛。随着病毒的不断变异，以及药物的研发与应用，人类似乎不再那么恐慌，且逐渐掌握了与新型冠状病毒共存的方式。然而，这并不意味着可以掉以轻心，因为新型冠状病毒仍然存在于自然中，持续影响着人们的生命健康。

（2）局势动荡战事不断

在"百年未有之大变局"的严峻形势下，国际局势动荡不安，战事连绵不断。其中，俄乌冲突和巴以冲突尤为突出。2022年2月，俄罗斯和乌克兰爆发军事冲突。截至2024年2月，已经过去了整整两年，两国冲突却仍在持续，给双方造成了巨大的人员伤亡和财产损失。2023年10月7日，巴勒斯坦和以色列爆发新一轮冲突，并且逐渐升级。截至当地时间2024年3月13日，加沙地带卫生部门发表声明称，以军在加沙地带开展的军事行动已造成31272名巴勒斯坦人死亡、72043人受伤。巴以冲突的战火逐渐蔓延至周边国家，叙利亚、黎巴嫩、埃及等这些国家都已被卷入其中。这些冲突不仅给无辜人民带来了巨大的痛苦，同时也对全球经济和社会稳定构成了威胁，进而阻碍了世界的和平发展进程。

（3）经济制裁前所未有

在疫情蔓延与国际局部战争持续的同时，世界范围内国与国之间的经济制裁也达到了前所未有的规模，特别是近几年美国政府以各种名义对我国发起各种不合理的制裁。据BBC报道，美国政府2023年10月17日宣布了一份限制向中国供应商品和技术的清单，对中国实施了20世纪90年代以来最广泛的制裁，限制向中国出售与人工智能相关的超强大计算芯片、生产设备以及其他一些半导体技术。并且，制裁还在不断升级，涉及的领域不断扩大。同时，所涉及的受到制裁影响的企业及个人名单也在不断增多。包括华为在内的众多企业，也遭受了美国的制裁。

美国等西方霸权主义国家，长久以来采取经济制裁这一手段，企图通过压制、削弱他国政治、经济和军事实力来扩张自己的势力范围。美国或许以为，通过这种方法就能够扼住快速崛起的国家的经济发展咽喉。然而，历史与现实证明，这样的幻想终将破灭。面对制裁，中华儿女展现出了坚韧不拔、自强不息的精神风貌，以非凡的毅力和智慧，向全世界证明了中国的实力与决心。

（4）人类究竟怎么了

"百年未有之大变局"之下，不论贫富贵贱，人人平等。然而，看到这么多乱象，我们不禁要问：人类究竟怎么了？在地球面临重大挑战时，人类不是应该团结一心、相互帮助、相互扶持吗？为何有的国家生灵涂炭，有的国家人民如同草芥，有的国家霸权主义盛行？为何仍有战争蔓延、冲突不断和制裁横行的乱象？

由于"人性五漏"与"人心颠倒"作祟，在为了满足各种欲望、争夺生存资源时，人们"想要获得更多一些"而展现出不可思议的攻击性和破坏性，进而不惜做出各种损人利己、损人不利己的事情，比如发动战争、实施经济制裁等，以至灾祸连连。

由此不得不感慨：从来没有什么和平的年代，只有和平的国家。此刻，我感到无比庆幸，因为我生在强大的中国。祖国母亲顺应天道，始终坚持人民至上、生命至上的理念，以人民为中心，张开双臂深情拥抱着每一个子女。内心深处那份坚定不移的红色信念，让中华儿女即使面对生命的无常，也不再感到惧怕与慌乱。我深感作为一名中国人是多么的幸运与自豪，因为我们生活在一个充满爱与光明、散发着强大能量的国家。试问：没有国哪有家？没有家哪有个人幸福安宁的生活？

3. 站在世界看当下，我们怎么了

近几年有个不容忽视的现象，就是医院的人流量日益增大，有时候甚至一床难求。2023年，我自己去过几次医院，依然能感受到去医院就医的人员络绎不绝，只增不减。挂号、看医生、缴费、抽血、拍片、取药等，去到哪里都需要排队。有些医院的住院部更是一床难求，有些人只能睡在医院过道的简易病床，有些人甚至要忍着痛，等几天才能住院治疗。医院人满为患的现象对医疗体系产生了冲击。患者排队等待治疗的时间延长，可能会导致病情恶化。长时间超负荷工作，使得医护人员面临巨大的工作压力。医院人满为患还可能引发交叉感染这类卫生问题，给患者的生命安全带来隐患。

人活一世，当生命走到尽头，我们无法阻挡它的离去，终究要回归尘土。殡仪馆似乎也很繁忙，网络上频频出现的照片和视频，展现了人满为患的场景。熙熙攘攘的人群，送行的队伍络绎不绝，仿佛在诉说着生命的脆弱与无常。送行的人们或泪流满面，或沉默不语，每个人心中都充满了无尽的哀思和不舍。谁也不希望生离死别这件事情发生在自己身上。但是

每每面对这样的场景，我们都不禁要感慨：生命为何如此脆弱？到底是哪里出现了问题？是不是生活方式、健康观念出了问题？是不是应该更加关注生命的品质，提高生命的质量？难道就没有什么良方，让一个人能够健康长寿功德圆满，离开人世时能够少一分遗憾、多一分体面，同时也让亲人能够少一分哀伤、多一分坦然？

上述这些现象犹如一面镜子，映照出这个时代所面临的一些问题，让人不禁要问：我们究竟怎么了？或许，这一切的背后，隐藏着一种神秘的力量，它以一种不可抗拒的规律，在悄然影响着我们的生活。

医院人满为患的景象无疑令人深思。人们往往在日常生活中忽视了对疾病的预防与健康的维护，对自己的身体过于放纵，管不住嘴，迈不开腿，精神内耗，情绪失控，不停地肆意挥霍作贱自己，让自己的生命熵增而不自知。直到身体出现健康问题时，我们才如梦初醒，急切地寻求医生的帮助。此刻，我们是否应该深刻反思自己？

殡仪馆繁忙的景象无声地触动了每个人内心最深处的痛楚，迫使人们不得不思考生命的价值和意义。生命是如此的脆弱和无常。那么，在这有限而宝贵的人生旅程中，又该如何珍惜和度过每一天？人应该追求什么样的生活品质，应该如何完善自身的生命能量场，焕发出生命应有的光彩呢？

从上面的分析来看，答案似乎也不言而喻了：这股影响每个人的"神秘力量"，最终不就是来源于自己的"方寸心田"吗？不就是来源于"人性""人心"以及"业力"吗？因为没有管理好自己的生命能量，而使其熵增内耗掉了吗？此刻，是时候需要重新审视、深刻反思自己了。

二、三拨人的命运从此改变

1. 为什么有人财富压身

我们经常听到这样一句话："钱不是万能的，但没有钱是万万不能的。"它反映了人们对财富的渴望。可是，有多少人留意过，当财富积累到一定程度时，如果持有者的"德"不足以承载它，财富可能会成为一种负担，带来意想不到的麻烦，这就是"财富压身"，有时候甚至会给持有者招来横祸。

有些风光无限的富豪，他们实现了财富自由，可是，最终有多少人能安然无恙地享受这些财富呢？这些人光鲜亮丽的背后，隐藏着怎样的贪婪、虚荣和盲目？又是什么原因让他们迷失了方向，失去了对自我的认知？是金钱的诱惑，权力的腐蚀，还是其他原因？我们不禁要问：当一个人的欲望超越了道德和良知的界限，当权力和金钱成为衡量一切的标准，那么这个社会的底线和良知又将何去何从？如果不对"人性"和"人心"进行深刻的反思，这样的悲剧是否还会不断地重演？

那么，到底谁能安然承载财富？其中的决定因素又是什么呢？

有人说，对于财富的管理和运用，是决定能否承载财富的关键因素。拥有财富并不意味着可以高枕无忧，更为关键的是如何合理、安全地管理和运用这些财富。一些人在获得财富后，由于缺乏有效的管理和投资策略，很快就挥霍一空，让自己陷入了财务困境。而另一些人则通过智慧的投资和理财，使自己的财富持续增长，从而能够长期稳定地承载它。

这看似很有道理，我却不以为然，因为那些都只是表象而已，古圣先贤早就告诉我们："德不配位，必有灾殃"，"厚德才能载物"。财富往往容易让人迷失方向，因为"贪"是人性首恶，"贪"字的上面是一个"今"字，下面是一个"贝"字（古人用贝壳做货币），一个人若是心里只想着钱，没有装着人，那么他就像"钻到了钱眼里头"。要知道，自私自利是堕入深渊的开始。

财富或许是最具能量的外在媒介之一，"德"或许是最具能量的内在品质之一。如果一个人的"德"不够厚，即自身的能量低于财富的能量，俗称"财富压身"，则很容易在金钱的诱惑下走向堕落，即使再聪明，也是人算不如天算。相反，那些具有深厚德行的人，由于自身能量足够强大，所以即使在面对巨大的财富时，也能保持清醒的头脑，安安分分做人，稳稳当当做事，行稳致远。

2. 为什么有人身陷囹圄

据人民网报道，2022年6月30日，中共中央宣传部就坚持党的全面领导和全面从严治党有关情况举行发布会。发布会介绍，在党中央坚强领导下，党的十八大以来，截至2022年4月底，全国纪检监察机关共立案审查调查438.8万件、470.9万人；查处违反中央八项规定精神问题72.3万起，给予党纪政务处分64.4万人。这表明国家在反腐败斗争方面一直保持高压态势，取得了显著成效。

据《2023企业家刑事风险分析报告》显示，民营企业家十大高发罪名包括非法吸收公众存款罪、职务侵占罪、挪用资金罪、合同诈骗罪、拒不支付劳动报酬罪、集资诈骗罪、非国家工作人员受贿罪、串通投标罪、诈骗罪、重大责任事故罪；国有企业家触犯的高频罪名主要集中于以受贿、贪污、挪用公款为代表的腐败犯罪、国有公司人员滥用职权罪、国有公司人员失职罪等。

为什么近年来，即使是一些位高权重的高官、一些富甲一方的老板，也会马失前蹄，一不小心就从人前风光瞬间变成阶下囚，失去了生而为人的自由呢？难道那些高官、老板不知道法律的权威不容亵渎吗？

人啊，不管多么聪明，一旦忘记了"为什么而做什么"的初心，被功名利禄蒙蔽了双眼，就会失去对法律和道德的敬畏之心。他们或许曾经有过雄心壮志，想要为家庭、为社会、为国家创造更多的价值，但随着时间的推移，在人性贪婪和人心不足的驱使下，逐渐被权力和金钱所腐蚀，开始追求私利，早已将"全心全意为人民服务"的宗旨、"为中国人民谋幸福，为中华民族谋复兴"的初心抛诸脑后。

当有些人开始利用自己的地位和权力谋取不正当利益时，就已经走上了违法犯罪的道路。他们或许认为自己能够逃脱法律的制裁，但法律是公正的，不会因为任何理由而对他们网开一面。

那么，能不能圆满如意，到底谁说了算呢？其实，答案很显然，上有天道，规律说了算；中有世道，法律说了算；下有人道，最终人说了算，做好自己才是一切的根本。只有始终保持对天道、世道和人道的敬畏之心，躬耕好自己的"方寸心田"，修好自己的德，完善自己的生命能量场，才有可能在人生的道路上走得更远、更稳健。

3. 为什么有人遭遇无常

天有不测风云，人有旦夕祸福，人生充满了未知与变数。其中的"不测"和"旦夕"，恰恰揭示了无常的本质。它不分时间、地点，也不管对象是谁，随时随地都有可能降临。天灾人祸等种种不可预测的突发事件，有的让人痛不欲生，有的则让人追悔莫及，它们都真实存在于生活当中。面对这些突如其来的变故，人们往往感到束手无策，有时只能默默承受。

谁都不知道，明天和意外哪个先到来。每天都有无数人因为各种原因突然离世，有些人是因为意外事故，瞬间失去生命；有些人是因为突发疾病，来不及告别。这当中有我的好朋友、老师、校友、同事和同事的家属……太多太多，不敢回忆。我自己也曾亲身经历过这种生死搏斗，每每回想起那一刻的惊险，我都深感生命的脆弱和宝贵，也万分庆幸自己能活下来。

能不能寿满善终，到底谁说了算？生命的长度和终点，究竟掌握在谁的手中？这些问题引人深思，也驱使我去探寻其背后的逻辑。

三、感恩上天给我"重生"的机会

1. 宇宙面前，地球如沙粒

仰望浩瀚星空，心中不禁涌起一种渺小与孤独的感觉。在宇宙的宏观背景下，地球显得如此微不足道。地球的直径约为1.28万千米，相比之下，宇宙的直径是地球的数百万亿倍。尽管地球对于我们人类来说无比重要，但在广阔的宇宙面前，它不过是宇宙无数星体中一个微小的存在。

在地球上，我们面临的这些灾难，比如飓风、地震、火山爆发等，对于个体而言是毁灭性的。然而，当我们把视线拉远，从太空中看地球，在宇宙的尺度上，这些灾害不过是自然界的常态表现。宇宙中存在着比地球灾害更为"壮观"的现象，如超新星爆发、黑洞吞噬星球、星系间的碰撞等。这些现象所释放的能量远远超过地球上的任何自然灾害所释放的能量，它们对于宇宙来说并不稀奇，但却是地球生命所无法承受的。

2. 地球面前，人类如蝼蚁

在浩瀚的宇宙中，地球以其蓝色的光辉孕育着生命的奇迹，人类以智慧和勇气建立了文明的辉煌。然而，地球是一个复杂而庞大的生态系统，涵盖了无数生物、资源和环境因素，人类只是其中的一部分而已。当自然狂怒时，我们才深刻意识到，在地球的各种自然灾害面前，人类的力量何其渺小，如同蝼蚁般微不足道。

地球的每一次"呼吸"都可能引发震撼人心的自然景象。地震、海啸、飓风、火山爆发……这些自然灾害在历史的长河中留下了深深的烙印。发生在我国的唐山大地震、汶川地震等灾难，无情地夺走了无数生命，摧毁了许多人的家园。2004年印度尼西亚苏门答腊岛附近海域发生里氏9级地震并引发印度洋海啸，波及多个国家，造成超过29.2万人死亡，印度洋沿岸各国人民生命和财产遭受重大损失……在这些灾难面前，人类的力量显得如此薄弱，不堪一击。

3. 人类面前，个人如尘埃

在人类历史的长河中，我们经历了无数的风雨和挑战。面对病毒肆虐、战争频发、经济制裁等重大事件，个人的力量显得微不足道，个体如同尘埃般渺小。

然而，正如谚语所说，"人多力量大，柴多火焰高"。当这些看似微小如尘埃的个体团结一致的时候，就能汇聚成伟大的民族力量，共同书写人类的辉煌篇章。在抗击疫情的时候，我们可以看到无数医护人员和人民群众齐心协力，凝聚成一股强大的力量，共同为战胜病毒而努力。在面对国际经济制裁的压力下，我国人民坚定信念，自强不息，坚韧不拔，为实现中华民族伟大复兴而不懈努力。

正如古人所说："天下兴亡，匹夫有责。"在人类面临重大挑战时，虽然个人力量有限，但每个人都应该发挥自己的作用，为国家和民族的繁荣发展贡献自己的一份力量。

4. 5%的生机，上天留了我

老子说："天地不仁，以万物为刍狗。"在无情的天道面前，我历经两次生死磨难，无比庆幸的是，我还能活着。大病康复后，我曾经去医院探望我的主治医生，想给他三鞠躬以答谢救命之大恩。然而，医生坚决不接受我的三鞠躬。他很坦白地告诉我："得了这种疾病的人，只有5%的人能像你一样，还能完全康复，看不出与以前有什么异样。"他还说："我只是尽了一名医生救死扶伤的本分而已，而至于最终能救回谁、不能救回谁，全靠患者本人的福报够不够深厚了。我不能贪天之功，不然会折我的寿啊。"

如今每天醒来，我都无比感恩，因为上天将5%当老板的机会给了我，将5%完全康复的机会也给了我。我不仅活过来了，还能够有机会反省自己，还能够有机会悟到人生的一些道理，让自己思想更加通透、内心更加丰盈，实属万幸呀！

5. 我的经历，谁想要重演

创业风雨几十载，而今年过半百，对比起已经告别人世间的人（我的好朋友、老师、前同事等），或者已经失去自由的人（身陷囹圄的人），以及失去健康的人（瘫痪了离不开别人照顾的人），我是何等的幸运。只要生命还在，什么都还可以创造。当年的我不正是从两手空空、白手打天下走过来的吗？可是，这种差点死去的经历，实在是太痛苦了，敢问谁想要重演呢？

面对死亡时的无奈与悲哀是刻骨铭心的，我真心不希望有人像曾经的我那样，经历这种痛苦之后才幡然醒悟，或悔之晚矣。因此，我才十分坚定地想要将自己花了两年多时间体会到的感悟、学习到的古圣先贤智慧、了解到的科学理论精髓传递给更多人。这既是我对大家过往种种关心、照顾、扶持的感谢，也是我对自己被赋予"新生命"的感恩。希望因为我的存在，以及我所做的努力，能够使更多的人早日领悟到这些人生智慧，感受到幸福和美好。

四、苦难是人生最好的老师

不撞"南墙"不回头
苦难，是人生最好的老师

1. 若不是苦难，谁主动反省自己

在舒适安逸的生活中，人们容易沉迷于对功名利禄的追逐，而忽视了对自己"方寸心田"的耕耘，很少有人会深刻反省自己。我也曾是其中的一员，被各种"我以为"所蒙蔽，只顾着追求外在的物质和成就，却忘记修炼那个更为重要的内在自我。

然而，当苦难（包括天灾、人祸、意外、疾病等）降临，生活陷入困境、身体陷入痛苦、精神陷入绝望时，人们才会开始真正审视自己的思想和行为。这种反省并不是简单的后悔或自责，而是一种深刻的自我觉醒。它是对过去错误的深入剖析和反思，更是对自己的人生进行的重新审视。

苦难，就像一面镜子，映照出人们内心深处的弱点和缺陷。在苦难中，人们被迫面对自己的不完美和错误，从而开始寻找改变和成长的动力。这种反省是一个痛苦的过程，但也是一种洗礼，让人们从错误中汲取教训，从困境中找到出路，从痛苦中获得力量，从绝望中看到曙光。

有过这种刻骨铭心的反省之后，人们或许会变得更加成熟和睿智，或许不再盲目追求外在的成就和名利，而是更加注重内心的修养。当人们学会了自我反思和自我批判，不断调整自己的行为和决策，就能避免重蹈覆辙。这或许就是人们常说的"人教人，教不会，事教人，一教就会"。

2. 若不是苦难，谁愿意面对现实

在现实生活中，人们总是会被事物各种各样的美好表象所迷惑，忘却了事物的本质。就像某些站在社会高位的达官贵人，被权力和地位所迷惑，仿佛生活在云端之上，远离了真实的世界。同样，某些赚得盆满钵满的富商精英们，在金钱和名利的驱使下，逐渐失去了对法律的敬畏和社会责任感。而某些在聚光灯下让人羡慕的明星网红们，虚荣心被无限放大，忘却了自己的真实身份和价值。

然而，苦难往往会以其最不友好的方式，将人们拉回到现实中来。它像一个无情的审判者，让每个人看清自己的真实面目，认识到自己的不足和缺陷。苦难让人们重新审视自己的世界观、人生观和价值观，重新调整自己的生活、学习和工作方式。它让人们恍然大悟，钱、权、名、利都是身外之物，只不过是过眼云烟罢了。人真正想要的、真正重要的、需要珍惜的，是无忧、无虑、无病、无灾，包括身体的健康、内心的丰盈、家庭的幸福、生活的美满。苦难虽然痛苦，但也是清醒剂，让人们从虚幻的梦境之中惊醒，回归现实生活中，不再陷入"妄"乎所以、"妄"自尊大、"妄"自菲薄这"三妄"之中。

3. 若不是苦难，谁轻易顿悟觉醒

很多时候，困住人的并非外界的环境，而是人内心的"妄想"与"执着"。这种执念如同一座无形却异常坚固的牢笼，束缚着人的思想和行为，让人们在"我执"的泥潭中痛苦挣扎，难以自拔。若非苦难的降临，或许还有许多人仍在原有的思维模式中徘徊，难以自我觉醒。

苦难，如同一块磨砺人心的砥石，给那些深陷"我执"的人以猛烈的冲击。这种冲击，让人痛彻心扉，无法再继续沉溺于过去。这种冲击让那些"我执"念头开始松动，它促使人们重新审视自己，思考如何改变自己；它促使人们放下过去的执念，接纳新思想；它促使人们寻找新的出路，以更好的姿态去面对生活中的风风雨雨。

比如，有些人在经历了苦难之后，性情发生了翻天覆地的变化；有些人突然失去至亲，一夜之间便学会了独立和坚强；有些人陷入困境，一夜

之间便懂得了努力和奋斗。这些变化，都源于一念之间的自我觉醒。

苦难虽然痛苦，但也是成长的催化剂。它让人们明白，生活并非一帆风顺，而是充满了挑战和困难。只有勇敢面对这些挑战，才能不断成长与发展。每一次的苦难经历，都可将其视为成长的契机，从中汲取智慧和力量，让自己的内心变得更加坚强和丰盈，让自己的生命变得更加坚韧和有力。

4. 若不是苦难，谁反思生命意义

生命并非总是被人珍视，它在无声无息中流逝，直到遭遇困境和挫折，人们才会去珍惜。苦难，作为生命旅程中不可避免的一部分，常常成为人们顿悟生命真谛的催化剂。

在舒适的环境中，人们或许容易忽视生命的价值，误以为时间无穷无尽，可以随意挥霍。不少人沉迷于吃喝玩乐，沉迷于游戏所带来的虚拟世界，追求短暂的快乐，却忽视了生命的真正意义，内心早已空空如也。

然而，当苦难降临，生活的平衡被打破，才会被迫停下脚步，重新审视自己生命的意义。 相比于生活顺风顺水的人，那些经历过苦难的人，往往会对生命有更加深刻的体悟。苦难让人们明白：生命没有第二次，请小心演绎。即使一个人能够活到100岁，那也只有36500多天，时间是非常有限的，每一刻都值得珍惜。不应该再把时间浪费在毫无意义的事情上，而应该努力精进自己，去为这个世界创造更多价值。珍惜每一个时刻，让生命绽放出应有的光芒，才能让自己的人生在有限的长度上活出深度和高度。

苦难并不是终点，而是给了我们一个新的起点。这一次，我把每一天都当作人生中的最后一天来过，生怕浪费了一分一秒。我要全力以赴地为这个世界多做点事情，我要尽心尽力尽情地为这个世界创造多一点美好，哪怕每天都比昨天只好那么一点点，也觉得自己"重活一次"值了。

5. 若不是苦难，谁获得幸福智慧

佛说："众生皆具如来智慧德相，只因妄想执着不能证得。"由于种种"妄想"和"执着"，这些蕴藏在我们自身的智慧和力量往往被蒙蔽，难以显现。

以苦难为镜，看清自己的"妄想"和"执着"

苦难，像一面镜子，让人们看清自己内心的"妄想"和"执着"，从而有机会去解脱和超越。 人若非经历磨难，岂能深刻反省自己、直面现实、领悟真理、珍视生命？怎会轻易在顺境之中去突破自己的"妄想"和"执着"？怎会获得真正的智慧？

《孟子》曰："天将降大任于是人也，必先苦其心志，劳其筋骨，饿其体肤，空乏其身，行拂乱其所为，所以动心忍性，曾益其所不能。"上天要把重任降临在一个人的身上，一定先要使他心意苦恼、筋骨劳累，使他忍饥挨饿、身体空虚乏力，使他的每一行动都不如意，从而激励他的心志，使他性情坚忍，增加他所不具备的能力。

回首我的人生，并非一马平川，而是波澜曲折，有着无数的跌宕起伏。但正是这些苦难，塑造了今天的我。经历过一次又一次的挫折，跨过一道又一道人生的坎，这些丰富的经历和现实的磨炼，让我成为一个自强不息、懂得感恩的人。可以说，"让世界看见更美的自己"是我前半生的写照。

如今年过半百再出发，我通过名仁慈善基金会发起公益项目"让世界看见更美的你"。"让世界看见更美的你"，对自己是一种信念，对别人是一声鼓舞。人若有了这一种"信念"，若收到这一声"鼓舞"，内心就会涌出一股力量，这股力量足以点燃自己的生命之火。以"信念"抵抗"熵增"，用"热血"打败"拦路虎"，向好向前就是必由之路。有些结果，做了就自然会得到。莘莘学子因有此"信念"终成人生赢家；体育健儿们因有此"信念"终成奥运冠军；科学家们因有此"信念"终成世界领先者；创业老板因有此"信念"终能事业有成。人生是道多选题，而坚持是唯一的答案。人不是天生非凡，而是敢于非凡。礼仪之邦明大德众庆幸，君子之德风人间华夏兴。你行，我行，你我都行。

苦难是人生最好的老师，它让我悟到了人生的智慧，也让我内心充盈，平静而幸福。如今看来，过往的一切苦难，都是最好的安排。

结语二：眼见表象勿心慌

在"百年未有之大变局"中，如感受到"世事无常""惊悚错愕"，也要眼见表象勿心慌。因为所看到的生活的无常与世界的复杂，其实都是已经发生了的表象，都是既成事实的"果"，无法改变。如果仅仅停留在"畏难、担心、害怕"层面，会让人裹足不前，失去前行的勇气和动力。因为恐惧和焦虑会蒙蔽人的双眼，让人无法看清前行的道路，更无法找到解决问题的办法。只有过去不念，当下不杂，未来不惧，勇敢地面对现实，积极地寻找问题的根源，才能找到解决问题的方法，从而走出困境，迎接更加美好的未来。

因此，面对"百年未有之大变局"，我们最应该做的，就是立足当下，刨根问底，问问自己"我怎么了？""我们怎么了？""人类怎么了？""地球怎么了？"等问题。通过这样的自我审视，我们或许就能找到其背后的底层逻辑。届时，我们就能从"因"上去着手改变，而不至于等到灾难来临时束手无策，毫无招架之力。到那时，一切都已经晚了。

为什么这么强调"因"呢？古人云："菩萨畏因，众生畏果。"这里的"菩萨"泛指有智慧的人，他们深知有因才有果，于是就在源头上将恶因掐断了。这里的"众生"泛指智慧不足的人，他们不知道自己的言行举止会产生怎样的后果，无知者无畏，只有等到自己亲身遭受了恶果以后，才明白恶果的可怕。

古人云："福兮祸之所倚，祸兮福之所伏。"这句古训深刻地揭示了人生的曲折与变化，福祸之间的转换往往就在一瞬间。曾经历的灾难是祸，但换一个角度来看，它也是福，它是人生最好的老师，教会人反省自己、面对现实、顿悟觉醒、珍惜生命、获得智慧。它的关键在于自己当下的这一念，在于自己的态度。态度是什么？态度就是表达自己的选择：认不认可？接不接受？承不承认？改不改正？当人们懂得了"因缘果"的道理，领悟到古圣先贤的智慧，才会懂得问自己：是否能够为善去恶？是否能够知行合一？是否能够修诸功德？当积攒了足够的福报，在苦难来临之时，或许才可能遇难成祥；当无常降临时，或许才可能逢凶化吉。

"百年未有之大变局"让我们看到，在这变幻莫测的世界中，似乎有一股扭转命运齿轮的无穷力量，在引领着我们向好向前。这股力量是什么呢？它是源自我们自己的"方寸心田"，还是来自外在的环境影响？它究竟如何发生作用？后续章节将逐一探讨。

> 来到人世间，要拎清楚的事情不少，以下问题你能拎清楚吗？

1. 这世间的意外和无常，跟你有关系吗？

2. 你相信苦难是人生最好的老师吗？

3. 你觉得自己是个怎样的人？

4. 命运可以改变吗？为什么？

5. 你怎么看"种瓜得瓜，种豆得豆"？

第三章　现实中的"忽上忽下"每天上演

/ 拎清楚自己为何情绪波动 /

感恩时代，得益于移动互联网的飞速发展，人们随时随地亲眼可见自己周遭世界的表象；感恩国家，得益于祖国的和平稳定与繁荣昌盛，人们无须为基本生存和生活担忧，从而催生了社会的多元化。

然而，在这个日新月异、纷繁复杂的社会里，现实生活中的"忽上忽下"无时无刻不在上演，不仅看得见、摸得着，还能真切感受得到。只要稍微用心去观察和感受生活和工作中的点滴，便会发现，原来自己身边无时无刻不在上演着各种悲欢离合、爱恨情仇、利益纠葛、纷争不断。人们在"作人""作己""无我""作贱""作孽""作恶"这六种状态之间穿梭徘徊，忽上忽下，反复无常，历经人生百态，尝尽酸甜苦辣。

我们或许曾遇见过不少这样的人：

• 作人：有的人或许平淡无奇，但始终坚守作为人的基本良知，善良厚道，勤勤恳恳，把平凡的日子过得有滋有味，生活一天比一天好。比如有些勤劳朴实的人，他们不仅能把家庭经营得很好，还能把事业经营得很好。

• 作己：有的人拥有鲜明的特质，他们态度乐观、积极向上，敢闯、敢拼、敢担当，身上总是散发着独特的个性。不管遇到什么样的事情，他们总能应对自如，在人群中脱颖而出，成为家庭、企业、社会的顶梁柱。比如有些敢闯敢拼的创业者，他们意气风发，勇往直前。

• 无我：有的人让人心生敬仰，他们心中有人，眼里有光，站得高、看得远，一心为他人、为社会、为国家做出无私的贡献。比如有些潜心研究的伟大科学家，他们成果卓然，奉献世界。

做正确的人，做自己的主人，无我而利他，人性的光辉和美好，在这三类可敬之人身上如阳光般温暖明亮。

当然，我们或许还曾遇见过很多这样的人：

● 作贱：有的人令人心生怜悯，本来可以好好地生活，却因为作茧自缚，把生活搞得一地鸡毛，让人忍不住感叹"可怜之人必有可恨之处"。比如有些缺乏自律的人，他们沉迷于网络游戏，没日没夜，无法自拔。

● 作孽：有的人让人难以理解，他们的行为举止总是让人觉得造作，要么偏执孤僻，要么傲慢自大，以至于连亲朋好友都心生嫌弃，避而远之。比如有些人为老不尊，在地铁上刁难别人，恶意抢座，扰乱秩序。

● 作恶：有的人更甚，看谁都不顺眼，看谁都像是要害他，全身上下每一个毛孔都散发着负能量，动不动就想作恶去伤害他人。比如有些人蓄意开车撞向人群，害人害己。

"作贱"自己，"作孽"他人，"作恶"众人，人性的阴暗和丑陋，在这三类可恨之人身上演绎得淋漓尽致。

这就是人世间"忽上忽下"六种状态的真实缩影。那么，它背后遵循什么逻辑？它又是如何向我们展现人间百态的呢？倘若不去拎清楚为什么会这样，自己是不是也会雾里看花、水中望月，最终迷失在这纷繁复杂的人间烟火中，无法让生命绽放出更加绚烂的光彩呢？

一、作人→作己→无我，由愿力推动向上走

1. 作人：作为人何谓正确

人类作为智慧生命，每天扮演着各种角色，承担着作为人应尽的责任。这个过程，就是我们所说的"作人"。作人，不仅是指在自然社会中，作为有思想、会语言、能创造的智慧生命，更是指在人类社会中，作为承担责任和义务、遵循基本行为准则的独立个体。

只有展现出区别于动物的思想、语言、创造力，承担社会责任和义务，遵循基本行为准则，才可谓把人做稳了。否则，有些人看起来人模人样，实际上不承担责任和义务，不遵守天道人伦，为人做事十分龌龊，不仅会被别人看扁看低，甚至还会被贴上"畜生""禽兽不如"的标签。有些人更严重些，最终连人都做不稳，要么被关进牢狱失去做人的自由与尊严，要么被套在思想的牢笼里不断内耗、痛苦不已，要么变成植物人失去知觉，甚至把自己的生命都弄丢了，最终一了百了。

日本企业经营之圣稻盛和夫曾提出："作为人何谓正确？"他认为，人应该诚实，不应该骗人；人应该勤奋，不应该懒惰；人应该谦虚，不应该傲慢；人应该知足，不应该贪婪；人应该自利也利他，不应该损人利己、损公肥私等。

"作为人何谓正确"这短短七个字，朴实而直接地引导人们自我反省，让人在面临各种选择时，能够以一个简单却重要的准则作为指导。这个准则就是：如果符合"作为人是正确的"这一标准，那么就应该去做；如果违背了这个标准，就应该远离。

在日常生活中，人人都喜欢负责任的人、正能量的人、大我的人、随和的人，我们应时常观照自己，对标这些人人喜欢、自己也喜欢的标准，从我做起，从小事做起，"不以善小而不为，不以恶小而为之"。把人做稳了，人生这条路才能走得更加从容和安稳。

（1）人人都喜欢负责任的人，我负责任吗

社会最需要的是什么人？负责任的人。企业最需要什么样的人？负责任的人。甚至丈母娘挑女婿的前提条件，也是这个男人要负责任。因为我们的社会，我们的企业，我们的家庭，每个角色、每个岗位、每位成员，都需要负责任的人。

什么是负责任呢？负责任是指担负起应该担负的工作，并认认真真地把它做好。负责任的前提是承担，负责任的状态是付出。承担和付出，不在于能力，而在于态度；没有能不能负责、负不负得起责任的问题，只有愿不愿意负责、要不要去承担、该不该去付出的问题。

现实中，人人都讨厌不负责任的人。内观一下，自己是一个不负责任的人吗？

（2）人人都喜欢正能量的人，我能量正吗

什么叫正能量？凡积极向上、开朗乐观、平和相处、乐于倾听且听得进不同的意见，愿意主动实践、勇于探索、敢于挑战等，都属于正能量的表现。

反之，就是负能量。凡情绪低落、消极等待、悲观失望、厌世低迷，甚至埋怨别人、责怪别人，或者动不动就与人为敌等，都属于负能量的表现。

以俄国量子物理学家康斯坦丁·科罗特科夫等为代表的科学家，通过气

体放电显像术（GDV，gas discharge visualization）验证过，当一个人产生积极情绪，比如开心、愉悦、快乐、感激的时候，他的能量场就会增强；而在生气、妒忌、悲伤、抱怨等情绪下，能量场就会缺损、缩小，甚至消失。

每一个生命体都在不断地接收与释放能量，而能否实现能量的正向转化与高效利用，即传递的是正能量还是负能量，则决定了生命体的兴衰成败。若是违背了这些规律，或许将给自己带来劫难。

现实中，人人都讨厌负能量的人。内观一下，自己是一个负能量的人吗？

（3）人人都喜欢大我的人，我自利利他吗

什么叫作"大我"？凡自利利他的人就叫"大我"。在面对"人、事、财、物"四要素与"功、名、利、禄"四利益的时候，能够自我觉知到对别人的影响，会掂量一下自己对与不对、愿与不愿、要与不要、该与不该，还懂得"你好、我好、大家好"的道理，这样的人就是"大我"。

反之，凡自私自利的人就是"小我"。任何时候只顾着自己的喜好，压根不顾及别人的感受，听不进去别人的劝告；只考虑自己的得失，眼里只有自己那点利益，甚至不惜翻脸不认人、恶语伤人、拳头相向，这样的人就是"小我"。

除了自利利他的"大我"和自私自利的"小我"之外，还有纯粹利他的"无我"。在这种状态下，心中无我只为大义，个人利益早已被抛诸脑后，这样的人无疑是受人敬仰的。

现实中，人人都讨厌"小我"的人。内观一下，自己是一个小我的人吗？

（4）人人都喜欢随和的人，我态度随和吗

什么叫作随和？就是态度温和而不固执己见。凡是温和平顺，谦逊低调，愿意与人和平相处，耐心聆听别人意见，共同讨论问题，发表自己看法而不强求别人必须接受，能革新思想等，都是广受社会大众欢迎的表现。

反之，就叫固执。凡是固执己见，自以为是，不分青红皂白认为别人都要听自己的，甚至强词夺理，非要争个高下，不争个你死我活决不罢休，有这种"我执"表象的，都叫作固执。

现实中，人人都讨厌固执的人。内观一下，自己是一个固执的人吗？

（5）人人都喜欢一心为公的人，我一心为公吗

什么叫一心为公？凡是了无私心全心全意为大家、企业、社会乃至国家利益着想，将集体利益置于个人利益之上，以公正无私的态度处理事务，致力于推动家庭、企业、社会乃至国家的整体福祉，都属于一心为公。

反之，就叫自私自利。凡是以自我为中心，只想"吃现成"，急功近利，不付出也想得到；只顾着发泄自己的情绪，不考虑他人感受和需求；总认为自己是对的，从不轻易让步，忽视他人的意见和建议；常常口是心非，自欺欺人，以掩盖自己的私心杂念；心胸狭隘，不敢真诚地面对自己，也见不得别人比自己好；缺乏同情心，只知索取，不懂感恩等，都是自私自利的表现。

现实中，人人都讨厌自私自利的人。自我观照一下，我是一个自私自利的人吗？

（6）人人部喜欢知书达理的人，我知书达理吗

什么叫知书达理？一个人具备丰富的知识和良好的教养，不仅关注自身的情绪与需求，更懂得尊重他人，体贴他人的感受；会换位思考，以理性和智慧为指导，避免冲动和不管不顾的行为；懂得合作与分享，能够以开放的心态接纳不同的意见。这些都叫知书达理，是成熟、理智和尊重他人的表现。

反之，就叫任性妄为。凡是由着自己的性子，放纵自己的妄想，不计后果地行事，无视社会规则和道德约束；只关注自己的感受或欲望，对他人无端挑剔、处处打压，甚至揭人痛处和短处；情绪忽上忽下，容易因小事乱发脾气，无理取闹，一意孤行等，这些都叫任性妄为，是不成熟、不理性，既不尊重自己，也不尊重他人的表现。

现实中，人人都讨厌任性妄为的人。自我观照一下，我是一个任性妄为的人吗？

2. 作己：如何做自己的主人

作己，指的是做自己生命的主人，关注内在自我的成长与发展，不断地提升自我价值，成为更好的自己。"作己"是"作人"的更高境界，如果仅仅是扮演好社会角色，履行责任，还远远不够，还需要自我觉醒，明了

自己人生的使命，突破自我的认知局限和能力局限得到成长，做成事、做好事、拿到好结果得到发展，凸显自己的价值，对自己的行为负责，绽放出生命应有的样子（即最纯粹的真我），让世界看见更美的自己。

一个人能否做自己生命的主人，我认为关键在于是否做到以下几点。

（1）自我意识的觉醒：从依赖到独立

人的成长历程，可被视为自我意识觉醒，逐渐明晰"我是谁？""为了谁？""依靠谁？"这三个根本性问题的过程。

在婴儿时期，无论是生活起居还是情感需求，我们都完全依赖父母。随着个体的成长，会逐渐开始认识这个世界，学会独立思考，从而意识到自己在这个世界上是独一无二的。这是一个从无意识到有意识，从依赖到独立的过程。个体逐渐明白：我是我，别人是别人。每个人都拥有自己的人生轨迹，都需要为自己的人生负责。这种从生理到心理层面的觉醒，标志着一个全新的生命阶段的开始。

然而，在这个过程中，有些人并未顺利完成对他人依赖的分离。他们在生理和心理上仍然过于依赖父母、老师、领导等，这类人通常被称为"巨婴"。因为缺乏独立的精神和自由的思想，"巨婴"们很难真正做到自我。

曾经的神童魏永康，13岁读大学，17岁进中科院，后因生活不能自理而退学，在38岁的年纪因为突发疾病与世长辞。他本应该有一个光明美好的未来，可是这一切，却毁在了一个号称很爱很爱他的母亲手上。因为除了学习，家里任何事情，母亲都不让魏永康插手。每天早晨连牙膏都要帮他挤好，给他洗衣服、端饭、洗澡、洗脸。为了让他在吃饭的时候不耽误看书，在他读高中的时候，母亲还亲自给他喂饭。好好的一个天才少年就这样被埋没了，十分可惜。

看看自己四周，是不是还有不少人"以爱之名"替孩子包办了一切？甚至乐在其中，还不知道其危害？有的人错误地认为孩子考试分数高就行了，活生生把孩子养成了"衣来伸手，饭来张口"的"巨婴"，孩子的一切来得太过容易，不知道劳动为何物，不知道金钱从何而来，又如何懂得体谅父母、感恩父母？又如何懂得珍惜当下、回馈社会呢？这哪里是爱孩子，这分明是在亲手毁掉孩子的未来。殊不知，父母舍得放手，才是孩子成长的第一步。

陈寅恪先生所提出的"独立之精神,自由之思想",是一个人成长的基石。特别是为人父母的人,要十分警惕:为孩子想太多、做太多,包揽一切,往往会废了孩子的"武功"。把孩子的人生早日还给孩子,父母在一旁鼓励引导,让孩子承担起责任,自己的事情自己做,不给别人添麻烦,才是真正锻炼孩子。

都说父母是孩子的一面镜子,孩子是父母的映射。反观自己,我们有做好吗?能否明了自己"我"是谁,为了谁,依靠谁?能否独立照顾自己?能否独立思考分析?能否独立应对困难和挑战?这些都是每个人必经的成长道路,尽管其漫长而曲折,但只有摆脱对他人的过度依赖,才能真正拥有自己的人生,成为一个完整且独立的人,而不是事事"等靠要"的"巨婴"。

(2) 找到生命的意义:想成为什么样的人

每个人来到这个世界,都有其独特的使命。使命有大有小,有的人致力于让自己变得更好一点,有的人想让家庭变得更好一点,有的人发愿要造福一方人,让大家都变得更好一点,为人世间创造更多美好。

其实,每个人穷其一生所追求的,不过是为了让世界看见更美的自己,这不仅包括地位、财富等物质层面,更包括活出自我精彩、彰显自我品格、实现自我价值等精神层面。有的人能在不断探索中找准自己的定位,明确自己想要成为什么样的人,并且愿意投入毕生精力,尽心、尽力、尽情为了这份使命而不懈努力。

然而,不少人在为自己或者为别人做点什么的时候,都是心不甘情不愿的,何谈生命的意义所在呢?面对自己的学业是如此,觉得这是为父母而学习,在父母的逼迫下不得不去学习,所以想尽办法应付学习;面对自己的家业是如此,觉得成家是不得不做的人生任务,随便找个人结婚,生了孩子完成传宗接代任务即可,从不思考如何承担起家族的责任,更别谈如何去教育好下一代了;面对自己的事业也是如此,觉得这是为老板而工作,自己只不过是打一份工、领一份工资而已,随便应付就行了;面对自己的善业则更不用谈了,认为自己的事情都没有做好,更不可能无私地去为别人做好事。星云大师说:"世间最强的愿力,是甘愿。"反观一下自己,是心甘情愿主动去做好自己的学业、家业、事业、善业，还是心不甘情不愿地得过且过呢？

半辈子跌跌撞撞走到现在，我也算是阅人无数。据我观察，只有那些找到自己人生使命、有明确人生目标的人，才会心甘情愿去主动承担和付出。也只有这些自我觉醒的人，才能够体会到承担和付出的快乐，体会到为自己、为家人、为社会、为国家而活的幸福，这样的人也因此能够取得更大的人生成就。内观一下，自己想成为什么样的人？想为这个世界创造些什么？想为这个世界留下点什么？

（3）持续向内修自己：从向外求到向内求

行有不得，反求诸己。一个人越来越成熟的标志，就是在生活中遇到困难时，不把希望寄托于外界，而是回归自己的"方寸心田"，从自身寻找解决问题的方法，即从向外求转变为向内求，不断躬耕好自己的"方寸心田"，这样才能在人生的道路上越走越稳，越走越远。

人本自具足，每个人本身就具备无尽的智慧和力量。美国知名学者米尔顿·奥图曾提出："人脑好像是一个沉睡的巨人，我们均只用了不到1%的大脑潜力。"一个正常的大脑记忆容量有大约6亿本书的知识总量，相当于一部大型电脑储存量的120万倍。如果人类发挥其一小部分潜能，就可以轻易学会40种语言，记忆整套百科全书，获得12个博士学位。根据米尔顿·奥图的说法，人类的知识与智慧，迄今仍是"低度开发"。人的大脑真是个无尽的宝藏，可惜的是每个人终其一生，都忽略了如何有效地发挥它的潜能。由此可知，只有回归本心，认真躬耕好自己的"方寸心田"，或许才能找到战胜困难的勇气，焕发出生命应有的智慧与力量。

向外求的人往往把希望寄托在他人或外部环境上，认为自己的幸福和成功取决于外界因素。然而，这种依赖外界的心态，会导致自己在面对困境时感到无助和迷茫，有心无力。相反，向内求的人则相信自己的内在力量，不断向下扎根，汲取营养，不管面对多大的风雨，都能有心有力，精神屹立不倒。

向内求也是认识自己、理解自己、成为自己的过程。一个人只有真正了解自己，才能在人生道路上找到正确的方向。当开始关注自己的"方寸心田"，或许能逐渐明白并坚定自己的初心使命，或许看似复杂的问题都有了解决的方法。

向内求还能帮助人保持内心的平和与坚定。在人生的起伏中，外界环境的变化往往让人感到不安和焦虑。然而，当人学会向内求时，就能够在这些变化中找到稳定的力量：安心立命。一旦心安，便可勇往直前。这种内在的稳定力量，使人拥有了一个强大的精神内核，能够在面对困境时保持冷静和从容，从而更好地应对各种挑战。

（4）自己掌握主动权：不能成为奴隶

有一句人生箴言说得极妙："主动做主人，被动做奴隶。"人生的舵，本应紧紧握在自己手中，而不是任由他人或环境摆布。

然而，有的人往往在不经意间，将选择权拱手让给了别人。在生活上，别人替他挑选衣物，替他决定上何种兴趣班，甚至在伴侣的选择上也由别人做决定；在工作上，别人替他选择职业，替他设定目标，替他选定工作方式，决定他的职业升迁。这样的人就是前文说的长不大的"巨婴"，活成了生活的傀儡、工作的奴隶，任由命运随意捉弄。

掌握生命的主导权，才能活出真我，展现独立的精神，绽放自由的思想。这需要自己有直面生活挑战的勇气，无畏失败的打击，始终保持积极的心态，坚定地走自己的路。但在生活和工作中，总有人轻易放弃自己的选择权，本来是自己不主动去珍惜，还一味地抱怨命运不公，将问题归咎于他人和环境。可怜之人必有可恨之处呀！这样的人，活得未免太可悲了。请不要忘记，每个人都是自己命运的书写者，生命的主宰者绝非他人，正是自己。

3. 无我：这是怎样的境界

在人生的道路上，除了"作人""作己"，还有一个更高的境界，那就是"无我"。"无我"，并不是没有自己，而是将很多人当成了自己。当一个人像对待自己一样善待身边人，那么，身边人就成了"我"；当一个人像对待自己一样善待众人，那么，众人就成了"我"。"无我"，即一个人跳出自我，再无分别之心，一心利他，以更客观、全面的角度来审视世间的人事物，让"我"与世界融为一体。这种境界不是一下子就能达到的，这要求人们不仅要关注自身的成长，抛掉自私自利；还要关注他人，多为他人着想，自利利他；还要不计较个人得失，进入"无我"的状态；最终一心利他，用自己的智慧和力量去造福一方人，为社会做出应有的贡献。

（1）心里只想自己：自私自利

在生活中，我们不难发现一种现象：无论身处何地，总有一些人不愿意遵守道德准则与秩序。在工作中，他们推卸责任，扯皮拖延，总是回避问题；在小区楼下，他们遛狗不牵绳，让狗到处窜跳；在垃圾桶附近，他们无视几步之遥，随意将垃圾扔在地上；在公共场所，他们以自己为先，不愿排队等待；在马路上，他们随意停放共享单车，甚至将车停在人行道上，给行人带来不便……这些不文明、不道德的行为背后，暴露出一些人的自私心理，他们只考虑自己的利益，不顾及他人的感受和需求。这不仅是个人道德失范，更影响到社会秩序。

然而，古人云："善恶终有报。"自私自利，是一个人坠入深渊的开始，最终会自食其果。一个人从自私自利开始，如何一步一步坠入深渊？

● 自私自利：只关心自己的利益，不顾及他人的感受和需求，会导致人际关系紧张，甚至会损害他人利益。

● 自以为是：自私自利的人往往过分自信，认为自己总是对的，忽视他人的意见和建议，从而做出错误的决策。

● 自欺欺人：当错误无法掩盖时，自以为是的人可能会选择欺骗自己和他人，用谎言来掩盖真相，导致结果进一步恶化。

● 自甘堕落：长时间的自欺欺人会让人逐渐丧失对自己的要求和底线，然后放弃努力，选择堕落，从而毁掉自己的人生。

● 自讨苦吃：最终，自甘堕落的人会从自己的错误和堕落中尝到苦果，不仅会给自己带来痛苦，也会遭受周围人的唾弃。

（2）开始想着他人：自利利他

当一个人不只想着自己，而是开始优先想到自己的父母、伴侣、孩子、朋友等，优先想到"己所不欲，勿施于人"，优先想到"老吾老，以及人之老；幼吾幼，以及人之幼"，就已经开始抛弃以自我为中心的狭隘性，进入自利利他的境界。

只要心中有人，开始为别人着想，很多事情都能自觉做好。在工作中，他们会想尽办法解决问题，不给别人添麻烦；在小区楼下，他们遛狗不仅拴上狗绳，还戴上狗套；不仅自己扔好垃圾，看到地上有垃圾还会主动帮忙捡起来；在公共场所，他们会耐心等候，有序排队；在马路上，他们会遵守交通规则，文明出行……这些日常的举动看似很平常，却在细微之处体现出一个人自利利他的美好品格。

一个人从自利利他开始，如何一步一步走向美好？

- 自利利他：在追求自己利益的同时，也能考虑到他人的利益，既能满足自身需求，又能维护良好的人际关系。
- 自知之明：能清楚地认识到自己的优点和不足，有助于做出正确的决策，发挥优势，改正不足，从而实现自我提升。
- 自觉觉人：在自知之明的基础上，主动地去帮助他人，用自己的知识和能力去影响和改变周围的环境，实现个人价值最大化。
- 自我提升：具备自觉觉人的品质后，进而会不断地追求自我提升，通过学习、实践和反思，不断地提高自己的能力和素质。
- 自得其乐：在自我提升的过程中，从内心的成长和进步中得到满足和快乐，这种快乐是持久的，也是幸福美好的。

（3）不计较个人得失：开始无我

知名企业家曹德旺先生曾经分享过一场以"无我才有永恒"为主题的演讲，他声情并茂地阐述道："要用这种灭除'我相'的态度，不要什么东西都是以自己排第一位，把我的利益拿掉，你自己就可以放开思路去思考。"是呀，秉持这种超脱"我相"的心态，不再让"我"成为一切事物的中心，不计较个人的利益得失，唯有如此，心胸方能装下更广阔的天地。

曹德旺先生不仅以言教人，更以身作则。他热衷于公益事业，自创业至今，已慷慨解囊，捐出超过160亿元的个人资产。他的心中不仅装着企业，更装着祖国和人民。为了推动国家教育事业的发展，曹德旺先生创办河仁慈善基金会，并首期捐资100亿元创办福建福耀科技大学。福建福耀科技大学以"敬天爱人，止于至善"为校训，秉持"立德树人，科教兴国"的办学宗旨，立志发展成为一所高水平理工科研究型国际化大学，致力于培养国内新兴产业急需的研究型、复合型、实用型人才。

从中可以看出，曹德旺先生心中无我，只为大义，早已将个人利益抛诸脑后，全身心地投入到公益事业和教育事业中。像曹德旺先生这样的企业家，无疑是受人敬仰的，是我辈的楷模。

（4）心里装着众人：一心利他

"无我"，并不是"消灭"自我，而是将"我"的概念和范围扩展到无限大，家庭成员变成"我"，社会成员变成"我"，乃至天下百姓都变成"我"，"我"与世界融为一体，荣辱与共，休戚相关。当一个人心里面装的人越来越多，心胸越来越宽阔，"无我"的境界就越高。

2015年9月2日，习近平总书记在颁发"中国人民抗日战争胜利70周年"纪念章仪式上的讲话中提到："一个有希望的民族不能没有英雄，一个有前途的国家不能没有先锋。包括抗战英雄在内的一切民族英雄，都是中华民族的脊梁，他们的事迹和精神都是激励我们前行的强大力量。"

我们身边不乏这些拥有无我精神的英雄，他们有的是英勇的抗战英雄，有的是伟大的科学家，有的是杰出的企业家，有的是优秀的人民教师，有的是朴实的人民公务员……是他们挺起了中华民族的脊梁，他们无我的精神，值得每个人学习。

与"无我"的人相比较，那些自私自利的人显得多么的卑微与丑陋，他们时时刻刻先想着自己，以自我为中心，只考虑自己的利益，很难关注别人好不好，很难听进别人的意见。如一个人自私自利，只在意自己的得失，那么他就难免会在得失之间轮回，最终堕入深渊。只有当一个人自利利他，不以自我为中心，内心装着众人，做事考虑别人，那他才会在喜悦和幸福之中流淌，最终走向美好。一切都源于自己的选择。

4. 如何透过表象看到本质

古人尚且可以"一叶落知天下秋"，在日常生活中，我们现代人亦可以通过自观或他观，从自己或他人怎么想、怎么说、怎么做，透过表象看本质，来判断自己或他人处于"作人""作己""无我"之中的哪种状态。

作人：言行一致。一个言行一致的人，能够堂堂正正地做人，清清白白地做事。他们的心境波动较小，不会大起大落，能够坚守自己的信念。他们讲诚信，负责任，正能量满满，凡事会考虑他人，为人随和，说到做到，让人信赖……有这些优秀品质的人，一般能够在人际关系中游刃有余，赢得他人的尊重和信任，得到贵人的帮助和提携，把人做稳不是难事。

作己：知行合一。"知而不行，是为不知；行而不知，可以至知。"一个人知道该怎么做，却不去做，等于不知道。我们只有在事上练，用心去付诸实践，将知识转化为价值，才是真的知行合一。只有当一个人知道自己想成为什么样的人，知道向内求而不是向外求，躬耕好自己的"方寸心田"，并且主动承担和付出，进而躬耕好自己的"一亩三分地"，将人生的主动权牢牢地掌握在自己手上，才能做自己生命的主人。

无我：一心利他。"无我"也并不意味着完全忽视自己的需求，而是指一个人不管做什么事情，都能够优先考虑到他人的利益，体现出一种一心利他的精神。这种人常常把他人的需求放在首位，而不是自私自利地仅追求个人利益。他们拥有较高的道德境界，能够赢得他人的敬爱和尊重。反之，一个人如果三句不离自己，嘴边经常挂着"我"，这样的人大概率会以自我为中心，很容易陷入自私自利的泥淖中。

在人生的旅程中，"作人""作己""无我"这三种状态，相互关联，层层递进。"作人"是基础，是我们承担社会责任、扮演社会角色的基石。"作己"则是本分，是我们关注自我成长、提升自我价值的内在要求。而"无我"则是追求，是我们跳出自我，以更广阔的视野去关注社会、服务他人的最高境界。

一个人处于何种状态，并非一成不变。根据熵增定律，一切事物在没有外部有用功的作用下，终将会走向混乱无序。古圣先贤也说过，人可能在"人性""人心""业力"的牵引下向下滑，掉落到"作贱""作孽""作恶"的状态中。也就是说，向下的大门永远敞开着。这就需要我们找到自己的初心，发出自己的大愿，在日常生活工作中不断修炼和提升自我，让自己在愿力的推动下不断向上发展，持续保持在"作人""作己""无我"的较佳状态中。

事实上，一个人的愿力越大，其所达到的境界往往就越高。因此，在人生的道路上，要不断追求"作人""作己""无我"的和谐统一，努力提升自己的境界，从而为自己、为家庭、为企业、为社会、为人类做出更大的贡献。

二、作贱→作孽→作恶，由业力牵引向下滑

1. 作贱：什么是对自己不好

"作贱"通常指的是一个人对自己的身体、情感或精神进行有损健康、不珍惜自己的行为。自我作贱是一种较为隐蔽但极具危险性的行为，它不仅会破坏身体健康，降低生活质量，还会摧毁精神家园，削减幸福感。

在日常生活、学习和工作中，有许多行为看似对自己好，实则是对自己不好，而有的人却不自知。这些自我作贱行为的背后，大抵都有一个共同的原因：贪和懒。人性中的这些弱点，让人贪图一时的轻松、快乐，却在不知不觉中失去了自我控制，无法自觉地抵制诱惑，更懒得去做出任何调整和改变，最终只会让自己的生命持续熵增，导致身心健康受到伤害。这就需要提高自我认知，知道什么是对自己好，什么是对自己不好[①]，时刻保持警惕，识别并抵制那些看似无害、实则有害的行为，珍惜自己，尊重自己，勤勉精进，让自己过上健康、幸福的生活。

（1）多少人学习不自觉

在学校中存在这样一些人，他们在学习上能偷懒就偷懒，不肯下功夫去扎实打牢自己的学科基础。他们请别人帮自己写作业，考试前临时抱佛脚，甚至耍小聪明蒙混过关。这些行为或许能带来一时的轻松，能换来临时的"好分数"，但有因必有果，从长远来看，这些不自觉的行为都是"作贱自己"的开端。

首先，自己没有学到知识。学习的过程本应是积极主动的，通过不断努力和积累，使自己的知识体系更加完善。然而，不肯下功夫的人却错过了这个过程，使得自己的知识水平始终停留在表面，无法深入理解所学内容的内涵。

其次，自己没有增长本事。一个人的能力不是天生就有的，而是通过不断学习和实践积累起来的。不愿意付出努力的人，自然无法掌握真正的技能和本领，在面临现实生活中的种种挑战时难免就会束手无策。

此外，有人还养成了抄近路、走捷径的坏习惯。这种习惯使他们在面

---

① 关于"好"与"不好"的问题将在本书第六章中详细探讨。

对困难时，总是想寻求最容易的解决办法，而不是努力去克服困难。长此以往，他们在人生的道路上越来越依赖他人，失去了独立解决问题的能力。

总的来说，学习不自觉，实则便开始了自我放纵，如果不加以重视，任由其发展下去，是对自己生命不负责任的表现。一个人连自己的学习都如此敷衍，又如何承担起生活的重担？又怎能面对世间的风雨？这不仅浪费了宝贵的时间和机会，最终蹉跎的还是自己的人生，是对自己生命的轻视。

（2）多少人工作不自愿

在这个繁华又多少有些浮躁的社会里，工作不情不愿的现象并不少见。许多人抱着一种侥幸心态，在工作上避重就轻、得过且过，寻求不用怎么动脑子就能轻松获取报酬的"捷径"，不是"等靠要"，就是"躺平摆烂"，"吃现成"成了当今社会普遍存在的问题。他们未曾意识到，这种心不甘情不愿的工作态度，无疑是将自己宝贵的青春岁月作为代价，"兑换"成了一时的轻松与享受。而这种所谓的轻松享受，如同过眼云烟，消散之后，实则换来的是个人成长与发展的停滞，甚至是碌碌无为的人生。有因必有果，从长远来看，这种工作不自愿的行为，无疑是开启了"自我作贱"的循环。

工作，对于每个人来说，都应该是一个自我挑战和提升的过程。不仅需要付出辛勤的汗水，还需要动脑思考，不断历事炼心，进而突破自我的认知局限和能力局限，不断超越自我。这样，才能在激烈的社会竞争中立足，实现个人价值，活出自己的意义。

然而，那些工作不情不愿的人，往往过于看重眼前的轻松与享受，却忘记了时间的流逝，忘记了青春的短暂，忽略了长远发展的重要性。他们误以为轻松就是幸福，却未曾认识到，只有在面对挑战、勇敢拼搏的过程中取得成就，才能真正体会到那种持久的快乐和深深的满足。在他们眼里，工作仅仅是为了换取生活的基本需求，这种心态让他们很难在工作中感受到快乐，进而导致对工作的厌倦和懈怠。

人生旅途，就是历事炼心的过程。若享受它，或许就无比幸福，还能获得智慧和成就；若排斥它，或许就无比痛苦煎熬，终将一无所获。

那些工作积极主动的人，几乎都能树立正确的工作观念，赋予工作以意义，明白工作不仅仅是为了谋生，更是为了实现个人的理想与抱负。他们将每一次的工作都视为一次成长的机会，勇敢面对挑战，努力提升自己，无悔青春年华，终会走出一条属于自己的辉煌人生道路。

（3）多少人生活不自律

生活的诱惑如同繁星点点，璀璨夺目。饕餮的美食、奇幻的虚拟世界，都在诱惑着人们暂时沉浸于欢愉之中。然而，若不加以节制，过度沉溺，这些短暂的快乐可能会悄然转化为长期的健康困扰。

想象一下，那些饮食不规律、过度放纵口腹之欲的人，高血压、高血脂、高血糖等疾病可能会悄无声息地降临。有些人喜欢暴饮暴食，过度饮酒，甚至可能让生命之花瞬间凋零。有些人将饮料当作解渴之水，贪图一时的畅快淋漓，却不料因此埋下了肾结石的隐患。更有一些人，为了追剧、刷短视频而连续熬夜，结果导致视力急剧下降。此外，那些长时间缺乏运动的人，肥胖、记忆力衰退等问题影响着他们的生活……这些真实的例子都在告诫我们，生活的不自律将带来沉重的代价。

反之，那些自律的人，几乎都十分珍惜这份宝贵的生命礼物，积极调整自己的生活方式，保持良好的作息习惯，合理安排饮食，让身体得到充分的休息和充足的营养。同时，他们适量运动，远离烟酒，关注身体健康，享受高质量的幸福美好生活。

作为曾在生死边缘徘徊的幸存者，我深深感受到生命的脆弱与宝贵，无法眼睁睁看着他人浪费生命而无动于衷。因此，不管是看到别人学习不自觉，还是工作不自愿，或是生活不自律，我都忍不住要发声呐喊，希望能为那些年轻的灵魂敲响警钟，唤醒他们对生命的敬畏与珍惜。莫要让时间流逝，让生命蹉跎，而应该拥抱每一个瞬间，让学习和成长成为生命中最美的风景，让健康和幸福常常伴随在自己左右。

2. 作孽：什么是对别人不好

作孽指一系列对别人不好的行为，包括语言、行为、心理、利益的伤害等，它不仅不尊重他人，还会给他人带来身心痛苦。

在生活、学习和工作中，有许多行为看似对别人好，实则是对别人不好，比如溺爱纵容孩子、嗔恨责怪别人、姑息别人犯错等。在什么是对别人好、什么是对别人不好的问题上，我们更要拎清楚，否则可能作孽了都不自知。

（1）以为关爱孩子，却是溺爱纵容

据报道，在2024年春运期间，某趟列车上，一个孩子在高铁过道上肆意奔跑，引发乘客不满。出于礼貌和包容，大部分乘客选择沉默忍耐。终于，一位穿着红西服的大哥终于忍无可忍，为维护车厢秩序而出面提醒孩子家长，家长的回应竟是"管不住"。这种回应背后似乎暗含了一种放任，放任孩子嬉闹成为家长习以为常的事情。孩子是父母的心头肉，但过度溺爱却不利于孩子的健康成长。当家长放弃管教孩子，甚至对他人的善意提醒充耳不闻时，就像是在无形中为孩子埋下了缺乏道德观念的隐患。

同样的事件常有发生，此前新闻有报道，在某趟列车上，某视频博主独自乘坐高铁，她后排坐了两个大人和三个小孩共五个人。列车行进过程中，顽皮的孩子在玩闹中撞了很多次椅背。该博主回头制止时，孩子妈妈却称孩子还小，不至于说孩子。后双方发生口角，争执中，孩子妈妈扇了该博主一巴掌，博主也进行了还击，最终警方介入，予以行政处罚。

生活中总会遇到一些家长，觉得孩子年纪尚小，不懂事，犯点错误是正常的，等孩子长大了自然就会改正，因此对孩子的不当行为采取溺爱纵容的态度。这种观念的危害是深远的。

首先，这种溺爱纵容的态度，会对孩子的价值观塑造产生不良影响。孩子在家庭、学校和社会中会接触到各种规则和道德标准，而这些规则和标准是他们塑造良好品格、养成良好行为习惯的重要依据。当孩子们看到自己的错误行为没有被纠正，他们就会认为自己的行为是被接受的，从而加深了对这种行为的错误认知。这不仅对孩子自身的成长不利，也对周围的人产生了负面影响。

其次，这种溺爱纵容的态度，使孩子失去了改正错误的机会。就像一棵小树苗，如果一开始长歪了，没有及时去扶正，等到树苗长大了，再想去扶正就已经来不及了。孩子成长过程中的每一个阶段都是宝贵的，错过了纠正错误的机会，就可能让孩子在错误的路上越走越远。

最后，这种溺爱纵容的态度，实际上是家长对下一代的责任缺失。家长是孩子的第一任教师，对孩子的教育责任重大。如果家长对孩子的错误行为视而不见、充耳不闻，那就是对下一代不负责任，是对他们未来的耽误。

因此，教育孩子不能采取纵容态度，在孩子犯错误的时候，要及时纠正，让他们明白什么是正确的，什么是错误的。只有这样，孩子才能在正

确的道路上健康成长，成为一个有责任、有道德、有良好品格的人。

（2）以为为他人着想，却是嗔恨责怪

嗔恨责怪，即愤怒与埋怨别人，是一种负面情绪。有的人打着"为他人着想"的名号，特别容易对身边亲近的人发脾气，指责他们为什么没有按照自己的要求去做。实际上，这是一种没有能力控制自己情绪的表现，其内心的秩序处于一种混乱的状态，大脑已经失去了"理智"，只凭借着"动物本能"作出反应。一旦让这种嗔恨责怪的情绪蔓延，就可能会因此导致严重的后果。

俗话说："一念嗔心起，百万障门开。"一旦愤怒的情绪占据上风，就会让人失去理智，进而打开无数障碍之门，让人看不见、听不见、想不到、说不出、做不到。"一念嗔心起，火烧功德林"，愤怒会让人之前行善积累的功德像被大火烧尽一样，瞬间化为乌有。

在现实生活中，这种现象比比皆是。有些人在工作中，容易与同事发生争执，导致陷入麻烦之中；在家庭中，容易与父母、伴侣和孩子发生争执，使得家庭氛围紧张，家宅不宁。开车时，有些人会因为一点小事就心生愤怒，"路怒症"爆发，特别容易与别人较劲开"斗气车"，可能会引发交通事故，甚至可能导致车毁人亡的悲剧。

（3）以为照顾别人面子，却是姑息错误

在工作和生活中，错误的行为时常可见。然而，很多人出于照顾别人面子，或者追求表面的和谐，选择睁一只眼闭一只眼，对错误行为视而不见，助长了错误行为的蔓延。这不仅掩盖了错误，让错误滋生、蔓延，长此以往，还会对他人产生恶劣的影响。

比如，有的管理者看到团队成员在工作中出现失误，却没有及时指出，反而选择默不作声。这样的做法，无疑是对团队成员的纵容，也是对团队整体进步的阻碍。若发现团队成员存在吃回扣、偷拿公司财物等不道德行为，却没有坚决制止，反而任由这种现象在企业内部蔓延，会导致企业环境和氛围逐渐乌烟瘴气，使团队的凝聚力受到严重影响。等到这些错误行为进一步发展，小错变成大错，给团队造成重大影响的时候，再想纠正已经为时晚矣。

因此，在是非对错面前，碍于面子而姑息错误，就是助长恶行，是对团队和谐和进步极大的不负责任。作为企业老板和管理者，更要敢于面对错

误，勇于指出并纠正错误，才能确保团队的和谐稳定，推动团队不断进步。

3. 作恶：什么是对大众不好

作恶，这里指的是对众人不好，做出一些扰乱公众秩序，破坏团体和谐，对多数人造成伤害，甚至对社会、对国家造成极其恶劣的影响的行为。

在生活、学习和工作中，有许多行为看似微不足道，实则会酿成不可挽回的大祸，比如一时粗心大意可能引发严重后果，一次意识淡薄可能酿成人间悲剧，一念心无敬畏可能导致灾难深重，等等。

（1）一时粗心大意，引发严重后果

据报道，2024年2月22日5时30分左右，集装箱船"良辉688"空载从佛山南海开往广州南沙途中，航经洪奇沥水道时，触碰沥心沙大桥桥墩，致该桥桥面断裂。广州海事局副局长尹强介绍，因船员操作失当，"良辉688"轮左舷船身触碰沥心沙大桥下行通航孔18号桥墩，随后船头再次触碰下行通航孔19号桥墩，致使该通航孔上的桥面断裂。经核实，事故造成4辆汽车和1辆电动摩托车从断裂处坠落，其中1辆空载中巴车、1辆货车和1辆电动摩托车坠落到船舱内，2辆小货车掉落水中。该事故造成5人死亡，包括空载中巴车驾驶员1人、电动摩托车驾驶员1人、落水小货车车上3人。一次操作失当，导致5人死亡，还导致一个岛的居民出行不便。

谁能想到，一时粗心大意竟然葬送了5条生命？粗心大意往往是一种潜在的威胁，它可能在关键时刻引发严重的后果。特别是一些关键的工作岗位的从业人员，如公交车司机、飞机驾驶员、医生、护士、保安等，他们肩负着保障他人安全的重任，一旦疏忽，可能会给社会造成无法挽回的损失，给人们的生命财产安全带来巨大的威胁。

（2）一次意识淡薄，酿成人间悲剧

许多悲剧的发生，其实都源于安全意识的淡薄，对风险的淡漠和疏忽。有人心存侥幸，以为那些无常和意外等小概率事件永远不会发生在自己身上。然而，正是这种对潜在危险的漠视和忽视，让人们对风险出现的征兆视若无睹，错失了预防事故的机会。最终，这样的轻视和侥幸心理酿成了无法挽回的悲剧，这是何等的悲凉与无奈。

据报道，2022年4月29日12时24分，湖南省长沙市望城区金山桥街道

的一栋居民自建房忽然下坐式垮塌，从8层楼到变成一片废墟，仅仅4秒钟。

调查发现，如果能把时钟拨回到从前，其实曾有过避免悲剧发生的机会。涉事房屋属于金坪社区盘树湾组，房主是当地居民吴奇生、吴治勇父子。他们先是在2012年盖起了5层楼房、局部6层，其后在2018年又擅自加盖到8层、局部9层，楼高达26.3米。整个建造过程从没有向任何部门报备办证，而且设计施工找的都是没有专业资质的土师傅，因此导致房屋结构和建筑质量都存在严重隐患。最不可思议的是，除了一楼是实心砖墙，2～5层全是承重性能远逊于实心砖的空斗墙，出问题可以说是早晚的事。事发当天上午10时许，这栋房子还在释放危险信号，有租户发现墙面开裂，钢筋弯曲。然而吴氏父子听到租户反映后，仍然认为买点钢材加固一下就行了。当时间定格在2022年4月29日12时24分，一场导致54人死亡的悲剧发生了。

（3）一念心无敬畏，终致灾难深重

一些人缺乏对法律法规、道德伦理、自然规律等的敬畏之心，不遵守社会规则和道德规范，行为放纵不羁，给社会带来负面影响。

在众多的交通事故中，频繁出现司机在驾驶时无视交通规则的现象，超速、闯红灯等行为屡见不鲜，导致交通事故频发，给他人的生命财产安全带来了极大的威胁。

在众多的贪污腐败中，某些公务人员缺乏对法律法规的敬畏之心，利用职权谋取私利，贪污受贿、滥用公款等行为屡禁不止，严重损害了国家和人民的利益。

在众多的违法犯罪中，一些不法分子为了个人利益或因一时冲动，无视法律法规的存在，进行偷盗、抢劫、诈骗等违法犯罪行为，给社会治安带来了极大的威胁。

心无敬畏的人，往往会做出一些不负责任、不道德、不合法的事，给社会带来极大的负面影响，自己也因此堕入万丈深渊。作为一名合格的公民，我们应该树立正确的价值观和道德观，遵守天道人伦、法律法规和社会规则，保持一颗敬畏之心，成为一个有德之人。

4. 如何透过表象看到本质

在日常生活中，可通过自观或他观，从一个人怎么想、怎么说、怎么

做人手，透过表象看本质，见微知著，来判断自己或他人处于"作贱""作孽""作恶"的哪种状态。

言行不一，是开始作贱的典型表象。当一个人言行不一的时候，就开始作贱自己了。明明心里面想着要减肥，可是嘴巴却控制不住；明明知道熬夜不好，还是每天沉浸在熬夜追剧的快感中；明明心里面想着要好好工作，实际上却偷懒耍滑，自己得不到成长与发展。仅仅贪恋一时的欢愉，却对自己的人身安全、身心健康、成长发展全然不顾。若一个人没有自我要求，连自己都管不好自己，便会走向作贱自己的道路。

言不由衷，是开始作孽的典型表象。当一个人说的话不是发自内心的，而是不自知、不自明、不自觉、忍不住、下意识说出来的，往往是作孽的开始。比如在路上开车，被别人超车，明明知道"路怒症"不好，会危及自身和他人安全，但在那个当下，就是忍不住心生怒火，并开口骂对方，进而失去了理智，最终酿成祸事……面对如此种种，我们作为局外人时，可以隐约察觉到一些端倪。当看到这种情况，不妨好心提个醒，伸手拉一把，但如果提醒了、拉一把还不能唤醒对方，则要远离，不能靠得太近，不然就会惹火烧身，平白承受了别人的罪过。

言语错乱，是开始作恶的典型表象。当一个人表现出异常，言语出现错乱的时候，或许这个人已经失去了理性，处于极度混乱的状态，甚至已经控制不住自己，不知道自己在做什么。比如，一些有过激行为的人，往往会有情绪失控的状态，嘴里念叨一些与平常反差较大的话语。这些"言语错乱"的表现，往往就是要出危险的暗示。如果我们身边的人出现这样的情况，则要十分警惕，能安抚即安抚，不能安抚则远离，避免自己也卷入灾祸之中。

"作贱""作孽""作恶"，它们的影响范围和程度依次递增。作贱自己，意味着不爱自己，这种行为可能导致自己陷入困境。作孽则是伤害他人，不仅不尊重他人，还可能给他人带来痛苦，往往导致最亲近的人成了最大的受害者。而作恶则是对社会秩序的破坏，它不仅会对大多数人造成伤害，甚至可能对整个社会和国家造成不良影响。

"作贱""作孽""作恶"，这三种状态之间存在着一定的逻辑关系。一个人如果连自己都不爱护，就可能进一步发展到伤害他人，也就是作孽。而如果对他人造成伤害，就有可能引发更大的社会负面后果，也就是作恶。

在这个过程中，就是在不知不觉中受到自身"业力"的驱使，逐渐走向深渊。"业力"拖拽的力量越大，下滑的速度就越快，滑向的深渊或许就越深。

三、分水岭：做生活的有心人，做工作的明白人

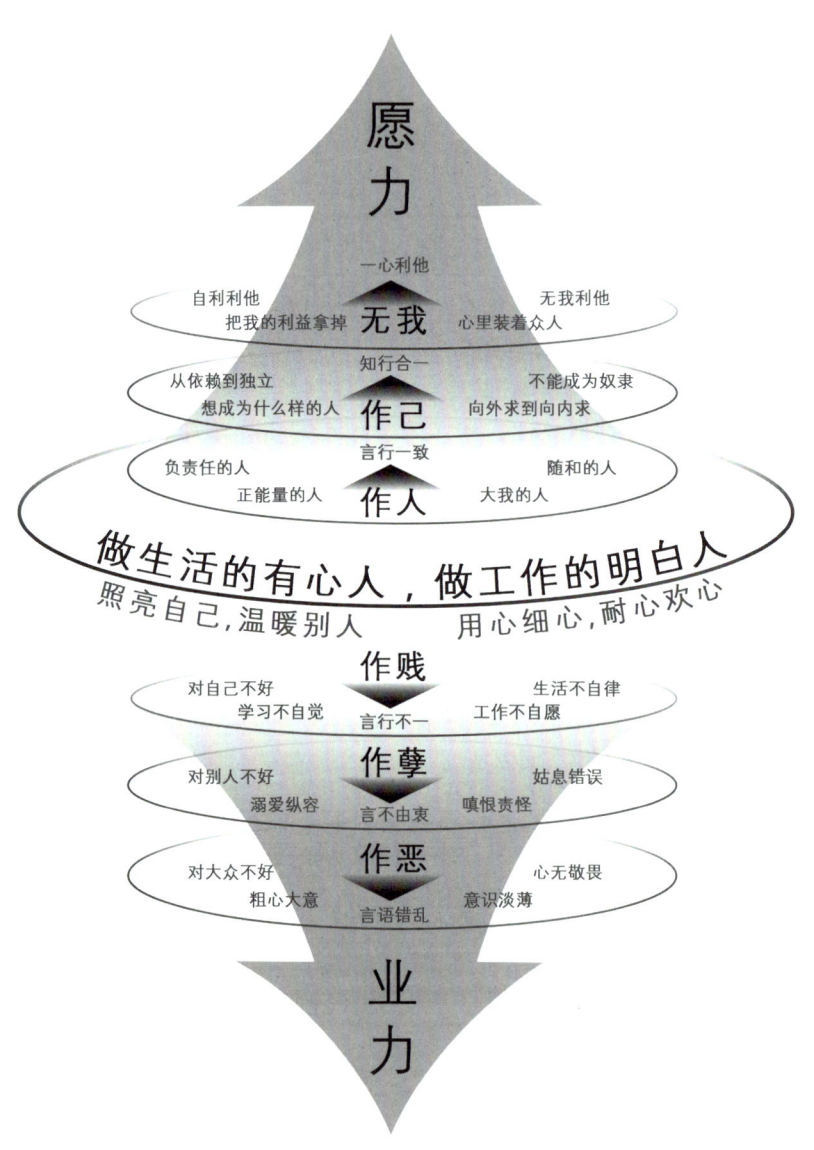

一个人是在"作人—作己—无我"的状态中向上走，还是在"作贱—作孽—作恶"中堕入深渊，分水岭就在"作人"和"作贱"之间，决定了这个人能否把人做稳。如果人都做不稳，必然会在那些向下的力量的牵引下，滑向无尽的深渊。这个分水岭，就是"做生活的有心人——照亮自己，温暖别人；做工作的明白人——用心细心，耐心欢心"。

1. 什么是有心人

生活上有心没心，取决于心中装了谁。倘若心中只装着自己，就是以自我为中心，对于别人来说此人必然无心。但如果心中还能装下别人，还在意别人，那么便开始有心。有心，是一切美好的开始。只要用心躬耕好自己的"方寸心田"，播撒真善美，摒弃假恶丑，让自己的心灵更加纯粹，便能推动人们朝着"作人—作己—无我"向上走，成就幸福美好的人生，最终实现让世界看见更美的自己。

有心，便能够以积极的态度、乐观的心态，应对生活中的困难和挑战，无论身处何种环境，都能自得其乐。有心，便能够推己及人，不仅理解自己，也理解他人；不仅关照自己，也关照他人；不仅为自己而活，也为他人而活。有心，便能够怀揣感恩、赞美、祝福去面对世界，感受到生命的价值、喜悦与美好。

倘若没心没肺，可能会错过生命中许多美好的事物。即使这些事物就在眼前，也可能会视而不见。即使拥有了这些美好，也很难真正地理解它们，更不用说珍惜它们了，最终只会失去。

（1）有心人会怎样

有心，是一切美好的开始。那么，有心人会有怎样的表现呢？

- 坚定信念：具有坚定的信念，内心深处有一种不屈不挠的力量，坚定地向着目标不断前进。
- 勇攀高峰：敢于挑战困难和面对挫折，不会因为一时的失败而气馁，而是勇敢地面对问题，寻找解决方案。
- 持之以恒：具备持之以恒的精神，相信成功需要时间和努力，所以会始终保持专注和毅力，不断努力。
- 自我激励：善于自我激励，能够调动内心的积极性，用乐观的心态面对一切困难。

- 善于总结：在遇到挫折和失败时，会主动反思自己的不足，并总结经验教训，为下一次的成功做好准备。

（2）没心人会怎样

没心，是一切苦难的开始。那么，没心人会有怎样的表现呢？

- 缺乏信念：没有明确的目标和信念，随波逐流，不知道自己真正想要的是什么。
- 惧怕困难：面对困难和挑战时，容易产生恐惧心理，总是选择逃避，而不是勇敢面对。
- 缺乏毅力：在遇到困难时容易放弃，缺乏足够的毅力和耐心，无法坚持到最后。
- 消极被动：习惯于消极被动地对待生活，可能因为一次失败而一蹶不振，破罐子破摔。
- 拒绝反思：在遭遇失败时，不愿意承认自己的错误，更不愿意反思和总结，因此难以找到成功的方法。

2. 照亮自己，温暖别人

（1）照亮自己

照亮自己，温暖别人，是有心人的具体表现。儒释道三家都告诫我们，一切应从做好自己开始。

孔子在《大学》中明确指出，"修身"是"齐家治国平天下"的基础，强调了自我修养的重要性。佛家主张"我是一切的根源"，要想得到一切想要的美好，首先要改变自己。老子在《道德经》中说："自知者明，自胜者强"，强调自我了解和自我克制的力量，做好自己是一切的根本。

人本自具足，每个人都有内在的光芒，应该珍惜并发挥自身的独特之处，使自己充满正能量，以吸引更多积极的人和事。这样，就能像一个小太阳一样，散发出明亮的光芒，为周围的人带来温暖和希望。

相反，如果被自己的"人性五漏"和"人心颠倒"以及"人的业力"所控制，情绪则容易忽上忽下、忽左忽右，变得负能量满满。这样会吸引更多负面的人和事，久而久之，自己变成了一个能量"黑洞"，连别人的"光"都能吞噬掉，将别人也拉进负能量的黑暗深渊。

■ 符合"照亮自己"的表现
- 自尊自爱：拥有健康的习惯，如规律作息、健康饮食、定期运动等。
- 自知之明：能正视自己的优点和不足，能够肯定与悦纳自己。
- 积极乐观：勇敢面对各种困难和挫折，不轻易放弃。
- 情绪平和：比较理性地处理各种糟心事，控制得住自己的情绪。
- 开心快乐：拥有自己的兴趣爱好，脸上经常挂着笑容。
- 追求上进：朝着自己的目标努力前进，对未来充满希望。

■ 不符合"照亮自己"的表现
- 自暴自弃：沾染不良习惯，如长期熬夜、酗酒、抽烟、赌博等。
- 妄自尊大：脱离实际；或妄自菲薄，怀疑否定自己，感到自卑或羞耻。
- 消极悲观：面对困难时轻易感到畏难、担心、害怕，容易被困难和挫折打倒。
- 情绪激动：遇到糟心事容易情绪失控，比如暴脾气、爱哭鼻子等。
- 愁眉苦脸：对什么都提不起兴趣，经常一副焦虑忧愁的样子。
- 得过且过：缺乏前进的目标和动力，对未来没有信心。

（2）温暖别人

每个人都在生活中遇到过困难和挑战，都曾在某个时刻感到无所适从，不知道怎么办。而当别人面对困难时，我们能否像阳光普照万物一样，将自己的能量外溢，去温暖他人，帮助他人，给他们鼓把劲呢？

我们可以通过理解他人的困扰，为他们提供支持；可以通过鼓励他人，帮助他人找到信心。我们的行动和态度可以改变他人的生活，让他们感到被关心和被爱。这种承担和付出，不仅是对别人的帮助，同时也是对自己的滋养。这是一种相互作用的过程，让人在承担和付出中获得快乐，也在承担和付出中找到了生命的意义。

■ 符合"温暖别人"的表现
- 尊重别人：恭敬有礼，真诚对待每一个人。
- 关心别人：心里惦记着他人，经常对他人嘘寒问暖。
- 帮助别人：对他人伸出援手，在生活、学习和工作上给予支持。
- 体谅别人：换位思考，体谅别人的难处。
- 宽容别人：对他人的无心之过不放在心上，一笑而过。
- 鼓励别人：在思想上、精神上对他人给予鼓励，传递正能量。

■ 不符合"温暖别人"的表现
- 轻慢别人：态度傲慢无礼，眼里没有别人。
- 漠视别人：心里只有自己，对旁人不闻不问。
- 妨碍别人：成为别人的拖累，或阻碍他人进行正常活动。
- 责怪别人：总觉得什么都是别人的错，经常怪罪别人。
- 刻薄待人：对鸡毛蒜皮的事情斤斤计较，不放过别人。
- 打击别人：通过贬低别人来获得优越感。

3. 什么是明白人

工作，不仅是我们生活中获取经济来源的重要途径，更是展现自身才华和潜力、实现人生价值的舞台。

在这个舞台上，每一个人都应该成为工作的明白人，深刻认识自己的角色与定位，明确自己的使命与目标，清晰自己的现状与差距。只有这样，才能更好地"作人""作己"，以更加积极主动的态度，睿智地面对工作中的挑战和机遇。

作为工作的明白人，还需要不断地精进和完善自己，朝着"无我"的境界迈进。这意味着，要超越个人的局限，将个人的利益融入团队的利益之中，以更加广阔的视野和更加卓越的能力，为企业、为社会、为国家贡献自己的力量。

唯有不断地挑战自我，克服自身的弱点和不足，不断提升自己的能力和素质，用心去感受工作的魅力，用行动去创造工作的价值，才能在工作中展现出自己的价值和意义。

（1）明白自己的角色与定位

在人生大舞台上，每个人都有自己的位置，扮演着不同的角色。然而，世上从来就没有庸才，只不过有人走错了方向，站错了位置，被命运捉弄了一场罢了。如不想被命运捉弄，做好自己是一切的根本。唯有紧贴现实，真正明确自己的定位，拎清楚"我是谁，为了谁，依靠谁"，才能做到自知、自明、自觉。常问问"我是谁"：我当前的身份是什么？我未来想要成为怎样的人？常问问"为了谁"：我活着是为了谁？我工作是为了服务哪些人？常问问"依靠谁"：有谁的陪伴与帮助，我才能走得更快、更稳、更远？这觉醒"三问"，可以帮助我们更好地理解工作的动力和意义所在。

（2）明白自己的使命与目标

我们渴望焕发出更多的生机与活力，期盼得到持续的成长与发展，使自己变得更加富有智慧。我们渴望能够通过自己的行动和智慧，为这个世界多做一点有意义的事情：能力小一点时先造福自己身边人，能力大一点时再造福一方人。能让这个世界因为自己的存在而变得更美好一点，等到自己老去时，还能为这个世界留下一点东西，这样的人生，对于大多数人来说，是不是意义非凡呢？

回到现实，大部分人从20多岁开始步入职场，一直工作到50多岁乃至60多岁才结束职业生涯。这段长达几十年的工作时光，占据了人生中最重要的阶段。在这个人生本应该绽放的阶段，赋予工作以价值和意义，其实也是在赋予生命本身以意义。我们应基于主业主责的使命担当，来明确自己具体的目标和任务要求，清楚自己应该做什么，不应该做什么，如何去做，以及要做到什么程度。这可以帮助自己更好地规划工作，提升工作的主观能动性和创造性，提高工作效率和质量，提升工作的成就感和幸福感。

（3）明白自己的现状与差距

古人告诫我们，"德不配位，必有灾殃"，即自己的德行不足以支撑所在的职位，得不到别人的认可、配合和支持，那么将会有一大堆外部障碍；智慧不足以应对工作，克服工作的困难和挑战，那么就只能束手无策；能力不足以担当岗位的重任，那么就做不成事、做不好事，得不到好的结果。德行、智慧、能力，不管哪一样匹配不上自己所在的位置，都会给自己增添各种麻烦。因此，需要时时反观自己的德行、智慧、能力是否匹配所在的位置，找出差距，并持续精进。只有不断突破自己的认知局限和能力局限，把对的事情重复做，不对的事情修正做，知道自己有什么问题就去改，才能迸发出正向的力量，从而在职场中更加从容、自信地绽放自己。

4. 用心细心，耐心欢心

（1）用心细心

"人们眼中的天才之所以卓越非凡，并非天资超人一等，而是付出了持续不断的努力。一万小时的锤炼是任何人从平凡人变成世界级大师的必要条件。"作家马尔科姆·格拉德威尔在《异类：不一样的成功启示录》一书中如是说,他将此称为"一万小时定律"。这跟美国畅销书作家丹尼尔·科伊尔的《一万小时天才理论》的观点不谋而合,即不管做什么事情,只要坚持一万小时,基本上都可以成为该领域的专家。

用心:世上无难事,只怕有心人。只要全心全意地投入到工作中,用心躬耕好自己的"方寸心田",躬耕好自己的"一亩三分地",做好自己经手的每一件事情,把所有的精力都聚焦在一处上,做足功课,苦练基本功,那么就没有什么事情是办不好的。

细心:细节决定成败。只要在工作中细心认真,关注每一个细节,用心去处理每一个环节,保证每一个步骤的准确性和完整性,在结果交付时注重品质,展现出专业精神,那么别人一定会被你的专业精神所感动。

不管是用心还是细心,都是让自己"制心一处",下足功夫坚持练习一万小时以上,就会"无事不办"。

■ 符合"用心细心"的表现
- 规划工作关注目标,以终为始,提前计划安排。
- 开展工作关注流程,有条不紊地按章办事。
- 检查工作关注细节,严谨细致,谨防出现错漏。
- 推进工作关注时间,提高效率,准时交付。
- 交付工作关注质量,做好检查,保质保量。
- 总结工作关注问题,采取举措解决问题,杜绝再次发生。

■ 不符合"用心细心"的表现
- 不关注目标,等着上司安排,做到哪就算哪。
- 不关注流程,做事情不按章程,走样、变样、缩水。
- 不关注细节,经常有明显的错漏。
- 不关注时间,拖拖拉拉,影响团队。
- 不关注质量,经常出现工作疏漏,给别人添麻烦。
- 不关注问题,同样的问题反复出现却不纠正。

(2)耐心欢心

一个人要想在工作中取得优异成绩,还需要具备两种品质,即耐心与欢心,将自己带入一种"心流"的状态。"心流"这个词最早由积极心理学家米哈里·契克森米哈赖提出。经过几十年的深入研究,米哈里向大众指出:所谓的"心流",指的是当人们沉浸在当下着手的某件事情或某个目标时，全神贯注、全情投入并享受其中而体验到的一种精神状态。米哈里认为它就是人们获得幸福的一种可能途径。体验过"心流"的人将其描述为：一种将大脑注意力毫不费力地集中起来的状态，这种状态可以使人忘却时间的概念，忘掉自己，也忘掉自身的问题。这种体验带来的愉悦感非常吸引人，米哈里甚至称之为"最优体验"。

耐心：指在面对繁琐事务和复杂问题时，能够保持冷静和沉稳，不急躁、不慌乱，持之以恒地钻研和解决问题。哲学家培根说："对于一切事物，尤其是艰难的事物，人们不应期待播种与收获同时进行，为了使它们逐渐成熟，必须有一个培育的过程。"一个有耐心的人，能够在工作中不断积累经验，逐步提升自己的能力，最终成为某个领域的专家。正所谓"熟能生巧"，只有不断地实践和钻研，才能掌握事物的规律，将其练习到纯熟的境界，做到极致。

欢心：指对自己所从事的工作充满热情和喜爱，心甘情愿地投入其中，全心全意地追求卓越。一个热爱自己所从事的工作的人，会积极主动地去面对工作中的种种困难，把每一项任务都当作是对自己能力的考验。在这种心态的驱使下，人们会更加努力地工作，充分发挥自己的潜能。正如孔子所说，"知之者不如好之者，好之者不如乐之者"，正是这些兴趣爱好，激发了多数人的内生动力。这种源自本能的强烈"我想"，驱使大脑给出"我要"的行为指令。至于能不能演变成"我能"的结果，取决于"我想"的愿力大小和坚定程度，以及"我要"之信念的能量是否持续增长。因为，在"我要"与"我能"之间，看似相隔十万八千里，又似乎只有一步之遥，能不能成完全取决于自己的勇气、决心、毅力和坚持。

■ 符合"耐心欢心"的表现
- 热爱工作，有兴趣、有意愿把它做好，为自己而做。
- 专注钻研，坚持做好一件事情，把它做深做透。
- 不怕麻烦，遇到问题想办法一个一个解决。
- 能静下心，愿意重复做同样的事情，并且保持专注且享受。
- 稳步前进，将一件事情分成一个一个小目标去达成。
- 持续精进，愿意一点一滴积累，最终厚积薄发。

■ 不符合"耐心欢心"的表现
- 不爱工作，对工作没有兴趣，为别人而做。

- 容易分心，做一件事却想着另外一件事，结果什么都没做好。
- 害怕麻烦，遇到问题能推则推，能躲则躲。
- 贪图新鲜，做重复的事情时静不下心。
- 一劳永逸，总想一下子把事情做到完美，实际上却不可能做到。
- 急于求成，希望尽快做出成绩证明自己。

四、动力源：能力抵不过业力，业力抵不过愿力

"能力抵不过业力，业力抵不过愿力。"当一个人能力不足时，会不自知、不自明、不自觉、忍不住、下意识地被业力所牵引，在关键时刻，能力也抵挡不了业力带来的影响，稍有不慎，就被业力拉着往下掉，滑向"作贱—作孽—作恶"的深渊。然而，只要一个人愿力足够大，即使身上所背负的业力再大，也抵挡不了更强大的愿力带来的力量。唯有树立远大的理想和抱负，提升自己的愿力，明确"我想"成为什么样的、能给世界带来正向影响的人，才能避免业力带来的负面影响。

三种力的影响范围

1. 什么是能力

能力，指才能和办事的本领。一个人在特定领域内，经过学习和实践后所具备的解决问题、完成任务及应对挑战的本领，可以视为其能力。在

成长过程中，通过吸收知识、锻炼技能，可以使得自身的能力得到提升。能力涵盖很多方面，如思维能力、沟通能力、协作能力、学习能力等。一个人在各个领域的能力强弱，一定程度上决定了他在该领域中所到达的高度、所取得的成就。

（1）通过不断学习获得能力

在生命的长河中，能力并非静止不变，它随着学习的深入而不断发展。许多研究表明，人的许多能力都不是天生的，而是通过后天的学习获得的。一个人在出生时，大脑发育尚不完全，随着成长，才不断地接触新鲜事物，学习新知识。这些信息刺激大脑中的神经元相互连接，形成一个个神经网络，从而形成独特的思维体系和能力。正如计算机需要编程和训练才能实现各种功能，大脑也需要不断地学习与锻炼，才能释放出深藏的潜能。

然而，在这个技术飞速发展的时代，新事物层出不穷，人们每天都可能与日新月异的技术和知识相遇。面对这样的时代浪潮，人一旦停止学习，很可能跟不上时代的步伐，会被时代无情地淘汰掉。多数做出杰出成就的人，无不保持一颗永远好奇、乐于探索的心，活到老，学到老，不断提升自我，在激烈的竞争中绽放自己的光芒。

（2）在工作实践中提升能力

一个人在某个领域的能力水平，往往取决于他在该领域投入的时间和精力。这一过程如同农夫耕耘田地，一分耕耘一分收获，只有深耕细作，才能收获丰硕的果实。实践是检验真理的唯一标准。每一次实践，都是一次对自我能力的挑战和突破。在实践中摸索，在摸索中成长，在成长中超越。每一次的突破，都是对自己能力界限的重新定义。

然而，在提升能力的道路上，没有捷径可走。要躬身入局，脚踏实地，一步一个脚印地前行，在实践中不断积累经验，不断丰富知识储备。如同大树的生长，需要深深扎根于土壤，才能越长越茂盛，越长越挺拔。只有提升自己"扎地"的能力，才能在激烈的竞争中脱颖而出，为自己赢得一席之地。

（3）在解决问题上检验能力

在人生的道路上，一个人的能力最终要通过解决问题来体现和检验。解决问题的能力可分为三种状况：束手无策、磕磕巴巴和游刃有余。束手无策的人，由于缺乏实践经验和锻炼，在面对问题时显得力不从心。磕磕巴巴的人，虽然也在努力解决问题，但他们的能力还有待提高，需要在历练中不断成长。而能游刃有余地解决问题的人，由于在实践中不断锻炼，积累了丰富的经验，在面对各种困难时便能够从容应对。

通常一个人处理的问题越多，在同一件事情上锻炼得越多，接触得越多，所掌握的知识和经验就越丰富，那么解决问题的能力也就越强。通过解决问题历事炼心，便能持续精进，从束手无策，到磕磕巴巴，最终迈向游刃有余的境界。就像武侠小说中的高手，他们在修炼武功的过程中，不断挑战自己的极限，最终修得武林绝学，成为武林高手，达到技艺精湛、游刃有余的境界。

2. 什么是业力

业力，这个词来源于佛家，代指过往生活中各种习惯的积淀，以及与生俱来的人性本能反应。业力的外在表现，不仅看得见、摸得着，还能真切感受得到。只要留心观察周围的人，从一个人怎么想、怎么说、怎么做，就能暴露出他们的业力。只不过因为"不自知、不自明、不自觉、忍不住、下意识"的特性，人们难以察觉自身业力的存在而已。

从现代科学的角度分析，一个人的行为由三个层次决定：非意识、感性意识和理性意识。这三个层次在人的决策和行为中各自扮演着独特的角色。

- 非意识，在最底层起作用，它在人的行为中发挥着决定性的作用。非意识决定人的基本行为方向，而且没有任何商量的余地，因为它存在于人的意识之外，无法和主体进行直接的交流。它主要由遗传基因决定，同时也在无意识中受后天经验影响。影响人生命运的性格特征，往往就在非意识范围内。比如，一个人在面对危险时，会本能地感到恐惧，并迅速作出逃跑或躲避的反应。这种反应往往在意识到危险之前就已经发生，是人类在进化过程中形成的自我保护机制。

- 感性意识，也叫人的直觉，有时人们会用"直肠子"来形容这种直觉式的反应。感性意识是人们在没有经过深思熟虑的情况下，凭借直觉作出的快速反应。比如，一个人在看到某个人时，会立刻感到愉悦或厌恶等。这种反应往往是基于个人的情感和审美偏好，而不是经过逻辑分析的结果。

- 理性意识，涉及更为复杂的思考过程，包括权衡各种利弊，计算得失输赢，评估事情的难易程度，考虑别人的接受程度，以及彼此的喜好与厌恶，等等。理性意识是人们在面对选择时，通过分析来做出决策的重要工具。比如，一个人在选择职业道路时，会考虑自己的兴趣、市场需求、职业发展前景以及潜在的收入水平，通过综合分析来做出最终的职业选择。

业力，也可以说是非意识和感性意识行为的统称。通常有以下表现：

（1）思考时习惯性守旧

有些人形成了固定的认知模式和思维习惯。在面对新鲜事物时，他们首先寻找的是问题与不足，而不是把握机会。他们习惯了用固有的思维去审视一切，难以用包容的心态去接受新事物，也因此错失了许多发展的可能性。而那些始终保持开放心态的人，他们看到新事物时会先关注其优点，思考它与自己的关联，真正地拥抱变化，与时俱进。

（2）沟通时习惯性排斥

人们往往偏爱听好话，而对逆耳之言产生排斥心理，这也是业力的一种表现。一些人能够虚心接受他人的意见，有些人则不以为然。业力在大脑潜意识的作用，使他们产生一种本能的应激反应。他们甚至对自己的这种反应感到困惑，不明白为何会如此，更意识不到这种反应可能带来的危害。正所谓"兼听则明，偏信则暗"，若长期如此，将会误解多少人的好意，辜负多少人的关心，错失多少宝贵的建议，丧失多少提升自己的机会呢？

（3）行动时习惯性恐惧

一些人在面对挑战时，往往会过分强调困难，还未开始行动就已经被内心的恐惧笼罩。他们先入为主，给自己设下了重重阻碍，使得事情难以顺利进行。而那些敢于面对并积极行动的人，会在实践中寻找解决问题的方法，往往能够找到解决问题的线索，使问题迎刃而解。

在纷扰复杂的现实生活中，许多人深陷业力深重的困境而不自知。正如王阳明所言，"破山中贼易，破心中贼难"，这心中之"贼"，就包括潜藏在内心深处的业力。倘若无法将业力破除，人这一生都将受其影响，情绪忽上忽下、忽左忽右，深陷无尽的内耗之中，身心灵都难得安宁。

人人都可以自我观照检查一下，是否不经意间染上了这样的习气：任性妄为，不识抬举，蛮不讲理，破口大骂，撒泼打滚，拳头相向……这就是"邪恶"和"自以为聪明"的体现。它们让人忘记了善良和厚道是为人处世的基础，更使人忘记了别人过往的好，长此以往，很可能就演变成与曾经亲近的人反目成仇，这种众叛亲离的结局既可怜又可悲。

为何会陷入这样的境地呢？其根本就是只凭着自己那种"不自知、不自明、不自觉、忍不住、下意识"的习惯或动作，在业力的牵引下随波逐流，滑到哪里算哪里，甚至滑向"作贱—作孽—作恶"的深渊。

举一个很典型的例子。当面对别人的建议或批评时，一些人常常不识好歹，习惯性地把别人放在自己的对立面，以为别人是在针对自己，是在给自己找不痛快。于是，只要不顺从自己的心意，即便是自己最爱的与最爱自己的亲人也会一秒变成敌人，开始忍不住、下意识地指责对方，心生愤怒，怪罪对方，甚至埋怨对方，最终发展为怨恨。从爱到恨有多远，就在无常之间，这就是它的演变过程。当别人提醒一次，自己非但不改正，反而还怨恨别人，那么别人还愿意提醒你吗？长此以往，这种"我以为"，将会辜负多少人的好意和关心？不仅会导致错过与他人建立良好关系的机会，更会导致错失突破认知局限和能力局限的机会，自己根本得不到成长与发展。

反之，如果保持谦卑之心，兼听则明，大大方方领受别人提醒的好意，将会产生截然不同的结果。感激那些提醒自己的人，看清了自己的缺点和不足，才有机会去修正自己的思想和行为。这种改变不仅让自己得到了更好的成长与发展，更让自己与别人结下了善缘。

由此可见，业力可让人不自觉地陷入"我以为"的思维模式，从而失去对周围人、事、财、物的正确感知和判断。当"我以为"的心态进一步蔓延时，会让人陷入"人性大爆发"的极端思维模式，即被"贪嗔痴慢疑"五毒所控制，开始怪天、怪地、怪别人，认为一切都是别人的错，自己永远正确。本来好好的一个人，就这样被业力牵引，滑向"作贱—作孽—作恶"的深渊。

3. 为什么能力抵不过业力

能力，作为后天习得的实力，是通过不断学习和实践积累起来的知识、技能和经验的总和。它代表着人们在面对问题、完成任务时所能展现出的实力水平。然而，尽管人们可能具备出色的能力，但在某些情况下，仍然可能受到业力影响，做出"不自知、不自明、不自觉、忍不住、下意识"

的习惯或动作，使得能力无法完全发挥。

（1）业力是潜意识，能力难以应对

业力，作为潜意识（包含非意识和感性意识）的体现，常常在不经意间左右着人的行为和决策。潜意识中深藏的业力，往往源自基因遗传、过去的经历、教育和环境，它们以隐性的方式影响着人的思考方式和行为模式。当面对复杂的问题或挑战时，即使拥有足够的能力去应对，但潜意识中的业力可能会让人偏离正确的轨道，使能力难以得到充分发挥。

例如，在工作中，可能会遇到需要创新或突破的情况。然而，由于潜意识中业力的影响，人会不自觉地回到旧有的思维模式和行动方式，即使知道这样做可能不是最佳选择。这种情况下，即使原本应该有能力找到更好的解决方案，但可能也会由于业力的干扰让人错失良机。

（2）业力是旧习惯，能力难以改变

业力也表现为日常生活中的旧习惯。这些习惯往往是在长期的生活中逐渐形成的，它们可能已经不再适应当前的环境和需求，却根深蒂固地存在于自己的行为中。由于这些旧习惯的影响，即使有能力去做出改变，实际操作起来也困难重重。常言道："江山易改，本性难移。"改变个人的旧习惯并非易事，若无坚定的意志和坚持不懈的毅力，旧习惯是难以被撼动的。例如，在健康方面，人们知道应该坚持锻炼、合理饮食，但由于长期形成的懒散习惯或不良饮食习惯的影响，人们很难真正改变自己，将良好的习惯付诸实践。

（3）业力影响情绪，能力难以发挥

业力还会对人的情绪产生深远影响。当情绪受到业力的左右时，即使人原本应该有能力去解决问题或完成任务，但情绪的忽上忽下、忽左忽右，也会让人难以发挥出原有的水平。特别是当一个人生气时，正所谓"一念嗔心起，百万障门开"，这时候什么理智都没有了，能力水平直接降到最低。例如，在面对工作压力或人际关系挑战时，人们可能会因为业力的影响而感到焦虑、愤怒或沮丧。这些负面情绪会削弱人的专注力和判断力，使人难以做出明智的决策或采取有效的行动。

由此可见，业力是一种不可忽视的力量，就像人身上背负着的行囊，或轻或重，或多或少，都会对能力产生制约。当一个人能力不足时，"不自

知、不自明、不自觉、忍不住、下意识"地被业力所牵引，关键时刻，能力也抵挡不了业力给人带来的影响，稍有不慎，就被业力拉着滑向"作贱—作孽—作恶"的深渊。

4. 什么是愿力

人人都向往美好的生活，都希望让世界看见更美的自己，这就是人们内心的小小愿力。当人们的关注点从"希望自己好"，逐渐升华到"希望自己人好"，再到"希望更多人好"；从个人的"小我"，走向家庭、企业的"中我"，再到社会的"大我"，愿力便如同滚雪球般，越滚越大，力量也越来越强。

当一个人树立起远大的理想和抱负，将个人的得失荣辱置之度外，一心只为他人、为社会、为国家谋求福祉时，愿力便升华至"家国情怀"的至高境界。多少革命先烈、仁人志士是如此，他们用行动诠释了什么叫家国情怀。杰出科学家钱学森，当年在海外取得了瞩目的成就，却毅然决然地放弃了优厚的待遇，选择回到祖国母亲的怀抱。那时的祖国，相较于国外而言，还显得相对贫穷落后，但这并未阻挡他回归的脚步。他深知，个人的成就与国家的命运息息相关，因此他立志要将自己的才华与智慧奉献给国家的科学研究事业。钱学森的事迹，是家国情怀强大愿力的生动写照。他的心中装着整个国家，个人的得失早已抛诸脑后。他将个人的理想和抱负，与国家的命运紧密相连，这种深沉的家国情怀，激励着一代又一代的中国人为祖国的繁荣富强而努力奋斗。

愿力的大小，实则取决于心中装了多少人。心怀天下百姓，将个人的理想和抱负与国家的命运紧密相连，愿力便会变得无比强大。这种愿力，能够激发人克服一切困难、战胜一切挑战的勇气和决心，在人生的道路上勇往直前、无所畏惧。以伟大的领袖毛主席为例，他年轻时就已立下鸿鹄之志，展现出非凡的才华和远大的抱负。他的《心之力》一文，不仅令老师赞叹不已，更彰显了他内心深处那股强大的愿力。正是这股强大的愿力，支撑他不畏艰险，带领中央红军翻越巍峨雪山，穿越茫茫草地，克服重重困难，最终胜利抵达陕北。正是这股强大的愿力，驱使他北上抗日，团结各方力量，历经艰苦抗战，终将日本侵略者赶出中国。正是这股强大的愿力，激励他团结全国各族人民，万众一心，打败国民党反动派，引领中国人民解放军从胜利走向胜利。回顾中国共产党的历代领导人，他们无不是这样心怀天下，全心全意为中国人民谋幸福，全心全意为中华民族谋复兴。

5. 为什么要树愿力

愿力，是一个人内心的力量之源，是实现梦想的动力所在。对于每个人而言，从"我想"成为什么样的人，到"我要"付诸实际行动，再到"我能"成为更美的自己，是一个环环相扣的过程。在这个过程中，"我想"是关键，"我要"是必经之路，"我能"是最终结果。只有"我想""我要"，通过躬耕自己的"方寸心田"，进而躬耕好自己的"一亩三分地"，才能最终演变成"我能"，让祖国大好河山的美好与自己有关，让世间的一切美好与自己有关。如果"我不想""我不要"，最终结果就是"我不能"了，祖国的大好河山、世间的一切美好怎么可能与自己有关呢？

成功似乎让人觉得遥不可及，然而取得成功的秘诀就在于，成功的人身上有着强烈的内在动力和目标意识，树立了远大的理想和抱负，即"我想"。他们清楚地知道自己想要什么：有的渴望成为一位有影响力的领袖，带领团队创造辉煌；有的希望成为一名优秀的科学家，为人类的进步做出贡献；还有的立志成为一名卓越的艺术家，为世界带来美好的艺术作品。这些愿望，都是个人内心深处的愿力所在，激发着人们不断努力，勇往直前，让人在面对困难和挑战时，不会轻易放弃，而是会想方设法解决问题，继续向前推进。正是这种坚持不懈的精神，让他们能够在芸芸众生中脱颖而出，成就一番事业，成为出类拔萃的社会精英或者国家栋梁。

因此，找到自己的初心，提升自己的愿力，对于自身的长远发展来说相当重要，它推动着人们成为更好的自己，实现更高的人生价值。一个人树立了远大的理想和抱负，想为整个社会、国家乃至全世界人民做点事，让这个世界因为自己的存在而变得更美好一点，这种愿力越大，就越能驱使我们向好向前。在愿力的引领下，不断突破认知局限与能力局限，做成事、做好事并拿到好结果，不断前行，不断超越，定会实现自己的人生理想和抱负，让自己拥有一个幸福美好的未来。

如果愿力不足或者不够强劲，则很可能被业力牵引，随波逐流，最终沦为平庸之辈。更可怕的是，有些人甚至没有一丝家国情怀，不惜走上违法犯罪之路，这便是业力的可怕之处。

拥有远大理想和抱负的人，无不将个人的成长与发展同国家的繁荣昌盛紧密相连，秉持坚定的红色信念和强烈的家国情怀，不忘初心，牢记使命，砥砺前行，为实现中华民族伟大复兴的中国梦而努力奋斗。

6. 为什么业力抵不过愿力

上面谈到，不自知、不自明、不自觉、忍不住、下意识的习惯或行为叫业力，特别是在面对"急难愁盼漏"①问题时，业力最容易通过忽上忽下、忽左忽右的情绪显现出来。然而，只要一个人树立起远大的理想和抱负，愿力足够大，那么即使身上所背负的业力再大，也抵挡不了更强大的愿力带来的力量。

（1）愿力是理性意识，业力是潜意识

愿力是一个人内心深处明确、坚定的目标和追求，是理性意识的体现。它代表着一个人的理想、信念和追求，是为了实现自己人生的理想和抱负而付出的努力和坚持。愿力能够让人在困难和挑战面前保持清醒和坚定，不被外界环境所左右，始终朝着自己的目标前进。

而业力则是在日常生活中形成的一些习惯、惯性思维和潜意识行为，它是非意识或感性意识的体现，在不知不觉中影响着人的决策和行动。当人受到业力的牵引时，可能会陷入固定思维模式，难以摆脱旧有的习惯和局限性，从而阻碍成长与发展。

像拔河比赛一样，两种力相比之下，就看谁更胜一筹。因为愿力是理性意识的体现，它能够让人在面临挑战和困境时保持清醒和坚定，克服自身的局限性和惯性思维。而业力虽然有着强大的影响力，但它却是潜意识的。只要一个人的愿力足够强大，理性意识占据上风时，业力便难以与愿力相抗衡。

（2）愿力是主动作为，业力是被动等待

愿力是一种积极主动的力量，它推动人们主动地去追求目标、克服困难、实现人生的理想和抱负。拥有愿力的人，会不断地寻找机会、把握机会乃至创造机会，积极主动地面对生活中的挑战和变化。他们不会被困难所吓倒，也不会在失败面前轻易放弃，而是会坚持不懈地努力，直到达成

---

① "急难愁盼漏"：急，着急/急切/急需；难，困难/难题/难办；愁，发愁/忧愁；盼，期盼/盼望；漏，遗漏/疏漏/错漏。

自己的目标。

相比之下，业力则是一种被动等待的力量。它让人陷入一种固定的模式和思维中，难以自拔。当人受到业力的影响时，可能会变得消极被动，缺乏主动性和创造性；可能会习惯性地等待机会的到来，而不是主动地去寻找和创造机会。这种被动等待的态度，往往会让人错失很多机会，在人生的道路上越走越窄。

"主动做主人，被动做奴隶。"愿力之所以能够战胜业力，就在于它的主动性和积极性。只有主动地去追求目标、克服困难，才能够真正地突破自身的局限性和惯性思维，实现自我成长。

（3）愿力引领人向上，业力牵引人向下

愿力具有积极向上的力量，能够引领人朝着更高的目标和更美好的未来前进。当一个人树立起远大的理想和抱负，拥有强烈的愿力时，会充满信心和动力，不断地挑战自己、超越自己。

而业力具有向下的牵引力，它让人陷入消极、颓废的状态中。当一个人受到业力的影响时，可能会变得消极懒惰、缺乏斗志，甚至沉迷于一些不良习惯和嗜好中。这种状态不仅会阻碍人成长和进步，还会让人陷入一片黑暗和迷茫之中。

相较之下，只有当人拥有强大的愿力时，才能够真正地摆脱业力的束缚和牵引，朝着"作人—作己—无我"不断向上走，奔向幸福美好的未来。而当愿力不足或者不够强劲时，就只能被业力牵引，不断向下滑，滑向"作贱—作孽—作恶"的深渊。

结语三：真实不虚的存在

在日常生活中，只要稍微放慢脚步，用心去观察和感受，便会惊觉现实生活中的"忽上忽下"宛如一部部戏剧，时刻在上演。而互联网的普及，使得这些瞬息万变的生活画面更加淋漓尽致地展现在我们眼前，让人深切地感受到"忽上忽下"是真实不虚的存在。

"作人""作己""无我"的光辉，如同明灯指引，照亮人们前行的道路；"作贱""作孽""作恶"的漩涡，则是深不见底，令人陷入无尽的迷茫。

作为人生戏剧的主角，少部分人能一直在积极主动的状态中，演绎着

幸福的人生；一部分人背负着深重的业力，沉沦于消极被动的状态中，演绎着悲惨的人生；绝大部分人则在这六种状态之间穿梭徘徊，忽上忽下，反反复复，历经人生百态，尝尽酸甜苦辣。

为何会如此呢？这源于人内心深处那些难以察觉的习惯与本能反应。它们是人身上的业力，也是人自身的非意识和感性意识，如同人背负着的沉重行囊，在"不自知、不自明、不自觉、忍不住、下意识"的掩护下，悄悄地将人拉向深渊。每个人所背负的业力不同，或轻或重，或多或少，因此，在这个纷繁复杂的世界里，我们能看到"一种米养百种人"。

那么，面对这样的现实，又该如何应对呢？

能力抵不过业力，业力抵不过愿力。要正视"每个人身上都背负不同的业力"这一现实，真诚而勇敢地面对自己，勇敢而真实地面对别人，勇于面对自己的这一"心贼"，用心躬耕好自己的"方寸心田"，播撒真善美，拒绝假恶丑，让自己的心灵更加纯粹，便能感知美、发现美、描绘美、展现美、创造美，让内心本自具足的美尽情地绽放出来，最终实现让世界看见更美的自己。

而这一切美好，从做生活的有心人开始，用心去感受生活的美好，照亮自己，也温暖别人，进而，在工作中做一个明白人，用心细心、耐心欢心地去面对每一项任务，将每一步都走得稳健而坚定。这样，才可能卸下沉重的行囊，摆脱业力的牵引，避免自己滑向"作贱—作孽—作恶"的深渊。

然而，更为关键的是，要想过好这一生，就必须树立起远大的理想和抱负，提升自己的愿力。让自己在愿力的推动下，首先要"作人"，对标"作为人何为正确"的标准，做个负责任、正能量、自利利他、态度随和的人，从我做起，从小做起，"不以善小而不为，不以恶小而为之"；其次要"作己"，做自己生命的主人，关注内在自我的成长与发展，不断地提升自我价值，绽放自己的生命，让世界看见更美的自己；最终逐步攀登至"无我"的更高境界，将个人的成长与发展同国家的繁荣昌盛紧密相连，用自己的智慧和力量去造福一方人，助推更多人迈向更美好的未来。

反观自己，是在业力的牵引下，忽上忽下，慢慢变老，终了一生，还是在愿力的引领下，让理性意识战胜非意识和感性意识，勇敢地面对人生的挑战与困境，不断地追求成长与超越，让生命绽放出更加绚烂的光彩呢？一切都源于自己的选择呀！

> 来到人世间,要拎清楚的事情不少,以下问题你能拎清楚吗?

1. 你相信"善有善报,恶有恶报"吗?

2. 你想要成为什么样的人?

3. 你还在坚守的梦想是什么?

4. 你是否常被情绪影响?可以列举一二吗?

5. 你认为人会被潜意识影响吗?为什么?

第四章　古圣先贤告诫与我有关还是无关

/ 拎清楚自己能否侥幸例外 /

往事不堪回首，在现实的"忽上忽下"中，我历经了至少八次生死考验。记得儿时，我曾患上"白喉"，那时村里医疗资源匮乏，父亲和姐姐夜半时分背着我走了很远的山路，送到父亲的单位矿山医院抢救，若非及时，或许我早就没了性命。上学后，我年幼无知，因贪玩而多次涉险于河水中，三次差点溺水而亡，一次自己挣扎着爬起来了，另外两次是被好心人看见给救了起来。20世纪90年代初，我因好奇跟风去玩摩托车，有一回不慎被撞倒在路上，整个人被甩出去十几米远，当时自己动弹不得，幸得好心人相救，才得以避免后面来车造成二次伤害。30多岁时的某个深夜，我驾驶越野车在高速路上疾驰，却不料撞上一辆停靠在路边的大货车，等我注意到时，已经躲避不及，车身当场被铲去了半边，自己也差点命悬一线。还有庚子年前后，我历经两次突发脑溢血，差点在ICU中命丧黄泉……从结果来看，如今我还能坐在这里，写下这些文字，或许正如年轻人所言"这是上辈子拯救了银河系"，才能有如此幸运啊！

然而，这是否意味着我就是那"侥幸例外"之人？上天为何如此眷顾我？这到底是侥幸逃脱，还是命中注定？是纯属偶然，还是早有定数？怀着这样的疑问，我试着从古圣先贤留下的浩瀚智慧中去寻找答案。那些充满智慧的前辈们，他们又是怎么看待自己，怎么看待每一个"我"的呢？

在历史的长河中，那些古训尽管穿越千年，依旧熠熠生辉。当我深入挖掘这些古训的精髓时，不禁感叹其深邃与博大，心中那份对古圣先贤的敬仰之情也油然而生。若是自己能早十年、二十年醒悟过来，静下心来多读圣贤书，或许自己的人生轨迹会因此而不同。

古人告诫我们，诸如"明德惟馨；德不配位，必有灾殃；德全不危；厚德载物；大德必寿"，诸如"反者道之动，弱者道之用"，诸如"上善若水，水善利万物而不争，处众人之所恶，故几于道"，诸如"人在做，天在看；人算不如天算；善有善报，恶有恶报"……这些宝贵的告诫，能否解答人心中的疑惑？希望每个人都能从他们的智慧中找到属于自己的答案，解开生命的奥秘，明了生死的意义。

一、儒释道三家如何看待"我"

1. "我"是谁，为了谁，依靠谁

"我"指的是每一个人自己。

"你是谁？从哪来？到哪去？"这是人类历史上最具哲学性质的三个根本问题，且称之为溯源"三问"，探讨的是一个人的来源与归宿问题。自古以来，无数的哲学家、思想家、科学家都试图寻找这三个问题的答案。然而，迄今为止，这溯源"三问"似乎依然没有统一的答案。

回到现实生活中，不管是谁，想要过好这一生，始终都必须面对自我觉醒的三个问题："我是谁？为了谁？依靠谁？"且称之为觉醒"三问"，这关乎每个人对自我生命价值与意义的探索，答案也因人而异。但是，立足当下，无限贴近现实，回答好这三个问题，对于每个人来说却无比重要。

因为，许多人一直处于迷糊困顿之中而不自知。

多少人在面对"人、事、财、物"四要素和"功、名、利、禄"四利益时，犹如陷在了人间真实不虚的"八卦阵"里，忽上忽下，忽左忽右，彷徨迷茫。有的人迷失了自己，有的人走向了堕落，甚至有的人葬送了自己。比如，有的人过上了安稳舒服的日子，便视一切为理所当然，在吃喝玩乐中随意挥霍，忘记了幸福生活来之不易；有的人只顾及自己的利益，不考虑他人，更谈不上承担和付出；有的人年纪轻轻就得了空心病，不知道自己为什么而活，在百无聊赖中虚度光阴；有的人贪污腐败，挖空心思从人民手中获取利益，甚至不惜掏空国家当上叛国贼……

多少人在面对"急难愁盼漏"时，受"人性五漏——贪嗔痴慢疑"和"人心颠倒——一念天堂，一念地狱"以及"人的业力——不自知、不自明、不自觉、忍不住、下意识的习惯或行为"等因素的影响，抵挡不了生命的熵增，进而滑下深渊。比如，有些人升了官就"妄"乎所以，以为自

己是"神";有些人赚了点钱就"妄"自尊大,迷失了自我;有的人受了点挫折就"妄"自菲薄,随意作贱自己。"妄"乎所以、"妄"自尊大、"妄"自菲薄,这"三妄"蒙蔽了多少人的智慧和力量?

这一切,是哪里出了问题?

佛说:"奇哉!奇哉!众生皆具如来智慧德相,只因妄想执着不能证得。"每个人本自具足,不分贫富贵贱,内心都蕴藏着无尽的智慧和力量。然而,由于人内心的种种"妄想"和"执着",这些智慧和力量往往被蒙蔽,难以显现出来。

那么,应如何应对呢?常常用溯源"三问"(你是谁?从哪来?到哪去?)和觉醒"三问"(我是谁?为了谁?依靠谁?)来拷问自己,便可以对治自己的"三妄",这是让自己人生行稳致远的关键。世人常常陷入"三妄"而不能自拔,就是因为忘记了前述的两个"三问"啊!因此,想要自我觉醒,就要常常问问:"我是谁?为了谁?依靠谁?"这是拎清楚自己的关键,不仅能帮助人们更加全面清晰地认识当下的自己,还将指导人们未来成为更好的自己。真正回答好这些问题,或许才能扮演好人生的每一个角色,实现自己的人生价值。

(1)常常问:我是谁

我们生活在一个复杂多样的社会中,有着各种社会关系和身份,扮演着不同的角色。这些角色赋予我们相应的责任和义务,同时也让我们享受到由此带来的幸福和美好。正是这些身份的存在,让我们的生命更加丰富多彩,让我们的存在变得更加有意义。

■ 我是生活的有心人吗

还记得现实生活中"忽上忽下"六种状态的分水岭吗?做生活的有心人是基础。那么,自己是生活的"有心人"还是"无心人"呢?对照上一章的"照亮自己,温暖别人"的标准来反观一下自己,看看自己是否达标。

此外,还可以从以下两个简单的问题来判断。

第一,是否懂得反省自己?人非圣贤,孰能无过。一个有心之人,会不断地反省自己,寻找自己的不足,然后努力改进,让自己变得更好。

第二,心中是否装着别人?看见他人的所需、关心他人的福祉、尊重他人的选择、感恩他人的付出、珍惜他人的缘分,不会斤斤计较,更不会目中无人，而是主动承担和付出。

如果做不到以上这两点，如何能成为生活的有心人？

■ **我是家里的顶梁柱吗**

在家中，我们是父母的孩子、爱人的伴侣、孩子的父母。在家庭这个小型组织中，有的人是家里的顶梁柱，有的人是家里的窝囊废。至于如何选择，就看是否能真正地承担起自己所扮演的角色应有的责任和义务。

作为一家之主，就得肩负起家庭发展与家族兴旺的责任。家庭顶梁柱会努力创造一个温馨和谐的家庭环境，树立正确的家庭观念，关注家庭成员的身心健康，以身作则为孩子做好榜样，注重家庭的文化传承。这些都做好了，自然就能提升物质和精神基础了。在这个过程中，只有不断提高自己的综合素质，成为一个有担当、有远见、有爱心的一家之主，才能带领家庭成员共同创造美好的未来。

■ **我是学生的引路人吗**

在学校，我们可能是校长或者老师。在这些角色中，有的人能够成为学生们的引路人，以卓越的教育水平和无私的奉献精神，赢得学生们的尊敬和爱戴，成为他们眼中的优秀教师或卓越校长。然而，也有一些人可能师德败坏，违背了教师的职业操守，不仅无法给学生提供正确的指导和帮助，还可能会对学生造成负面影响，枉为人师。至于如何选择，就看是否能真正地承担起自己所扮演的角色应有的责任和义务。

一校之长，就是老师的老师，也是学生的引路人，更是祖国教育事业的主力军。一名优秀的校长，通常十分明确自己的教育目标，会深入思考在教育事业上想要达成的成就，学习新知识并掌握先进的教育理念和教学方法，提升卓越的领导才能、深厚的学术背景、丰富的教学经验和敏锐的洞察力，致力于达成"为党育人，为国育才"的目标。

■ **我是企业的主力军吗**

在企业，我们可能是员工、管理者、老板。有的人或许是企业的主力军，是为团队发力的"火车头"，有的人也可能是企业的"自由基"，是拖团队后腿的"吊车尾"。至于如何选择，就看是否能真正地承担起自己所扮演的角色应有的责任和义务。

作为一家企业的老板，顾名思义，就是"像老师一样板书"的人，也是管理者和员工的引领者，更是祖国经济发展的主力军。一位杰出的老板，通常非常明确自己的商业目标，会主动学习新知识并掌握先进的经营管理智慧，提升自己卓越的商业头脑、敏锐的市场洞察力、丰富的管理经验和良好的人际关系，达成企业的成长与发展目标，并在商业上取得卓越的成就。

■ 我是国家的建设者吗

在社会，我们可能是农民、工人、医生、公务员……在社会的大熔炉中，有的人或许是国家的建设者，有的人也可能是破坏者。至于如何选择，就看是否能真正地承担起自己所扮演的角色应有的责任和义务。

作为普通人的我们，也要树立正确的价值观，关心国家大事，积极参与社会建设，自觉遵守法律法规，弘扬正能量，为国家的繁荣昌盛贡献自己的一份力量。

在人生的道路上，我们都是追梦人。每个人都需要拎清楚自己的定位，需要常常问自己：我是谁？我当前的身份是什么？我未来想要成为怎样的人？如果不明确自己的定位和追求，信念不够坚定，不奋发向前，不厚积薄发，如何能如愿以偿，成为家庭、学校、企业、社会和国家的栋梁之材，成为更好的自己呢？

（2）常常问：为了谁

地球上生灵无数，能够生而为人，已是很难得。每个人来到这个世界上，似乎与生俱来带着一种神圣的本位：一切为了人。这句话深深镌刻在人类的基因中，它阐释了人为何而活——是为了使人类更好地繁衍、传承和发展。

托尔斯泰曾说："人生只有一种确凿无疑的幸福——就是为别人而生活。"这句话道出了大多数人的心声。有的人为己发展，有的人为家争气，有的人为企添力，有的人为国效力。当一个人不只是为了自己而活，更是为了让这个世界变得更加美好而活，这样的人生会更加充实，更加有意义。而当一个人的理想和抱负与家国天下的繁荣发展关联起来，其人生注定意义非凡。

■ 我是为己发展吗

有这样的一群人，他们是生活的有心人，他们为自己的成长与发展，为成为更加卓越的自我而砥砺前行。他们可能是那些倾注心血于学习，渴望受知识滋养的祖国花朵；他们可能是那些在职场中拼搏奋斗、尽职尽责的职场精英；他们更可能是那些即使步入暮年，依然怀揣梦想，不忘初心，不断精进自己的人。

在人生的旅途中，成长与发展是人永恒的主题，没有人例外。成长，就是不断突破自己的认知局限和能力局限；发展，就是做成事、做好事、拿到好结果。每个人都是自己人生的"老板"，经营着一家"无限责任公司"，不管我们承不承认，自己与世界进行的价值交换，所体现的就是人生价值。立足于此，自己有所成长与发展了，才有可能成为家庭的顶梁柱，才有可能成为别人的老板，带领家庭和团队走向更大的舞台，成就卓越的人生。

■ **我是为家争气吗**

有这样的一群人，他们是家庭的顶梁柱，他们为了孩子，为了伴侣，为了父母，为了家庭的幸福和睦而努力奋斗。他们是普罗大众，但同时，他们也是我们心中无比崇敬的英雄。在我心中，我的父亲就是这样的英雄。

我出生在一个大家庭，兄弟姐妹一共九个。可我的父亲3岁起就成了孤儿，从小便没有父母可以依靠。我的父亲外出工作，母亲留在家里照顾九个孩子，一家人经济来源的生活重担，全压在了父亲一个人的肩上。我永远记得小时候的那一次，父亲外出办事，回到家时已经饿得双手都在发抖。母亲既心疼又有点责怪地问父亲："都饿成这样了，你为什么不先买点东西吃呢？"父亲却笑着回答："我忍一下回到家就有得吃了，这点钱还要留着给孩子们吃穿用开支呢。"父亲不是没有钱买东西吃，而是舍不得啊！那一刻，我站在一旁，听着父母的对话，瞬间懂事了许多。我深深地体会到了父亲的不易，也更加敬佩他的坚韧和付出。他用自己的辛勤劳动，为我们创造了一个温馨的家。他用自己的行动，教会我们如何成为一个有担当、负责任的人。在我心中，他就是一位平凡而伟大的英雄，是我永远的榜样。

■ **我是为国育才吗**

有这样的一群人，他们是学生的引路人，为了无数孩子的光明未来，一心扑在教育事业上，为党育人，为国育才。张桂梅、卢永根、支月英、莫振高、朱敏才、孙丽娜、格桑德吉、胡忠、谢晓君、张丽莉……感动中国的教师数不胜数，他们既平凡又伟大，他们有一个共同的名字，就是"人民教师"。

然而，感动中国的教师们远不止这些被评选出来的代表，还有很多默默耕耘于乡村中小学的教师，他们也许没有出现在"感动中国"的舞台上，但是他们同样用自己的辛勤付出为教育事业做出了巨大的贡献。我要向这些教师们致敬，正是有了他们的辛勤付出，才有了祖国的未来和希望。

■ 我是为企添力吗

有这样的一群人，他们是企业的主力军，为了员工以及客户的福祉，致力于创造更多的价值，为企业的繁荣发展而不断前行。许多人放弃了安稳的工作，毅然决然地踏上了充满挑战的干事创业之路。他们大多数人并非仅仅为了谋生，而是为了心中燃烧的热情，为了成就一番事业、造福一方人的梦想。

他们或许正在创业，或许创业多年已有成就，或许又重新出发再创业，但无论是哪一种，他们身上都闪耀着共同的亮光。面对重重困难，他们坚韧不拔，勇往直前，始终坚守着自己的信念。即使在最艰难的时刻，他们也始终坚守承诺，确保员工的工资按时发放，确保客户的订单按时交付。这些创业者们通过努力和创新，为社会创造了巨大的价值。他们以高质量发展为目标，推动社会繁荣进步，让人民的生活更加美好便利。他们激发了行业的活力，为产业发展注入了蓬勃的朝气。我深感敬佩，向这些勇敢的创业者、杰出的老板和富有远见的企业家致以崇高的敬意。

■ 我是为国效力吗

有这样的一群人，他们是国家的建设者，全心全意为人民服务，致力于为国家的繁荣昌盛而贡献力量。他们中不乏像袁隆平、钟南山这样的杰出人物，还有许多在各自岗位上默默付出的普通人。

我的一个老朋友，就是这样一位退休返聘的公务人员。在退休前，他始终坚守为人民服务的宗旨，在工作岗位上兢兢业业。他的努力奉献得到了单位领导和同事们的一致认可。退休后，单位返聘他继续在岗位上发光发热。寒来暑往，他总是骑着自行车准时上班，从不怠工。他一辈子深入在群众一线，切实为群众解决一个又一个生活难题。他用自己的实际行动诠释了什么是真正的为人民服务。这样的人，值得我们由衷地尊敬。

马克思说："那些为大多数人带来幸福的人是最幸福的人。"这句话道出了爱的真谛：当为别人主动承担和付出时，自己也会收获更多的爱和幸福。这不就是"爱出者爱返，福往者福来"的另一种说法吗？当为大多数人带来幸福时，就是"爱出"，就是"福往"，因此会得到更多的"爱返"

和"福来",让自己成为最幸福的人。

生而为人,我们不仅是生命的传承者,更是爱的传递者。让我们珍视爱的本位,主动承担和付出,去创造一个更美好的世界。

(3) 常常问:依靠谁

这个世界是一个相互协同合作才能不断发展的族群社会,没有人能够单枪匹马地包打天下。一个人或许可以走得更快,但一群人才能走得更好、更稳、更远。在这个庞大的社会体系中,每个人都扮演着不可或缺的角色,相互依赖,共同推动着社会的发展。

■ 依靠国泰民安

我们要感恩伟大的祖国,是祖国为我们创造了和平安定的环境。没有国家的和平安定,没有国家的政策支持,一个人很难成就大事。想象一下,如果一个国家动荡不安,战火不断,就像俄乌冲突、巴以冲突形势下的相关国家一样,人们疲于逃命,就连能不能活下去都不敢保证,更不用谈个人的发展了。正是由于我们英勇的革命先烈不惧牺牲,保家卫国,才有了今天的和平安定。正是由于一代代伟大领导人的英明带领,才让我们在和平中不断发展,乘上改革开放的春风,实现了幼有所育、学有所教、劳有所得、病有所医、老有所养、住有所居、弱有所扶,让老百姓过上了好日子。有国才有家,才有我们今天幸福美好的生活。

■ 依靠企业兴旺

我们要珍惜企业提供的平台机会,没有企业搭建的舞台,没有企业的兴旺发展,个人很难独自成就一番事业。企业平台能让人站在更高的起点上,与丰富的资源链接,看到更大的世界,发挥出更大的价值。然而,也不能误将平台的实力视为自己的能力,认为自己无所不能。我们要珍惜企业平台,珍惜每一次锻炼的机会,尽心、尽力、尽情地施展自己的才华,与平台共成长。只有企业兴旺发达了,同乘企业这艘大船的人,才有可能水涨船高,一荣俱荣。

■ 依靠同心协力

我们要感激身边的支持者和引领者,有了他们同心协力的支持与引领,前行的路上才更加有心有力。支持者,顾名思义,就是那些在身边默默提供支持和帮助的人。他们就像是有力的精神支柱,让我们在面临困难时有力量继续前行。而引领者，则是那些在人生道路上给自己带来智慧启示和引导的人，他们如同灯塔，照亮前行的道路，让自己走出迷茫，走向光明未来。

在家靠父母，父母是我们的第一位支持者。他们用自己的辛勤付出，为我们提供了一个温暖的家庭环境，让我们在无忧无虑中成长。他们的爱如同强大的后盾，让我们在面临困难时有勇气去挑战，有信心去战胜。

出门靠朋友，朋友是我们的第二位支持者。他们陪伴我们度过青春年华，分享我们的喜怒哀乐。在我们需要帮助的时候，他们毫不犹豫地伸出援手，让我们感受到人间的温暖。朋友间的相互扶持，让我们在人生的道路上更加坚定。

工作靠同事，同事是我们的第三位支持者。他们在工作中与我们共同进退，互相学习，共同成长。在企业中，大家需要紧密团结在一起，同心协力，才能实现企业的发展目标。同事间的携手前行，让我们在职场中更加从容自信。

三人行，必有我师焉。我们还要感恩那些能够给我们带来智慧启迪和帮助的人，他们都是我们的老师。他们在我们迷茫时给予指引，让我们找到方向；在我们失落时给予鼓励，让我们重新振作。他们是我们人生道路上的指路明灯，用自己的经验和智慧，为我们照亮了前行的道路。如果遇到这样的贵人，一定要好好珍惜与他们的缘分。

■ 依靠自己努力

世间的一切美好是否与自己有关，最终还是要看自己是否努力。因为在这个世界上，人生的航程终究要靠自己掌握。

"牛不喝水强按头""烂泥扶不上墙"，这些谚语都在说明一个道理，如果自己没有"我想、我要、我能"这种内在的动力和意愿，就算他人强行逼迫或扶持都无济于事。

"我想"就是心念，心心念念，代表的是内心深处的渴望和梦想，是作为人都会生起的种种念头和愿望。

"我要"就是自我暗示，是行为行动的先导，在这种信念的支撑下，人们会将其转化为具体的行为表现。在此过程中，人的勇气就发挥出作用，也叫"勇敢"，即不会"畏难、担心、害怕"。

"我能"就是得到结果的具体过程，关乎能不能做成，能不能做好，能不能拿到好的结果。拿到好的结果就变成了成绩，一次次取得的成绩，就形成了成就，人就自然而然地心生喜悦，心生自信，为下一次的行为行动找到了力量和底气，经验也就这么一次次地形成了。

从"我想"到"我要"再到"我能"，三者既层层递进，又相互影响，没有"我想"，就不会有"我要"的动力；没有"我要"的行动，就不可能实现"我能"的目标。很多情况下，人们可能只有"我想"，却没有付诸"我要"的行动，"光说不练假把式"就是这个意思。

也就是说，如果没有明确的目标和行动，而仅仅依赖他人的支持和帮助，那么将很难获得他们真正的理解和协助。在这个过程中，明确自己的目标和方向，为自己的行动负责，学会独立思考，保持自我充实，才可能在人生的道路上心之所向、力之所及，实现自己的理想和抱负。一心向内求，不断躬耕好自己的"方寸心田"，成长为更好的自己，才可能吸引到那些真正的支持者和引领者，获得他人更多更有力的支持和帮助。

2. 儒家：修身齐家治国平天下，修身是根本

儒家，作为中华优秀传统文化的重要组成部分，自古以来对我国的经济、政治、文化、社会等方面产生了深远的影响。关于"我"，儒家经典著作《大学》有言："古之欲明明德于天下者，先治其国；欲治其国者，先齐其家；欲齐其家者，先修其身……自天子以至于庶人，壹是皆以修身为本。"意思是：古代那些要使德行彰明于天下的人，要先治理好自己的国家；要想治理好自己的国家，先要管理好自己的家庭和家族；要想管理好自己的家庭和家族，要先进行自我修养……从天子到平民，一切都以修身为根本。最后一句是点睛之笔，即不管是谁，都以修身为根本。修身，就是德行上的自我修养和人格上的自我完善，本质就是修自己，即躬耕好自己的"方寸心田"。

那么如何修呢？儒家给出了解决方案："欲修其身者，先正其心；欲正其心者，先诚其意；欲诚其意者，先致其知。致知在格物。物格而后知至，知至而后意诚，意诚而后心正，心正而后身修，身修而后家齐，家齐而后国治，国治而后天下平。"意思是：要进行自我修养，先要端正自己的思想；要端正自己的思想，先要使自己的意念真诚；要使自己的意念真诚，先要使自己获得知识，获得知识的途径在于认识、研究万事万物。通过对

万事万物的认识、研究，才能获得知识；获得知识后，意念才能真诚；意念真诚后，心思才能端正；心思端正后，才能修养品性；品性修养后，才能管理好家庭、家族；家庭、家族管理好了，才能治理好国家；治理好国家后天下才能太平。

简而言之，就是通过不断历事炼心，躬耕好自己的"方寸心田"，让真善美的种子在心田生根、发芽、开花、结果。这样，便能培养出分辨是非、黑白、曲直、对错、好歹的智慧。意诚心正，始终保持正念、正知、正行，知行合一，以此塑造自己的身心，定能让内心丰盈无比。

3. 佛家："我"是一切的根源

佛法自传入中国后，与中华优秀传统文化相融合，形成了独具特色的中国佛家文化。关于"我"，佛家有言："一切唯心造，我是一切的根源。"

在佛家的理念中，相由心生，境由心造，一个人的心境是怎么样的，投射出来的世界就是怎么样的。同样一个世界，善良厚道之人，看什么都觉得是美好的，因为他们内心充满阳光，看到周围的世界也是温暖和谐的；而邪恶狡诈之人，看什么都是黑暗的，因为他们内心的阴暗投射到了外界。若改变自己内心的念头，那么映射到自己心中，那个"我感知到的世界"也跟着改变。不管是"山水繁茂，美丽田园"，还是"河流干涸，田园荒芜"，尽在自己的"方寸心田"。

佛家认为，心生力量、心生万法、心生世界，人的心灵具有无限的潜能，通过修行和觉悟，每个人都可以找到内心的光明。当认识到"我"是一切的根源时，就能够对自己的生活负责，不再抱怨命运的不公。命运其实就掌握在自己手中，要想改变现状，就要从改变自己的思想开始，先改变自己的念头，再改变自己的态度，接着改变自己的语言，进而改变自己的行为，最终改变得到的结果。通过不断地修正自己的思想、念头、态度、语言、行为，便可积累满满的正能量，让自己的内心充满阳光，让自己的心境随之改变，便能从自己编织的思想牢笼里面挣脱出来，从而让自己走向更幸福美好的人生。

4. 道家：做好自己是一切的根本

道家，作为中华优秀传统文化的重要组成部分，自古以来便以其独特的智慧影响着人们的生活。道家主张的核心思想是做好自己，认为这是实现个人成长与发展的根本。关于"我"，道家有着深刻的见解和独特的论述。

《道德经》有言："知人者智，自知者明。胜人者有力，自胜者强。"这句话深刻地揭示了了解他人与了解自己之间的差异。能够洞察他人的人固然聪明，但能对自己内心明察秋毫的人，才是真正的睿智之人。能够战胜他人的人，只展现了其力量，而能够克服自身弱点的人，才是真正的强者。

这二者之中，道家显然认为了解自己、战胜自己的弱点更加重要，认为做好自己是一切的根本。它主张回归到个体本身，只有做到自知、自明、自胜，才能不断突破自己的认知局限和能力局限，才能做成事、做好事、拿到好结果，真正实现个人的成长与发展。

那么，如何做好自己呢？没有德行的基础，无论是在个人生活、家庭管理还是国家治理中，都可能会遭遇失败。没有德行，就没有能力去"修道"。这个"道"指的是道法自然，即宇宙万物都遵循着自然的规律，人也应顺应自然规律，即"天道"。而"天道无亲，常与善人"，指的是天道总是偏爱那些行善之人。因此，通过培养德行，顺应自然规律，个人可以更好地实现自我完善，从而更加幸福。

二、人人绕不开一个"德"字

1. "德"是什么

古人云，"明德惟馨""德不配位，必有灾殃""德全不危""厚德载物""大德必寿"。其背后的逻辑值得我们深思。

"德"是什么？从古至今，人们从各个维度对"德"这个字进行了深入的解读，使得它的内涵非常丰富。我将结合我自身的经验感悟，谈谈我对"德"的理解。

德者，得也。自然而然，十目一心，直入人心，有心是基础，外得于人，内得于己，谓之"德"。如果没心没肺的话，就没办法谈德了。道理很简单，比如与人打交道，如果我的言行举止让你有收获，感到开心，反过来我也开心，你有得，我也有得，这就叫德。相反，如果我的言行举止冒犯了你，让你不舒服，反过来我也不舒服，你没有得，我也没有得，这叫无德。

古人所说的"人无德不立",不正是这个道理吗?因为无德之人使得与其有交集的人都不开心,又怎么可能在社会上更好地立足呢?据我观察,一个人能立足于社会并取得一些成就,并不是因为他有多聪明多厉害,而是因为他有德。人世间除了钱以外最有能量的东西之一,恐怕非德莫属了。有德之人全身散发着正能量的光芒,吸引着身边的人追随他、支持他,愿意帮助他获得成功。

一般来说,"德"可分为品德、功德、福德三重含义。

- 品德,即人品和态度。一出声显态度,一出手见人品,反映为对己对人对事的态度。从怎么想、怎么说、怎么做,就可以看出一个人的品德。除了态度,我们一无所有。

- 功德,即修为和能力。做事体现修为,能否做成事、做好事并拿到好结果,决定一个人有无功德。历事炼心是根本,是束手无策还是游刃有余,这就体现了自己的功夫和本事。在工作上保持基本功和专业度,苦练基本功是关键。

- 福德,即贡献和认可。自己所说的话、所做的事有益于别人,并被别人所赞叹,还能长久地影响周围,就能获得别人对自己的认可和好评。一看脸显露真容,一个人修诸功德,获得他人的回馈越多,脸上的笑容越灿烂,获得的福气就越多。是福泽天下,还是一方,或是一家,就看自己的能耐了。

唯有勤修"三德":从端正态度开始,带着爱去学习、工作、生活,主动承担和付出,不断修炼品德;对每一件经手的事情都能够做足功课,有所作为,日积月累,让自己的功德越积越厚;提升自己的能力去帮助更多的人,进而为自己积攒更多的福德,才是给自己最好的回报,或许这就是德全不危、厚德载物、大德必寿。

2. 为什么"明德惟馨"

"明德惟馨"最早出自《尚书》,意思是"人只有明白了什么是德,并去努力践行和发扬光大,才会像花一样散发出迷人的芬芳"。

《大学》开宗明义:"大学之道,在明明德,在亲民,在止于至善。"其中,"亲民"和"止于至善"都是"明德"的内涵要求。大意是说"大学的宗旨，在于彰显光明的品德，在于使人弃旧图新，在于使人达到最完善的境界"。这既是个人的德，也是社会的德、国家的德；在于反省提高自己的道德并推己及人，使人人都能改过自新、弃恶从善；在于让整个社会都能达到完美的道德之境并长久地保持下去。

那么，何谓"明德"？孔子认为，"明德"是每个人生下来就具备的，一个人或好或坏，"明德"本性却不会发生任何变化。所谓"明德"，就是让自己始终处于清醒的认知状态，让本性一如既往保持清明的状态。

王阳明认为，"明德"是宇宙万物的本体，也在每个人的心中，虽然是与生俱来的，但每个人都要努力保持本心的纯净，让其持续修炼、断恶修善，才能通晓万事万物的本性，把精神修养与认知实践统一结合起来，从而达到"知行合一"的人生境界。

可以说，"明德惟馨"是我们生而为人最美好的理想境界。那么，又该如何才能做到？千里之行，始于足下。唯有从明德、修德、积德做起，"修诸功德，植众德本"，厚积薄发，自然厚德载物。

人生在世，有那么多"为什么""怎么办"需要面对，有那么多"急难愁盼漏"等着去解决，唯有"弄明白、搞清楚、去践行"，躬身入局、脚踏实地，每天进步一点点，离"明德惟馨"的理想境界才越来越近。

3. 为什么"德不配位，必有灾殃"

"德不配位，必有灾殃。"一个人的德行不匹配自己的位置，就一定会发生灾祸。《周易·系辞下》有言："德薄而位尊，智小而谋大，力小而任重，鲜不及矣。"古人用这句话告诫我们：德行浅薄却地位尊贵，是不行的；智慧不够却图谋大业，是不行的；能力弱小却背负重任，是不行的。

这样的事情每天都在上演。古往今来，没有例外。为父不尊，身为人父却没有受人尊敬，就不会家业兴旺；为母不仪，身为人母却没有以身作则，就无法教育子女；为子不孝，身为子女却没有孝顺长辈，就难以家庭和睦；为人不义，生而为人却没有秉持正义，就不能立足社会。

我们有幸来到人世间做人，上天对我们是有要求的，否则"德不配位，必有灾殃"。也就是说，在这个世界上，不管是谁，只要自己的德行配不上自己所在的位置，没有做好在这个位置上该做的事情，迟早会给自己招惹麻烦，甚至是灾祸。

例如，作为学校的一把手，校长所在的位置可谓很尊崇，但有的人德不配位却不自知。有的校长本应将精力放在提升学校教育质量、优化教学管理、关爱师生发展上，却一心想着利用职务之便谋取私利，通过克扣学生营养餐经费、违规收受教辅材料供应商贿赂、在校园工程招标中暗箱操作等方式敛财；在工作中搞"一言堂"，打压提出不同意见的老师；任人唯亲，将重要岗位安排给自己的亲信，导致学校内部管理混乱，教师积极性受挫，教学质量严重下滑。这样的校长最终必然东窗事发，不仅身败名裂，还将受到法律的严惩，也给学校的声誉和师生的发展带来极大的负面影响。

又例如，作为企业的一把手，老板所在的位置可谓很尊崇，但有的人德不配位却不自知。有的老板说，明明自己的企业规模很大，为社会提供了上百个就业机会，怎么会德不配位呢？殊不知，深入了解，发现企业养了一堆庸人、懒人、闲人，员工在这里不但没有发光发热，反而耗费掉了青春年华，甚至有的还钻企业的漏洞，白白耗掉了企业大量的利润。有的老板说，明明自己业务做得很出色，各种应对都游刃有余，怎么会德不配位呢？殊不知，深入了解，发现老板自身的德行、智慧和能力不够，没有教会管理者和员工怎么做人、怎么做事，整个团队都没有几个精兵强将，什么都靠老板一人冲锋在前，如老牛拉破车似的，累个半死。如果老板都偏离了"修德爱人"的使命，没有下足功夫去构建良好的企业环境、营造干事创业的氛围，无法真正引导管理者和员工向好向前，是不是"德不配位"呢？由此带来的麻烦和后果，最终是不是由老板一个人来承担呢？

若德不配位，怎么办？或许唯有常常问问自己"我是谁、为了谁、依靠谁"，做到在家庭、企业和社会不同位置上勤修品德、功德、福德，在其位、谋其职、负其责、尽其事，担当什么角色就要为此承担和付出，躬耕好自己的"一亩三分地"，活成应有的样子。人生就是一场勤修"三德"的旅程，或许再也没有别的途径了。

4. 为什么"德全不危"

"德全不危"，源自《黄帝内经·素问》的古老智慧，全句为"所以能年皆度百岁而动作不衰者，以其德全不危也"，讲的是长寿的秘诀在于德全。那么，究竟什么是德全？

从现代医学的角度来看，德全意味着尊重生命本身的规律，保持平和宁静的心态，克制欲望，内心安定，劳逸结合，顺应自然。这种生活方式有利于身心健康，是实现长寿的关键。

从个人修养的角度来看，德全是指一个人的品性、德行、智慧和能力都足以支撑他所处的位置，能够应对生活中的各种困难和挑战，承担起身上的重任。唯有具备这些品质，人在面对困境时才能够从容应对，向好向前。

从人际关系的角度来看，德全意味着一个人的品德、功德、福德都修炼得很好，即人品和态度都过关，道德修养和能力都良好，得到了他人的信任和认可，人际关系更加和谐，人更容易立足社会，获得发展。

正因为德全，人们能够内心从容安定，没有不安和恐惧，从而避免心灵上的危虑；人们能够调整自己的思想和行为，断恶修善，确保人身的安全；人们能够感召到良师益友，赢得他人的信任和尊重，使人际关系更加稳固。

故而"德全不危"，即道德完备就不会有人心危虑、人身危险、人际危机，这不就是"心无挂碍，外无障碍"最好的样子吗？这种人生状态将是多么幸福和美好。

5. 为什么"厚德载物"

厚德载物

如果把"德行"比作船，装的人越多，德行就越厚，船越大，能承载的福报就越大

"地势坤，君子以厚德载物"出自《周易·坤卦》，古人用这句话来勉励我们：君子要像大地一样具有宽广、深厚的德行，才能够承载世间万物，

包括内在的开心快乐、身心健康、人身安全、持续成长、全面发展，以及外在的事业、财富、地位、荣誉等。当一个人的心态越好，能感受的快乐就越多；当一个人的能力越大，能承担的东西就越多；当一个人的格局越广，能容纳的人和事就越多；当一个人的智慧越足，能明白的道理就越多。

一分耕耘一分收获，行善才能积德，厚德方能载物。不要问自己什么时候能够得到，而要问自己当下的德行够不够；不要问自己得到的怎么这么少，而要问自己无条件的爱有多少。主动承担和付出了多少，德行有多厚，肚量有多大，心里装着多少人，装着多少有益于人的事，就会得到相应的人天福报。

如果一个人的德行只有一张纸这么薄，那么他只能承载一张纸能承受的重量。如果强行往上面增加东西，再重一点，纸就会破掉，最终什么也得不到，甚至还可能会受伤严重，所谓"命比纸薄"。

如果一个人的德行只有一张桌子这么厚，那么他只能承载一张桌子能承受的重量。如果强行往上面增加东西，再重一点，桌子就会垮掉，最终什么也得不到，甚至还可能会受伤严重。但这样的德行总比像纸一样薄的德行好些。

如果一个人的德行像大地那么深厚，那么他就可以像大地一样承载万物。因此我们应该通过不断"修身"，由薄到厚，由己及人，以达到"齐家、治国、平天下"的境界，特别是以"修身"为基础来积累自己的德行，建立的功业越多越善，德行就越多越深厚，能够承载的人天福报也许就会越多。

6. 为什么"大德必寿"

"大德必寿"出自《礼记·中庸》，全句为"故大德，必得其位，必得其禄，必得其名，必得其寿"，意思是"有大德的人，必定会得到他应有的地位，必定会得到他应有的俸禄，必定会得到他应有的名利，必定会得到他应有的寿命"。

无数长寿老人的故事告诉我们，"大德必寿"的原因主要有以下几点。

大德之人，修为深厚。这指的是在自我修养和心性修炼方面有着深厚的修为，能够很好地调节掌控自己的情绪。特别是面对逆境和别人的不理解甚至诋毁谩骂时，也能够从容淡定、一笑置之，无论大事小事都能化解于无形之中，从而有效避免负面情绪引发的种种疾病。

大德之人，乐于助人。助人为快乐之本。开心快乐，大脑会分泌多巴胺和内啡肽，可以传递开心快乐，增强身体免疫力。相反，一个人一旦作恶，良心不安，身体就会分泌肾上腺素，使心跳加快、血压升高，可能会引发心脑血管疾病。

大德之人，内心宁静。在生理上，内心宁静，能够让身体内循环始终处于平衡状态，五脏六腑和谐运转，也不会过分追求外在物质享受；在精神上，不以物喜，不以己悲，静以修身，俭以养德，能够形成良性循环，从而延年益寿。

大德之人，心胸坦荡。心底无私天地宽。心里有爱，坦坦荡荡，没有自私的偏执和妄求，对己对人对事不起嗔心，始终能保持心平气和、泰然自若、欢喜满足的心态，这是养心之道，更是长寿关键。

大德必寿，行善积德是最好的保健品，是最有用的养生法宝。寿命得到保证，才能得其位、得其禄、得其名。否则，最悲催的，莫过于"有命挣钱，没命花"。

三、福祸无门，惟人自召：所愿，所不愿，皆源于自己

1. 福是什么，祸是什么

人人都喜欢享福，希望灾祸能够远离自己。那么，福是什么，祸又是什么呢？

《道德经》中说："祸兮，福之所倚；福兮，祸之所伏。孰知其极？其无正也。正复为奇，善复为妖。人之迷，其日固久。"什么意思？老子告诉我们："灾祸啊，福气就倚傍在它里面；福气啊，灾祸就暗藏其中。这种得失祸福循环，谁能知道它们的究竟？它们并没有一个确定的标准。正忽然转变为邪，善忽然转变为恶。世人看不透这个道理，迷惑的时间已经太久了。"

早在两千多年前，老子就已经把福祸相依的智慧告诉我们：福祸并不是简单的对立关系，而是相互渗透、相互影响、相互依存、相互转化的。在日常生活中，常常可以看到，福与祸的转化就在转瞬之间。有时候，一件看似糟糕的事情，却意外地带来了好的结果；反过来，一件原本看似幸

运的事情，却暗藏着不幸的种子。

然而，尽管福祸的转化如此普遍，许多人却仍然无法悟透这个道理。他们简单地认为，对自己有利的就是福，对自己不利的就是祸。他们不惜采取各种手段，拼尽全力去换取身外之物，渴望自己有名、有利、有权、有势，却忽视了自己的道德修养，忽视了躬耕自己的"方寸心田"。最终，因为抵不住名利、权势压身，有的人整日忧心忡忡，有的人吃不下饭，有的人睡不着觉，有的人疾病缠身，有的人身陷牢狱，有的人甚至丢了性命……其结果不就是"德不配位，必有灾殃"吗？拼命追求所谓的"幸福"，最终得到的不是幸福，而是忧虑、痛苦和灾难。这不就是"福兮，祸之所伏"的道理吗？

因为不懂得这些道理，生活中不少人为此撞了南墙、遭受了苦难。而这些人当中，也有人内心觉醒，顿悟"做好自己是一切的根本"。那些自我觉醒的人，开始从向外求转为向内求，专注于躬耕自己的"方寸心田"，转变自己的念头、态度、语言、行为，进而让结果往好的方向发展，最终德以配位，得到幸福。这不就是"祸兮，福之所倚"的道理吗？

当人们明白了这些道理，就知道在面对福祸时，应该保持一颗平常心。遇到逆境时不气馁，因为祸中可能藏着福；遇到顺境时不骄傲，因为福中可能藏着祸。只有这样，才能在这个福祸相依的世界中，保持内心的平静和从容。

"福祸无门，惟人自召。"福与祸的到来，并非偶然，亦非凭空产生，而是源于人们自身。人们所想的每一个念头，所在意的每一件事情，所亲近的每一个人，都在无形中感召着未来的福祸，即"想要什么，在意什么，亲近什么，就感召什么"。这就是万有引力定律真实不虚的反映啊！在"人、事、财、物"四要素和"功、名、利、禄"四利益这个"八卦阵"中，几乎每一个人都被这些东西吸引，自己能否有足够的引力去承载美好，还是只吸引来了不好的灾殃，全看自身的能量能否与之相匹配。

2. 想要什么，或许就感召什么

《李叔同〈晚晴集〉人生解读》中有这么一句话："世界是个回音谷，念念不忘，必有回响，你大声喊唱，山谷雷鸣，音传千里，一叠一叠，一浪一浪，彼岸世界都能听到了。凡事念念不忘，必有回响。因它在传递你心间的声音,绵绵不绝,遂相印于心。"内心播下的每一个念头,都会得到外部世界的回应,这些回应,在不断地编织着一个人的命运。

在城市的某个角落,同一条街道的两旁,有两家水果档。A档口的老板,是一位和蔼可亲的人,他卖出的水果从不缺斤短两,反而常常少收几毛钱的零头。他对待每一位顾客都如同对待自己的亲人,水果稍有酸味,他都会如实相告,以免顾客买到不合口味的水果。他还会细心地教顾客如何保存水果,告知顾客何时是最佳的食用时间。对于还未熟透的水果,他也会耐心提醒顾客。而那些稍有瑕疵的水果,他更是会仔细挑选出来,以折扣价出售,不会以次充好。如果是烂掉的水果,他绝不卖给顾客。虽然这样的经营方式使得成本相对较高,但他的善良和厚道赢得了众多顾客的信赖和喜爱,他的档口总是门庭若市。

而B档口的老板,却是一位精于算计的人。他卖出的水果,尾数总是尽量不四舍,却五入,让顾客难以察觉。水果稍有酸味,他会说是甜的;还未熟透的水果,他也会急于出售;而那些稍有瑕疵的水果,他更是会削掉坏的部分,将其做成鲜切水果卖给顾客,让人难以分辨。虽然这样的经营方式使得成本相对较低,但他的自私和贪婪也使得他的口碑极差,顾客对他的档口避之唯恐不及。

这样的故事,每天都在生活中上演。人们内心所向往的,正是人们所感召的。如果起心动念是善良的,所想的都是对自己好、对自己人好、对别人好的念头,尤其是大公无私,一切以有益众生为出发点,那么将可能感召无尽的福报。反之,如果起心动念是邪恶的,所想的都是对自己不好、对自己人不好、对别人不好,尤其是自私自利,甚至是损人利己,那么自己做的每一件事情,都可能会招致祸端。

3. 在意什么,或许就感召什么

戴尔·卡耐基是美国著名人际关系学大师、美国现代成人教育之父、西方现代人际关系教育的奠基人,被誉为"20世纪最伟大的心灵导师和成功学大师",他曾提出著名的"视网膜效应",意思是当自己拥有一件东西或一项特征时,就会比平常人更加注意到别人是否跟自己一样具备这种特征。

卡耐基提出,每个人的特质中大约有80%是长处或优点,而20%左右是缺点。当一个人只知道自己的缺点是什么,而不知发掘优点时,"视网膜效应"就会促使这个人发现他身边也有许多人拥有类似的缺点，进而使得他的人际关系无法改善，生活也不快乐。

对此，视网膜效应实验组于1979年做过这样一项研究：实验人员找来一些志愿者，让他们读一本相同的书。书中描绘了一个女性一个星期的生活状况，书中对女性的描述既有外向的一面，也有内向的一面。读完之后，实验人员把志愿者分成两组，让第一组志愿者判断该女性适不适合做一名图书管理员，让第二组志愿者判断该女性适不适合做一名房产销售。

结果表明，两组志愿者都针对他们选定的职业，提出了很多该女性适合这项工作的依据。此时，当研究者再分别问他们，该女性是否适合另外一项工作时，认为她适合做图书管理员的志愿者们，觉得该女性不适合房产销售的工作；反之，认为她适合做房产销售的志愿者，则认为她不适合做图书管理员。

这个实验充分证实了"视网膜效应"的存在。为什么会这样呢？

生活中，人们每天接触的信息是复杂多样的，但是因为注意力和精力都是有限的，所以会在无意识中忽略掉很多信息。很多日常都会接触到的信息并没有引起人们的关注，或者说它们都被筛选或过滤掉了。但是，当人们有意识地关注某些信息时，结果就不一样了。

不管是卡耐基的观点，还是上述的实验，都在说明一个道理：在意什么，就感召什么。

当把注意力放在积极的事物上时，生活会呈现出截然不同的面貌。若人们的心灵被阳光般的情绪所照耀，那么看到的就都是生活中美好的一面。比如，欣赏自己的成长和进步时，人们会感到自信和满足；关注社会的进步和发展时，人们会感到世界充满了希望和机遇。这种积极的思维模式会让人们保持愉悦的心情，激发人们对生活的热爱和追求，最终让人们的生活变得更加幸福美好。

相反，当人们将注意力集中在负面的事物上时，往往会陷入一种消极的思维模式。若人们的心灵被阴暗的情绪所笼罩，那么看到的就都是生活中不如意的一面。比如，当人们抱怨自己的不足时，可能会陷入自卑和沮丧的情绪中；当人们过度关注社会的负面新闻时，可能会感到世界充满了黑暗和绝望。这种消极的思维模式会严重影响心情，使人们失去对生活的信心和热情，最终导致生活变得一团糟。

心理学研究也表明，人的注意力具有选择性和主动性，可以选择将注意力集中在积极的事物上，也可以选择将注意力集中在消极的事物上。而人的选择将直接影响情绪和行为。注意力放在积极的事物上时，会更加关注解决问题的方法和策略，从而更加有效地应对生活中的挑战和困难。相反，注意力放在消极的事物上时，往往容易陷入无助和绝望的情绪中，无法积极应对生活中的问题。因此，我们应该学会调整自己，把更多的注意力放在积极的事物上，发现生活中的美好，感恩身边的点滴幸福。

4. 亲近什么，或许就感召什么

晋代傅玄在《太子少傅箴》中说"故近朱者赤，近墨者黑"；又说"声和则响清，形正则影正"。

据传晋朝的大臣傅玄是个品学兼优的人，为人正派，很受皇帝尊重，因此被请来做太子的教师，即太子少傅。皇太子府里属员很多，有宫女、太监以及一大批为太子办事的官吏。这些人百般讨太子欢喜，阿谀逢迎，陪着太子玩耍。太子随心所欲，在这样的环境中很难学好，因为这些人的品格不高。为此，傅玄很忧虑。

有一天，他给太子讲课的时候，讲道："想做一个好人，做一个好皇帝，那么，你一定要多接近正派人。譬如，什么事物常接近朱砂，就会被它染红；常接近墨，就会被它染黑。对自己一定要严格，行为要端正，这样，周围的人才会跟你学，正派人才会围绕在你身边。譬如，声音清亮，回声就一定和美；自己站得直，影子就一定正。你如果多接近正人君子，那么符合德义的话就听得多，自己的行为就会逐渐符合规范准则。但是，倘若你多接近小人、坏人，那就犹如进入卖鲍鱼的店一样，时间久了，你就闻不到兰花的芳香了。"这一番话被皇帝知道了，他认为非常好，就命令将其写在屏风上，放在太子房间里，让他每天读一遍，并命名为《太子少傅箴》。

这个故事告诉我们，亲近什么，就感召什么。如果亲近善良厚道之人，就能够为自己带来正面的影响，促使自己向好向前，那么所感召的就是好的福报；但如果亲近邪恶刻薄之人，则会给自己带来负面的影响，可能让自己陷入困境，那么所感召的就是不好的灾祸。这背后有什么样的原理呢？

首先，与善良厚道的人为伍，能够激发我们的善良本性，促使我们不断追求卓越。在善良厚道的人身边，我们不仅能够感受到他们的真诚与善良，还能够从他们身上学到许多为人处世的道理。这些道理往往能够让我们更加坚定地走上正道，成为一个更好的人。正如有句话说："你的水平，是你最常接触的5个人的平均值。"与善良厚道的人交往，无疑会提升我们的道德水平，让我们在人生的道路上走得更远。

其次，与善良厚道的人为伍，能够为我们带来更多的机遇和成功。善良厚道的人往往具有高尚的品质和宽广的胸怀，他们愿意与他人分享自己的经验和知识。与这样的人交往，我们可以从中汲取智慧和力量，提升自己的能力和素质。此外，善良厚道的人通常具有良好的人际关系和广泛的社会资源，这些资源可以为我们提供更多的发展机会和更广阔的发展空间。

相反，如果亲近邪恶刻薄之人，可能会使自己陷入困境，甚至带来麻烦。邪恶刻薄的人，往往具有扭曲的价值观和恶劣的行为习惯。他们可能会逐渐失去自己的原则和底线，变得越来越堕落，对我们产生负面影响。此外，邪恶刻薄的人还可能给我们带来各种麻烦和困扰，影响生活质量和心理健康。

因此，要学会识人，主动亲近善良厚道之人，远离邪恶刻薄之辈。同时，也应该时刻保持警惕，避免受到不良人际关系的影响，坚守自己的原则和底线，成为一个更好的人。

5. 善恶之报，或许如影随形

当一个人一念向善，心怀慈悲，在意天下苍生的福祉，亲近善良厚道之人，其将结下无尽的善缘。相反，如果一念向恶，心怀恶意，在意自己的名利得失，亲近邪恶德薄之人，其可能会引来恶果。

是福是祸，源头在于自己的一念之间，在于自己释放的是正能量还是负能量。

那么如何修自己的念头呢？答案就是，从断恶修善开始。时时生起羞耻之心、惭愧之心、忏悔之心，可以断恶；刻刻生起敬畏之心、慈悲之心、感恩之心，可以修善。

人要有羞耻之心、惭愧之心和忏悔之心。羞耻，是因为知道自己做出了不道德或有违公序良俗的行为；惭愧，是因为意识到自己的行为给他人带来了麻烦或伤害；忏悔，是因为真心愿意改正自己的错误，并希望重新获得他人的信任。时时生起这"三心"，能帮助人们识别、克制并远离邪恶，从起心动念那一刻起就把恶念断掉，远离负能量，从而避免祸端。

人要有敬畏之心、慈悲之心和感恩之心。敬畏之心，让人尊重天道，尊重规则，尊重他人；慈悲之心，让人关爱自己，关爱他人，关爱万物；感恩之心，是解决一切问题的良方，珍惜现在所拥有的一切，感激他人的付出，感激世界的馈赠。刻刻生起这"三心"，能让人们更加善良厚道，更加有爱心，从起心动念那一刻起就把善念建立起来，释放正能量，从而感召福报。

福祸无门，惟人自召。心随所愿，所愿，所不愿，皆源于自己。如果我们做每一个选择的时候，都能够时刻警惕自己的起心动念，能够拎清楚自己愿不愿、要不要、该不该，断恶修善，持之以恒地努力，那么我们在人生路就能顺顺当当，远离灾祸，感召福报，过上幸福美好的生活。

（1）愿不愿，是态度问题

"愿不愿"，这是一个关于态度的问题。一个人的知识水平、才能大小，或许可以影响他解决问题的能力，但最终能否成功解决问题，关键在于他是否具备发自内心、心甘情愿的态度。

在面对困难时，是发自内心地愿意、积极主动去想办法解决，还是感到畏难、担心、害怕、消极被动等待、心不甘情不愿、不愿意多耗神费力？全在自己的一念之间。

唯有自己端正态度，才可能找到问题的解决办法。反之，如果不愿意去尝试改变，不愿意付出行动，那么问题就会变得难以解决。有心是一切美好的开始，古人在造字的时候就已经明白这个道理，因为有心才会愿意，只有愿意才会去改变，才会去行动，才会去付出。

当看到他人存在问题时，哪怕要直面是非、对错、得失的考验，哪怕会冒犯他人，自己是否仍愿意站出来指出问题，帮助他们变得更好？还是碍于情面或害怕得罪别人，为了表面的和谐选择沉默？这些也都是一念之间的问题。端正的态度，能让自己勇敢地去做自己应该做的事情，敢于面对并指出问题，这叫"怀菩萨心肠，行霹雳手段"。反之，如果因为害怕、碍于面子而选择沉默，那么很可能就会纵容错误，甚至还可能因此背负起他人的罪过。

举一个生活中最常见的例子。当你搭乘汽车时，看到司机在肆意违反交通规则甚至开"斗气车"，你是应该提醒还是不提醒？如果不提醒，一旦发生交通事故，或许会车毁人亡，不就同归于尽了吗？明明是别人的错，为什么自己也会背负起别人的罪过？因为同坐在一辆车上，便是性命与共，本应该同舟共济，看到别人行为不对时，应该善意提醒。当然，也要注意方式方法，不能直接指责对方，这等于是火上浇油，最好是能从"为对方着想"的角度出发，想出一个不伤害彼此的方法去制止。情况紧急且自己无法劝阻，或者别人不听劝的话，最起码要及时下车远离，才能保全自己。

在利益冲突时，能否考虑他人的利益、集体的利益，最后再考虑自己的利益？这是一个关乎道义和责任的问题，也是对人性的考验。一个人的地位、财富或许会影响他处理利益冲突的方式，但最终能否妥善解决问题，关键在于态度。一个端正的态度，意味着愿意为他人着想，愿意承担起应有的责任。反之，如果只考虑自己的利益，为了自己的得失而不顾他人，那么就会失去他人的信任和尊重。

一个人"愿不愿"的态度，是能否解决问题的关键因素。积极的、主动的、端正的态度，可以让人勇敢地面对问题，愿意去尝试改变，真诚地对待他人，妥善处理利益冲突。反之，消极的、被动的、不情愿的态度，则会导致问题难以解决，甚至还会让人背负他人的罪过。

（2）要不要，是立场问题

"要不要"，这是一个关于立场的问题。生活中总会面临各种选择，而这个看似简单的"要不要"，实则是对待事情的立场，涉及一个人的眼界、格局和站位等多个层面。

一个人的眼界和格局，基本上是由他的站位所决定的。这就像站在高处的人能够看得更远，站在不同的位置，对事物的认知就会有所不同，即站位不同，所求不同，所见也不同。

如果只关注眼前利益，眼界受限，就无法看到问题的全貌和本质，那么很可能会忽视长远的利益和更大的问题。这种短视的行为，往往会让人做出不明智的决策。

然而，如果站在更高的角度去看待问题，考虑到更多人的利益，那么就能看到问题的全局和本质。这种更高的视角更有利于人做出更为明智的决策。正如稻盛和夫所说："利他之心，是成就一切事业不可或缺的。"一个人以利他之心去工作和生活，才能赢得更多人的支持，进而取得更大的成就。

在面对一份待遇优厚的工作时,要不要接受?这不仅是一个经济利益问题,更涉及个人的职业规划和发展前景。如果只看到眼前的利益,忽略了自身的职业发展需求,可能会做出不明智的决策。相反,如果站在更高的角度,考虑到自己的长远发展,就能做出更符合自身价值观的决策。

在面对一项重要的投资决策时,要不要冒险一试?这不仅是一个经济风险问题,更涉及对未来发展的期望和信念。如果只看到眼前的风险和利益,忽略了未来的机会和挑战,可能会做出错误的决策。而如果站在更高的角度,看到更广阔的未来,就能做出更加明智和果敢的决策。

在面对一项重要的社会问题时,要不要参与其中?这不仅是一个个人责任感的问题,更涉及对社会公正和发展的关注。如果只看到自己的利益和得失,忽略了社会的需要和正义,可能也会因此失去他人对我们的信任与支持,从而难以在社会上立足。然而,如果我们能站在更高的角度,看到社会的需要和期望,便能做出更加有价值和有意义的决策。

这些例子说明,"要不要"不仅是一个简单的选择问题,更是一个人世界观、人生观、价值观的体现。只有站在更高的立场,拥有更广阔的眼界,才能在面对选择时,做出最符合自己内心、符合他人利益、符合社会道义、有利于长远发展的正确决策。

(3) 该不该,是观念问题

"该不该",这是一个关乎观念的问题。比如,每个人在工作上都有自己的职责,但当职责范围以外的工作需要参与时,该不该腾出精力去做呢?又比如,企业的传统业务利润很微薄,新兴的产业利润丰厚,对企业来说是个诱人的机会,然而该产业与原来的业务相差甚远,该不该转型到新赛道?

在面对一件事情时,如何判断它是否应该去做,这涉及自己对待人、事、财、物的方式,不同的人可能会做出不一样的选择。因为人的想法会直接影响到自己的言语,进而影响自己的行为,最终决定自己的结果。如果思考方向一开始就出现了偏差,做出了错误的判断,那么最终的结果必定是不尽如人意的。

因此,通过"拎清楚自己、拎清楚人、拎清楚事情",抓住人、事、财、物的本质,才知道什么是善、什么是恶、什么是好、什么是坏、什么是对、什么是错。只有将这些善恶、好坏、对错的判断标准根植于心,才能让我们在面临不同问题时做出正确的判断，去做那些该做的事情，从而使结果随心所愿。

比如，现在不少年轻人喜欢熬夜打游戏，父母和医生都苦口婆心规劝他们不要这么做，但他们总是认为自己还年轻，身体不会出现问题。然而事实上，不少人因为熬夜打游戏，导致年纪轻轻就惹上一身毛病，比如近视、肥胖、肝功能异常等，还可能造成不可逆转的损伤，比如颈椎受损、失明。没有分清善恶、好坏、对错，导致做出错误的选择，最终付出沉重代价，这都是活生生的例子。

四、命自我立，福自己求：除了态度，我们一无所有

1. 为什么安心才能立命

人从起心动念开始，就有了念头（怎么想），然后形成语言（怎么说）、行为（怎么做），于是在一念选择的过程中产生了"善"和"恶"，所有的选择串联在一起，最终会让自己的人生走向截然不同的结果。

如果不知善恶，人就没有良知，就会不明是非、不辨黑白、不分曲直、不知对错、不识好歹，心猿意马，不知所措，就会感到无休止的迷茫、虚幻、痛苦。

如果知善知恶，人就有了良知，这就相当于给自己装上了导航系统，就能明白是非、辨别黑白、分清曲直、知道对错、识别好歹，人心找到了皈依，就会意诚心正、心安理得、知足常乐。

那么，我们该如何躬耕好自己的心呢？

（1）保持乐观，笑着面对每一天

内心有坚定信念的人，才能保持乐观。当面对挑战时，乐观的心态就像一束阳光，照亮我们前行的道路，让我们相信风雨之后定会有彩虹。乐观并不意味着对困难视而不见，而是在认识到生活的不易后，依然能够选择微笑面对，坚信每一天都有新的希望和可能。

（2）悦纳自己，要永远相信自己

悦纳自己是一种深刻的自我接纳。每个人都有闪光点，也都有不足之

处。真正的智慧，在于欣赏自己的独特之处，同时也包容那些不完美。当学会了接纳自己，就会释放出一种无与伦比的魅力，那是源自内心的自信和平和。相信自己是独一无二的，这种信念会化作内在的力量，支撑我们勇敢地面对生活中的每一个挑战。

（3）专注当下，一次做好一件事

专注当下是对生命的尊重和珍惜。在这个快节奏的时代，人们常常被各种事务所牵绊，忘记停下脚步，细细品味生活的美好。当你在吃饭时，不妨放下手机，关闭杂念，让味蕾全情投入到每一口食物的味道中。你会发现，专注于当下，不仅能够让我们的生活更加丰富多彩，还能让我们的心灵得到真正的放松和满足。

（4）享受独处，聆听内心的声音

享受独处是一种难得的心灵修养。在这个充满喧嚣的社会，给自己一点空间，静下心来，与自己对话。无论是静静地坐着，还是随意地发呆，都是在倾听自己内心的声音，让自己的灵魂得到沉淀。独处的时光，是自我成长的沃土，它能够滋养我们的心田，让我们变得更加坚强和明智。

（5）看淡得失，人生除死无大事

看淡得失是对待生命的一种态度。人生的旅途中，我们会经历各种各样的得与失。如果过分执着于这些外在的成就和失败，那么心就如同被重重的锁链紧紧束缚，困在"方寸心田"之中失去自由。学会看淡得失，就是释放自己的心灵，让它像一只自由的鸟儿，在天空中翱翔。当心灵不被物质所困，它就能绽放出本自具足的智慧和力量，让人感受到更多的快乐和满足。

苏轼写道："此心安处是吾乡。"只要能够让人心安如初，无论身处什么地方，都可以像在家乡一样处之泰然。躬耕好自己的"方寸心田"，才能随遇而安、行稳致远。

信因果，懂善恶，致良知，知行合一，向好向前走畅途，如此方可安心立命。

2. 为什么"除了态度，我们一无所有"

我们来到这个世上，身外之物皆"生不带来，死不带去"，可以说，除了态度，我们一无所有。态度是什么？态度就是表达自己的选择：认不认可？接不接受？承不承认？改不改正？

人生中唯一可以自主选择和控制的，就是自己的态度，不管是积极的还是消极的。其他的东西，如财富、地位、名声等，都不是天生就拥有的，也不是自己可以永远拥有的。

（1）选择消极的态度，人生可能会怎样

- 郁郁寡欢：消极的心态容易导致人情绪低落，长期处于这种状态会导致心理健康问题。
- 坎坷波折：消极的心态可能会让人对未来失去信心，从而在生活中遭遇更多的困难和挫折，多灾多祸。
- 身体衰弱：消极的心态可能会影响身体的免疫力，使人体脏腑机能减退，导致身体逐渐衰弱。
- 无法成长：消极的心态可能让人停滞不前，使人不愿意学习和进步，难以突破自身的认知局限和能力局限。
- 发展受限：消极的心态会限制人的眼界和思维，使人无法抓住机遇，导致做不成事、做不好事，更得不到好结果，从而止步不前，人生不进反退。

（2）保持积极的态度，人生可能会怎样

- 开心快乐：积极的心态能让人更加乐观，在面对生活中的困难和挑战时能保持愉快的心情。
- 平安顺遂：积极的心态有助于人更好地应对生活中的困难和挑战，让事情合乎人愿，进展顺利。
- 身体健康：积极的心态有助于大脑分泌多巴胺、内啡肽等各种提高身体免疫力的激素，从而有益于身体健康。
- 茁壮成长：积极的心态有助于人不断学习和进步，突破自身的认知局限和能力局限，实现个人成长。
- 突破发展：积极的心态能让人敢于挑战自我，抓住机遇，做成事、做好事，拿到好结果，从而持续突破发展。

态度决定人生。选择积极的态度，人将得到成长，拥有快乐、健康和成功的人生，焕发出无尽的可能；选择消极的态度，则可能导致疾病，使人停滞或遭遇失败，走向黯淡无光的境地。

主动的人生发光发热,被动的人生黯淡无光

3. "我想、我要、我能",主动的人生发光发热

在人生旅程中,多数人都有一种强烈的内在驱动力,那就是"我想、我要、我能",即:"我想"成为什么人、去做什么事,"我要"采取什么行动、具体怎么做,"我能"做成什么、获得什么。这股力量就是愿力,它既可能是正向的,推动人追求积极的目标和理想,让人生发光发热;也可能是反向的,让人陷入自私、狭隘和固执的境地。

当这股愿力是正向的,人能够超越个人的局限,以更广阔的视野去看待世界。愿意"换个位",多替别人着想,从而建立起更加和谐的人际关系。能够"升个维",站在更高的维度去思考问题。这种超越个人视角的能力让人看到事物的全局和长远影响,从而做出更加明智和负责任的决策,得到皆大欢喜的结果。还能"转个念"让自己始终保持善念,以积极乐观的心态面对困难和挑战,最终才能如愿得到自己心中所想。在这个过程中,"我想换个位"是基础,"我要升个维"是关键,"我能转个念"是根本。

反之,当这股愿力是反向的,人往往陷入"我以为"的误区,即总是以为自己的想法和观点是正确的,他人的看法则是错误的。这种心态,让人无法真正理解和尊重他人的观点,导致沟通和合作变得困难。这种反向愿力,还表现为只索取而不愿承担和付出,渴望得到他人的关注和照顾,却不愿意为他人着想或承担责任。这种自私自利的态度,会让人失去他人的信任和尊重，得不到自己心心念念的东西，最终只会自讨苦吃。

正向的"我想换个位、我要升个维、我能转个念"的强大愿力，就能盖过所有过往的业力，弥补自己能力的不足。这无疑是一个主动的人生，一个发光发热的人生。对于每个不甘平庸、追求卓越的人来说，这是一个螺旋上升的过程，虽然会充满困难和挑战，但是只要内心这股正向的强烈愿力一直在，就能化被动为主动，最终转化为成长和发展的机遇，让人本自具足的智慧和力量尽情地绽放出来，让自己的人生闪闪发亮。

4. "畏难、担心、害怕"，被动的人生黯淡无光

生活中常常会发生一些状况，让人感到畏难、担心和害怕。一个人心里畏难，就不愿承担；一个人心里担心，就不愿付出；一个人心里害怕，就选择逃避，这些情绪往往会让人变得十分被动。

一旦这三种被动的心态占上风，容易让人陷入消极的思想牢笼之中，常常被想象出来的"困难"压倒，从而消耗大量的身体能量、精神能量、心灵能量。如此一来，便会削弱一个人的志气，束缚一个人的思想，阻碍一个人的行动，使人的内心逐渐荒芜，生活亦失去色彩，人生变得黯淡无光。

最常见的表现是：不愿承担和付出（懒），却想坐享成果（贪），想得多，做得少。这种人身上常见的内心挣扎和消耗，使得人们难以集中精力去追求和享受生活中的美好，从而导致幸福感的降低。

那么，如何才能摆脱这些困境，让人生重新焕发光彩呢？

（1）面对畏难，要学会勇敢承担

人生中难免会有一些事情让人感到棘手，但正是这些困难锻炼了我们的意志力，促使我们不断成长。勇敢地面对困境，等到我们承担起责任时就会发现，原本以为无法逾越的障碍，其实并不那么可怕。在克服困难的过程中，逐渐积累经验，提高自己的能力，在未来的道路上才能更加从容。

（2）面对担心，要保持乐观态度

人们之所以担心，往往是因为对未知事物感到恐惧。然而，生活中总有许多事情是无法预测的。在这种情况下，保持乐观的心态至关重要。充满信心地迎接挑战，把担心转化为积极的行动，未知的事物往往是自己想象出来的"纸老虎"，实际上并没有那么可怕，尽管大胆行动就是了。

（3）面对害怕，要敢于挑战自己

人们感到害怕的原因有很多，但归根结底都是因为对自己缺乏信心，自己心中没有"数"、没有"料"，不仅不知前因后果，也不明左右关系。当一个人害怕失败、害怕失去时，往往会选择逃避，从而错失成长的机会。然而，老子说："自胜者强。"真正的强者敢于直面自己的恐惧，挑战自己的极限。只有勇敢地迈出这一步，才可能打破害怕的枷锁，铸就一个更加强大的自己。

当一个人摆脱"畏难、担心、害怕"这三种被动心态的困扰，勇敢地面对人生困境时，自然就会发现人生正在逐渐焕发新的生机。在这个过程中，需要有强烈的"我想、我要、我能"的愿望，不断地锻炼自己的意志力，提高自己的心理素质，培养自己的自信心，真正走出被动的局面，主动向好向前，拥抱充满阳光的人生。

5. 结果造化弄人：主动做主人，被动做奴隶

命运拥有着神秘而难以捉摸的力量，似乎总是在不断地"捉弄"着世间之人。然而，深究之下，这所谓的"造化弄人"，其实更多地源于人自身的态度。

造化弄人，意即人的起心动念这个"因"，在"缘"的造就和转化下，所得到的"果"皆心随所愿。所愿，所不愿，皆源于自己。其结果大概就是：主动做主人，被动做奴隶。

听起来似乎很深奥晦涩，是什么意思呢？

直白地说就是：人的每一个起心动念，都像是播下一颗种子，在缘分的阳光、空气、土壤里慢慢生长。这颗种子，或许是"真善美"的，或许是"假恶丑"的，但无论其性质如何，它都会在时间的推动下，逐渐生根、发芽、开花、结果。而这个结果，恰恰就是心中所愿，或是所不愿看到的。最终人生结果就是：主动的人，将人生的舵紧紧握在自己手中，掌握生命的主导权，绽放出自我最美的样子。而被动的人，将人生的选择权拱手让人，自己活成了生活的傀儡、工作的奴隶，任由命运随意捉弄和摆布。

它的演变路径也十分清晰：

主动→积极→开心→快乐→幸福→成就→福报

被动→消极→难过→失望→痛苦→悲哀→悲催

当一个人选择主动出击，坚守真善美，积极面对生活中的种种挑战时，内心便会充满阳光和力量。这种积极的心态，会让人感到开心和快乐，进而在生活的道路上越走越宽广，最终收获幸福和成就。这种幸福和成就，又会转化为福报，带来更多的好运和机会。

相反，如果一个人选择被动应对，任由假恶丑滋生，消极逃避生活中的困难和挑战，内心就会充满阴霾和无力感。这种消极的心态，会让人感到难过和失望，甚至陷入痛苦和悲哀的泥潭里。在这种状态下，生活可能会变得越来越糟糕，最终酿就无法摆脱的悲惨命运。

命自我立，福自己求，除了态度，我们一无所有。是主动还是被动，全在自己的一念之间。让我们从现在开始，用主动的态度去面对生活；让我们在起心动念之间，播撒"真善美"的种子，用积极的态度去浇灌它，让它在缘分的土壤里茁壮成长。这样，我们才能在生活的道路上越走越宽广，收获幸福和成就，成为真正掌握自己命运的主人。

福祸无门，惟人自召；多行好事，莫问前程。

结语四：人人平等都一样

在浩瀚的历史长河中，人类文明的火种生生不息，而"德"作为贯穿古今的道德准则，早已深深烙印在中华民族的文化基因里。

早在两千多年前，古圣先贤就把人世间人的一切，包括人与自己、人与他人、人与万事万物之间复杂而微妙的联系，用一个"德"字演绎得淋漓尽致、惟妙惟肖。这种智慧，或许就是中华民族绵延发展几千年的奥秘吧！

"明德惟馨"，明白什么是德并努力践行、发扬光大，德行就会像花一样散发出迷人的芬芳；"德不配位，必有灾殃"，若德行不足以支撑高位、智慧不足以谋划大事、能力不足以担当重任，会给自己带来灾殃；"德全不危"，道德完备就不会有人心危虑、人身危险、人际危机；"厚德载物"，德行厚重就能承载健康、名誉、财富和地位等世间美好；"大德必寿"，品德高尚者修为深厚、乐于助人、内心宁静、心胸坦荡，故而一定长寿。

从能发出芳香，到能带来灾难，再到能避开危险，后到能承载健康、名誉、财富和地位，最终还能影响人的寿命，一个"德"字竟如此神奇，这就是古圣先贤传给我们的宝贵智慧。

纵观五千年中华文明，无数人物的命运如星星般，或璀璨夺目，或黯然陨落。然而，在"德"字面前，人人平等，无一例外。无论你是出身贫寒的平民百姓，还是位极人臣的达官贵人，甚至是权倾一时的古代帝王，都无法逃离"德"的审视与评判。因为"德"所遵循的，是天道，是哲学社会科学和自然科学的基本规律，代表宇宙间最公正无私的法则。它不受世俗权力的干扰，不受物质财富的诱惑，只以人心的善良与厚道作为评判的标准。

我曾经一度疑惑，为什么从上学开始就要求"德智体美劳"；考公务员和选拔人才要求"德才兼备"。由此可见，一个"德"字贯穿人的一生，且位列一切条件之首位。若你希望自己的人生过得好点，希望自己的家庭兴旺发达，希望自己的子孙人才辈出，"德"字是关键，任何人都不例外。古圣先贤说得好："积善之家必有余庆，积不善之家必有余殃。"这是告诫我们，要行善积德造福子孙。否则，"德不配位，必有灾殃"，不仅祸害自己，还会殃及子孙。

现实中，一个人的一言一行，一举一动，都在无声地诉说着他的"德"。这不仅仅是一种外在的行为表现，更是一种内在的精神追求。特别是在面对"人、事、财、物"四要素和"功、名、利、禄"四利益时，一个人的品德修养，往往会在这种关键时刻得到最真实的体现。这就像是一个人间真实不虚的"八卦阵"，考验着每个人的智慧与勇气，也揭示着人性的光辉与丑陋。

然而，在"德"的修行之路上，最关键的不是外界的诱惑与考验，而是我们内心的态度。除了态度，我们一无所有。一个人是否能够主动成为自己命运的主人，还是被动地沦为欲望的奴隶，决定了他在"德"的道路上能走多远。面对生活中的"畏难、担心、害怕"，是勇敢地战胜内心的敌人，还是放任自己任性妄为，往往成为一个人能否成就大德的关键所在。

因此，从修好自己的态度开始，是我们每个人在"德"的道路上迈出的第一步。我们需要学会审视自己的内心，找到自己的不足，然后勇敢地面对并改正。只有这样，才能激发出内心的动力，绽放出生命的光芒，成就一个幸福而美好的人生。

古今多少事，都告诉我们：在"德"面前人人平等，或许唯有那些一心向内求、做好自己的人，才能真正地拥抱"德"的光辉，成为自己命运的主宰。

> ❓ 来到人世间，要拎清楚的事情不少，以下问题你能拎清楚吗？

1. 你知道自己想要什么吗？

2. 你对待问题是积极的还是消极的？

3. 你目前担任着哪些角色？

4. 你知道自己是为了谁吗？

5. 哪些事会让你感到畏难、担心、害怕？

第五章 "凡夫俗子"与人世间的底层逻辑

/ 拎清楚自己如何安然无恙 /

当有人对你说"你的人生太顺了",请心怀感激,感到庆幸。毕竟,人生不如意之事十有八九,苦是常态;而顺风顺水实属难得,尤显珍贵。

想象一下,从人还是一颗小小的胚胎开始,就已经在母亲的子宫里历经了无数的挑战,在狭小的空间中为了生存而努力成长。出生那一刻,孩子通过狭窄的产道,承受着巨大的压力,经历了人生的第一次苦难考验,才来到这个充满未知的世界。

成长与发展的道路上,有的人面临着种种挑战。求学时期,为了掌握更多的知识,考入梦想中的学府,寒窗苦读,与同伴竞争,挥洒着青春与汗水;毕业后,为了获得工作机会,还要"过五关斩六将",与许多人展开激烈的竞争;步入职场后,更是要面对各种竞争和压力,拼尽全力追求晋升与职业发展机会;开始创业后,为了成就一番事业,日夜拼搏,常常忙得焦头烂额,心力交瘁。

在生活中,有的人也常常不如所愿。有人在追寻爱情的道路上磕磕绊绊,只因自己心仪的对象并不喜欢自己,这种求而不得让人心痛不已;好不容易步入了婚姻的殿堂,然而生活的重担也悄然而至,买车、买房、养家糊口的压力如影随形,这一切压力也只能由自己承担。随着孩子的出生,身上的责任更加重大。父(母)慈子孝,孩子乖巧懂事,一切向好向前,这是人人心中都向往的。然而在现实生活中,孩子玩性大,甚至沉迷于游戏,对学习缺乏应有的认真态度,这样的现象比比皆是。有些孩子和父母对着干,甚至发展到和父母反目成仇的地步,让父母的心像是被架在火上烤一样,难受极了。好不容易养大了孩子,却又要面临送走自己父母的悲痛。与此同时,自己日渐衰老,身体修修补补,也难逃病痛的折磨。最终慢慢老去,挥一挥手,作别西天的云彩。

这不就是多数人一生的缩影吗？谁能逃得过生老病死呢？人生为何这么苦？其背后存在什么样的逻辑呢？为什么有的人一直在痛苦中挣扎，而有的人却能够泰然处之，两者之间相差什么？怎样才能离苦得乐？这些问题都需要我们深入思考，探寻答案。如若能拎清楚人世间背后隐藏的底层逻辑，是不是就能够勇敢地面对艰难困苦，坚定地走好每一步，找到属于自己的幸福与安宁？

一、佛家认为"惑业苦"是人生常态

1. 什么是"惑"

"惑"，从字面意思来解读，它描述的是心疑不定，不知道是好还是不好、对还是不对。它不仅仅代表疑惑，还包含了困惑、惶惑等深层次的心理状态。

在人生长河中，每个人都是独一无二的个体，经历不同，层次不同，所见不同，所求也不同。因此，对世界的认知和理解也各不相同。每个人或多或少都有自己的认知局限和能力局限。认知和能力的边界越大，人越能感知到边界之外的世界是多么广阔，越能明白有很多东西不在自己的认知范围内，就越能感知到自己的无知和渺小。由此，"惑"会常伴人的一生。

（1）"惑"，或许是让人成长的催化剂

在人生的旅途中，每个人都会遇到各种困惑和疑虑。正是因为有了惑，才有了对未知的好奇和对真理的追求。惑，使人意识到自己的局限和不足，进而激发自己去突破自我，推动自己不断思考、探索、学习和实践，拓展认知的边界。

唐代思想家韩愈写了这样一段话："古之学者必有师。师者，所以传道受业解惑也。人非生而知之者，孰能无惑？惑而不从师，其为惑也，终不解矣。"大意是：古代求学的人必定有老师。老师，是传授方法、教授学业、解释疑难问题的人。人不是一生下来就懂得知识和道理的，谁能没有疑惑？有了疑惑，如果不跟老师学习，那些成为困惑的问题，就始终不能解开。回顾一下自己的学习成长过程，不就是老师们给自己"传道授业解惑"的过程吗？

历史上的许多伟大人物，都是在不断的"直面惑"与"破解惑"中，找到了人生的方向和意义。他们通过思考、实践和创新，打破了旧的认知框架，开辟了新的领域和境界。正如爱因斯坦所说："我没有特别的才能，我只是极度好奇。"这种由"惑"引发的对未知的好奇，成了爱因斯坦追求真理和智慧的动力。

（2）"惑"，或许是让人裹足不前的阻碍

有时"惑"就像无形的屏障，阻挡人前进的步伐。当一个人感到困惑时，可能会变得犹豫不决，陷入畏难、担心、害怕之中，甚至产生逃避的心理。这种心理状态，可能会导致一个人失去行动的勇气和动力，裹足不前，乃至误入迷途。

以学习为例，当学生在学习过程中遇到难以理解的知识点时，他们可能会感到困惑和挫败。这种"惑"可能会使他们失去学习的兴趣和动力，导致他们无法持续有效地学习。同样，在职场中，面对复杂的工作问题和人际关系，如果员工感到困惑和无助，他们可能就会变得消极怠工，甚至选择离职。同理，在生活中，当一个人面临重大决策时，如果缺乏清晰的认识和明确的方向，便很容易陷入"惑"的泥潭，迟迟无法做出决策，或是做出错误的决策，从而影响行动和结果。

2. 什么是"业"

"业"是佛家中的一个核心概念，它涵盖了人的思想、言行以及由此产生的结果和影响。简单来说，"业"可以解释为个体行为的结果，这个结果可以是积极的，也可以是消极的，它不仅关乎个人，也影响着周围环境。

"业"的形成离不开"意口身"三业，即内心的意念、言语的表达以及身体的行为。这三者构成了人的思想、语言和行为的全部内容，即"怎么想""怎么说"和"怎么做"。这三者也是"业"产生的根源。当内心产生某种意念，口中说出某种话语，或者身体做出某种行为时，就在不断地创造着"业"。

（1）佛家认为"业"分为善业、恶业和无记三种

善业是指那些有益于自己和他人的行为，比如为人慈悲、善良、正直等，说一句好话，给别人一个微笑，或是提供帮助等，都是在造善的业；

恶业则是指那些有害于自己和他人的行为，比如为人贪婪、嗔恨、愚痴等，口出恶言，对别人生气，给别人带来麻烦等，都是在造恶的业；无记则是指那些既非善也非恶的行为，比如正常无害的吃饭、睡觉、发呆等日常生活行为。需要特别注意的是，无记并非忽略不计、不能记录，它就像砝码一样，在善与恶的天平上，哪边更重就倾向哪边，即善更重就倾向善业，恶更重就倾向恶业。

（2）佛家认为"业"会产生"业报"和"业障"

"业"会产生"业报"，即常说的果报。善业会带来积极的果报，如幸福、健康、长寿等；恶业则会带来消极的果报，如疾病、痛苦、灾难等。佛家认为"业障"是指由前世今生所造的恶业而产生的障碍，比如思想障碍——"想不到"，语言障碍——"说不出"，听觉障碍——"听不进"，视觉障碍——"看不见"，睡眠障碍——"睡不着"，饮食障碍——"吃不下"，等等。这些业障会影响人的成长与发展，使人陷入各种痛苦之中，难以解脱。

佛家提倡，在日常生活中，可以通过观察自己的行为和言语，以及内心的意念，来审视自己是否在造善业。当一个人意识到自己在造恶业时，应该立即停止，反思并改正自己当下的念头、语言、行为。同时，也可以通过躬耕自己的"方寸心田"来净化自己的心境，尽量多行善业，避免恶业，减轻业障，为自己和他人带来更多美好。

3. 什么是"苦"

佛家认为，"苦"涵盖了人生中的种种不幸和痛苦。这些苦并非仅仅指物质上的匮乏或身体上的痛苦，更多的是指精神上的折磨和心灵上的负担。那么，究竟什么是"苦"？它又是如何由"人性""人心"以及"业力"所引发的呢？

佛家认为"苦"被分为八种，即生、老、病、死、怨憎会、爱别离、求不得和五蕴炽盛。这八种苦难几乎涵盖了人类所有可能遭遇的不幸和痛苦。

① 生之苦，是指生命的诞生本身就包含着一种苦难。人们常说"孩子的生日就是母亲的受难日"，不仅因为怀胎十月与分娩之苦，更是因为人从出生那一刻起，便不得不面对这个世界的种种挑战和困难。

② 老之苦，是指随着岁月流逝，身体逐渐衰老，失去了往日的活力和

青春，医学上称之为"退行性变"。

③ 病之苦，是指身体受到疾病的折磨，不仅影响了生活质量，还可能威胁生命健康。

④ 死之苦，是指生命的终结，无论是对自己还是对亲人朋友而言，都是一种无法言喻的痛苦。

⑤ 怨憎会之苦，是指与憎恨的人在一起所承受的精神压力。这种苦难源于人际关系的紧张和不和谐，让人感到压抑和痛苦，但又无法逃离，不得不面对。

⑥ 爱别离之苦，是指与相爱的人分离所引发的痛苦。无论是亲人、朋友还是恋人之间的离别，或是长时间分隔两地，都会让人感到心痛和无助。

⑦ 求不得之苦，是指内心渴望的事物无法得到满足所带来的痛苦。比如求爱不得、求子不得、求财不得等，这种苦难源于欲望的无法满足，让人感到焦虑和失落。

⑧ 五蕴炽盛之苦，是指所谓"色、受、想、行、识"这五种心理现象过于强烈所引发的痛苦。这种苦难源于人的眼、耳、鼻、舌、身等感官系统对外在世界的强烈感受，从而引发内心的纷乱和不安，如同在火上灼烧一样，让人感到疲惫和痛苦。

佛家认为，这些苦都由"人性""人心"以及"业力"所引发。当人们受到"人性五漏""人心颠倒"以及"人的业力"所影响和刺激时，就会产生各种各样的痛苦和不幸。这些所谓的"苦"，其实都是人生常态，是人生中不可避免的存在。

同样一件事，为什么有的人感到痛苦万分，有的人却平静如水，有的人喜不自禁？一切都源于一个人心境的投射，心境苦就感受到苦，心境静就感受到静，心境喜就感受到喜……

在儒释道三家的思想中，修行和悟道，是一种达到内心平静和获得智慧的方法。通过修行，可以净化内心的杂念和欲望，根除痛苦和烦恼。通过悟道，可以洞察人生的真相和本质，实现内心的解脱和自在。

回归当下，贴近现实，躬耕好自己的"方寸心田"，调适自己的心境，让自己的内心从混乱无序的熵增状态，转变为井然有序的熵减状态，将苦转化为乐，人人都可以实操。

4. 面对"惑"的态度，决定"业"的善恶

从前文古圣先贤的智慧中可以看出："惑"，常伴人的一生。它可能是让人裹足不前的阻碍，也可能是让人成长的催化剂。面对"惑"的态度，将直接决定所造的"业"。积极主动地直面"惑"，可以创造善的"业"；消极被动地逃避"惑"，则会带来恶的"业"。

（1）直面"惑"，造善业

当一个人积极主动地直面"惑"，即以一种充满正能量的方式来面对"惑"时，在正念、正知和正行下所造的"业"，必定是善的"业"。这种善业不仅有助于个人的成长与发展，也会对他人和社会产生积极的影响。因此，应该勇敢地直面"惑"，积极寻求解决方案，并在实践中不断成长与发展。

要深度剖析"惑"的根源，借此机会更加深刻地认识自己。这需要具备自我反思的能力，去审视自己的所思、所想、所说和所为。通过深度剖析，可以更清楚地认识自己的内心需求。知道自己哪些方面存在不足，知道难在哪里的时候，就能有针对性地找到解决"惑"的方法，实际上解决"惑"也就不难了。

要积极寻求解决方案，在解惑的过程中历事炼心、拓宽视野。这需要保持一颗空杯心、好奇心和谦卑心，通过阅读相关书籍或文章、参加培训课程、向他人学习请教等方式来寻求解决方案，在这个过程中，逐渐拓宽视野，增长见识，从而更好地应对"惑"。

要勇敢尝试与持续改进，不断突破自己的认知局限和能力局限。解决困惑并非易事，或许还会经历多次尝试与失败。然而，正是这些尝试与失败，让人不断积累经验，进而获得成长与发展。在面对困惑时，应该保持勇敢与坚定的信念，持续改进自己的方法，直至找到最佳的解决方案。

（2）逃避"惑"，造恶业

当一个人消极被动地逃避"惑"，以一种充满负能量的方式来面对"惑"时，在不正确的念头、认知和行为下所造的"业"，必定是恶的"业"。这种恶业不仅会阻碍个人的成长与发展，也会对他人和社会造成负面影响。

陷入消极情绪与自我放弃，会在回避问题的过程中脱离现实。逃避"惑"意味着选择回避问题，而不是去勇敢面对。这样的态度会让人陷入消

极情绪中，如沮丧、焦虑等，进而可能导致自我放弃，放弃解决问题。在这种状态下，很难发挥出自己的潜力，更别提造善业了。

放弃了改善与进步的机会，会得不到历事炼心的机会而错失成长。这会错失改善与进步的机会，无法突破自己的认知局限和能力局限，更无法提升自己的能力和素质。长此以往，可能会变得固步自封，难以适应不断变化的环境和挑战。世界在变，唯我不变，这肯定是不行的。

对他人与社会造成负面影响，会在被动的社会关系中陷入困境。逃避"惑"的人往往容易将负面情绪传递给他人，继而导致人际关系紧张。同时，他们可能因无法有效解决问题而给社会带来负面影响，如工作效率低下、浪费资源等。内心的困惑不能释怀，不停内耗，怨天尤人，甚至在社会作恶。这样的态度和行为，不仅会损害个人形象与名誉，还可能对他人和社会造成伤害。

5. 所造"业"的善恶，决定果的乐苦

佛家认为，人世间的一切，皆为因缘和合而来，用浅显的比喻可以理解为：人生好比耕田，种瓜得瓜，种豆得豆。播下种子，此谓"因"；能否生根、发芽、开花、结果，此谓"果"；种子生长离不开阳光、雨露和土壤的滋养，此谓"缘"。其中的道理，就是"因缘果报"，即种善因得善果，种恶因得恶果，自因自果，没有例外。

俗话说，不经历"七苦八苦"的人，不相信因果。因为多数生活尚且顺心如意的人认为，那些发生在别人身上的"七苦八苦"，不过是小概率事件，不会发生在自己身上。可是，真的是小概率事件吗？那不过是"幸存者偏差"而已。殊不知，花无百日红，人无百日好。由好变坏往往仅一步之遥，而由坏变好却需要千辛万苦才能否极泰来。

佛家认为，"惑业苦"遵循因缘果报，因为无知而起惑造业，然后又随业流转，承受相应的果报。一旦陷入"惑业苦"的恶性循环，便涵盖着错综复杂的无数因缘果报，彼此互为因果，相互转化，而又相互加深。"惑"为因，"业"为缘，一切果的"苦"与"乐"，都是由自己的"惑"感召而来，又因自己的"业"而自作自受。

（1）造善业，得乐果

如果一开始自己"怎么想、怎么说、怎么做"都是正向的，那么做人

做事就会积极阳光、正直善良、明辨是非，进而懂得感恩、珍惜、尊重他人，自然就会结出种种令人开心快乐的果。这就是"造善业，得乐果"背后的逻辑。现实生活中不乏这样的例子，比如那些有爱、善良、厚道的人，他们收获的是社会的尊重、他人的感激和内心的满足。

然而，常言道："身在福中不知福。"为什么现实中有这么多人生活在幸福之中却感觉不到幸福？根源在于人性的欲望没有得到满足，从而"吃着碗里的，看着锅里的"。而真相是，人的欲望就像无底洞，不停地想要更多，永远得不到满足。这归结于人性第一大漏洞——"贪"。

因为贪，眼睛只会盯着别人有的，对自己没有的耿耿于怀，却一直对自己所拥有的视而不见。

因为贪，便只会无休止地想去获得，但获得再多也不懂得满足，只有等到失去了才后悔不已。

因为贪，拥有再多也不会去珍惜，就像狗熊掰棒子一样，总觉得下一个更好，掰一个丢一个。

那么该如何才能享受到乐果呢？

① 去热爱：对自己的生活充满热情，对身边的事物充满热爱之情。当我们热爱生活时，就会更容易发现生活中的美好，自然会觉得幸福。

② 去付出：付出可以让人体会到成就感和满足感，当我们为他人付出时，就会感到快乐，这种快乐就是幸福。

③ 去珍惜：珍惜现有的一切，不要总是等到失去后才开始后悔。珍惜自己，珍惜身边的人，珍惜当下的生活，才能真正感受到幸福。

④ 去感恩：对生活中的一切保持感恩之心，感恩亲人，感恩领导和同事，感恩朋友和同学，感恩生活和工作，感恩每一个给我们带来帮助和感动的人，会让我们更容易感受到幸福。

一言一行、一思一念，都会影响到人所造的业，进而影响结果的苦乐。幸福并不在于拥有多少，而在于能感受到多少。只有克服人性的贪婪，学会热爱、付出、珍惜和感恩，才能真正感受到幸福。

（2）造恶业，得苦果

如果自己"怎么想、怎么说、怎么做"是负面的，那么做人做事就会一直处于颠倒妄念之中，进而不知好歹、分不清是非对错，甚至胡作非为、作恶多端，自然就会结出种种令人痛苦不堪的苦果。这就是"造恶业，得苦果"背后的逻辑。现实生活中不乏这样的例子，比如那些被贪婪、嫉妒和仇恨等负面情绪驱使而走上犯罪道路的人，他们最终承受的是法律的制裁和社会的排斥。

希望我们都能对下面的四个负面因素有所警惕。

① 张口就来的委屈。很多人面对挫折和磨难时，总是张口就抱怨，抱怨运气不好，抱怨社会不公，把所有问题抛给身边的一切，却从不在自己身上找原因，这样的人注定要经历苦难。相反，人生的挫折和苦难并不是终点，而是对我们内心的考验。越努力，越修心。只有通过不断的努力，才能够战胜内心的挫折和苦难，走向更加光明的未来。

② 碎碎念念的闲话。如果一个人总是开口闭口谈论别人的是非对错，喜欢嚼舌根，那么这个人不仅对自己不负责任，还会让人心生厌烦，最终得不偿失。相反，那些容易得到祝福的人，不会把时间浪费在闲言碎语上，去挑别人的毛病，他们只会守住自己的嘴巴，利用闲暇时间努力充实自己。这种上进的人不仅活得通透，更能够不断提升自我，走向成功。

③ 傲慢挑衅的话。财富常常光顾卑微之家，却不会叩响傲慢之门。我们常常看到一些人追名逐利，为达目的不择手段，甚至出卖自己的灵魂。这样的人往往小有所成便目中无人，傲慢轻狂，喜欢说大话狠话，通过挑衅别人来彰显自己，结果只会让贵人与财富避而远之。相反，那些谦逊的人，他们懂得感恩和珍惜身边的人和事，总是保持着真诚和善良，这样的品质让他们更容易获得贵人的帮助与财富的青睐。

④ 不假思索的恶语。有些人喜欢用刺耳的言语来博取关注，自诩为"刀子嘴豆腐心"。殊不知，这些口无遮拦的话，就像一把把锋利的刀子，刺入听者的内心，让听者心中留下难以愈合的伤痕。正所谓"良言一句三冬暖，恶语伤人六月寒"，要想过上和谐幸福的生活，就应该学会用心倾听别人的感受，用温暖的话语拉近彼此的心，用智慧的语言化解纷争，用行动点亮生活的色彩。

6. 如果不修，会怎么样

纵观当今社会，但凡有点上进心并对自己有所期待，渴望改变与进步的人，基本上都曾有过饱受痛苦煎熬的经历。反观一下自己，曾经发生在自己身上的种种不如意之事，不管事大事小，是不是都跟"惑业苦"脱不了干系？

佛家认为，在"惑业苦"的常态下，"因惑造业，因业受苦"是每个人的必经之路。只是有些人尚未开悟、不得要领，只能在"惑业苦"的循环中苦苦挣扎。而这一切的突破口，在于面对惑的态度，通过断恶业、修善业，不断磨炼心性，寻找破解之法，才能走出"惑业苦"的恶性循环，离苦得乐，持续向好向前。当一个人主动做主人，直面"惑"，去修善业，乐就会增多，惑就会减少；当一个人被动做奴隶，逃避"惑"，去造恶业，苦就会增多，惑也会增多。

由此可见，"业"的善恶之别，就在于自己的态度，在于是处于主动还是处于被动的一念之间。正所谓"一念天堂，一念地狱"，从人的起心动念开始，就决定了思想、语言、行为的善恶好坏。也就是说，如果不直面自己的"惑"，从自己的"业"上去解决造成"苦"的根源问题，人生就会一直在"惑业苦"中不停反复，造成恶性循环。反之，人生才会进入"离苦得乐"的良性循环中。

二、佛家认为人性有"五漏"——"贪嗔痴慢疑"

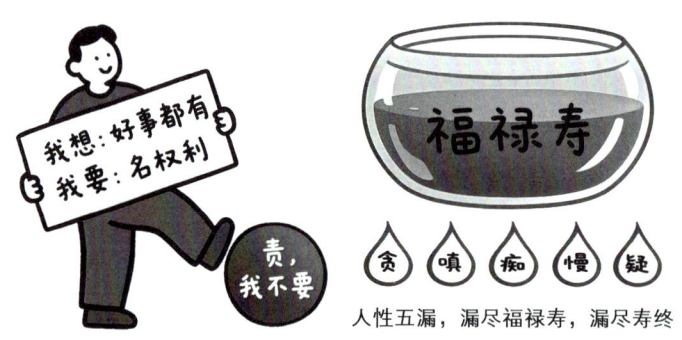

人性五漏，漏尽福禄寿，漏尽寿终

人性贪婪，不加节制，终得恶果

1. 什么是"贪"

贪欲，这是人性的第一大漏洞，自古以来就困扰着人们的内心。它不仅会让人失去理智，还可能导致种种不良后果，甚至引发严重的社会问题。

在当今社会，贪的表现形式多种多样，是我们面临的一大挑战。

（1）贪吃，让人沉溺美食的诱惑

在物质丰富的今天，各种美食琳琅满目，令人垂涎欲滴。然而，过度追求口腹之欲，往往会导致肥胖、高血压、糖尿病等身体疾病。这些疾病不仅影响个人的身体健康，还会给家庭和社会带来沉重的负担。知道贪吃会带来严重后果，我们是否应该学会控制自己的欲望，保持健康的饮食习惯呢？

（2）贪财，让人沦为金钱的奴隶

有些人为了追求财富，不惜铤而走险，走上贪污受贿、违法乱纪的道路。他们为了金钱，放弃了道德底线，甚至背叛了亲情和友情。这样的行为，不仅给个人带来无尽的悔恨和痛苦，也会对社会造成严重的影响。然而，鲜少人认识到，金钱固然重要，但绝不是衡量人生价值的唯一标准。所谓"富贵"，为人知足便是富有，为人开心便是高贵。俗话说，千金难买人开心，无价才显得极其珍贵。我们是否应该追求内心的平静和满足，适可而止，放弃无止境的物质追求呢？

（3）贪色，让人陷入色欲的漩涡

色欲像是一个无形的漩涡，一旦陷入，便如同在泥沼中挣扎，难以自拔。如果不加以控制，可能导致诸如婚内出轨、猥亵、强奸等违反道德和法律的行为，给家庭和社会带来无法弥补的伤害。知道了色欲失控会带来严重后果，我们是否应该行动起来，从自身做起，树立正确的价值观，增强自我约束能力，加强道德修养，共同抵制贪色带来的危害呢？

（4）贪权，让人追求权力的支配

权力作为一种社会资源，具有极大的诱惑力。然而，当权力成为人们追求的唯一目标时，道德底线往往会被踩在脚下。一些人为了谋取权力，不惜违背原则，丧失良心，走上违法犯罪的道路。这种对权力的过度追求，不仅会导致个人的道德沦丧，还会对整个社会造成极大的危害。例如，一些官员为了升迁，不惜出卖灵魂，滥用职权，严重损害了国家和人民的利益。知道无限度追求及使用权力会带来危害，我们是否应该抱有敬畏之心，谨慎用权，让权力关在制度的笼子里呢？

（5）贪名，让人陷入虚荣的炫耀

在现代社会中，名声和地位往往被不少人视为衡量个人价值的重要标准。一些人为了追求名声和地位，不惜出卖自己的良心，甚至做出一些违背法律和道德的事情。他们为了得到别人的认可和赞扬，不断炫耀自己的成就和财富，内心却如"河流干涸，田园荒芜"般空空如也。这种对名声和地位的过度追求，不仅会让人失去自我，还会让人陷入虚荣的泥潭，无法自拔。

正所谓"命里无时莫强求"，当一个人无法满足于已有的东西时，就会不断追求更多，这就是贪欲的本质，也是贪欲带来的痛苦。总是想要更多，却忽略了内心的修养。如今许多人都想吃好点、喝好点、用好点、穿好点，明知自己没有能力，却想要更多，要靠他人接济，这就很不合适了。人一旦变得欲壑难填，便难以摆脱。欲望只会让人越陷越深，最终走向不归路，在熙熙攘攘中迷失自我。因此，学会控制自己的欲望，凡事适可而止，知足常乐，这是每个人毕生都要修炼的功课。

2. 什么是"嗔"

"嗔"，由一个"口"和一个"真"组成，若从字面上看，可简单理解为在言语上过于较真。通常，人会在自己的内心深处与自己较真，陷入自我纠结和烦恼之中，自己气自己。此外，人也容易在与他人相处时较真，不仅自己生气，还可能让他人也感到不快。生气到一定程度，进而转变为责怪、埋怨，最终转变成怨恨。因此，为了保护自己，也为了保护别人，我们是否应该学会内观自己的念头，控制自己的情绪，避免因为过度较真而让彼此都受到伤害呢？

（1）"一念嗔心起，百万障门开"

这句名言深刻揭示了情绪失控所带来的严重后果。当愤怒的情绪涌上心头，人往往会失去理智，导致判断失误，最终让自己陷入重重困境。

网上一段"女子辅导作业崩溃，扇孩子数十耳光"的视频引发了广泛关注。视频中，这位母亲在辅导孩子做作业时，情绪逐渐失控，从怒吼到动手打自己，最后竟然怒扇孩子数十个耳光，过程中还伴随着尖叫声和踹电器的行为。这一幕让人触目惊心，不禁为这位母亲的情绪失控感到担忧。

在这个例子中，我们可以看到，愤怒情绪如何一步步侵蚀一个人的理智。起初，母亲可能只是对孩子的学习成绩感到失望和焦虑，但随着情绪的升级，她渐渐失去了控制，最终变成了纯粹的情绪发泄。这样的行为不仅伤害了母子之间的感情，更可能给孩子未来的成长留下难以抹去的阴影。

那么，为什么一个人会陷入情绪失控的境地呢？其实，这与情绪管理能力密切相关。一个不善于管理情绪的人，在面对困难和不如意之事时，很难保持冷静和理智，往往会在非意识或感性意识的主导下随着性子任性妄为，从而做出非常不明智的行为。

（2）"一念嗔心起，火烧功德林"

当人生气时，以往积累的功德和善行，就像被一把火烧掉一样，瞬间化为乌有。

有一则寓言故事生动地说明了这个道理：一只乌龟快要渴死了，正巧头顶有一群大雁飞过，于是乌龟就请求道："大雁，能否带我飞到有水的池塘里去？"大雁见乌龟可怜，就同意了。大雁叼着一根树枝，让乌龟衔着，临行前一再叮咛："一会飞上了天空，不管遇到什么事情都不能开口。"乌龟点头答应。大雁带着乌龟往南飞，当飞过一片村庄的池塘时，村童看见了天上的乌龟，哈哈大笑道："看，那只笨乌龟被大雁捉走了。"乌龟觉得受到了侮辱，大怒："我是和他们去找水的，不是被捉住的！"话还没说完，乌龟就从空中掉了下来，摔得粉身碎骨。

环顾我们的工作和生活，也有不少这样的例子，眼见着就要成功了，却往往因为忍受不了只言片语，"一念嗔心起"，导致之前的所有努力功亏一篑。

3. 什么是"痴"

"痴"，由病字头和"知"字组成，从字面上看可理解为在认知上有病。它表现为一种愚痴的状态，即人们不知道"自己不知道"，从而陷入无知的境地。或者，人们知道"自己不知道"，但不去寻求答案，疑惑一直存在。此外，"痴"还指对某事过度迷恋，导致自己过于固执，即"我执"较重。

这种认知上的缺陷，可能源于人们对外界事物的误解，或者对自我认知不足。在痴的状态下，人们往往拎不清自己、拎不清人、拎不清事情，无法看清人、事、财、物的真相，也无法做出明智的决策。

著名的心理学效应——邓宁-克鲁格效应（Dunning-Kruger Effect），指出了"痴"的根源。该效应认为，能力欠缺的人，在自己欠考虑的决定基础上，得出错误结论，但是无法正确认识到自身的不足，辨别错误行为，是一种认知偏差表现。

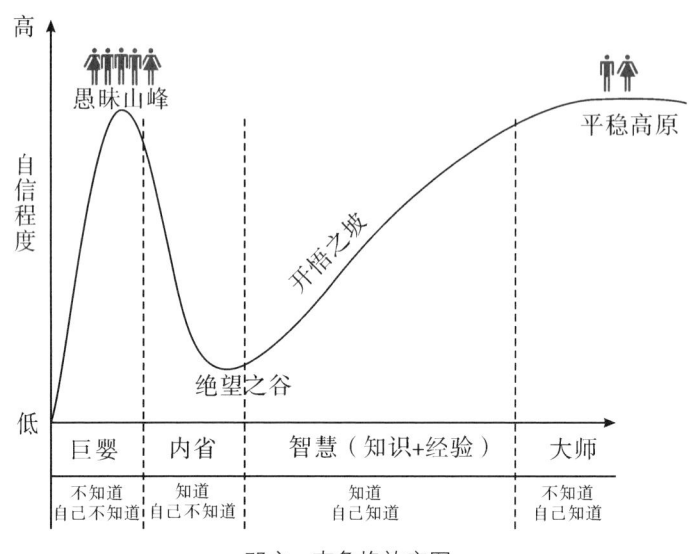

邓宁-克鲁格效应图

该效应对应四种状态。

① 不知道"自己不知道"。这种状态下，无知者无畏，妄自尊大，认知偏差极大，但实际上处于自以为是的愚昧状态。只看表象不抓本质，只知其一不知其二，处于无知的状态。

② 知道"自己不知道"。这种状态下，因为心里有"惑"，不知道解决办法，人们开始心存敬畏，懂得学习与内省。

③ 知道"自己知道"。这种状态下，通过学习知识、积累实践经验获得了智慧，开始正确认识自己。

④ 不知道"自己知道"。这种状态下，人们十分谦卑，以空杯心吸纳和转化知识并身体力行，达到了知行合一的境界。

因此，要警惕不知道"自己不知道"、知道"自己不知道"两种"痴"的存在，通过不断学习，突破自己的认知局限和能力局限，以避免陷入这种愚痴的状态。同时，也要学会放下执念，不要过于迷恋某事，以免陷入固执和偏执的境地。如此才可能更客观地认识自己和世界。

4. 什么是"慢"

"慢",作为人的天性之一,在人的行为中时有体现。它并非单一的特质,而是涵盖了多种层面。其中,既有自以为是的傲慢,也有看不起他人的轻慢,更有对人、对事冷淡漠视的怠慢。

有这么一则寓言故事:一只孔雀每天都沉醉在自己的美丽和聪明之中,它高傲地展示着自己的羽毛,却忽视了身边的其他动物。它看不起它们,不愿意与它们交往,也不愿意给予它们任何帮助。然而,正是这种傲慢、轻慢和怠慢的态度,使得它失去了朋友,也失去了得到其他动物帮助的机会。

在生活中,我们是否也曾因为自己的傲慢、轻慢和怠慢,而失去了珍贵的友谊和机会呢?然而,自己又是否真正意识到,这种"慢"实际上是在浪费时间,是在虚度自己的生命呢?

时间面前人人平等,每个人的一天都是24小时,为什么有些人能够取得成功,有些人却是碌碌无为?究其原因,就在于对时间的态度上,是轻视傲慢还是只争朝夕。当一个人傲慢时,就可能失去学习他人优点和接受他人帮助的机会;当一个人轻慢时,就可能错过了与他人建立深厚关系的机会;当一个人怠慢时,就可能没有充分利用时间去做好准备,实现自己的价值。

每一个向好向前的人,都需要警惕自己的"慢",时刻反省自己,热爱生命并珍惜时间,做一个谦虚、恭敬、勤奋的人。

5. 什么是"疑"

"疑",这里指怀疑,是内心的不安,是自我与他人之间信任的缺失。对自己不信任,会引发无尽的精神内耗,让人在行动之前就陷入"畏难、担心、害怕"的负面情绪,从而阻碍自己的成长与发展。对他人不信任,则会使人无法真正放心地与他人交往,合作时也会磕磕绊绊,不利于事情的顺利推进。

心不安,源于自己的内心被外界的风浪所动摇,摇摆不定,无法找到真正的归宿。然而,真正能够引领我们驶向幸福港湾的,是内心深处的那份坚定和平静。唯有学会躬耕自己的"方寸心田",把身心安顿好,让其处于井然有序的状态中,精神上才有坚实的寄托,才能拥有更加强大的内在力量。

躬耕自己的"方寸心田",不是一朝一夕的事情,需要不断地练习和体验。当自己学会用乐观的态度去面对生活，用悦纳的心情去接受自己，用专注的意识去享受当下，用独处的时间去沉淀心灵，用超然的眼光去看淡得失，内心就会变得强大而宁静，如"山水繁茂，美丽田园"般呈现出最美的样子。

6. 如果不修，会怎么样

人类林林总总的不良行为，无不体现出"人性五漏"——"贪嗔痴慢疑"。用通俗的话来讲，消极的人格包括：① 我想：各种美好的事情都跟自己有关；② 我要：名（名誉）我所欲也，权（权力）我所欲也，利（利益）亦我所欲也；③ 我不要：责（责任）我所不欲也。也就是说，只想拿好处，不想担责任，趋利避害，这就是人性的弱点。

例如，一些学生想要取得好成绩，但不愿付出努力去学习，而是选择考试作弊；一些老师想要晋升职称，但不愿深入研究学问，而是进行学术造假；一些员工想要获得报酬，但不愿意认真工作，而是选择损害企业的利益，收受贿赂或回扣；一些企业老板为了赚钱，但不愿意投入精力和成本提高产品和服务质量，而是选择损害客户和合作伙伴的利益，将大家带入困境；一些国家为了自己的利益，不愿意被其他国家超越，选择发动经济制裁来损害其他国家和人民的利益。这些行为虽然可能带来短期的利益，但长期来看，它们违背了天道伦常，只会给自身和他人带来更多的灾殃。

然而，可惜的是，很多人都不知道人性的这五个"漏洞"，如果有了却不加以节制，不及时修补，将会漏尽人的福禄寿，最终漏尽寿终。

生而为人，本可以尽享人天福报。然而，有的人似乎"佛魔一体"，光辉与丑陋同在，天生就存有人性的"五漏"。这"五漏"层层递进，当一个人自私又自利之时，就打开了漏财之洞；当一个人愤怒又愤懑之时，就打开了漏富之洞；当一个人对自我认知不足之时，就打开了漏禄之洞；当一个人傲慢之时，就打开了漏寿之洞；当一个人连自己都怀疑自己，就打开了漏尽之洞，漏尽寿终。有多少人不能善终，而善终则是人人都要面对的问题。常常问问自己是否可以善终。不断地修正自己，或许就可以善终。

福禄寿自修。人生旅途，其实就是修行补漏的过程。

当自己生出"贪"念之时，告诉自己不能贪，多吃一口不行，多说一句不行，多要一点也不行，以此控制自己的欲望。

当自己生出"嗔"心之时，告诉自己不能生气，通过深呼吸、转移注意力等方式，让自己平静下来，与自己的情绪和平相处。

当自己生出愚"痴"之时，告诉自己要谦卑，以空杯心吸纳和转化知识并身体力行，历事炼心，突破自己的认知局限和能力局限。

当自己生出骄"慢"之时，告诉自己要珍惜，时时反省自己，珍惜自己的时间，珍惜和别人的缘分，珍惜所拥有的一切。

当自己生出"疑"心之时，告诉自己要停止内耗，学会驾驭自己的心，把身心安顿好，才能拥有更加强大的力量。

三、佛家认为"人心颠倒"——"一念天堂，一念地狱"

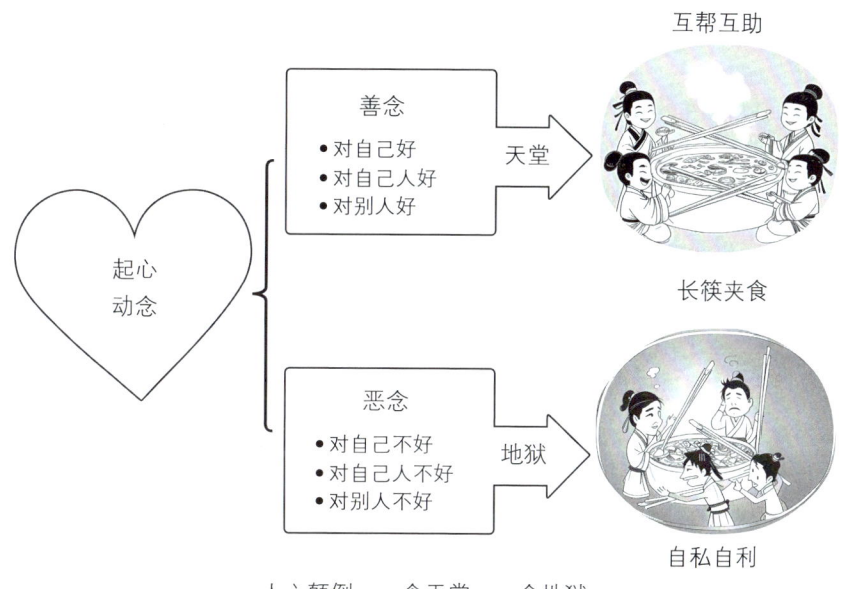

人心颠倒，一念天堂，一念地狱

1. 为什么佛说"一念天堂"

天堂到底是什么样子？佛陀讲了一个"长筷夹食"的譬喻。

在天堂里，吃饭时人人围坐在一起，中间摆放着各种山珍海味，每个人都拿着一双一米长的筷子。他们都自觉地把食物夹到对方的嘴里，我夹给你，你夹给我，大家吃得津津有味，红光满面，洋溢着快乐、欢喜、满足。

原来，一念向善就是天堂。想着"你好"（先夹给对方吃），才能"我好"（别人夹给自己吃），自然"你好、我好、大家好"，人人互帮互助就变成了天堂。

在很多关键时刻，人们常常忽视了一个简单念头的巨大力量。它就像是一颗种子，虽然微小，但有着无限的可能性和力量。这一念，可能源自内心深处的一丝善意，但它所带来的影响，却可能远远超出我们的想象。

一个真诚的微笑，看似微不足道，但在矛盾激化的时刻，它却具有化解冲突、缓和气氛的神奇力量。一句简单的问候，也许只是日常生活中的一个小细节，但却能够传递温暖和关怀。一次无私的帮助，或许只是我们的举手之劳，但对于那些需要帮助的人来说，却可能是改变他们一生命运的转折点。

2. 为什么佛说"一念地狱"

在"长筷夹食"的故事里，还有另一个场景。在地狱里，吃饭时人人围坐在一起，中间摆放着各种山珍海味，每个人都拿着一双一米长的筷子。大家都在争先恐后地把食物夹到自己嘴里，可是越着急想吃就越吃不到，大家饿得皮包骨头，嗷嗷乱叫，面目狰狞。

原来，一念向恶就是地狱。想着"我好"（只夹给自己吃），却没能"你好"（夹给他人吃），结果自然是"大家谁也好不了"，人人都自私自利就变成了地狱。这样的剧情每天都在上演。

重庆某小区内，一对夫妻在家中争吵。随后妻子欲开车离开，丈夫怒气冲冲地追出来，张开双臂拦在车的正前方。下一秒妻子情绪失控，将车子加速，使丈夫重重地摔了出去，后脑勺着地，当场身亡。事后，妻子被带到警察局，整个人都是懵的，嘴里反复念叨着："如果当初不那么生气就好了。"可是，一切都不能够挽回了。

温州一家火锅店内，一位客人与服务员因为给火锅加汤底的问题发生了口角。客人觉得服务员态度不好，就发微博投诉。服务员一怒之下留下狠话："你不删微博是吧，走着瞧！"随后，他回到后厨，盛了一碗滚烫的开水，走到客人身边直接浇到她头上。

还有重庆公交车坠江事故，一名乘客因错过下车地点，与驾驶员发生争吵。两个控制不住情绪的人谁也不让谁，从争执升级到互殴，导致车辆失控，向左偏离并越过中心实线，与对向正常行驶的红色小轿车相撞后，冲上路沿，撞断护栏坠入江中，最终演变成了一出无法挽回的悲剧。同一辆公交车上的15条鲜活的生命就此葬送。

佛说的天堂和地狱，尽在你我善恶的一念之间。善恶到头终有报，种善因得善果，种恶因得恶果；自因自果，因果不空，没有例外。

3. 心生力量：可正可负

从一个念头开始，心就开始活动，就有了心心念念，就是自己当下所想。这一过程，既包括了人们对美好生活的追求和向往，也涵盖了人们对物质利益的贪婪和自私。这些念头中，有的善，有的恶，还有一些既不善也不恶。当起心动念是善（正能量）的时候，就会产生正向的创造力；而当起心动念是恶（负能量）的时候，心也会生出巨大的反向破坏力。

那么，究竟如何定义正能量和负能量呢？地球围着太阳转，自西往东，周而复始；人类繁衍生息，血脉相承，循环往复；万物围绕着山河大地，四季轮转，万象更新……这股力量实质上就是能量，名为"宇宙一体能量场"。顺应这些宇宙规律自行运转，促使生命体成长发展的能量，叫作"正能量"；反其道而行之的轮转，导致生命体衰败消亡的能量，就是"负能量"。

伟大领袖毛主席在湖南第一师范读书的时候，写过一篇文章，叫作《心之力》。其开篇即言："宇宙即我心，我心即宇宙。细微至发梢，宏大至天地。世界、宇宙乃至万物皆为思维心力所驱使。博古观今，尤知人类之所以为世间万物之灵长，实为天地间心力最致力于进化者也。"

毛主席的这段话，恰恰揭示了心生力量的奥秘。无论身处何处，无论面临何种挑战，内心都拥有无比强大的力量。这种力量可以驱使人们追求美好，也可以驱使人们走向毁灭。因此，要学会驾驭这股力量，让它成为自己前进的动力，而不是障碍。

当一个人的念头充满善意时，就像阳光一样温暖而明亮，照亮内心的世界，激发内心的正能量。这种正能量，能够让人看到生活的美好，激发创造力和创新精神，让人更加积极地面对生活的挑战，变得更加乐观、更加坚韧，更有勇气去追求自己的梦想。在这个过程中，心就像一个太阳，散发出源源不断的正向能量，照亮前行的道路。

然而，当一个人的念头充满恶意时，它们就像黑暗中的冷风，让人感到冰冷而恐惧。这种负能量，会侵蚀一个人的内心，让人变得狭隘、自私和冷漠，失去对生活的热爱，变得消极、悲观，甚至失去对未来的信心。在这种情况下，心就像一座喷发的火山，充满了破坏力。

4. 心生万法：可多可少

在人的内心深处，每一个念头的诞生，都伴随着无数纷繁复杂的思绪和想法。内心世界是丰富多彩又充满矛盾的。在内心世界里，想法多了不一定好，想法少了也不一定坏。

"多"即是"少"。我们生活在一个信息爆炸的时代，每天都会接收到大量的信息，这些信息可能来自社交媒体、新闻、工作邮件、朋友聊天等。这些信息中，有很多是无关紧要的，甚至是有害的，如果不加选择地接受和处理，它们就会占据人的时间和精力，让人无法专注于真正重要的事情。当内心被众多的想法所困扰时，精神会变得分散，难以集中在一个点上，从而难以真正专注于一件事情。这个时候，自己就会想得太多，做得太少，内耗严重。

"少"即是"多"。正如古人所言："制心一处，无事不办。"如果一个人能够驾驭自己的心灵，将注意力集中在一个点上，它就会形成一种强大的力量，这种力量源于内心的坚定和专注，无论遇到什么问题，都能够以更清晰的思路和更坚定的决心去面对和解决。然而，这种力量的源泉并非来自外界，而是来源于自己的内心。

一个人的内心到底受什么影响呢？是心境随着环境变化，还是环境随着心境变化？佛家说："心随境转是凡夫，境随心转是圣贤。"普通人的心境会随着环境而转变，而圣贤用心境来转变环境。在人生的旅途中，我们会遇到各种各样的环境，而这些环境往往会影响自己的心情和态度。但是，如果能够躬耕好自己的"方寸心田"，调适好自己的心境，让它随着自己的意愿去变化，那么不管外界的环境如何变化，内心都能保持平静和稳定。

有一个人喜欢蝴蝶，他原本想通过捕捉蝴蝶来满足自己的欲望，但最终发现，这种方式只会让蝴蝶失去原有的美丽和生机。而另一个人选择在自己的窗边种植美丽的盆栽，静静地欣赏被盆栽吸引的蝴蝶翩翩起舞。他的内心随着蝴蝶的舞动而愉悦，而蝴蝶也被他的内心所吸引，自愿飞来。这就是"你若盛开，蝴蝶自来"的道理。

5. 心生世界：可大可小

最小的世界，也是最大的世界，就是自己的内心。说它最小，是因为内心世界只有自己最清楚，自知者明，拎清楚自己，一生才能过得幸福。说它最大，因为"我心即宇宙，宇宙即我心"，自己所感知到的外面的世界，很多时候并非客观存在的世界，而是内心映射的世界，心有多大，能感知到的世界就有多大。

同样一件事情，人的心境怎么样，看到的外部世界就怎么样。儒释道三家都认为"静能生慧"，即心静极则智慧生。极静的心摒除了一切的私心杂念，达到无我的状态，智慧自然而然就生出来，更能感知到客观真实的世界。而当自己内心不平静、受到很多杂音干扰的时候，没有智慧去感知真实的世界，就只能感知到屏蔽了一些信息的片面世界。

自己的内心世界是小还是大，关键在于自己的内心装了多少人。如果只是装了自己的喜怒哀乐、荣辱得失，那么自己的内心世界就只容得下自己。当把心放大一点，比如装下自己所在的家庭、学校、公司中的人，把自己的正能量传播给他们，小善就可以扩展为中善，让更多的人因为自己的存在而感受到幸福。如果内心的世界再放大一点，当能装下更多的人，甚至大到可以装下全国人民、全人类、全宇宙的时候，那自己便是胸怀天下之人。

反观一下我们自己，心里都装了谁呢？

6. 如果不修，会怎么样

《金刚经》说："过去心不可得，现在心不可得，未来心不可得。"因为一念即成过往，唯一能把握的就是当下，就是这一刻自己的念头。王阳明说："破山中贼易，破心中贼难。"人最大的敌人是自己的心病，包括前面所说的"畏难、担心、害怕"。当一个人有了"等靠要"的想法，依赖别人替自己做，而自己往往想得多、做得少，就会陷入精神内耗之中。

要克服心病，其实也不难，就是"立足当下，一念转化"。当下是过去最好的未来，当下是未来最好的过去。面对工作和生活中的种种困难，感到畏难就要一念转化告诉自己"不畏难"，感到担心就要一念转化告诉自己"不担心"，感到害怕就要一念转化告诉自己"不害怕"，要勇敢直面

"惑"，不逃避"苦"，停止胡思乱想，立即采取行动。每次只做一件事，专心致志地做成事、做好事、拿到好结果，所有疑惑和困难，都会在做的过程中迎刃而解。

比如，在职场上准备重要的业绩竞争时，一个人的内心可能充满了各种念头，包括对被认可的渴望、对可能被淘汰的焦虑等。如果能够坚定自己的信念，专注于提升自己，专注于如何做成事、做好事、拿到好结果，那么就能够克服各种杂七杂八的念头，保持心态的稳定和平衡，从而正常发挥，一切自然水到渠成。但是，如果一个人被求功心切、求利心切的念头所控制，就会导致眼睛只盯着竞争对手，一心想着如何给别人使绊子、搞破坏。有的甚至会动歪心思，利用企业的漏洞，联合外部人员造假业绩，以提升自己的账面业绩数据。当内心颠倒妄念，各种歪门邪道的事情都做得出来，不但不光彩，还会给自己的职业生涯抹黑。

因此，做好自己是一切的根本。古圣先贤告诫我们：积善之家必有余庆，积不善之家必有余殃；勿以恶小而为之，勿以善小而不为……熵增定律也告诉我们，人活着要始终保持正能量，因为一旦陷入负能量之中，就会滑向混乱无序的熵增过程，最终自取灭亡。生命本就是一个能量体，与其在负能量中内耗，不如发光发热传递正能量，让世间因自己的存在而变得更美好。

四、回归本位：德以配位，必定安然

有人比喻，在人类心灵的深邃森林里，潜藏着那"人性五漏"，它们如同五座隐秘的陷阱，时刻威胁着脆弱的平衡。而"人心颠倒"更是如幽灵般游荡，将人的理想与欲望、希望与恐惧不断搅动，直至混沌不清。在这样的心灵漩涡中，生命之舟在"惑业苦"的巨浪中颠簸，时而冲上浪尖，时而坠入深渊，仿佛被命运的无形之手操弄，直到那些珍贵的福禄寿漏尽，直至寿终。

听起来如此可怕，难道就只能束手无策了吗？人要怎么做才能过好这一生呢？

古圣先贤告诉我们："德以配位，必定安然。"回归本位，做好自己，勤修三德，让自己的德配上自己的位，定能在人生的风风雨雨中安然无恙。

像一棵树，深根于土壤，即使狂风暴雨，也岿然不动。

1. 每个人的"位"是什么

在这个纷繁复杂的社会中，每个人都有其独特的"位"，即每个人所处的位置。这个位置不仅代表了个人的身份和角色，更体现了其应当承担的责任和义务。在人生动态进阶的过程中，人的位置一直在不断变化，而身份角色的转变，意味着面临新的目标、责任、际遇和挑战。

身为创业者，我已在商海沉浮近三十载，历经无数风雨，甚至多次与死神擦肩而过。然而，正是这些在生死边缘游走的体验，让我深刻领悟了"德不配位，必有灾殃"这一古训的深远意义。每当夜深人静，我都会沉浸在深深的反思之中：身为企业的掌舵人，我是否真正明了自己的定位？我是否已经竭尽全力，恪守本分，做到了最好？

（1）办企业的初心是什么

实际上，无论是创办企业还是成立慈善机构，都必须明确"为什么而做什么"的重要性，共同坚守那份纯粹的"初心"，并以此为基础，展望更加美好的未来。

"为什么而做什么"包含两层含义。

第一层是"为什么"。这是一切的出发点。是为了自己的功名利禄，还是为了他人的福祉？是为了自己的小家，还是为了社会的大家，以造福一方人？是真心实意为了人民，还是只为了名利？这些问题无不考验着我们每一个人的初心。

第二层是"做什么"。选对行动的方向很重要。我所创办的企业应该如何才能得到客户的赞叹与支持？我所成立的名仁慈善基金会又该如何践行"愿世间的一切美好都与你有关"的初心使命，才能赢得社会各界有缘人的认可与赞叹？这些问题也无疑在考验着我的初心。

然而，人的精力是有限的，我们必须将有限的生命投入到有意义的事情上，尤其是那些既有利于自己也有利于他人的事情。作为企业的经营者，我也常常以觉醒"三问"问自己：我是谁？为了谁？依靠谁？

■ 拎清楚自己

我是谁？ 我是企业的老板。老板，顾名思义，可以理解为像老师一样板书，即讲明白道理的人，既能讲清楚做人的道理，又能讲清楚做事的道理，还能讲清楚业务怎么做。因为，全公司上下，老板应该是最懂业务，也最懂做人和做事的人。如果老板没有把做人、做事、做业务的道理讲明白，没有引领管理者和员工成长与发展的智慧，那么管理者和员工工作不出色，也就情有可原，再正常不过了。成为一名有社会影响力的优秀企业家，是许多老板追求的目标。那么，什么是企业家？我认为，人止即业为家，即知道自己什么可以为，什么不可以为，并能够带领团队"聚心聚力聚智"，才能做成大家赖以生存的事业。由此可见，企业家都是有家国情怀的人，不然的话也做不了企业家。

为了谁？究竟是为了谁，才毅然决然地踏上了创业之路？我想大部分老板起初创业，是为了让自己和家人都能过上幸福生活。然而，随着企业的壮大，如果还仅仅停留在只为自己小家的层面，格局未免显得过于狭隘。身为企业的掌舵人，老板的地位可谓很崇高，身上肩负的责任与使命重大。是否应该为那些信任和依赖自己的客户，提供超越期待值的产品与服务？是否应该让那些与自己并肩作战、同舟共济的团队成员，能够分享到企业发展的成果，过上更加美好的生活？是否应该推动行业的进步与发展，引领技术的创新与突破？如果这些都做到了，是否更能凸显老板的价值，配得上老板的位置？我深知，一家企业的力量有限，但只要心怀梦想、砥砺前行，就一定能造福一方人，为社会做出应有的贡献，为国家的繁荣昌盛添砖加瓦。这一切，情怀是唯一的理由，也是我不断前行的动力。

依靠谁？一个好汉三个帮。一个人的力量是有限的，但众人的力量是无穷的。成功从不是凭借个人的，而是依靠集体的。首先，要依靠国家的发展支持，没有国家的繁荣稳定，企业的发展就无从谈起；同时，还要依靠背后坚实的团队，他们的辛勤付出和默契协作，是企业不断前行的关键；还要依靠协作方，包括供应商、合作伙伴等，他们是企业生态链中的重要环节，没有他们的支持和配合，企业的运营和发展将会受到严重的制约。诚然，这种依靠必须是建立在互信、共赢基础上的深度合作，如果只是简单的双方之间的利益交换，每个人的心里都算着自己的一笔账，怎么可能聚心、聚力、聚智？怎么可能基业长青、共创辉煌？

■ 拎清楚人

该服务谁：谁是客户？客户，不仅是企业产品或服务的接受者，更是企业价值创造的共同参与者。没有客户的认可与支持，企业的利润便无从谈起，更谈不上持续的发展与壮大。因此，必须始终坚守"以客户为中心，为客户创造价值"的初心，倾听他们的声音，满足他们的需求，赢得他们的信任。

该团结谁：谁是盟友？ 在商业生态位中，企业不是孤独的岛屿，而是相互依存、共同发展的命运共同体。上下游供应商、合作伙伴、渠道商等，都是企业前行路上的得力盟友，需要与他们建立深厚的信任与合作关系，携手共创商业奇迹。

该警惕谁：谁是敌人？ 在这个快速变化的时代，真正的敌人，往往不是显而易见的竞争对手，而是那些可能颠覆原有业务模式、侵蚀市场份额的跨界挑战者。因此，打铁还需自身硬，做好自己才是关键。此外，还必须保持敏锐的洞察力和高度的警惕性，时刻准备应对来自各方面的挑战。

■ 拎清楚事情

定方向：做什么，不做什么？ 在茫茫商海中，一个清晰的方向是企业稳健前行的指南针。老板须深刻思考：企业的业务核心是什么？市场定位在哪里？哪些领域是自己擅长的，能够发光发热的？又有哪些领域，尽管诱人，但缺乏经验和资源，应当暂时避开的？明确的业务边界，不仅为团队提供了行动指南，更是将企业有限的资源和精力用到刀刃上。要做什么很重要，不做什么更重要。这不仅关乎企业的生存，更关乎企业未来的辉煌。

定战略：先做什么，后做什么？ 经营企业如同高手过招，每一步棋都至关重要。手中的资源，无论是资金、技术还是人才，都是有限且珍贵的"牌"。出牌的策略，决定了牌局的胜负。是先攻后守，还是稳扎稳打？是先抢占市场，还是深耕细作？战略的制定，是对企业内外部环境的深刻洞察，是对机遇与挑战的精准把握。每一次出牌，都要深思熟虑，确保每一步都稳健而有力。

定战术：怎么做，做成什么样？ 有了战略之后，还需有具体的战术来执行。业务如何开展？要以什么样的标准展现给市场和客户？团队的每一个成员是否都清楚自己的职责和目标？企业内外是否能够形成合力？这些都是老板需要思考的问题。因为企业要做的，不仅是要完成任务，还要拿到好结果，更要创造卓越。

方向、战略、战术，三者缺一不可。只有明确了方向，才能心无旁骛地前行；只有制定了战略，才能在复杂的市场环境中游刃有余；只有落实了战术，才能将理想变为现实，将蓝图变为风景，得到你好、我好、大家好的好结果。

（2）企业的根本问题是什么

经营企业，如同逆水行舟，不进则退。一个团队成长的快慢与发展的强弱，决定企业是否有未来。有学者研究发现，中小企业在3～5年内倒闭的占80%，在5～15年内倒闭的占10%，只有10%的企业可以在竞争中留存下来并且取得胜利。我创办企业的过程中，也历经了几起几落，深知商业竞争就是这么现实且残酷。

在这个过程中，有一个很有意思的现象：在一个行业发展初期，会有大量的企业涌入，一开始大家起点都差不多，但是随着竞争日渐激烈，大部分成长与发展缓慢的企业，逐渐会被淘汰出局；成长与发展快速的几家企业，往往成了行业头部企业，占领绝大部分市场份额；一些紧赶慢赶、勉强跟上行业成长与发展节奏的中小企业，只能分享行业头部企业剩下的较小部分的市场份额。

然而，有些企业的成长发展却受到阻碍，老板们苦不堪言，一边喊着缺钱，一边喊着缺人，总之一个字：难。

■ 真的是因为缺钱吗

企业成长与发展不起来，真的是因为缺钱吗？有多少发展壮大的企业，是带着足够的本钱做生意的？相反，那些靠烧钱堆出来的企业，钱烧完后倒得比谁都快。可见，缺钱，是"表象"，也是"果"，却不是决定企业成长与发展的根本原因。

■ 真的是因为缺人吗

企业成长与发展不起来，真的是因为缺人吗？看起来好像也对，因为好的企业是人干出来的，不好的企业也是人干出来的。但仔细深究就会发现，企业原有的人都是精挑细选上岗的，企业对他们也寄予厚望，可为什么最终老板还是觉得缺人？即使拼命招人，也会陷入以往那种"招人—缺人—再招人"的恶性循环，见效甚微。可见，缺人，是"表象"，也是"果"，却不是决定企业成长与发展的根本原因。

不是因为缺钱，更不是因为缺人，那企业到底缺什么？

■ 缺的是环境和氛围

缺少良好的环境和氛围，即一种激发人的内在潜力，让人不断成长与发展，进而创造出更大价值，最终促进企业成长与发展的土壤。

就好比，橘生淮南则为橘，橘生淮北则为枳，同样一种树苗，种在贫瘠的土地一年只能结 n 个果，种在肥沃的土地能结 $5n$ 个果。只有改善土壤这个"因"，才能提升丰收的"果"。如果不换掉贫瘠的土壤而去换树苗，就是搞错了"因"，就算再怎么折腾，也很难大幅度提升"果"。

同理，同样一类人来到企业，他是能创造 n 个果的价值，还是能创造 $5n$ 个果的价值，决定了企业的成长与发展。只有改善了企业环境和氛围这个"因"，才能提升企业丰收的"果"。如果不从企业的环境和氛围入手，而奢望通过不断更换企业里的人来改变现状，就是搞错了"因"，就算再怎么折腾，也很难大幅度提升"果"。

因此，企业的环境和氛围问题，才是老板要直面的根本问题。

(3) 其背后有什么逻辑

人是环境和氛围的产物。可很少有人去探究其背后的逻辑，这跟"入乡随俗""随遇而安"和"心随境转"这三个特性有莫大的关系。

■ 入乡随俗

人到了一个地方，就很容易顺从那个地方的风俗。因为每个人都渴望得到别人的认同，而不是得到别人投来的异样目光。如果不顺从的话，就显得很另类。所以别人怎么做，自己就自然而然跟着怎么做，跟别人趋同，才容易得到认可。

然而，这个"俗"，有可能是良好之俗，即能促进人向好向前发展的俗，能融入这样的俗，是人莫大的幸运；但也有可能是不良之俗，人一旦随了这样的俗，即使优秀也可能会变平庸，好人也可能会变坏人。

反观一下，自己企业的"风俗"（也称企业里的风气）是促进人向好向前的吗？能让人从创造 n 个果的价值，不断提升到能创造 $5n$ 个果的价值吗？还是让人停滞不前的，能让人从本来创造 $5n$ 个果的价值，变成只能创造 n 个果的价值，甚至挖开土壤一看，人的思想根系都已经腐烂了？如果是前者，企业会得到更好的发展。如果是后者，则要深刻反省，除了开始变革，彻底扭转企业的风气之外,恐怕别无他法。

■ **随遇而安**

人一旦适应了一种环境和氛围,并且从中得到满足,就会安定下来。

企业里的人能否随遇而安,也大致取决于以下这三种情况。

第一种,认可企业,自己得到成长与发展,还能享受企业成长与发展带来的红利,因此心就安定在企业,跟随企业发展壮大,不会想着离开。

第二种,因为自己的能力在市场没有竞争力,在外面找不到更好的工作,出于对生活压力的妥协,就满足于现状,这种人也能安定下来。

第三种,人来到企业没多久,发现自己看不惯或者忍不了企业的"俗",不屑与企业里的人为伍,心安定不下来,就会离开企业。

反观一下,自己的企业是哪一种人多?如果是第一种人多,那么企业将会得到更好的发展。如果是第二种人多,那么就要反省了,企业里吃饭的人多,创造价值的人少。如果是第三种人多,那么就要警惕了,留不住优秀人才,企业怎么会有未来?

■ **心随境转**

人心的念头或想法无数,很容易随着环境的变化而变化。

在良好的环境和氛围下,人心善的一面更多被激发。这样的人自发向好向前,进而带动企业的其他人也自发向好向前,企业里的"俗"就越来越好,更多的优秀人才愿意安定下来,为公司创造更大的价值,共同促进企业的成长与发展。

在糟糕的环境和氛围下,人心恶的一面更多被激发,这样的人消极等待、停滞不前,进而影响企业的其他人也消极等待、停滞不前,企业里的"俗"就越来越差,劣币驱逐良币,没有优秀人才愿意安定下来,愿意留下的人也创造不了多少价值,这样的企业很难得到成长与发展。

良好的环境和氛围可以造就一个人,糟糕的环境和氛围可能会毁掉一个人。可见,环境和氛围可以通过影响与改变一个人的心境,从而影响这个人的成长与发展,最终影响企业的成长与发展。

因此,构建环境造就人,营造氛围滋养人,才是老板重点要做好的课题。

2. 错位的人生,为何灾殃不断

《周易·系辞下》有言:"德不配位,必有灾殃;德薄而位尊,智小而谋大，力小而任重，鲜不及矣。"这告诫我们，德行不足以支撑所在的职位，得不到别人的认可、配合和支持，外部障碍会有一大堆；智慧不足以应对工作的事情，面对工作的困难和挑战，自己就会束手无策；能力不足以担当岗位的重任，做不成事、做不好事，得不到好结果。不管是德行、智慧还是能力，任何一样匹配不上自己所在的位置，都会给自己增添各种麻烦，带来各种灾祸。

（1）老板不像老板

老板是企业的领航者，其位置至关重要，要确保在商海之中不迷失方向。如果老板没有配上老板的位置，没有尽到老板的本分，没有拎清楚自己：我是谁、为了谁、依靠谁，没有拎清楚人：谁是客户、谁是盟友、谁是敌人，没有拎清楚事情：做什么、不做什么、先做什么、后做什么、怎么做、做成什么样，没有构建环境造就人，营造氛围滋养人，反而错位去做了本应该由管理者做的事情，或者直接插手员工做的事情。这样的老板，很可能缺乏战略眼光和领导力，无法引领企业走向正确的道路。"一将无能累死三军"，这样的老板往往会导致企业陷入困境，甚至破产倒闭。

一个老板如果偏离了"修德爱人"的使命，没有下足功夫去构建良好的企业环境、营造干事创业的氛围，无法引导管理者和员工向好向前，是不是"德不配位"呢？由此带来的麻烦和后果，最终是不是由老板自己来承担呢？

（2）管理者不像管理者

老板通过管理者获取结果。管理者作为企业的中流砥柱，他们的行为举止，直接关系到企业的兴衰成败。若管理者德不配位，管理者不像管理者，企业便会陷入混乱与无序。

那些慢作为的管理者，业务不精、规划模糊、分工混乱、执行偏差、管理松散、办事拖拉。他们是否真正把握住了企业的脉搏，引领团队向好向前？

那些不作为的管理者，总是以人手不足、监督不力为借口，让固守成规、拿来主义盛行，推诿扯皮、行甩手掌柜作风。他们是否真正承担起了责任，为企业的未来负责？

那些假作为的管理者，假装努力、假装很忙，开无效的会议，迎合领导，有功必抢、有过必甩。他们是否真正投入到了工作中，为企业的成长贡献力量？

那些乱作为的管理者，不按程序、藐视规定，私下操作、擅自做主，纵容下属。他们是否真正尊重了企业的制度与规矩，维护了企业的稳定与和谐？

那些反作为的管理者，夸大难度、故意拖延、故意隐瞒，占地为王、排除异己、以权谋私。他们是否真正坚守了职业道德与操守，为企业的公正与公平保驾护航？

答案不言而喻。如果一家企业里，有作为的管理者寥寥无几，而慢作为、不作为、假作为、乱作为、反作为的管理者一大堆，这样的企业，危矣！

（3）员工不像员工

管理者通过员工获取结果。根据木桶理论，企业的整体能力，不取决于最长的那块板子，而取决于最短的那块板子。反观一下自己的企业：员工的整体素质能力如何，是否能够做好本职担当？然而，企业里面总有那么几类员工让老板无可奈何。

第一类：只出工，不出力。 在企业中，有些人看似勤奋，每天按时上班，但实际上心神早已远离工作，上班时经常与同事闲聊、上网冲浪、频繁地喝水和去厕所，浑浑噩噩地度过一天又一天。他们只出工、不出力，怎么可能取得好的工作成果呢？这种状态在工作中并不少见。当老板询问工作进展时，他们往往以各种借口来搪塞。但事实上，老板并不傻，他们心似明镜，清楚谁在真正付出努力，谁在消极怠工。老板有时候睁一只眼闭一只眼，选择不拆穿这一切，只不过是在默默观察，看着这些人"表演"。等到团队算绩效、发奖金的时候，一切自然就跟这些人无缘了。等到团队优化人才的时候，这些人将成为首先被优化的对象。等到那一天真的来临，后悔已经来不及了。

第二类：只求完成任务，不求有无结果。 在企业中，还有些人对待工作的态度不认真，缺乏责任感和进取心，总是只关注任务是否完成，而不去考虑结果的好坏。他们侥幸地以为，只要做完了工作，应付了任务，就万事大吉。然而，持有这种"做一天和尚撞一天钟"心态的人，每天只是被动地接收任务，机械地完成工作，从不深入思考任务完成后的结果，不去寻求改进工作方法的途径，也不去探究更高效的工作方式。他们可能会因为一时的轻松而感到爽快，但从长远来看，这种心态严重阻碍了个人成长，等于亲手葬送了自己的职业发展，同时也对企业的发展造成了严重影响。如果不及时将这些人甄别出来，不及时纠正他们"只完成任务"的态度，久而久之，将破坏企业的环境和氛围。

第三类：徒有苦劳，却无功劳。在企业中，还有这样一些人，他们勤奋努力加班加点地工作，但最终却没有取得应有的成果。他们可能会抱怨："我付出了那么多，没有功劳也有苦劳，为什么还是得不到大家的认可？"然而，他们还没真正弄清楚，一个人仅仅有苦劳只能说明他付出了时间，但是并不代表他有为公司创造价值。如果一个人在工作中没有明确的方向和思路，没有用正确的做事方法把事做正确，而只是一味地在错误的方向上努力，那么他付出得再多也只是徒劳。社会很现实，没有结果一切等于零。企业不需要只会努力工作但没有拿到好结果的人，因为这样的人，不但没有为企业创造价值，甚至还浪费了企业的资源和机会。市场也并不会为这样的"努力"而买单，因为这样的人即使再"努力"，也只是徒劳无功。盲目努力的自我感动，换来的却是白白浪费了宝贵的时间，多可惜呀！

3. 配位的人生，为何安然无恙

作为企业中的老大哥，我深知自己责任重大，如今更是常常审视自己、环视周遭和检视当下，看看自己是否"德以配位"，是否引领好管理者和员工"德以配位"，不敢懈怠。

（1）老板修德爱人

改革开放40多年来，满地是机会、到处是金子的时代到现在已经结束了。同时，糊里糊涂就能创业当老板的时代到现在也已经结束了。迎面而来的，是越来越激烈的竞争环境，而未来的老板，就得修德爱人，让自己充满智慧，把做人和做事的道理，以及做业务的知识，给管理者和员工讲明白、讲清楚才行，否则"德不配位，必有灾殃"。"修德爱人"是老板一辈子都要面对的修行，亦是成为企业家不可或缺的品质。具体该怎么做呢？

构建环境造就人。人是环境和氛围的产物，良好的环境和氛围造就一个人，糟糕的环境和氛围毁掉一个人。因此，构建向好向前的工作环境，是老板的要务之一，不容忽视。如何构建？可以在"看得见、摸得着、感受得到"的软硬件环境构建上狠下功夫，具体可以从"所见、所闻、行动"三大方面进行：所见方面，打造舒心的工作环境；所闻方面，宣传浓厚的干事创业环境；行动方面，推动企业文化的创新发展。老板需带领企业构建起"自动自发、高效协同、保质保量、提前交付"的良好干事创业环境，为管理者和员工提供一个全面、积极、向上的工作环境，促进管理者和员工的成长与发展。

营造氛围滋养人。良好的企业氛围，润物细无声，潜移默化滋养人，因此营造良好的企业氛围也是老板的要务之一，不容忽视。那么该如何营造？可在"信心、愿望、目标、行动"的精神面貌上加以营造，让企业各级成员之间能够同频共振，产生强烈的共鸣，共建良好的企业氛围。营造"拥抱变化、喜悦精进、实事求是、匠心独具"的促进成长与发展的氛围，让捍卫名誉者上，让专业的人做专业的事，让每个人凸显自己的价值，让每个人对自己的结果负责，通过润物细无声的方式，滋养出一支充满生机活力的向好向前的团队。

（2）管理者干事创业

干事创业，顾名思义，干事激发创业，创业就是干事，没有干事的实干精神就创不了业，没有创业的创新精神就干不成事。

在企业的每个发展阶段，都需要有一群躬身入局、脚踏实地的干事创业者，支撑与推动着企业快速向前发展。

管理者在企业中扮演着重要角色，承担重要责任，更要以干事创业者的标准来要求自己，锻炼自己，不断成长与发展。躬身入局，脚踏实地，带领团队干出一番成就。简单来说，我认为，作为一名优秀的管理者，要做到以下几点。

① 行动。行动是为了更好地解决问题，要主动向前，少说多做，发现问题、解决问题、预防问题。

② 担当。担当是为了获得更好的结果，要敢于站出来承诺"交给我，大家跟我一起上"，明确目标、抓住关键、取得结果。

③ 感召。感召是为了形成有力的力量，要能让企业放心："一定能搞定，我们一定行。"发出愿力、凝聚团队、干出成绩。

管理者通过修好自己的"德",即带领团队做成事、做好事、拿到好结果,就能为自己积累功德。于管理者而言,自己得到能力提升和岗位晋升;于团队而言,管理者带领团队走向成功,创造出骄人的业绩和成果;于企业而言,管理者为企业成长与发展贡献力量,添砖加瓦;于客户而言,管理者通过优质产品服务,为客户带来实实在在的福祉。在干事创业的过程中,管理者不仅能够实现个人的成长和成功,更能推动团队、企业和社会的共同进步。

(3) 员工自强不息

企业的整体能力,不取决于最长的那块板子,而取决于最短的那块板子,因此提升员工的短板很重要。"天行健,君子以自强不息"这句话,深刻地阐述了人强大的生命力,以及人面对困难与挑战时应有的坚韧不拔、积极向上的态度。作为员工,更应当秉持这种自强不息的精神,以强大的内驱力,不断挑战自我、突破自我,展现出自身的才华和实力。唯有自强不息,才能在工作中充分发挥自己的能力和潜力,确保工作的质量和效率。这种自动自发的工作态度,不仅会激励他人在工作中脱颖而出,更会为自己的职业生涯增添亮色。企业要鼓励员工以快速成长与发展的姿态,成为企业的核心骨干,在企业中独当一面,成就一番事业。

简单来说,我认为作为一名优秀的员工,要做到以下几点。

① 乐业,喜欢工作并从中得到快乐。
② 敬业,对工作保持负责任的态度。
③ 专业,要成为精通主业的行家里手。
④ 精业,善于处理复杂问题,驾驭局面。
⑤ 担业,扛起本职工作中的责任担当。

如果企业中每一个员工都能躬耕好自己的"一亩三分地",展现出自强不息的精神,这样的企业未来可期。因为,自强不息的员工,不仅能够实现个人能力的成长和岗位晋升,更能够跟随管理者的引领,与团队共同取得卓越的业绩。同时,他们也为企业的成长与发展贡献了自己的力量,为企业添砖加瓦。

4. 如何修德，才能配位

成长与发展是人永恒的主题，此乃世间至真至善至美之事。老板修德，应致力于激活人的内生动力，使其绽放出生命应有的样子，引领他们走向更高的境界，造福一方人。当人的内心深处真正激活了，就能产生源源不断的动力。在这股内心力量面前，不管遇到任何困难和挑战，都将所向披靡，迸发出勇往直前的勇气。

无论个人还是企业，始终要致力于自身的成长与发展。成长，就是突破自身的认知局限和能力局限；发展，就是能做成事、做好事、拿到好结果。前者通过学习和实践加以提升，后者通过合作和交流得以实现。两者相辅相成，缺一不可，而且不能偏废。不管任何人，任何企业，在任何时候，成长与发展才是硬道理。有了成长，必定有了发展；反之，则意味着衰败。一切困难和问题，都是在成长与发展的过程中得以解决的，别无他法。

（1）造就人

构建环境造就人，营造氛围滋养人，这是老板首先要修的德。因为人有"入乡随俗、随遇而安、心随境转"的特性，老板有责任和义务构建良好的环境和氛围，引领企业里的人向好向前发展。但如果企业的环境和氛围很糟糕，让本来积极进取的人来到企业却没有得到相应的成长发展，反而白白浪费了青春年华，甚至思想都变坏了，这无疑是老板的失职。

（2）引领人

除了构建环境、营造氛围，老板还需要有引领性，引领企业里的管理者带队伍冲锋陷阵，敢打硬拼拿结果，朝着"做成事、做好事、拿到好结果"的目标努力奋斗。在这个过程中，老板要通过锻炼、评价、考核、重用、嘉奖、鞭策等一系列举措，为管理者鼓劲、赋能，引领员工自动自发显身手，保质保量出成效，朝着"更积极，更自信，更专业"的目标努力奋斗。

（3）用好人

懂得如何用人，将合适的人放在合适的位置，用人之所长，避人之所短，才能激发人最大的潜能，创造出最大的价值。如果人岗不匹配，管理者错位，员工错位，让优秀的人在企业里面"内耗"掉，这将是企业最大的浪费。因此，老板在用人之前，要识人，知道这个人擅长什么，不擅长什么，喜欢什么，讨厌什么。根据企业岗位需要和人的特性，顺其自然、顺势而为、顺水推舟，选好人，用好人，为企业打造一支"能者上，平者让，庸者下，劣者汰"的优质团队。

（4）成就人

成就别人就是成就自己，老板成就管理者和员工，就是成就自己的企业，成就自己的事业。因此，老板要修成人之德，鼓励管理者成为卓越领导，最终成为事业的主人，与他们一起分享企业发展带来的红利。激励员工得到能力的成长，获得岗位的晋升，物质精神双丰收。老板和管理者、员工互相鼓劲，一起向未来，将"人均收入高，为国纳税多，投资回报好，企业市值高"落到实处。彼此成就，相互眷顾，或许就是人与人之间最好的关系。

（5）造福一方人

俗话说："为官一任，造福一方。"为老板一任，造福一方，何尝不是老板的崇高追求呢？何尝不是老板的社会责任所在呢？

老板不仅要有卓越的领导能力，更要具备修德爱人的高尚品质。这里的"修德"指的是修炼自己的品德、功德、福德，而"爱人"则是要关爱他人，关注管理者和员工的成长与发展，为他们提供良好的工作环境和成长发展氛围。

老板应该注重引领管理者和员工成长与发展，造福团队。一个好的老板不仅要做管理者和员工的领导，更要成为他们的老师，帮助他们突破认知局限和能力局限，激发他们的积极性和创造力，让他们成为更好的自己。

老板应该致力于带队创造优质产品和服务，造福客户。一家好的企业不仅要有优秀的员工，更需要有一个高效的团队，以及卓越的产品和服务。老板应该注重品质管理，推动创新和研发，提高企业的核心竞争力。同时，老板还应该关注客户需求和市场变化，以提供符合市场需求的高品质产品和服务。

老板应该积极推动企业依法足额缴纳税款，造福国家。企业的发展离不开国家的支持和帮助，而企业也要通过纳税报效祖国。老板应该注重企业的经济效益，在促进企业向好向前发展的同时，积极缴纳更多税款，为国家的发展做出贡献。

结语五：德以配位必安然

在人生舞台上，每个人都有自己的位置，扮演着各自独特的角色。然而，正如有句话说："世上从来就没有庸才，只不过有人走错了方向，站错了位置，被命运捉弄一场罢了。"

可现实生活中，多少人在"人性五漏"和"人心颠倒"以及"人的业力"的影响下，德与位错配了，才被命运捉弄了一番，在"惑业苦"的泥淖中无法自拔。如若不信，且看当下发生的种种，如清代戏曲家孔尚任所作《桃花扇》中提到"眼看他起朱楼，眼看他宴宾客，眼看他楼塌了"，无不一一印证。

幸福的人生都是相似的，不幸的人生各有各的不幸。如不想被命运捉弄，就要历事炼心，躬耕好自己的"方寸心田"，让自己的品性、德行、智慧、能力配得上所在的位，进而躬耕好自己的"一亩三分地"，才是让自己离苦得乐、安然无恙的根本。

■ 修智慧可化解"惑"

对出家修行之人来说，通过六度万行，即布施、持戒、忍辱、精进、禅定、般若共六道法门，才能修得智慧圆融之境界。然而，我们大多数人只是普通老百姓，不是出家修行之人，该怎么修智慧呢？

佛说："众生皆有如来智慧德相，只因妄想执着不能证得。"如果我们去掉了自身的"妄想"和"执着"，便能让智慧生发出来。

"妄想"是什么？"妄想"，用通俗的话说就是偏离现实。妄想之人，陷入"以自我为中心"的狭隘思维中，将他人的承担和付出视作理所当然的。他们总是一厢情愿（"我以为"），殊不知现实与自己的臆想大相径庭；还时常要求他人（"你应该"），一味地索取而不愿意主动承担和付出。

"执着"是什么？"执着"，用通俗的话说就是钻牛角尖。过于执着的人，困在自己编织的思想牢笼中难以自拔，却不愿意换个位、升个维、转个念去重新审视问题。眼睛盯着外在有形的诱惑（如功名利禄），却忽视了内在无形的宝藏（如品性修养）；过分看重"果"（即结果），却不在"因"（即初心）和"缘"（即过程）上狠下功夫。

如何才能将自己拔出"妄想执着"的思想牢笼呢？唯有回归到工作和生活的现实之中，时常问问："我是谁？为了谁？依靠谁？"同时，在自己的本位上化被动为主动，日复一日地身体力行，做好所在位置的本职事情。从端正自己对己对人对事的态度开始修炼"品德"；随后聚焦到修炼自己的"功德"，让自己游刃有余地应对困难和挑战；再到通过存好心、说好话、做好事，为人世间创造美好，积攒深厚的"福德"；最终方能获得智慧，进而更好地化解我们人生道路上的"惑"。

■ 修福报转化"业"

古语有云："为人有德天长佑，行善无求福自来。"行善，是修福报的直接途径。断恶修善能将"恶业"转化为"善业"，能将"苦果"转化为"乐果"。因此时时内观自己，检查自己的"意口身"，即念想、语言、行为是否有恶。能自我觉察并生起羞耻之心、惭愧之心、忏悔之心，方能断恶；能刻刻生起敬畏之心、慈悲之心、感恩之心，方能修善。正如古人所说："一切福田，不离方寸；从心而觅，感无不通。"大意是：世间的一切功德福报，其实都离不开自己的内心，躬耕自己的"方寸心田"，净化自己的心境，断恶修善，在心中找到真正的善念，就没有什么想不通的了。

■ 修心性解决"苦"

佛家认为，因为"人性五漏"和"人心颠倒"以及"人的业力"，导致人在"惑业苦"的循环中无法自拔。唯有修心性，即通过历事炼心，持续精进，才能明了自己善的本心，看见自己善的本性，明心见性而后才能开悟正觉，脱离"惑业苦"的循环，过上幸福美好的人生；即在"急的事、难的事、愁的事、盼的事、漏的事"中历事炼心，磨炼意志，淬炼品质，锤炼能力，修炼心智，通过持续精进，不断突破自身的认知局限和能力局限，实现成长与发展。

■ 最终离苦得乐

修身养性，在于从自己的念想、语言、行为出发，拎清楚自己、拎清楚人、拎清楚事情。随着心里装的人越多，人的起心动念就会萌生出无我利他之心，能够懂得换个位、升个维、转个念思考。最终，"自立立人，自达达人"，成就别人的同时，也成就更好的自己。

从想法到干法，从干法再到干成，相差多远呢？或许是十万八千里，或许就在一念之间。

一个人怎么想，决定了其怎么说和怎么做。因此，一个人从怎么想开始，就要做好调适。如果一个人连起心动念都错了，那么他所说的、所做的肯定会跟着出错，最终得不到自己心中想要的结果。根据吸引力法则，只有自己的心境与美好的事物同频时，才能产生共振，吸引美好的事物来到自己身边。

能否心想事成，最终还要落到行动上。行就行，不行就不行。唯有人人行动起来，人人躬耕好自己的"方寸心田"，进而才能躬耕好自己的"一亩三分地"，用自己的双手勤勉精进、创新创造，才能收获幸福美好。

我始终坚信：

- 人若修好了智慧，就能驾驭事业，掌管财富，统领队伍，受人尊敬，得人爱戴。
- 人若修好了福报，就家里没病人、牢里没亲人、外面没仇人、身边没坏人，有家有爱有奔头，大事小事不求人。
- 人若修好了心性，就能身上没病、心里没事、眼里没怨，身心愉悦，充满活力，健康长寿，和谐共处，家族兴旺。

这不就是幸福美好人生的样子吗？

反之，逆天道而行，不管人如何费尽心思、巧取豪夺，即使得到再多荣华富贵，终将"如梦幻泡影，如露亦如电"，来得快去得也快，或遗憾终身、痛苦不堪、家族受累，成为别人的笑话。

> 来到人世间，要拎清楚的事情不少，以下问题你能拎清楚吗？

1. 你是怎么面对"困惑"的？

2. 你觉得人性的弱点是什么？

3. 你相信"一念天堂，一念地狱"吗？

4. 你会被环境影响心情和态度吗？

5. 你记得自己的"初心"是什么吗？

第六章　道路千万条与人心亿万颗一样

/ 拎清楚自己如何行稳致远 /

在这个世界上，最让人猜不透的就是人心。可是人心无色无形，人人看不见、摸不着，很难感受得到，怎样才能更好地了解并驾驭人心呢？在这世界上，还有什么东西能和人心一样，复杂而多变呢？

那错综复杂的道路，人人看得见、摸得着、感受得到，或许能有助于我们更好地看清楚人心；那道路管理规则，或许能给予我们驾驭人心的智慧启迪。

道路千万条，为什么每天都有意外频出、事故层出不穷？一脚刹车，一脚油门，一个转向，或许就是生与死的分水岭；一丝生气，一丝着急，一下分神，所引发的悲剧，往往让人痛心疾首。如何才能安全有序，避免事故？

人心亿万颗，为什么每天都有纷争迭起、恩怨纠葛不断？一个念头，一个情绪，一次选择，或许就是爱与恨的分界线；一丝犹豫，一丝误解，一次沟通不畅，所引发的矛盾，往往让人心痛不已。如何才能安然无恙，顺心如意？

路的上面是车，车的里面是人，人的后面是事，事的背后是利，如此构成了熙熙攘攘的人世间。道路与心路交会，如何才能安全通达、顺遂人愿、相互认同呢？这两者之间可以相提并论吗？这背后上演的一幕幕人间百态有什么规律呢？究竟有没有一条道路，可以让你、让我、让我们每一个人都畅行天下呢？到底有没有一种活法，可以让你、让我、让我们每一个人都无忧无虑呢？这就是我在本章中想要深入探讨，尝试去拎清楚的问题。

一、道路千万条，意外百出，安全就一条

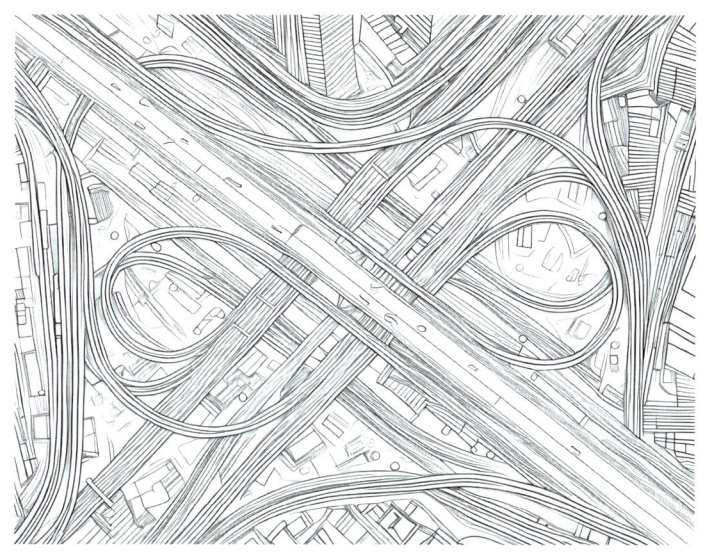

道路千万条，安全第一条

1. 为什么要研究道路

（1）谁人不知：道路承载人车物

道路，宛如大地的血脉，是人类文明的象征与载体。它们如同一条条鲜活的生命线，将世界的每一个角落紧密相连，承载着涌动的人流、车流、物流，构成了现代社会不可或缺的有形基础设施。道路之上，人们奔走忙碌，车轮滚滚，彰显着时代的繁荣与变迁。它们见证了社会的沧桑巨变，承载着各地的经济与文化交流，成为了连接世界的纽带，让人类的文明与智慧得以传承和发扬。

道路是生活便利的代名词。随着公路网络的不断完善，运输效率得到了极大的提高，人们的生活也因此变得更加便利。这一变化，使得身在北方的人们也能在当天品尝到南方新鲜采摘的水果。便利的生活方式，让以前从来不敢奢望的生活，飞入了寻常百姓家。

道路是经济繁荣的晴雨表。路上车水马龙的景象，直接反映了经济的繁荣程度。交通的繁忙不仅意味着商品和人员的高效流动，也象征着区域

内外的经济联系和交流的频繁。在经济活跃的地区，道路建设往往先行一步，以满足日益增长的运输需求。而道路的维护和升级，又反过来促进了经济的进一步发展，形成了良性循环。

道路是连接中华儿女的外部纽带。在祖国这片广袤的土地上，道路不仅仅是一条简单的路线，更是连接56个民族、14亿中华儿女血脉相连的亲情纽带。在我国众多道路中，港珠澳大桥无疑是一项令人瞩目的奇迹工程。这座雄伟壮观的桥隧，横跨伶仃洋海域，连接广东珠海、香港和澳门三地，成为了粤港澳大湾区互联互通的重大基础设施。

（2）谁人不见：道路上的景象千奇百怪

现实生活中的"忽上忽下"每天上演。道路，作为生活的延伸，体现着人间百态的缩影，上演着温情脉脉的画面，也演绎着惊心动魄的瞬间。

在街角巷尾，生活的温度流淌在每一个细节之中。特别是在临近学校的路口，我们常常看到那些身着鲜艳制服的护航人员，他们如守望天使一般，默默地守护着每一个稚嫩的生命，让他们安全地通过马路。

然而，道路上也有着一幕幕令人痛心疾首的场景。特别是有些人受"路怒症"影响，在路上开车容易情绪化，有时甚至无视交通规则，将自身和他人的安全置于危险之中。数据显示，2023年全国共发生道路交通事故175万起，这样的数据令人触目惊心，这背后是无数个家庭的破碎和无尽的悲痛。每个人都有责任和义务去关注道路安全，遵守交通规则，共同营造一个安全、和谐的交通环境，让悲剧不再重演。

（3）谁人不信：条条大路通罗马

"条条大路通罗马"这句谚语早已深入人心。如今，四通八达的交通网络，使得我们与世界的联系更加紧密。我们能够以前所未有的速度和方式，抵达世界的每一个角落。这种连接的紧密性，不仅推动了经济的繁荣和文化的交融，更让我们能够便捷地获取信息，拓宽视野。2023年，大连有一位55岁的阿姨，与三位朋友携手，从辽宁出发，自驾前往欧亚大陆，跨越30多个国家，用时3个多月，终于将辽B牌号车开向国际，开到了罗马。这不仅仅是一次勇敢的旅行，更是对"条条大路通罗马"人生哲理的生动诠释。

人生，如同一条充满未知与可能性的道路。每个人都有自己心中的"罗马"，那或许是渴望到达的地方，或许是想要成为的那个自己。通往这些"罗马"的道路并非只有一条，人们各有其径。有人选择通过努力学习实现梦想，有人选择创业成就事业，还有人选择以艺术或体育展现才华。坚定信念、勇往直前，就容易找到通往自己"罗马"的道路。

然而，现实往往并不如人意。有些人还未出发就已放弃，有些人半途而废，有些人则总是在切换路线或更改目的地，最终仍停留在原地，甚至有的人背道而驰，离自己的目标越来越远。世界那么大，美好那么多，要看自己为之做了些什么。只有行动起来，才有可能实现目标；反之则永远无法实现。因此，做好自己是一切的根本。

2. 道路管理的智慧在哪

（1）明规则：安全规则更加透彻明了

道路四通八达，却也隐藏着错综复杂的交通难题。道路类型繁多，从T形路口、十字路口到环形路口，每一种路口都有其独特的交通规则和行驶要求。直走、左转、右转、左后方、右后方、掉头、上高架、下高架、进闸道，这些看似简单的交通动作，实际上却需要驾驶者和行人具备极高的交通素养和规则意识。

然而，现实情况却往往不尽如人意。自行车、电动自行车、摩托车、轿车、公交车、大巴、货车、拖车等各种交通工具在道路上川流不息，每个人的目的地不同，出行工具也不同，这就导致了各种各样的交通乱象。有的人为了赶时间而闯红灯，有的人为了抄近道而横穿马路，有的人贪图一己之便将车子乱停乱放，有的人乱变道甚至占用逆向车道行驶……这些行为不仅影响了交通的顺畅，也给人们的生命安全带来了严重威胁。

道路越修越多，行人越来越多，车辆越来越多，在这样错综复杂的环境下，如何有效地处理这些复杂的交通状况呢？

"道路千万条，安全第一条"，这一口号朗朗上口，人尽皆知，这便是道路管理智慧的集中体现。交通管理部门围绕着"安全"这一核心内容，针对不同的路、人、车，制定了非常明确且细致的交通规则。然而，万变不离其宗，不管交通规则多么事无巨细，人们只要永远记住"安全"这一条即可。

（2）成体系：形成安全知识与技能

从幼儿园开始，安全教育就如影随形，成为我们生活中不可或缺的一部分。当个体年满18岁，具备报考驾照的资格时，这种体系性的安全教育更是得到了充分体现。以某市报考驾照为例，交管部门的智慧展现得淋漓尽致。

首先，形成完善的安全知识题库。 以某市为例，无论是初次申领驾照，还是增驾等情况，都需要通过科目一和科目四的安全知识考试。这些考试内容广泛而深入，涉及交通法规、驾驶技巧、应急处理等多个方面，确保驾驶者具备必要的理论知识，为安全驾驶打下坚实基础。

其次，建立系统的安全技能指导。 科目二为场内技能操作考核，科目三为真实道路驾驶技能考核。这意味着，驾驶者不仅要掌握基本的驾驶技巧，还要学会如何在不同的道路和环境下安全、有效地驾驶车辆。同时，驾校在这一过程中扮演着重要角色，为驾驶者提供充足的练习机会，确保他们在实际操作中能够熟练掌握各种技能。

最后，提出持照上路的安全要求。 只有当驾驶者在安全知识考核和技能考核中全部过关后，方可拿到驾照，准许上路开车。这一环节的设置，不仅是对驾驶者个人能力的全面检验，更是对社会公共安全的有力保障。这样的考核体系，确保了每一位驾驶者都具备足够的安全知识和技能，为道路安全提供了坚实保障。

（3）易实施：机器也能操作与执行

在科技日新月异的今天，道路交通管理已经步入了智能化、智慧化的新时代。相较于过去依赖人工自觉和交警监督的传统方式，现在的道路管理更加高效、精确，极大地提升了交通的安全性和流畅性。

信号灯更智能。 过去，信号灯的时间和模式通常是固定的，很难应对不同时间段和路况的变化。然而，随着技术的发展，现在的信号灯已经能够实现智能化调节，实时监测车流和人流的变化，并据此调整亮灯时间和模式。这样不仅能够有效减少交通拥堵，还能确保行人和车辆的安全通行。

导航仪更便捷。 通过实时获取路况信息，导航仪可以提前预测交通状况，为驾驶员提供最优的路线规划和实时路况提示。这不仅可以避免拥堵，减少出行时间，为人们的出行带来了极大的便利，还能在紧急情况下为驾驶员提供及时的指引和帮助，提升驾驶安全性。

电子眼更高效。 过去，交通违规行为主要依赖交警的人工巡查和处理，效率低下且漏洞百出，容易被人为干扰。而现在，安装在各个路口的电子眼设备可以实时监测和记录交通违规行为，大大提高了执法的效率和准确性，让交通管理更加安全轻松。

ETC设备更舒心。在过去，每逢过年过节，高速路口和停车场等地方常常因为排队缴费而拥堵不堪。而现在，通过安装ETC设备，车辆可以在通过ETC通道时自动完成缴费，无须停车等待，极大地提升了通行效率，使得人们的出行更加安全舒心。

3. 坚守安全底线，为何能畅行天下

在错综复杂的道路上，车辆川流不息，行人络绎不绝。是何种力量在默默守护着人们的安宁，让人们安全有序地前行？那便是"安全第一条"，它守护着每一个人的平安，让人们畅行天下。

（1）约定俗成，人人普遍遵守

道路千万条，安全第一条。自幼便耳濡目染的安全知识，早已内化为常识，让人们明白何为正确、何为错误。红灯亮起时，内心的警钟便会响起，不可横冲直撞；欲横穿马路时，寻找斑马线通过；驾车行驶时，恪守车道规则，安全有序驾驶；交通拥堵时，耐心等待，不逆行乱闯。只有坚守安全底线，确保自身和他人的安全，才能畅行天下。

（2）违反规则，终要追究责任

为了强化交通规则的遵守与执行，国家以《中华人民共和国道路交通安全法》为利器，为道路交通秩序铸就了坚不可摧的法律盾牌。该法开篇第一章第一条便庄严宣告："为了维护道路交通秩序，预防和减少交通事故，保护人身安全，保护公民、法人和其他组织的财产安全及其他合法权益，提高通行效率，制定本法。"法律之绳，既是对违法行为的严惩，也是对交通秩序的捍卫。无论是轻微的交通违规，还是严重的肇事逃逸，皆难逃法律的制裁。

（3）不守规矩，到不了目的地

交通法规的确是一种有力的约束，然而，总有一些人在监管不到的路段放松警惕，心存侥幸地违反交通规则，殊不知这种行为往往会给自己带来无法预料的后果，轻则导致车辆损坏、人身受伤，重则车毁人亡。不仅

无法到达目的地,还给家人和亲友带来了无尽的痛苦和遗憾。在天道面前,生死攸关,谁能心存侥幸呢?

无论是城市的繁华大道,还是乡村的田间小路,无论是高速公路,还是山区险路,唯有牢记安全,遵守规则,才能平安到达目的地。不管是依靠法律约束,还是依靠自觉遵守,只有坚守安全底线,走好人车正道,才能畅行天下。

二、人心亿万颗,纷争不断,善良就一颗

1. 为什么拿人心与道路比较

道路,是外在的有形的东西,人人看得见、摸得着,感受得到。而人心,是内在的无形的东西,人人看不见、摸不着,很难感受得到。拿人心与道路比较,就是因为人心与道路一样,有着很多共通的逻辑,透过道路可以看到人心,帮助我们更好地理解和驾驭人心。

(1) 谁人可知:心路亦承载人事物

道路,承载着人、车、物,穿梭于世界的每一个角落。心路,亦承载

着人、事、财、物，遍布世界的每一个角落。每一个人的心路历程，就如同一条独特的道路，穿梭于情感的丛林、思想的草原，连接着情感与认知，反映了内心的成长与变迁。

道路是生活便利的代名词，心路是人生状态的映射表。畅通的道路让人们出行无阻，享受生活的便捷；在心路的映射中，则体现出人生状态的平顺与否。人们洞察人性，理解生活，感受世界，形成了独特的感悟。这些感悟，如同在心路上铺设的砖石，有的平坦宽广，象征着心境宁静与乐观；有的曲折蜿蜒，反映了内心的挣扎与困惑。正如道路上的风景，心路上的每一个拐角、每一个起伏，都蕴含着深刻的意义。

道路是经济繁荣的晴雨表，心路是个人成长的记录册。道路的繁忙与冷清，反映了经济的繁荣与萧条；心路的起伏与曲折，记录了人的成长与蜕变。每一次面对纷繁复杂的人、事、财、物的挑战，都是内心成长的见证，不仅让人积累了宝贵的经验，更让人变得更加成熟和坚强。这些经历，既像一道道深深的足迹，印刻在心路上见证成长；又像一块块里程碑，标记着人的成就。

道路是连接中华儿女的纽带，心路是连接人与人情感的桥梁。道路将物理上的距离拉近，让人们相互往来，交流互动；心路则将心灵上的距离拉近，让人们相互理解，感同身受。心路的力量，源自人们内心深处的情感共鸣。当与他人分享自己的喜怒哀乐，感受到他人的关爱与温暖，自己的心路就会变得更加宽广和通畅。这种共鸣不仅让人们更加了解自己，也更加了解他人，在相互理解的基础上，建立起更加深厚的人际关系。每一条心路都是一座情感互联的桥梁，是连接着人与人之间情感的纽带，让人们在心灵深处相互依偎，共同前行。

（2）谁人可见：心路亦上演千姿百态

心路，这条无形而又深邃的道路，同样上演着人间最真实的千姿百态。与道路上的车水马龙、人潮汹涌相比，心路上的风景则更加复杂多变，充满了情感的起伏和思想的碰撞。

在心路上，时常会遇到各种情感的挑战。当一个人被喜悦与满足包裹，感受到生活的美好和幸福时，心路上的风景如同一幅明媚的画卷，充满了阳光和温暖。然而，心路并非总是如此平坦和宁静。成长之路上，时常会遭遇挫折和困难，这些困境让人感到迷茫和无助，仿佛陷入了无尽的黑暗之中，或是行走在悬崖峭壁上，一不小心就会坠入深渊。

在心路上，还会遇到各种诱惑和选择。 在人性"贪嗔痴慢疑"的干扰下，面对诱惑，有的人犹豫不决；面对不如意，有的人控制不了自己的情绪，做出一些不好的行为；有的人自以为是、目中无人，甚至疑神疑鬼，连自己都不相信。这时，心路上的风景如同一片迷雾，让人无法看清前方的道路，分不清善良与邪恶，不知道如何做出正确的选择。

在心路上，还会遇到纷繁复杂的是非纠葛。 过于执着的人，一厢情愿地秉持着"我以为"的想法，认为自己掌握的就是真相，固执己见。人与人之间，当"你以为"和"我以为"产生冲突时，便会产生争吵不休、斗争激烈等现象。有人为了争夺利益，不惜撕破脸面，对簿公堂；有人对世事冷漠，心如死灰，不争不闹；还有人破罐子破摔，以狠劲消耗自己与他人，让生命沉浸在无尽的痛苦与纷争之中。这样的人际关系，真的有意义吗？相反，彼此成就，相互眷顾，或许就是人与人之间最好的关系。当一个人学会了换位思考，愿意倾听对方的声音，理解对方的感受，为对方着想，就会让生活更加和谐。当一个人超越个人的局限，懂得彼此依赖，互利共赢，让相关各方都能在这种关系中得到成长，最终你好、我好、大家好，皆大欢喜，才是理想的状态。

心路上的风景，如同人生的缩影，展现了人间百态。驾驶车辆的过程，实则如同驾驭人心。每一条心路与每一条道路都是独一无二的，就像每一个人的生活经历和情感体验都是独一无二的。因此，好好珍视自己的心路历程，不断去探索、去体验、去感受、去反思、去突破，让自己的心路变得更加平坦、更加宽广。人与人之间，如果能够多一份信任，多一丝体谅，多一些担当，多一点付出，以情相牵，用爱相连，那么心与心之间便能畅通无阻。

（3）谁人可信：利与事最终皆关乎人

"条条大路通罗马"这句话早已深入人心，但是，"利与事最终皆关乎人"这句话却很少有人领悟。人们往往都习惯性地向外求，一旦未能如愿，就埋怨外界环境不好，埋怨别人不好，鲜少反过来审视自己好不好。比如，现在网络上盛行的"原生家庭罪"观念，让人一旦遇到点什么问题，就马上将责任归咎于原生家庭，怪罪到父母身上，却从来不反思自身存在的问题。如果任由"原生家庭罪"之风盛行，大家只知道怪天怪地、怪父母，就是不怪自己，不自省，那将是社会的悲哀。

实际上，利的背后是事，事的背后是人，能不能抵达自己心中的那个"罗马"，关键在于人，一切根源都在于人本身。

1）一切为了人，是本位

■ 一切为了人，这个"人"是谁

"一切为了人"，它回答了人为何而活的问题：是为自己而活，还是为了更多人而活？

如果只是为了自己而活，那么只需顾着自己的自由与洒脱，所有责任和义务统统都可以抛诸脑后。有些精致的利己主义者，深受所谓"个人享乐至上"思潮的浸染，总是将个人的快乐与满足视作至高无上的追求，将个人的享乐和欲望凌驾于一切之上，显得尤为自私自利。然而，他们却常常忽略了，作为社会的一分子，每个人都有着不可或缺的责任与义务。

生而为人，只有为了更多人而活，一代人托举一代人向前走，让更多人过上幸福美好的生活，人类社会才能实现更好的传承和发展。托尔斯泰曾说："人生只有一种确凿无疑的幸福——就是为别人而生活。"这句话道出了许多人的心声。他们不只是为了自己而活，更是为了让这个世界变得更加美好而活。

马克思说："那些为大多数人带来幸福的人是最幸福的人。"这句话揭示了爱的真谛：当一个人为别人主动承担和付出时，自己也会收获更多的爱和幸福。这不正是"爱出者爱返，福往者福来"的另一种诠释吗？当为大多数人带来幸福时，就是"爱出"与"福往"，自己也会因此得到更多的"爱返"和"福来"，从而成为最幸福的人。

■ 为什么"一切为了人"是本位

本位，指本来的位置，是每个人在漫长人生旅途中不可或缺的角色与担当。

在家庭这个温暖的港湾中，人们穿梭于多重身份之间，或许是稚嫩的孩子，或许是慈爱的父母，或许是情深的伴侣，或许是智慧的长辈。每个角色，都承载着家庭的和谐与幸福，是生命中不可或缺的一部分。

在校园的青春舞台上，人们亦扮演着诸多角色，或许是孜孜不倦的学子，或许是传道授业的师长，或许是引领成长的校长。每个身份，都寄托着知识的传承与创新的希望，是成长道路上不可或缺的陪伴。

在企业的广阔天地中，人们更是身兼数职，或许是勤奋敬业的员工，或许是实干果敢的管理者，或许是领航发展的老板。每个职位，都承载着企业发展的重任与期望，是企业腾飞中不可或缺的力量。

人生是一个动态进阶的过程，随着年龄、能力和能量的增长，人在家庭和社会中的位置也在不断变化。每一种身份，每一种角色，都是生命中独特的存在，承担着各自位置特有的责任与义务。正是这些角色的交织与融合，构成了丰富多彩的人生画卷，让人们在生命的舞台上绽放出独特的光彩。

■ 每个角色如何做到"德以配位"

那么，如何在人生的舞台上做到"德以配位"呢？我认为需要从以下几个层面实践。

找对位，是德配位的前提。这也是一切行动的起点，首要任务是拎清自己当下的"位"，问自己：我是谁，为了谁，依靠谁？应聚焦于个人的成长与发展去精进自己，问自己：我已具备什么，我还欠缺什么，如何提升自己？展望未来，立足长远发展去做正确的事，问自己：我想成为什么，我要去做什么，我能做成什么？只有对自己的当下有清晰的了解，对自己的未来有明确的规划，并愿意为之付出不懈的努力时，才能真正实现"德以配位"。

做到位，是德配位的关键。它不仅仅是一种工作态度，更是一种对人生价值的执着追求。那么，什么叫到位呢？在我看来，到位就是无论面对何种任务与挑战，都能保持高度的专注与投入，做到不变样、不走样、不缩水。这要求人们在工作中不仅要完成任务，更要注重任务完成的质量与效果；在人际交往中不仅要做到真诚待人，更要注重沟通与理解；在自我修养上不仅要追求道德的高尚，更要注重内心的平和与宁静。以工作为例，一个真正做到位的人，会在每一个细节上都力求完美。他会深入研究工作的本质与要求，制定科学合理的实施方案；他会密切关注工作的进展情况，及时调整策略以应对可能出现的问题；他会在工作完成后进行认真总结与反思，不断提升自己的专业能力与综合素质。这样的工作态度，不仅能够赢得他人的尊重与信任，更能够为自己的职业生涯奠定坚实的基础。

不错位，是德配位的保障。错位，则是指在工作或生活中，认知偏差、角色混淆或目标不明确等，导致行为、决策或努力方向与实际需求、期望或规范产生偏差。错位可能表现为职责不清、越俎代庖、盲目跟风等，它不仅会导致浪费资源、降低效率，还可能引发冲突、损害利益，甚至对个人和组织的成长与发展造成不利影响。因此，要时刻保持对自己的清醒认识与准确定位，明确自己的职责与使命，清楚自己的优势与劣势，思考自己应该如何发挥自身优势，为社会做出贡献。同时，还要学会拒绝那些不属于自己职责范围内的任务与诱惑，坚守自己的原则与底线，才能在人生的道路上始终向好向前，真正实现"德以配位"。

具体如何才能真正做到位呢？

首先，做好本分。恪尽职守，履行自己的责任与义务。如何做好这一点呢？关键是要做自己的主人，不依赖他人，不给别人添麻烦，积极为社会、为他人贡献自己的力量。同时，要依靠自己的专业知识和技能，创造并凸显自己的价值，赢得他人的尊重和认可。此外，还需要通过自己的不懈努力，掌握自己的人生航向，不断修炼演变，成就他人也成就自己。当人们把"成为一个真正幸福的人"作为人生一项本分去修炼时，其他的本分自然而然就可以做好了。

其次，避免过分。时刻提醒自己不要超越自己的本分。古语有云："不在其位，不谋其政""凡事过犹不及"，都是在强调过分的危害。无论是在生活、学习还是工作中，都应该坚守自己的本分，不越界、不越权。否则，不仅会让自己陷入困境，还可能对他人造成伤害。比如，在学校里，如果学生不把心思放在学习上，反而过分追求物质的享乐，可能会让自己的人生偏离正轨，不仅辜负了父母的殷切期望，还浪费了宝贵的青春年华。又比如，在职场中，如果员工不把心思放在做好本职工作上，反而过分追求奖励，或者去干涉他人的工作，不仅可能会导致自己的工作无法做好，还会造成团队内部矛盾，影响企业发展。

最后，杜绝非分。不过分强求那些不属于自己的东西和机会。有句古话说得好："命里有时终须有，命里无时莫强求。"不属于自己的就不能惦记、不能伸手、不能攫取，不能有不劳而获的想法，也不能将他人的东西据为己有。比如，财务、金融相关的从业人员，每天跟大量的钱财打交道，而其中有些人抵挡不住诱惑，在欲望的驱使下萌生非分之想，利用职务之便将别人的钱收入自己的囊中，结果锒铛入狱。古人告诫我们，不属于自己的东西，即使暂时得到，最终也会因为无法承载而遭受反噬。

"南朝四百八十寺，多少楼台烟雨中。"相传达摩祖师只身东渡来到中国时，梁武帝召见他问："我修了这么多寺庙，有没有功德？"达摩祖师回复："毫无功德，只有福德！"梁武帝面露愠色，两人不欢而散。梁武帝不解其理，后世之人也只当作茶余饭后的谈资，知其然却不知其所以然。为什么梁武帝修了这么多寺庙，达摩祖师却说他毫无功德呢？核心就在于梁武帝没有摆正自己的位置，也没有做好自己的本分，也就是"德不配位"。梁武帝不知道，即便是贵为帝王，也必须自己亲身修炼功德，功夫到了才有智慧勤政爱民、建功立业，让天下百姓安居乐业、国家繁荣昌盛，这才是"德以配位"，才算有功德。梁武帝离开本位，动用权财修建寺庙，也能够造福一方人，因此受人赞颂，所得到的只是"福德"而已。

回归现实生活中，我们可以看到许多在本位上做好本分、避免过分、杜绝非分，从而达到"德以配位"的例子。

以老板为例，在第五章中，我们曾深度剖析其角色内涵。老板，其本位在于"构建环境塑造人，营造氛围滋养人"，致力于创造有利的环境和氛围，培养出一批批优秀的人才。老板的本分在于"修德爱人"，始终坚守"把人做好，把事做成"的信念，不断修炼自身，力求在"做好自己，感召外力，引领他人"的道路上取得卓越成果。我们常常看到，那些善良厚道的老板，他们深谙自己"要像老师一样板书"的使命，致力于引导管理者和员工如何做人、如何做事、如何开展业务。他们不仅是引领者，更是示范者，言传身教，影响和激励着身边的每一个人。他们始终坚信，优质的产品和服务是赢得客户信赖的关键。因此，他们不断努力，追求卓越，最终将事业推向新的高峰，造福一方百姓。老板只有在自己的本位和本分上狠下功夫，才能"德配其位"，有所成就，亦安然无恙，才能让造福一方人成为可能。

"构建环境塑造人，营造氛围滋养人"，也是校长的本位。那些心智尚未成熟，世界观、人生观、价值观仍在建构之中的青少年，更容易受到环境氛围的影响。因此，校长在学校中构建朝气蓬勃、积极向上、勤奋好学、奋勇争先的校园环境，营造开心快乐、自立自强的成长氛围，显得尤为重要。这样的环境和氛围，如同阳光和雨露，滋养孩子们的心灵，护佑祖国未来的花朵们茁壮成长。我们常常看到,那些尽职尽责的校长,始终坚守"立德树人"的本分,秉承"成人之美,成就之福"的信念,修炼自身,以"感召人、影响人、激发人"为内心动力,深知自己"为党育人、为国育才"的职责所在,始终坚守在教育一线,用自己的智慧和热情,点燃老师的激情,激发学生的求知欲。他们不仅是教育者,更是引领者,引领着老师和学生向着更好的未来前进。他们的付出和奉献,最终赢得了社会的尊重和赞誉,桃李满天下,成为人们心中的楷模。校长只有在自己的本位和本分上狠下功夫,才能"德配其位",有所成就,亦安然无恙,才能让造福一方人成为可能。

立德树人

构建环境造就人,营造氛围滋养人

2)一切都是人,人是根本

■ 为什么"人"是根本

无论在家庭、企业、社会还是国家层面,人的因素始终占据着至关重要的地位。所谓"成事在人,败事也在人",好的成果是人努力达成的,不良的后果同样也是人造成的。所以一切都是人,人是根本。下面我以企业为例,探讨其中的道理。

在众多成功企业的案例中，我们可以发现"人"的共通点。这些企业的初创团队凭借敏锐的市场洞察力和勇于创新的精神，迅速在市场中占据了一席之地。团队成员之间紧密团结，相互信任，每个人都能够充分发挥自己的才能和潜力，为企业的发展贡献智慧和力量。这类企业往往推崇并坚守以人为本的企业文化，充分激发人性中善良的一面，能够聚人、聚心、聚力、聚智、聚财，在短时间内实现跨越式发展，成为行业的佼佼者。

而在失败企业的案例中，同样能够看到"人"的因素。随着企业的快速发展，团队规模不断扩大，人员结构也变得越来越复杂。此时，企业管理层对于"人"的管理和把控却出现了问题，人性中恶的一面被放大。团队内部出现了分裂和矛盾，一部分人想要继续前进，而另一部分人则满足于现状，甚至开始为了贪图个人利益不择手段。团队内耗严重、工作效率低下等企业弊病越发突出，最终导致企业逐渐走向衰败，甚至是消亡。

那么，构成企业"向下扎根，向上生长"的力量究竟是什么？其实，人即企业，企业即人。企业的快速崛起和最终衰败，都有力地说明了"人"在企业发展中起到的决定性作用。只有当团队中的人能够团结一心，相互信任，才能够共同推动企业的发展，而一旦团队内部出现分裂和矛盾，企业就会陷入困境，甚至走向衰败。

因此，企业必须坚持以人为本，不断反思和学习，拎清楚"人性"和"人心"，完善对"人"的引导，激发"人"的善意，激活"人"的内生动力，才能够打造出一支高效、团结、富有创新精神的团队，为企业的发展提供源源不断的动力。

说难不难，不知才难。行就行，不行就不行。唯有从老板做起，从每一个人自身做起，将落脚点、立足点、发力点都聚焦于此，即每一个人都能躬耕好自己的"方寸心田"，运用"像农民一样思考"的思维模式，既用于审视自己，也用于管理自己的企业，一切问题都可以迎刃而解。

■ 为什么人性光辉与丑陋同在

高尔基曾深刻指出："赞美人，是因为一切美好的有社会价值的东西，都是由人的力量、人的意志创造出来的。"的确，人的力量和意志彰显了人性的光辉，不仅奠定了社会进步的基石，还塑造了我们生活中的各种美好。让世人惊叹的都江堰水利工程就是最好的证明。这项伟大的工程始建于公元前256年，由李冰父子主持修建。即使用现代的眼光看，如此庞大的工程也极具挑战性。然而，就是在那个设备落后、主要依靠人力的年代，李冰父子带领无数民众付出了巨大的努力和心血，解决了许多复杂的技术问题，包括如何控制水流、如何防止水患等，最终成功地完成了这项伟大的工程。这项工程不仅解决了当地的水患问题，还为农业生产提供了充足的水源，使得四川地区逐渐发展成为一个富饶的农业区，为该地区带来了数千年的繁荣和稳定。这项工程的最伟大之处在于，建成两千多年来经久不衰，而且发挥着愈来愈大的作用。

但与此同时，人性中阴暗丑陋的一面也会引发各种灾难。从历史到现在，从个人到群体乃至国家层面，各种坑蒙拐骗的现象屡见不鲜，多少争执冲突轮番上演，这些无不是由"人性"和"人心"中恶的一面所引发的。令人胆寒的"缅北诈骗"，便暴露了人性中最阴暗、最肮脏的一面。犯罪分子毫无底线，采用欺诈、威胁、恐吓等恶劣的手段，利用人们的善良和信任，以及部分人内心的贪婪，将无辜的受害者引入他们精心制造的陷阱。许多人在不知不觉中沦为受害者，他们或是被诱导购买所谓的内部股票，或是陷入网络赌博的圈套，最终不仅被骗取了大量钱财，更有甚者因此丧失了宝贵的生命。

■ 怎么做好一个"人"

"人"字看似简单，然而真正为人并不容易，人的行为和选择时时刻刻受到"人性五漏""人心颠倒"以及"人的业力"的影响。人一生都在善恶和利益的十字路口徘徊、纠结，在"人、事、财、物"和"功、名、利、禄"的"八卦阵"中彷徨。如此看来，要做好一个人并不容易。那么，如何在这纷繁复杂的人生旅程中，掌控好内心的方向盘，使自己安全、顺畅地前行呢？

掌控内心的方向盘，需要有智慧，且在面对善恶抉择和利益取舍时，能够审时度势，做出最符合"作为人何为正确"这一准则的决定。就像开车一样，我们需要时刻关注路况和周围环境，随时准备调整速度和方向，该加速时加速，该刹车时刹车，该转弯时转弯，该掉头时掉头，该停车时停车。同样，在人生的道路上，我们也要时刻关注自己内心的变化和外部环境的变化，不断调整自己的心态和行为方式，在实践中学习成长、积累经验、增长智慧和能力，才能走得更稳、更远。

2. 驾驭人心的智慧在哪

（1）谁定的规则？科学的规律

人的内心世界也如同道路一般，错综复杂，充满了未知与变数。心路纵横交错，每一条道路都代表着一种情感、一种思考、一种选择。有的心路宽敞明亮，有的心路狭窄曲折。有的心路充满阳光，让人心情舒畅；有的心路阴霾密布，让人心生忧虑。这些心路时而交叉，时而平行，构成了人内心世界的独特景观。

在心路的旅程中，每个人都需要面对各种各样的选择。有时候，需要选择直行，坚持自己的信念和理想；有时候，需要选择左转或右转，改变自己的方向和思路；有时候，需要选择掉头，回到原点重新开始。这些选择看似简单，却需要有足够的智慧和勇气。

然而，现实情况却往往不尽如人意。人们的各种情感、欲望、诉求、关系等在心路上交织不断，就像道路上的交通乱象一样，人的内心也常常会出现混乱和迷茫。有的人会因迷失方向而感到焦虑；有的人会因遇到阻碍而感到无助；有的人会在面临选择时感到困惑；有的人会因自以为是而错失一段缘分；有的人会因他人的一句话而嗔怒不止；有的人会深陷各方利益纠葛的漩涡中无法自拔……稍有不慎，就可能走错了道，站错了位，被命运捉弄一场。

那么，该如何有效地应对心路中这些复杂的状况呢？这就需要有一套规则。"道路千万条，安全第一条"，这样的交通规则由交通管理部门制定，而驾驭人心的规则，又该由谁来制定呢？

早在两千多年前，充满智慧的古圣先贤就已将这些规则阐述得清清楚楚。他们认为，宇宙万物皆遵循"因缘果报"的规律，种善因得善果，种恶因得恶果，自因自果，没有例外。人们通常将这些规律纳入哲学社会科学的范畴。

此外，在近几百年的自然科学发展中，世界各地的伟大科学家们，通过能量守恒定律（热力学第一定律）、熵增定律（热力学第二定律）、作用和反作用定律（牛顿运动第三定律）、万有引力定律等宇宙万物运行的基本定律，向我们揭示了一个道理：唯有传播正能量，才能让人心井然有序，而善就是正能量。

可见，安全是道路通行的根本保障，而善良是人心的根本所在。

从"道路千万条，安全第一条"的道路管理智慧，我们可以推导出驾驭人心的智慧："人心亿万颗，善良就一颗"。万变不离其宗，不管人心多么复杂多变，只要永远秉持"善良"这一点即可。只要心怀善良，所有人的心都能凝聚在一起。善良的人，不会固执地停留在"我以为"的执念之中，而是愿意"换个位"，多替别人着想，以求相互理解；进而也能够"升个维"，做出更加明智且负责任的决策，得到皆大欢喜的结果。所有的这些转变，只需要我们"转个念"，让自己始终保持善良即可。

（2）谁定的体系？古圣先贤及科学家

中华文化源远流长、博大精深。在漫长的历史长河中，以儒释道三家为代表的中华优秀传统文化，犹如璀璨的明珠，凝聚了中华民族的智慧精髓，形成了高度体系化的知识。这些智慧不仅是我们民族的文化瑰宝，更是我们人生道路上的指引明灯，照亮我们前行的方向。

从幼儿园开始，我们便开始接受各种形式的中华优秀传统文化教育。古圣先贤的智慧如同种子，深深根植于我们心中，随着岁月的流逝生根发芽，茁壮成长。时至今日，年过半百的我，仍然时时品悟这些智慧，常悟常新，受益匪浅。

其中，关于"善"，就有很多经典的古训。

《三字经》中有言："人之初，性本善。性相近，习相远。"大意是：人出生之初，禀性本身都是善良的，天性也都相差不多，只是后天所处的环境和所受的教育不同，彼此的习性才形成了巨大的差别。因此，我们应该珍惜自己的善良本性，努力营造一个良好的成长环境，让善良的种子在心中生根发芽。

在生活中，我们常常听到有人说："善有善报，恶有恶报；不是不报，时辰未到。"我们应该秉持善良之心，行善积德，为自己和家人积累福报。

《荀子·修身》中则提到："善在身，介然必以自好也；不善在身，菑然必以自恶也。"大意是：好的品行在身，就感到坚定自信，自己必定喜欢；不好的品行在身，就感到全身污浊，自己必定讨厌。因此，我们应该时刻保持自我反省，及时发现并纠正自己的不良品行，努力成为一个品德高尚的人。

《法句经》中有言："莫轻小善，以为无福。水滴虽微，渐盈大器，小善不积，无以成圣。莫轻小恶，以为无罪，小恶所积，足以灭身。"大意是：不要轻视做小善事，以为做小善事得不到福报。水滴虽然微小，一滴滴积攒下来也能装满大的器皿。不从小善做起，就无法成为圣贤。同时，不要轻视小小的恶行，以为没有罪过。小恶慢慢积累起来，最终会成为大奸大恶，足够毁掉人一生。因此，我们应该从自我做起，从小事做起，积善成德，避免恶行。

在《三国志·蜀书·先主传》中，刘备也曾告诫儿子刘禅："勿以恶小而为之，勿以善小而不为。"大意是：不要因为恶行微小而去做，也不要因为善行微小而不去做。任何微小的善恶行为，都会对自己的未来产生影响，因此，我们应该时刻保持警惕，做到言行一致。

《周易》中有言："积善之家，必有余庆；积不善之家，必有余殃。"大意是：修善的人家，必然有更多的吉庆；作恶的人家，必定多有祸殃。因此，我们应该努力修善积德，为家庭和社会带来正能量。

明朝的圣贤王阳明创立心学，其关键的四句心诀为："无善无恶心之体，有善有恶意之动，知善知恶是良知，为善去恶是格物"。大意是：既无善念也无恶意时，心就处于一种本体状态；既有善念又有恶意时，心就处于萌动状态；能够分辨善念、恶意时，心中的良知就已经显现；只要坚持善的、去除恶的，就会格物致知，让自己变得更好。因此，我们应该时刻保持清醒的头脑，明确自己的善恶观念，做到知善知恶、为善去恶。

儒释道三家的智慧还有很多，在此不一一列举。

此外，科学家们的研究，不仅在物理、化学、生物等领域为我们揭示了自然界的奥秘，还在心理学和社会学领域，为我们提供了关于如何过好自己一生的科学依据。

根据能量守恒定律，我们知道了能量既不会凭空产生也不会凭空消失，只能从一种形式转化为另一种形式。将这一原理应用到个人能量管理上，我们可以理解为一个人的内在能量是动态变化的，可以通过吸收外界的正能量来提升自己的能量水平。例如，与积极乐观的人交往，阅读鼓舞人心的书籍，或者进行有益身心的活动，都能为我们的内心注入正能量。相反，如果我们总是接触负面信息，或者陷入消极情绪中，我们的内在能量就会减少。因此，学会筛选信息，保持积极的心态，是提升个人幸福感的重要途径。

根据熵增定律，我们知道了封闭系统中熵（无序度）的自然增加趋势。在个人生活中，熵增定律可以被理解为一种无序带来的内耗。当我们的内心和生活变得杂乱无章时，就会产生不必要的内耗，消耗我们的精力和时间。为了减少这种内耗，我们需要做有用功，即采取行动来整理和优化我们的生活和心理状态。比如，通过制定计划和目标，培养良好的生活习惯，通过静坐或者学习等方式，使自己的内心秩序井然，从而减少无谓的内耗，提升生活质量和幸福感。

根据作用力和反作用力定律，我们知道了每一个作用力都会有一个大小相等、方向相反的反作用力。"爱出者爱返，福往者福来"，便是这个道理。当我们付出爱和善意时，通常会得到相应的回报。因此，要想收获幸福和爱，我们必须先学会给予。无论是对家人、朋友、同事还是陌生人，付出我们的关心和支持，爱和福报最终都会以某种形式回到我们身边。

根据牛顿万有引力定律，任何物体之间都有相互吸引力，这个力的大小与各个物体的质量成正比，而与它们之间距离的平方成反比。在人际关系中，这一原理同样适用。"天下熙熙皆为利来，天下攘攘皆为利往"，"钱"或许是最具能量的媒介之一，因为人人都想得到。与之能量相匹配的，恐怕唯有"德"。所谓"厚德载物"，只有具备深厚品德、功德和福德的人，才能吸引和承载财富。君子爱财，取之有道。这个财富之"道"是什么呢？利的背后是事，事的背后是人。唯有把人做好，才能把事做好，才能体现出一个人有"德"，才能获得相应的财富。勤勉精进是基础，创新创造靠智慧，除此两条正道以外，别无捷径。

把古圣先贤的智慧和科学家们的理论精髓根植于心，能为我们提供明辨是非对错的人生指导，能为我们的心路安全保驾护航。

在今天这个快节奏、高压力的社会中，我们更应学习古圣先贤的智慧和科学家们的理论精髓，让它们成为我们心灵的港湾和精神的支柱，并传承和发扬这些宝贵的智慧，为构建和谐社会、增强文化自信贡献自己的力量。

（3）如何来实施？从我做起，从小做起

在成长过程中，我们常常听到父母和老师强调"善"的重要性。它不仅仅是一种道德观念，更是一种生活态度。然而，真正的"善"并不是空

洞的口号，而是需要从自我做起、从小事做起，将其融入日常生活的点滴之中。

从自我做起。做好自己是一切的根本，每一个念头、每一句话、每一个行为都是在塑造自己的人格，影响自己的人生。我们须时刻审视自己的内心，躬耕好自己的"方寸心田"，确保自己的想法、语言和行为都是善良的，才可能成为真正的善良之人，才可能将善良传递给周围的人。

从小事做起。很多人觉得，只有做出惊天动地的善举，才能积累到福报。然而，生活中的每一个细微之处，都隐藏着积累福报的契机。一个真挚的微笑，如同春日暖阳，能融化他人的冷漠与疏离；一次礼让，就像细雨润物，能让社会更加和谐；一次举手之劳，也能为他人带去无尽的温暖。每一次的善良行为，都像是在人生的账户中存入一笔福报，让我们内心更加富足，让世界因善良而更加美好。

世界那么大，美好那么多，要看自己为之做了些什么。最好的成长路径，就是做慈善。

"慈"是什么意思？慈母慈爱，就是像母亲爱自己的孩子一样爱人。"善"是什么？善待、善良，就是从善待自己、善待自己人、善待别人开始。

① 善待自己：开心快乐、人身安全、身体健康是基础，成长与发展是永恒的主题。成长，即突破认知局限和能力局限；发展，即干成事是一切的基础，干好事是自我提升的要求，拿到好结果是共同的期待。

② 善待自己人：同在一个屋檐下、同吃一锅饭的人，即家人、亲人、老师、同学、朋友等。对于自己人，要多承担、多付出，做得好时点个赞，犯迷糊时拉一把，有困难时帮一把。

③ 善待别人：这里的"别人"泛指有缘人，无论是路人甲还是路人乙，点个头、让个路，一个微笑、一声招呼，可以给人方便、给人信心、给人欢喜、给人希望。

3. 坚守善良与厚道，为何能走畅途

（1）天道无亲，常与善人

古语有云："天道无亲，常与善人。"这是指天道并不偏袒任何人，而是常常眷顾那些顺应天道、心存善良的人。这一思想在中国的历史和文化

中得到了充分的体现。

据传，秦穆公嬴任好曾在一次外出骑马游玩时，被一群野人吃掉了马。面对这一突发事件，秦军士卒想要迅速斩杀这群野人，但嬴任好却以仁慈之心制止了他们。他认为，这群野人只是因为饥饿才吃了他的马，为了一匹马而杀人是不仁之举。他还听说喜欢吃马肉而不饮酒有害身体健康，于是赏赐给野人许多酒，并放了他们。多年后，秦晋交战，在嬴任好身陷重围、负伤惨重时，那群野人冲出来奋勇杀敌，不仅救了他，还生擒了晋国国君。这一奇迹般的转变，正是嬴任好当年一饭之恩与不杀之恩的回报。

同样，韩信在城下钓鱼时，遇到了几位老大娘在漂洗丝棉，其中一位大娘看见韩信饿了，便拿出饭给他吃。几十天如一日，直到漂洗工作结束。韩信对此感激不已，表示将来一定要重重地报答她。然而，大娘却生气地说："大丈夫不能养活自己，我是可怜你这位公子才给你饭吃，难道是希望你报答吗？"后来，韩信功成名就回到楚国后，仍然不忘当年的恩情，召见那位给他饭吃的漂母，并赏赐她千金。

这两个故事虽然发生在不同的历史时期和背景下，但它们却共同传达了一个核心信息：善有善报。这种回报可能不是立竿见影的，但它会在将来某个时刻以某种方式出现。

（2）人厚道，天不欺

厚道，意为厚德载物之道。人只要厚道，就会深受上天格外眷顾。他人若欺你，天会护你；他人若欠你，天必还你。

厚道，是一种做人的境界，是一种处世的智慧。厚道的人，不会欺骗、使坏，无论在哪里，都会受到人们的喜爱和尊敬，因而更容易收获成功、幸福的人生。

在民国时期，据说文人胡适的厚道品质为人所称道。每到周末，他的家中总是宾客如云，社会各界人士都愿意与他交流，甚至包括那些平凡的小贩。他对穷困的人慷慨解囊，对误入歧途的人耐心劝导，对身边的人细心照顾。这种厚道品质让他在北京城广结善缘。

在现代商业史上，霍英东先生以其厚道的商业智慧与高尚的为人准则，成为当之无愧的楷模。在商业合作中，他始终秉持着厚道与慷慨的态度。以投资内地项目为例，20世纪70年代末，中国改革开放的大幕刚刚拉开，外资大多处于观望状态，霍英东先生却率先响应，成为最早投资内地的香港企业家之一。在建设广州白天鹅宾馆时，面对复杂的情况，霍英东先生主动承担了诸多额外成本与风险。当时内地物资与人才匮乏，他却大胆提出"三自"方针——自己设计，自己施工，自己管理。他期望通过这种方式，展现中国人民的志气和能力，增强人们对改革开放的信心。在合作分成方面，他没有将利益最大化作为首要目标，而是充分考虑内地合作伙伴的实际情况与长远发展，主动让利。这种做法，让内地的合作伙伴们深受感动，也赢得了他们毫无保留的尊重与信任，生动诠释了厚道精神在商业合作中的巨大价值，成为商界传颂的佳话与学习的典范。

（3）心无挂碍，外无障碍

拥有一颗善良厚道的心，是贤达之士共同的特点，他们所走的，正是一条从"自利利他"向"无我利他"不断迈进的光明大道。

无我而利他，是一种高超的人生智慧，更是一种超凡脱俗的人生境界。这种无私奉献的精神，能够创造出一个超强的正能量场。它不仅能够吸引一大群志同道合的人，还能激励他们携手共进、向好向前。

因为心中无我，便能摆脱世俗的纷扰，挣脱内心种种畏难、担心、害怕的枷锁，从而能够轻装上阵，心无挂碍地迈向前方。因为一心利他，没有自私自利的计较与算计，心胸宽广坦荡，没有任何思想、感官和行动上的自身障碍，同时也赢得了他人的认可、配合和支持，消除了外界的种种障碍。

当达到这种无我而利他的境界时，便会发现，原本复杂纷繁的世界，变得如此简单而美好。内心宁静无挂碍，外界通达无障碍，这不正是我们梦寐以求的人生状态吗？这不正是我们向往的畅途吗？生而为人，若能心中无我、行利他之事，便能心无挂碍、外无障碍，向好向前走畅途。这样的人生，将是何等的幸福和美好啊！

三、邪恶抵不过善良，善良是什么

善良，即存善心、行良事。心存对自己好、对自己人好、对别人好的善心，践行对自己好、对自己人好、对别人好的良行，将这些美德融入日常生活、学习和工作中，让它成为人生的标配，便可过好自己的一生。

1. 什么是善

善，可理解为是正能量，由己及人，由内而外，小到一个念头，具体到一些行为，对自己好、对自己人好、对别人好，都是善的表现。

（1）对自己好

不少人认为，吃好、喝好、玩好，就是对自己好。其实不然，真正的好，一定是我们本自具足的，比如开心快乐、人身安全、身体健康、成长与发展都是对自己好的表现。开心快乐、人身安全、身体健康是对自己好的基础，成长与发展是人永恒的主题，是确保持续对自己好的关键。要坚持修炼，让自己得到成长与发展，让世界看见更美的自己，才能过好自己的一生。这五点，只要转念一想，凭自己努力就能拥有，做少一点都不是对自己好。但凡需要"交易"得来的，诸如金钱、物质、特权等，只为满足个人一己私欲的身外物，都是不能长久、不可持续的，都不是真正对自己好。

然而，有些人拎不清什么是对自己好，自我作贱而不自知。前面第三章提到过，现实生活中，有多少人学习不自觉，有多少人工作不自愿，有多少人生活不自律，这些都是对自己不好的常见表现。想用轻松换取一时的开心快乐，甚至用健康换来一时的享乐，那不过都是自己麻痹自己，终究无法长久。结果蹉跎了青春年华，错失了成长与发展的最好时机，到醒悟过来时后悔莫及，或许为时已晚。

（2）对自己人好

同在一个屋檐下，同吃一锅饭，这就是亲近的人，就是自己人，包括家人、同事、同学、朋友等。多承担、多付出、多提醒、多帮助、多点赞，都是对自己人好的表现。对于自己亲近的人，不仅要主动多承担、多付出，还要接纳他、引领他、关爱他，做得好时点个赞，犯迷糊时拉一把，有困难时帮一把，帮助他们也成为更好的自己。当然，自己人当中也有负能量满满的人，如果遇到这样的人，我们首先要保护好自己，有能力就拉一把，没有能力就尽快远离。

然而，有些人拎不清什么是对自己人好，反而用"我以为"的方式，即把自己的想法和意愿强加给亲近的人，认为这样就是对他们好，却忽略了他们的感受和需求，不经意间伤害了自己最亲近的人。对自己人好的前提是"己所不欲，勿施于人"，但这还不够，还要做到"人所不欲，勿施于人"。面对最亲近的人，唯有真心诚意、了无私心，充分地倾听、理解和尊重他们，主动承担和付出，用正确的方式去对他们好，并让人感受得到，这样才叫"有德"。

还有一些人拎不清楚什么是对自己人好，不识亲疏，自作孽而不自知。

■ 一个人从不识亲疏开始，如何一步一步走向不知死活

● 不识亲疏：糊里糊涂，分辨不了谁是自己人、谁不是自己人，更不懂得应该亲近谁、应该疏远谁。

● 不识时务：由于不识亲疏，在处理问题时，就不能根据实际形势做出正确判断和决策，不知道什么时候该做什么事情。

● 不识抬举：不识时务的人，往往也不能正确对待他人的好意，误解甚至拒绝他人帮助，从而错失提升自己的机会。

● 不识好歹：不识抬举的人，可能会对好坏、善恶、是非等价值观产生混淆，从而导致错误的选择和行为。

● 不知死活：当一个人的价值观混淆，连对好坏、善恶、是非等都无法分辨时，就会由着性子不计后果地行事，最终自食恶果。

■ 一个人从懂得亲疏开始，如何一步一步实现自在快活

● 懂得亲疏：一个人如果能够清楚地识别和处理亲近或疏远的关系，就能亲近自己人、远离小人坏人，保持和谐的人际关系。

● 善识时务：懂得亲疏的人，能够根据实际情况做出正确的判断和决策，从而使事情顺利进行。

● 知恩图报：善识时务的人，能够理解和珍惜他人的好意和帮助，并以实际行动回报他人的抬举，从而把握提升自己的机遇。

● 明辨善恶：知恩图报的人，会对好坏、善恶、是非等价值观有清晰的认识，并做出正确的选择和行为。

● 自在快活：当一个人能够明辨善恶，知道什么是对的、什么是错的，引领自己走在正确、光明的道路上，就能活得自在和快乐。

（3）对别人好

别人，相对于自己人而言，是指有缘的陌生人。世间的所有相逢都是

缘分，对于有缘的陌生人，我们要把别人看在眼里，先行一步，对别人释放善意，一个微笑，一个点头，一份礼让，就是好的开始。要是能把别人放在心上，给人信心，给人欢喜，给人希望，给人方便，做到这些，便是有德之人。

然而，有些人拎不清什么是对别人好，无原则地迁就或纵容别人，甚至作恶了还不自知。《伊索寓言》中有个经典的故事"农夫与蛇"。一个农夫在寒冷的冬天里看见一条蛇冻僵了，觉得它很可怜，就把它拾起来，小心翼翼地揣进怀里，用暖热的身体温暖着它。那条蛇感受到了暖气，渐渐复苏。等到它彻底苏醒过来，便立即恢复了本性，用尖利的毒牙狠狠地咬了恩人一口，使他受到了致命的创伤。农夫临死的时候痛悔地说："我可怜毒蛇，不辨好坏，结果害了自己，遭到这样的报应。如果有来世，我绝不怜惜像毒蛇一样的恶人。"对别人好也是有前提的，不能爱心泛滥而丢弃了自己的底线和原则，要学会甄别好人和坏人。如果无原则地迁就或纵容坏人，可能就会被坏人反咬一口，或者成了坏人的帮凶。

2. 什么是良

王阳明将自己的感悟总结为："无善无恶心之体，有善有恶意之动，知善知恶是良知，为善去恶是格物。""知善知恶是良知"，这是做好一个人的基础。我们还需将古圣先贤的智慧和科学家们的理论精髓根植于心，即要有良心。再进一步，持经达变去执行，将智慧和理论精髓转化为行动，这就是良行。从良知，到良心，再到良行，构成人生精进的三部曲，最终实现知行合一。

（1）良知

"知善知恶是良知"，即我们要懂得什么是"善"，具体如何做呢？

孔子曾经说过："生而知之者，上也；学而知之者，次也；困而学之，又其次也；困而不学，民斯为下矣。"这句话的意思是，生来就知道的是上等，经过学习后才知道的是次等，遇到困惑疑难才去学习的是又次一等，而遇到困惑疑难仍不去学习的就是下等的了。中华优秀传统文化中以儒释道三家为代表的古圣先贤智慧博大精深，阐释了学习是懂得什么是"善"的重要途径。

向谁学？ 书是我们的良师益友。古人云："书中自有黄金屋。"书籍是看世界的窗口，我们不仅要主动深入地学习，汲取以儒释道三家为代表的中华优秀传统文化中古圣先贤的智慧，以及古今中外科学家们的理论精髓，同时还要善于向身边的人学习。子曰："三人行，必有我师焉。择其善者而从之，其不善者而改之。"在与人相处的过程中，要敏锐地发现别人的优点，学习他们的长处，同时也要注意别人的缺点，反省自己是否有同样的不足，如果有，就要及时改正。

怎么学？ 在学习的过程中，要掌握正确的学习方法。孔子曰："知之者不如好之者，好之者不如乐之者。"要保持空杯心态，放下过去已有的知识和经验所形成的固有认知，才能更好地接纳新的知识和经验。还要保持好奇心，不预设立场，多问"为什么会这样"，这样才能更深入地了解事物的本质。要保持谦卑心态，虚心向他人请教，这样才能更快地获得更多知识。

学习是一个持续的过程，是人一辈子的事情。世上没有一劳永逸的事情，唯有活到老学到老，让知识如涓涓细流般进入大脑，滋养我们的心灵。

（2）良心

将古圣先贤的智慧和科学家们的理论精髓根植于心是良心，具体如何根植于心呢？

每个人都有自己的知识体系，由所接触、学习、思考和理解的事物构成。要将古圣先贤的智慧和科学家们的理论精髓根植于心，就需要不断地将中华民族博大精深的经典文化、自然科学基础知识纳入其中，为自己的知识体系注入深厚的底蕴。

深入研究其内涵，领悟其道理。 这就像是挖掘一座宝藏，只有深入挖掘，才能发现其中的真正价值。不仅要知其然，还要知其所以然，这样才能将这些知识转化为自己的智慧，为自己的成长提供源源不断的动力。

将其纳入自己原有的知识体系中。 让新旧知识相互融合，形成一个有逻辑、有深度的知识结构。这不仅有助于更好地理解和应用所学知识，还能提升我们的思维能力和创造力。这就像是将一颗颗珍珠串成一条项链，每一颗珍珠都是知识点，而这条项链就是所形成的知识结构。

时常回顾和践行所学的知识。 学而时习之，温故而知新。这不仅能让我们巩固记忆和加深理解，还能让我们发现新的启示和灵感，学以致用，将其转化为自身的能力。这就像是将理论知识与实践相结合，通过实践来检验理论的正确性，并通过实践来丰富和发展理论。

（3）良行

持经达变去执行是良行，具体如何执行呢？

修炼自身，是成就一切良行的稳固基石。从自己的念头开始修炼，时刻观照自己，始终保持善的念头，杜绝生出恶的念头，从源头上滋养与锤炼内心的力量。古圣先贤的智慧和科学家们的理论精髓，源自对世界万事万物的深刻理解，源自对人生百态的独特洞察，源自对自己灵魂深处的真诚面对与无畏剖析。当我们吸收了古圣先贤的智慧和科学家们的理论精髓，心有乾坤，无论外界风云如何变化，都能以不变应万变，泰然处之。

良行的践行，始于平凡细微的日常琐事。有人总是怀着改变世界的宏大梦想，却不愿做好日常生活中的小事。然而，正是这些点滴小事，构成了生活的大部分。通过历事炼心，不断躬耕自己的"方寸心田"，锤炼自己的坚韧心性，由此逐渐养成的良好行为习惯，会在自己面对更大的挑战时，提供源源不断的动力，支撑自己向好向前。

以良行影响和带动身边人。无论是血浓于水的家人，还是并肩作战的同事，抑或因缘际会的有缘人，我们都可以通过积极的行动，向他们传播真善美、传递正能量。在与他们的交流与互动中，不仅能为他们提供支持和帮助，也可以互相学习与促进，实现共同成长与进步，在帮助他人的同时，也能为自己积攒福报。

3. 为什么邪恶抵不过善良

（1）善良是正能量，邪恶是负能量

善是正能量，体现在由己及人、由内而外的过程中，小至一个念头，大到具体行为，无论是对自己好、对自己人好，还是对别人好，都是善的表现。什么叫正能量？凡积极向上、开朗乐观、平和相处、乐于倾听且听得进不同的意见，愿意主动实践、勇于探索、敢于挑战等，都属于正能量的表象。

恶是负能量，也体现在由己及人、由内而外的过程中，小至一个念头，大到具体行为，无论是对自己不好、对自己人不好，还是对别人不好，都

是恶的表现。什么叫负能量？凡情绪低落、消极等待、悲观失望、厌世低迷，甚至埋怨别人、责怪别人，或者动不动就与人为敌等，都属于负能量的表象。而在佛家看来，这些"恶"主要来源于"人性五漏"——贪、嗔、痴、慢、疑。

俗话说，"邪不胜正"。以俄国量子物理学家康斯坦丁·科罗特科夫等为代表的科学家，通过气体放电显像术（GDV，gas discharge visualization）验证过，当一个人产生积极情绪，比如开心、愉悦、快乐的时候，他的能量场就会增强，而在生气、嫉妒、悲伤、抱怨等情绪下，能量场会缺损、缩小甚至消失。

（2）善良得人心，邪恶失人心

在人类历史的长河中，关于人性的探讨从未停歇。"善良得人心，邪恶失人心"这一古朴的观点，不仅是对人性善恶的简单划分，更是对人际关系的深刻洞察。

善良之所以能够赢得人心，是因为它符合人类社会的基本伦理和道德准则。善良的人在关心他人的同时，也在无形中建立了一种正面的社会联系。他们的行为传递出一种正能量，能够引起周围人的共鸣，得到周围人的支持。例如，那些在灾难面前伸出援手的人，不仅解决了受难者的燃眉之急，也成为了社会正义和人性光辉的象征。他们的善举往往会得到人们的赞誉和敬佩，甚至在很多时候，善良的力量能够跨越时间和空间，成为激励后人的典范。

与之相反，邪恶会失去人心。这是因为人类社会是建立在相互合作和信任的基础之上的。当一个人的行为显露出邪恶的本质时，他就像是在社会的契约上撕开了一道口子。他的行为不仅伤害了他人，也破坏了人与人之间的信任关系。随着时间的推移，人们会逐渐认识到这种行为的破坏性，从而远离那些持有邪恶态度的人。历史上不乏这样的例子，那些高高在上、权力欲望膨胀、无视民众疾苦的封建帝王，最终都遭到了人民的唾弃和历史的审判。

（3）善良长受益，邪恶短得利

善良始于自利利他的念头，这一念如同春日里破土而出的嫩芽，微小却蕴含着无限生机与希望。一个人从自利利他开始，就如同踏上了一条铺满鲜花的阳光大道，能一步一步走向美好。自利利他是智慧的起点，它意味着人们在追求自身利益的同时，也不忘考虑他人的福祉，在这样的思维引导下，人们会逐渐培养出自知之明——清晰地认识自己的优势与不足，从而能扬长避短；进而拥有自觉觉人的境界，不仅自己觉醒，还能以自身的智慧和感悟去启迪他人；在这个过程中不断磨砺，实现自强不息，持续向着更高的目标奋进；最终收获自得其乐的心境，在帮助他人与自我成长中体会到真正的快乐与满足，这种美好是内心的丰盈与宁静，更是生命价值的升华。

而邪恶却始于自私自利的念头，这恰似打开了潘多拉的魔盒，黑暗与灾祸随之蔓延。那么，一个人从自私自利开始，是如何一步一步坠入深渊的呢？自私自利的人往往以自我为中心，过度放大自身的利益和感受，逐渐滋生出自以为是的傲慢，认为自己永远正确，听不进他人的意见；在这种错误心态的驱使下，他们开始自欺欺人，对自己的过错视而不见，用虚假的借口和理由麻痹自己；随着错误的累积，他们最终自甘堕落，放弃对美好与正义的追求，在错误的道路上越走越远；等到恶果显现，只能自讨苦吃，承受自己亲手酿造的苦果，不仅失去他人的信任与尊重，更陷入内心的煎熬与痛苦之中，曾经的自私自利换来的不过是短暂的蝇头小利，却赔上了长久的幸福与安宁。

从上述的正反面演化过程不难看出，自私自利会导致一个人逐渐走向堕落，如同在黑暗的沼泽中越陷越深，难以自拔；而只有自利利他才能向好向前走向美好，那是一条通往光明与温暖的道路，指引着人们收获真正的幸福与成功。

（4）尽管善良，上天自有安排

有句话说得好："你尽管善良，上天自有安排。"一个人只要拥有善良，就如同汽车装上了导航仪，可以安全到达任何地方，只需要加油就是了。因为有了善良，不管在何种复杂关头，都能够做出无愧于己、无愧于人、无愧于家、无愧于国、无愧于天地的正确选择。如此，才是心之所向、力之所及。

很多人不禁要问：为什么我身边很多坏人没得到报应，好人也没有得到好报呢？为什么很多人没干坏事，但是命运却很悲惨呢？因此，很多人认为人生的一切都是偶然，并没有什么前因后果。

然而古圣先贤却告诉我们，一切都有因果。佛家用"善有善报，恶有恶报"来说明这个道理。

人们眼中的"好人"，或许只看到了表面上"好"的一面，却没有看到内心可能存在"不好"的一面。问题的关键，或许就在内心这个看不见的"念头"上。佛家认为："一念天堂，一念地狱。"人的起心动念，是一种从心而发的心理活动，代表着自己最真实的想法，反映出自己的价值观念。而价值观念指引人们的生活，对生活产生很大的影响。当人们希望别人过得好的时候，别人不一定能够过得好，但是自己一定能够过得好。当人们希望别人过得不好的时候，别人也不一定过得不好，但是自己一定过得不好。

《太上感应篇》曰："福祸无门，惟人自召。"一个人想要什么，在意什么，亲近什么，就感召什么。若自己起心动念不正，怎么可能对自己好，对自己人好，对别人好？怎么可能对家庭、企业、社会、国家好？

"人为善，福虽未至，祸已远离；人为恶，祸虽未至，福已远离。"或许这就是万有引力定律的真实演绎吧。正因如此，才需要从自己的念头开始修行，不断修正自己身上不好的东西，督促自己成为一个正念、正知、正行的人，这样才能过好自己的一生。

四、聪明抵不过厚道，厚道是什么

厚道，即厚德载物之道。唯有遵循天道、世道和人道，勤修品德、功德和福德，经过岁月的沉淀与积累，德汇聚成厚实的心田，方可承载世间万物，包括人内在的开心快乐、身心健康、人身安全、成长与发展，以及外在的事业、财富、地位、荣誉等。

1. 什么是厚

（1）品德厚

品德，即人品和态度。一出声显态度，一出手见人品，反映为对己、对人、对事的态度。从一个人怎么想、怎么说、怎么做，就可以看出他的品德。

  品德厚的人，内心总是充满阳光和正能量。他们乐观向上，不畏艰难，勇于担当。他们总是愿意换个位、升个维、转个念去思考问题，即使面对困境和挫折，也能保持冷静和坚定，积极寻求解决问题的办法。他们这种坚韧和毅力，不仅赢得了他人的尊重和信任，更让他们在生活中收获了成功和幸福。

  品德厚的人，语言总是如春风拂面，温暖人心。他们的话语中充满了真诚和善意，总能给人带来安慰和鼓励。他们用温和的语气、贴心的关怀，化解他人的困惑和忧虑，让人感受到生活的美好和希望。在他们的言语中，听不到冷嘲热讽，也听不到抱怨和指责，只有温暖和支持，只有理解和包容。这样的语言，如同甘甜的清泉，滋润着人们的心田，让人感受到生活的温暖和美好。

  品德厚的人，行为总是充满诚信和善良。他们言行一致，信守承诺，对待他人充满尊重和关爱。他们不仅会维护个人的利益，更重视团队和集体的利益。在生活、学习和工作中，他们总能以积极的态度和饱满的热情去面对挑战，为团队的成功贡献自己的力量。

（2）功德厚

  功德，即修为与能力。做事体现修为，即在工作上基本功的扎实程度和专业度，能否做成事、做好事并拿到好结果，决定一个人有无功德。历事炼心是根本，面对事情时是束手无策还是游刃有余，这就体现了自身的功夫和本事。

  功德厚的人，在学习、工作和生活中，总是能够展现出非凡的专业素养和扎实的基本功。他们不仅具备丰富的知识和精湛的技能，更有着敏锐的观察力和判断力。在学习中，他们深入钻研，勤奋不辍，不断探索未知的领域，以严谨的态度和刻苦的精神，勇攀知识的高峰。在工作中，他们总能迅速找到问题的关键所在，提出切实可行的解决方案。在生活中，他们善于观察，注重细节，有着丰富的生活经验，能够处理好各种复杂的生活琐事。这种基本功和专业度，使得他们在生活、学习和工作中取得了卓越的成就，也赢得了他人的敬佩和尊重。

  功德厚的人，不仅在专业领域有着出色的表现，更在人际交往中展现出高超的沟通技巧和人格魅力。他们善于倾听他人的意见和建议，尊重他人的观点和立场。在团队合作中，他们总能充分发挥自己的优势，调动团队的积极性，从而共同实现目标。他们凭借这样的修为和能力，在社会生活中积累了丰厚的功德。

（3）福德厚

福德，即贡献和认可。当我们所说的话、所做的事有益于别人，并被别人所赞叹，还能对周围产生长久影响时，就能赢得别人对自己的认可和好评。

福德厚的人，言行举止总是充满善意和关爱。他们乐于助人，关心他人，积极为社会做出贡献。正所谓"爱出者爱返，福往者福来"，正是因为善举和付出，他们才收获了别人的感激和尊重，也为自己积累了丰厚的福德。

福德厚的人，生活总是充满阳光和喜悦。他们内心满怀感恩和满足，对生活饱含热爱和期待。他们的笑容总是那么灿烂和温暖，感染着身边的人。似乎上天对他们特别偏爱，总有好运降临到他们身上。这是因为别人都在感念他们的好，时时刻刻有人向他们表达感恩与祝福。得此加持，他们自然更能够享受人天福报和厚生之德。

福德跟品德、功德有所不同。我们所能掌控的，只有做好自己，尽己所能修养自己的品德、建立自己的功德，而无法自行给予自己福德。只有将善行做到别人心里，获得别人由衷的认同和赞誉，才能积攒福德。可见，福德非常难得，可遇而不可求。

为此，我们要像惜命、惜缘一样去惜福。

● 惜命。命是自己的，每个人的生命只有一条，无比宝贵。只有保住性命，世间的一切美好才有可能与自己有关，否则"有钱没命花"，岂不是可悲之事？

● 惜缘。缘分可遇不可求，"十年修得同船渡，百年修得共枕眠"，缘分十分珍贵，只有好好珍惜，才有可能把握住。

● 惜福。通过自身努力造福一方，能获得别人给予的福报。福报难得，平时或许看不出它的作用，但在无常和意外降临时，它或许能让人"逢凶化吉"；在劫难到来时，它或许能让人"遇难成祥"。可见，福德是多么珍贵。如果不好好惜福，当无常、意外、劫难降临之时没有福报庇佑，结果可能就不堪设想。

2. 什么是道

什么是道？这是一个深奥的问题，涉及哲学、宗教、文化等多个领域。在中华优秀传统文化中，"道"是一个核心概念，它既是自然界的规律，也是社会秩序的根基，更是个体行为的指南。我暂且尝试从古圣先贤的智慧和科学家们的理论精髓中，通过天道、世道和人道，找到其中的内涵和意义。

天道、世道和人道虽然各有侧重，但它们之间存在着千丝万缕的联系。天道是基础，它为世道和人道提供了根本法则。世道是桥梁，它连接了天道的普遍性和人道的特殊性，是人类对天道理解的社会性体现。人道则是实践，它是个体在遵循天道和世道的基础上，通过自己的行动来实现的内在化过程。

（1）天道

天道，指的是宇宙规律和自然法则，体现为哲学社会科学和自然科学等基本规律。这些规律在哲学社会科学中，即以儒释道三家为代表的古圣先贤的智慧中早已得到体现，同样可以在伟大科学家总结出的自然科学理论中找到依据。

天道被视为宇宙间最基本的法则，它支配着万物的诞生、成长、发展、衰老和消亡。天道是客观存在的，它不以人的意志为转移，顺之者昌，逆之者亡，人类必须顺应天道才能生存和发展。例如，春夏秋冬四季更替、日月星辰运行不息，热力学三大定律、牛顿三大定律等，这些都是天道的表现。又如古圣先贤说的"人算不如天算""善恶到头终有报""德不配位，必有灾殃"等，这些"因缘果"的道理也是天道的表现。

天道之无常，正如世间万物变化莫测。它不断在演变，人们必须时刻保持敏锐的洞察力与应变能力，以适应这不断变化的宇宙环境。这不正是现代社会所倡导的"实事求是、与时俱进"的精神内核吗？它鼓励人们在面对复杂多变的现实时，坚持从实际出发，紧跟时代步伐，不断调整和完善自己的思维与行为方式。

《道德经》中有云："天道无亲，常与善人。"这句话深刻揭示了天道无私无偏的特性，它不会因为个人的喜好或厌恶而有所偏袒，而是始终如一地眷顾着遵循天道、心存善念之人。那些顺应天道的人，往往能够获得更多的福报与庇佑；而那些违背天道者，则常常会陷入困境。

以农耕为例，二十四节气是古人遵循四季节气规律的智慧结晶。如果农民不按照这些节气来安排农事活动，便可能导致农作物生长欠佳，甚至颗粒无收。同样地，人类也必须遵循日出而作、日落而息的自然规律，否则会影响身体健康，引发各种疾病。而那些试图违背自然衰老规律、追求返老还童的人，最终也只会徒劳无功。

认识到天道的重要性，我们要时刻保持敬畏之心，遵循天道而行事，才能在这个充满变化与挑战的世界中立足并不断发展壮大。

（2）世道

世道，指的是社会规律和运行法则。在儒释道哲学中，世道被视为人类社会的基石，它规定了人类社会的秩序，构建了道德准则。世道是人类社会长期发展的产物，体现了人类社会的智慧和文明。例如，法律、道德、礼仪等都是世道的具体体现。

然而，世道并非一成不变。它如同活水，随着社会的发展和进步，在不断地调整和完善。在历史的长河中，人们见证了不同的世道造就了不同的文明成果。当世道重视公正与和谐时，社会就能繁荣安定，人们就能在平等与尊重中安居乐业、和谐共处。反之，当世道沦丧、私欲横流时，社会就会陷入混乱和冲突，人们流离失所，苦不堪言。

因此，维护良好的世道，是每个社会成员义不容辞的责任。我们要在遵守国家法律法规的同时，明确自己的社会定位，发挥自己的独特作用。无论身处何地、身份如何，都可以用自己的力量去影响周围的人，造福一方人。

以企业老板为例，作为社会经济发展的重要推动力量，老板的行为举止往往会对世道产生深远影响。有的老板坚守诚信经营的原则，以优质的产品和服务赢得了消费者的信赖，他们的企业不仅获得了经济上的成功，更为社会创造了价值，传递了正能量，取得了良好的社会效益。而有的老板则过于追求短期利益，忽视了对社会、环境的责任，最终导致了企业的衰败，给社会添乱，有的甚至还需要国家出面来兜底和补救。因此，作为老板更应该明白世道的重要性，在追求经济效益的同时，积极履行社会责任，关注员工福祉，注重环境的可持续发展，为社会的繁荣稳定做出积极的贡献。

（3）人道

人道，指的是人类自身的行为准则和道德规范。在儒释道哲学中，人道指明了应该如何做人和如何行事，它强调了人类的善良、仁爱、正义、礼仪、诚信等品质，这些品质是人类文明的基石。例如，以人为本、尊老爱幼、诚实守信、助人为乐等都是人道的体现。

随着人类社会的进步和发展，人道也在不断地丰富和完善。人道的核心在于要求人自律和自我完善，同时也理解并尊重他人的需要和权利。唯有遵循人道，才可以建立和谐的人际关系，实现个人的价值，以及社会的和谐共生。

人道的落脚点应该是"孝"，正所谓"百善孝为先"，最大的人道莫过于感恩孝敬父母长辈。有的人烧香拜佛以祈求好运降临，但我认为，这不如赡养父母长辈、为他们排忧解难更为实在且有意义。实际上，父母长辈就是我们在世上最好的"佛"。

具体怎么做呢?《弟子规》开篇明义："弟子规，圣人训。首孝悌，次谨信。泛爱众，而亲仁。有余力，则学文。父母呼，应勿缓。父母命，行勿懒。父母教，须敬听。父母责，须顺承。"首先，在日常生活中，我们要孝顺父母，友爱兄弟姐妹。其次，在一切日常生活的言语行为中要小心谨慎，讲信用。与他人相处时，应平等博爱，并且亲近有仁德的人，向他们学习。如果这样做了之后，还有多余的时间和精力，就应该努力学习有益的学问。父母呼唤，应及时回答，不要慢吞吞地很久才应答。父母有事交代，要立刻动身去做，不可拖延或推诿偷懒。父母教导我们做人处事的道理，应该恭敬地聆听。当做错了事，父母责备教诫时，应当虚心接受，不可强词夺理，使父母生气、伤心。

这些道理很浅显，却需要我们每天践行。从对父母长辈开始，由亲及疏，由近及远，先对自己人好，再对别人好。人人如此，便能让人道之光洒满神州大地。

3. 为什么聪明抵不过厚道

聪明与厚道，是判断一个人品质的标尺。然而，令人困惑的是，有时候那些聪明绝顶的人，却未能获得人们的尊重和认可，反而是一些看起来憨厚老实的厚道之人，赢得了广泛的赞誉和信任。这究竟是为什么呢？

（1）厚道是智慧，聪明是智力

厚道是一种隐性的智慧，是一种更高层次的品质，它涵盖了一个人的品德、功德、福德。聪明则通常指的是智力水平，是一种天赋，表现为解决问题的能力。厚道的人，可能不是最聪明的，有时候看起来还傻乎乎的，但他们懂得如何与人相处，如何尊重他人，如何为社会做出贡献。正所谓"大智若愚"，那些有智慧、有才能的人，看起来好像很愚笨，很可能是因为他们极有涵养、不露锋芒而已，这种智慧比单纯的智力更加宝贵。而聪明的人可能拥有高智商，能够迅速找到解决问题的办法，但如果缺乏智慧，他们可能会变得自私自利，最终失去他人的尊重和信任。

（2）厚道为他人，聪明为自己

厚道的人，懂得在行动时考虑到对他人的影响，他们不仅关注自己的利益，也关心他人的福祉。这种品质让他们赢得了他人的尊重和信任，从长远来看，能积累更多的人脉和资源。而有些聪明的人，往往更关注自己的利益，能够迅速找到对自己最有利的解决方案。然而，在这个过程中，他们可能会忽视他人的感受和需求，甚至不惜损害他人的利益。这种做法虽然在短期内可能获得一些利益，但长期来看，会让他们失去更多。

（3）厚道方长存，聪明易误事

厚道的人更加谨慎和稳重，他们懂得在行动前深思熟虑，尽量避免犯错。此外，厚道的人还懂得在犯错后勇于承认错误，积极改正，这种品质让他们避免再犯下同样的过错，并在面对挫折时更加坚强和成熟。而聪明的人往往过于自信，认为自己能够掌控一切。然而，正是这种过度的自信，甚至是妄自尊大，可能导致他们忽视了细节和潜在的风险。聪明的人在追求效率和结果时，可能会采取走捷径或冒险的策略，进而导致灾难性的后果。这就是"聪明反被聪明误"。

（4）厚道之人，福报都在路上

有这样一位老板，他为人非常厚道，总是乐于助人，出手大方，不计较个人得失，经常帮助员工解决生活和工作中的各种问题。熟悉他的朋友都说，这不是在办企业，是在做慈善。他的这种厚道行为赢得了员工们的信任，大家都很尊重和爱戴他。有一次，这家公司要参加一次重要的项目竞标，该项目对公司的发展具有重大意义。同时，竞标的竞争也非常激烈。老板带着他的团队付出了巨大的努力，准备了充分的竞标材料。然而，在竞标过程中，他们却遇到了一个技术难题，如果不能及时解决，他们将无法按时参与竞标。就在这个时候，他曾经的一位老下属，也是他以前帮助过的一个人，得知了公司当前的困境后，主动联系了他。原来这位老下属认识一家技术公司的专家，他听说了老板团队面临的技术难题后，主动提出帮助他们解决。在这个老下属的帮助下，团队顺利完成了项目，并最终成功竞标。

真有这么巧合的事情吗？真有这样的老板存在吗？或许你听到的故事不是这个版本，而是另外一个版本。但不管是哪个版本的故事，在这个世界上，类似这样的老板还真不少。其中，比较出名的许昌"胖东来"的老板于东来先生，就是这样一位广受赞誉的厚道人物。厚道的人可能不会在短期内获得显著的回报，但他们的善行和美德，将会在未来得到应有的回报。那是因为厚道的人所积累的人脉和信誉是一种无形的财富，这种财富会在关键时刻为他们带来意想不到的帮助和机遇。而那些不厚道之人，最终可能会陷入孤立无援的境地。

结语六：善良厚道是一家

"道路千万条，安全第一条"，驾驶证考试把安全植入人心，让每个驾驶员都知道"安全"的重要性，因为这与自己的生命密切相关。

而"人心亿万颗，善良就一颗"这个课题，却没有像驾驶证一样要求人通过考试再上路，让人人都将"善良"根植于心，明白怎么做人、怎么做事。

每一个人离开父母，离开学校，踏入社会，不知道从什么时候开始，似乎都有一种警觉，就是"不要让自己吃亏上当"，与"吃亏"对应的"善良"，就被这种潜意识所掩盖，更谈不上要"厚道"一些了。就连谈恋爱这一美好的事情，可能都夹杂着"不要让自己吃亏上当"这一元素，甚至上演了不少闹剧。一些自媒体常对这些闹剧添油加醋进行传播，推波助澜，加上"好事不出门，坏事传千里"的特性，搞得人心浮躁，人与人之间的距离也似乎变得越来越遥远。

如此这般，人们心底的那种"不信任"的根基会越来越深，会不会因此辜负了他人的好意呢？世界那么大，美好那么多，难道都与自己无关吗？人与人之间的爱，是不是就像隔着一层"玻璃"，你看得见我，我也看得见你，但就是感受不到彼此的温度和情感呢？

如果不是这层"玻璃"在作怪，本应携手同行的伴侣，是不是就可以不分道扬镳，而相伴百年呢？本应同心协力的伙伴，是不是就可以不各奔西东，而朝着让企业成为世界五百强的目标奋进呢？

其实，早在两千多年前，古圣先贤就告诫我们，"人在做，天在看""人算不如天算"。天，真的看得见我们做什么吗？天，真的会像我们一样计算得失吗？"种善因得善果，种恶因得恶果，自因自果，没有例外"，这就是天道。

俗话说，可怜之人必有可恨之处。我作为一个侥幸死里逃生的人，企业还没做大，就差点儿失去了自己的性命，可怜吧？那我的可恨之处又是什么呢？这是我常常问自己的问题。无比感恩中国共产党，无比感谢伟大的祖国，是改革开放让我有机会从一个务工者成为一个创业者，在自己有生之年可以追逐自己的梦想，创办一家科技企业，研发技术，解决社会发展过程中的一些问题。可以说，我的前半生就是一部奋斗史，将个人理想融入国家发展浪潮中，这多么值得庆幸和自豪。然而，究竟是什么原因，让我把日子过得这般"可怜"呢？

回望自己来时的路，在追逐发展和追求利益的过程中，没有拎清楚一些东西，忽略了一些根本的东西，这些"东西"就是自己的修为和修养，用一个字来概括就叫"德"。自己可怜的地方是"德不配位"。而"德"的全部就是"善良"和"厚道"。由此归结起来就是：善良厚道是一家。善是什么？良是什么？厚是什么？道是什么？拎清楚了这些，方知拎清楚自己、做好自己是一切的根本。悟出这些道理之后，我就把它做成警示牌挂在墙上，以提醒自己和有缘人。但是，有了善良和厚道，就可以做好自己吗？

> 来到人世间，要拎清楚的事情不少，以下问题你能拎清楚吗？

1. 人心隔肚皮，怎样才能相通？

2. 你觉得有钱才能做慈善吗？

3. 你认为"善良"是什么？

4. 你喜欢聪明还是厚道？为什么？

5. 你相信"上天自有安排"吗？

第七章 "熙熙攘攘"与"忽上忽下"如何驾驭

/ 拎清楚自己如何欲海航行 /

"天下熙熙皆为利来,天下攘攘皆为利往。"利的背后是事,事的背后是人,人的背后则是"人性"和"人心",而"人性"和"人心"的背后,是忽上忽下的跌宕起伏。由此,也就构成了这熙熙攘攘的人间烟火与忽上忽下的波涛汹涌,人们在这欲望之海航行,又该如何驾驭自己的人生之舟呢?

每个人自从离开父母,离开家庭,离开学校,踏入社会的那一刻起,就意味着要开始承担起一个成年人应有的责任。摆在面前最现实的问题就是"吃喝拉撒睡"这些基本需求。睁眼闭眼所面对的,就是生存和生活。生活中的柴米油盐酱醋茶,房租、水电费、网费、物业费等各项开销,日复一日、年复一年,从不间断。如此现实又如此真实,"天上掉馅饼"的事情永远都只发生在梦中。生存的现实,把象牙塔里的"天之骄子"拉到现实社会中,让他们明白,赚钱养活自己成了头等大事。

如今的年轻人与当年年轻时候的我似乎并无太大不同,该面对的事情一件没少,倒是多了些许样式,方便了不少。比如上网,好看好玩的不少;比如地铁专车,方便快捷了不少;比如外卖平台,想吃什么就吃什么,在手机上操作即可。如此说来,仿佛只要有钱,就能万事大吉。为此,有多少人为了赚钱,每天起早贪黑,离开温暖的被窝,从拥挤的地铁站、公交站,辗转到繁华的商场,走进鳞次栉比的高楼大厦,开启一天的忙碌工作。

若你来到北上广深等经济发达的城市,就会见到许多高楼大厦拔地而起,几乎一天一个新样貌,似乎遍地都是发展机会。眼前的世界如此广阔,让人既兴奋又彷徨,不禁问自己:要怎样做,才能配得上这世间的繁华与美好?"潘多拉的魔盒"是不是也悄无声息地打开了呢?

倘若能够细心观察,或许你也会跟我一样有更多疑问:这世间的繁华喧嚣令人眼花缭乱,"熙熙攘攘"的本质是什么呢?利益跟价值有什么关系？价值又是如何决定的呢？为什么在功名利禄面前内心会"忽上忽下"，没有时很想得到，得到了又害怕失去呢？其背后是否存在着某种规则在决定着这一切呢？或许，只有静下心来抽丝剥茧，理清隐藏其中的真相，才有可能在欲望的海洋中驾驭好自己的人生之舟，最终平安抵达幸福的彼岸。

一、利益面前"熙熙攘攘"，谁都想多得

人世间的"熙熙攘攘"无比真实。人们似乎一直在不断追求着利益，无论是经济、政治、人文还是科技领域，都在这股力量的推动下不断向前发展。正是这熙熙攘攘的环境，伴随着错综复杂的利益关系，让我们的世界变得纷繁多彩，活力无限。

逐利大潮中，每个人都离不开利益，每个人都渴望得到利益。这种渴求就像一只无形的、巨大的手，把人们汇聚到一起，形成了各种熙熙攘攘的场所，如地铁站、商业街、食肆、写字楼、酒吧等。

1. 利益面前，多少人拎不清

世界上人潮涌动、熙熙攘攘，似乎每个人都为了利益而忙碌奔波。然而，这看似寻常的背后，隐藏着许多人对利益规则的误解和无知。在"人性五漏""人心颠倒"以及"人的业力"的影响下，有的人陷入了斤斤计较、见利忘义的漩涡，他们贪婪地追求着更多的利益，却忘记了背后所付出的代价。当利益成为主导，智慧往往就被蒙蔽，让人在贪婪中迷失方向。有的人可能因为一时的贪念而失去了更多，最终得不偿失。

（1）多少人斤斤计较

在这纷扰的世界中，许多人将利益当成了唯一的考量标准，为了眼前的蝇头小利而斤斤计较，进而做出了种种短视的行为。

张三和李四共同经营一家小型科技公司，致力于开发一款具有创新性的新产品。这本是一个充满机遇的项目，市场前景广阔。然而，在产品开发过程中，他们因利益分配问题产生了分歧。张三主张按照各自投入的工作量来分配利润，他认为这样既公平又合理。而李四则坚持按照出资比例来分配利润，因为他投入了更多的资金。在利益的诱惑下，两人开始斤斤

计较，互不相让，最终导致了合作关系的破裂。

张三和李四的故事，就像是一面镜子，映照出人的欲望和短视。当任何一方在利益面前斤斤计较时，合作关系就会变得异常脆弱。他们因为利益分配的问题而争执不休，最终导致了合作的破裂。这样的结局，令人惋惜，也让人深思。如果他们能够多一些宽容和理解，少一些计较和争执，或许公司会走得更远，他们的伙伴情谊也会更加深厚。

这种斤斤计较的短视行为，不仅常见于商业合作中，更广泛地存在于日常生活中。有多少人本是亲父子、亲兄弟，却因为利益算计而关系紧张，甚至反目成仇？有多少人本是夫妻，却因为利益算计而分道扬镳，老死不相往来？有多少人本是朋友、同学、同事，却因为利益的纷争而疏远，甚至互相背叛？

（2）多少人见利忘义

在利益的巨大漩涡中，人性的贪欲被无限放大。许多人拼命追逐金钱，见钱眼开，唯利是图。在他们眼中，金钱就是一切，他们为了金钱可以背信弃义，甚至不择手段。

曾经有一则新闻报道，有一位热心肠的环卫工人看到老人摔倒，好心将其扶起，并打电话报警。谁料，事后却被老人反咬一口，说是这位环卫工人撞的，并且要求其赔偿损失16万元。所幸有交警及司法人员主持公道，才让真相大白。原来，这位老人觉得找不到肇事者，就想让这位扶自己起来的环卫工人替罪，决定讹诈他从而获取一笔钱。这种见利忘义的行为，最终只会让人陷入更深的泥潭。

《大学》有言："仁者以财发身，不仁者以身发财。"钱财是服务于人的，也就是说，钱财总是要花在追求更美好的生活之中，此即所谓"仁者以财发身"。相反，如果人活着只是为了发财，背离初心、见利忘义，那就成了"不仁者以身发财"，不仁不义。

（3）多少人贪得无厌

在浩瀚的历史长河中，众多人物以其事迹和成就留下了深刻的印记。然而，也有一些人因为贪婪而身败名裂，其中明朝太监刘瑾便是一个典型的例子。他从一个入宫少年，凭借机智和狡诈，一步步攀上权力的巅峰。他陪伴太子成长，最终成为皇帝身边的红人，独揽大权。然而，他的贪婪最终导致了他的覆灭,他被群臣和下属联合弹劾,并以谋逆的罪名被赐死。据历史记载,他所贪污的黄金白银数量惊人,折合成今天的人民币竟高达960亿元,这庞大的数字令人瞠目结舌。

刘瑾并非个例,只不过是人性贪婪的一个缩影。贪婪的危害,如《庄子·盗跖》中所言:"贪财而取危,贪权而取竭。"大意是:贪求钱财则招致祸害,贪婪权势则耗尽性命。

在现实生活中,有多少人因为贪得无厌而招致了祸害?

2022年,重庆市江津区人民法院审结了这样一起案件。孙某在某外商投资企业担任销售总监。因工作需要,孙某长期在外出差,而公司给孙某出差的住宿补助最高限额为1000元,实行实报实销。为了方便管理,公司要求员工出差时需要通过指定软件预订酒店,之后由公司和酒店结算住宿费。2021年4月,孙某在前往四川成都出差时,发现住宿软件上有一个标价仅为200元左右的酒店,便动了歪心思。他联系酒店老板,与其商量在住宿软件上以1000元为限额开具住宿信息,然后待公司支付房费后,酒店老板将多收取的房费退回给孙某。此后的5个多月里,酒店老板共返给孙某93435元。2021年10月,孙某从公司离职。同月,该公司员工报案称孙某利用职务之便,在出差期间虚报住宿价格,非法获利9万余元。不久后,孙某被公安机关抓获归案。法院审理后认为,孙某联系酒店老板虚抬住宿费并进行套取的行为,属于非法占有公司钱财,且数额较大,其行为已构成职务侵占罪。对孙某判处有期徒刑六个月,缓刑一年,并处罚金8000元。

(4)多少人得不偿失

在利益的诱惑下,有的人在短暂的欢愉中忘却了长远的打算,最终陷入得不偿失的境地。

多少人身心健康受损? 有的人被贪婪所左右,内心充满了焦虑和紧张。他们或许因为担心失去一点点利益而夜不能寐,或许因为得到了一些微小的利益而沾沾自喜。然而,这种心理状态不仅严重影响了日常生活,更可能导致身体出现各种疾病。

多少人失去亲友伙伴? 有的人过分计较自己的得失,导致与亲人、朋友、同事等关系紧张,甚至关系破裂。他们可能会因为一些小事而争吵不休,或者因为对方得到了一些利益而感到嫉妒和怨恨。这样的心态不仅破坏了他们的人际关系,更可能让他们失去机会和资源。

多少人输掉人品口碑？ 有的人为了一些利益，背叛了他人的信任，导致个人口碑尽失，形象荡然无存。在职场上，同事和领导不再信任和支持他；在生活中，家人和朋友不再关爱和支持他。这样的人，只会因为自己的贪婪而失去更多。

多少人深陷牢狱之灾？ 有的人为了追求更多利益，不惜触犯法律，最终付出沉重的代价。当他们站在铁窗之内，面对着冰冷的墙壁和无尽的悔恨时，才意识到自己为贪婪付出了无法挽回的代价——失去自由和尊严。

每个人都应时刻警醒自己，不要被利益所迷惑，要保持清醒的头脑，坚守道德及法律底线，才能在人生的道路上走得更远、更稳健。

2. "熙熙攘攘"背后，遵循什么规则

普天之下"熙熙攘攘"早已司空见惯，人来人往皆为利益所驱使，其背后有什么内在的规则吗？应该怎么做，才能驾驭好"利"呢？

（1）价值交换，你情我愿

利益，是实实在在存在着的，因为其看得见、摸得着、感受得到，激发了人们内心的欲望与追求。它或许是金钱的流动，或许是资源的交换，无论是物质的丰盈还是欲望的满足，都成了追求利益的动力。

在追逐利益的过程中，每一个人都是参与者，用自己所拥有的去换取自己想要的。于是，在漫长的岁月中，人们逐渐形成了一种默契，也是约定俗成的"游戏规则"——价值交换，你情我愿。

价值交换，便是这利益来往的基石。它如同市场的交易规则，公平而公正，只要双方愿意，便可以达成交易。这种交易并非简单的物质交换，也可能是精神与情感的交流。在交换的过程中，人们力求彼此理解、相互尊重，共同寻找着利益的平衡点。

你情我愿，则是这种交换的前提。没有强迫、没有欺诈，只有双方的自愿与同意。人类在最原始、最朴素的场景中，以物易物，无论价值是否对等，只要双方都觉得合适，便可以达成交易。

讲求诚信，则是持续共赢的关键。价值交换并非简单的给予与索取，利益来往也不是一次性交易，需要用心去衡量，用智慧去判断，建立起长久的合作关系。只有真正了解彼此的需求，着眼于长远的合作与发展，以诚相待，以信为本，才能达成双赢的交易，实现利益的最大化。

（2）价值大小，以稀为贵

价值的大小究竟是如何衡量的？"物以稀为贵"道出了价值判断的核心所在。世间万物，无论是有形的物品还是无形的服务，那些独一无二、稀缺难得的总是能在人们心中占据一席之地，被赋予更高的价值。

同样是手机，一款只是简单地复制了其他手机的设计和功能，而另一款则融入了前沿的技术创新，如更先进的处理器、更清晰的屏幕、更智能的摄像头，甚至是颠覆性的操作系统。前者因为成本低廉，或许在市场上也能找到一席之地，但很难引起消费者的广泛关注。而后者因其独特的技术创新，不仅满足了消费者对于手机的基本需求，更在性能、体验、功能等方面带来了前所未有的突破和惊喜。这就是技术创新的力量，它赋予了产品更高的价值，自然能带来更广阔的市场前景。

对于相同的岗位，不同的员工展现出截然不同的价值。有些人表现平平，甚至可以被轻易替代，这样的人往往只能获得基本的薪水，难以在职场中脱颖而出。而有些人绽放才华，凭借独特的技能、深厚的专业知识，成为了团队中不可或缺的一员。他们的工作不仅仅是为了获得薪水，更是为了实现自我价值，追求更高层次的职业成就。他们对待工作热情且专注，不仅赢得同事的尊重和信任，更让领导对他们青睐有加。这样的人的价值自然要比那些可以轻易被替代的人高出许多。

相同的行业中，面对众多的竞争者，那些能够提供独特且优质的产品与服务的公司，总能在市场中脱颖而出，比那些平淡无奇的公司更有价值。他们深谙市场的竞争，更懂得消费者的心声。在激烈的市场竞争中，这些公司不仅能满足消费者的基本需求，更是在细节上追求卓越，力求做到"人无我有、人有我优、人优我精、人精我惠"。这些公司的产品与服务，似乎蕴含着一种独特的文化、一种生活的态度。他们懂得，真正的竞争不仅仅是价格与质量的竞争，更是品牌与文化的竞争。在"为什么而做什么"这一问题上，这些公司始终坚守自己的初心与使命，不断创新，不断超越，为消费者带来一次又一次的惊喜与满足。这种让用户赞叹的公司，才能在市场竞争的洪流中屹立不倒，成为真正的行业领袖。

价值的大小并非随意而定，而是取决于稀缺性、独特性。在利益的往来中，我们不仅要看到表面的利益，更要看到背后的价值。找准自己的发力点,在凸显自己的价值上面下足功夫,才能更好地与世界互动。

(3) 趋利避害,人性使然

人会亲近什么? 有的人喜欢亲近那些感官刺激、能够立马带来丰厚回报的人、事、物,此即"趋利",是人性使然。有的人想要得到更多,只想着好处与收益,于是就纷纷涌向那些有利可图的人、事、物,为了一点利益,不惜付出一切代价。马克思在《资本论》中阐述得非常深刻:"如果有百分之二十的利润,资本就会蠢蠢欲动;如果有百分之五十的利润,资本就会冒险;如果有百分之一百的利润,资本就敢于冒绞首的危险;如果有百分之三百的利润,资本就敢于践踏人间一切法律。"

人会远离什么? 多数人会自动远离那些看似艰难困苦、要自己付出巨大代价的人、事、物,此即"避害",也是人性使然。每个人在趋利的同时也害怕失去,害怕承担和付出,这就是"避害"的本能反应,让人们在追求利益的同时,也时刻保持着警惕。正因为这种对失去的恐惧,人们才总是显得那么小心翼翼,生怕一不小心就失去已经拥有的东西。

在趋利避害之中,我们是否应该好好反思审视一下自己:应该遵循怎样的规则?坚守怎样的价值取向?怎样才能停止那些无谓的纷扰?是否失去了更重要的东西?什么才是真正值得去追求的?什么才能让内心得到安宁与满足?

(4) 人心向背,善恶有别

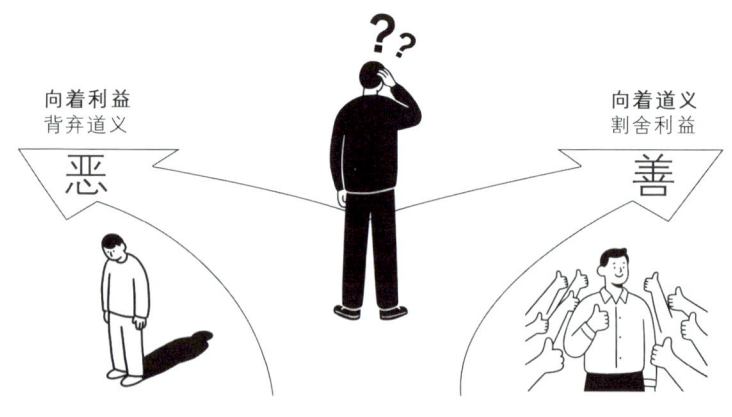

人心向背,善恶有别

人性趋利避害的本能，驱使着人不断地进行选择。然而，在每一次的选择中，人心究竟应该向何处倾斜，又应远离何种诱惑？

当人心向善背恶，向着道义而割舍利益时，如同将心灵之船驶向"善"的港湾，那里充满了爱与温暖，给予人内心的安宁与满足。什么是真正的回报？是金钱的堆积，还是权力的膨胀？都不是。真正的回报，是内心的平和与喜悦，是与人为善所带来的深厚情谊，是在帮助他人时体验到的满足感。当内心宁静且丰盈，财富等其他物质回报便已不足为重。例如，有些热心的志愿者选择前往乡村中小学支教，这些志愿者并不期待任何物质上的回报，他们所追求的是与孩子们相处时的那份纯真快乐。在乡村的教室里，他们与孩子们共同学习，分享知识，享受着每一个成长的瞬间。当看到那些乡村的孩子们在知识和人格上得到成长与发展时，志愿者们的内心便会涌现出一种难以言喻的幸福感。这种幸福感是如此的珍贵，以至于无论用多少金钱都无法衡量和交换。

当人心向恶背善，向着利益而背弃道义时，如同将心灵之船驶向"恶"的暗礁，那无尽的欲望会将人卷入利益的深渊。若是逆道而行，会怎么样？这个道，是天道，是世道，亦是人道。顺之则昌，逆之则亡。一些人用心险恶，将自己物质上的满足感，建立在他人的痛苦与牺牲之上。在恶的漩涡中，他们失去了自己的本真与善良，也失去了他人的信任与关爱，最终只能在孤独的深渊中挣扎，无法找到真正的幸福与满足。比如，在餐饮行业，一些商家为了降低成本，提高利润，不讲求食品安全，而是使用劣质肉、地沟油、非法添加剂等来制作食品。这种行为不仅危害了消费者的健康，也破坏了整个行业的诚信体系。消费者在面对食品安全问题时，内心的不安和焦虑也随之增加，幸福感自然难以提升。而那些不良商家做了亏心事，内心不安的同时，也终将遭到大众的唾弃，受到法律的制裁。

人心向背，善恶有别。要时刻警醒自己，对当下生起的一念进行审视与校正。每当念头开始偏离正道，被外界的纷扰所诱惑，处于"妄想执着"的状态，就要及时矫正，将心灵从迷途中拉回。如何才能知道自己当下的一念是否正确？请把"善恶"的标准根植于心，即什么才是真正的"对自己好、对自己人好、对别人好"，像照镜子一样，时时刻刻观照自己的念头是否符合这一标准。如果不符合，就要一念转化，停止恶的念头，转向善的方向。在每一次的抉择中，坚定地选择善良与正义，远离邪恶与贪婪，才能走向更加美好的未来。

3. 谁都想多得，如何安然享有

利益的背后，往往遵循"价值交换，你情我愿""价值大小，以稀为贵""趋利避害，人性使然""人心向背，善恶有别"的规律。有多少人因为拎不清楚这些规律，而使得内心执着于虚幻的表象，从而本末倒置，难以顺遂心愿，反而受到利益的反噬呢？那么，如何才能真正顺遂所欲，让心灵回归本真，安然享有利益呢？

利益最直接的体现就是金钱。想要过上富足的生活是人之常情，本身没有错。然而，追求财富的方式方法，却有本质的不同，甚至有时候南辕北辙。怎样才能获取财富，并心安理得地享受财富之乐呢？

（1）君子爱财，取之有道

古人云："君子爱财，取之有道。"这个"道"，我个人理解为财富的流向，即哪里具有价值，哪里满足"人性"和"人心"，哪里就具有吸引力，财富就会流向哪里，这就是生财有道。

根据牛顿万有引力定律，即任何物体之间都有相互吸引力。财富的流向亦遵循吸引力法则。"天下熙熙皆为利来，天下攘攘皆为利往。""钱"或许是最具能量的媒介之一，因为人人都想得到。与之能量相匹配的，恐怕唯有"德"。所谓"厚德载物"，只有具备深厚品德、功德和福德的人，才能吸引和承载财富。利的背后是事，事的背后是人。唯有把人做好，才能把事做好，才能体现出一个人有"德"，才能获得相应的财富。勤勉精进是基础，创新创造靠智慧，除此两条正道以外，别无捷径。

很多人都想做老板，可要想将生意做大做强，就必须学会看懂所在行业的财富流向，创造出有价值的产品或服务。掌握财富之道，才可能在激烈的商业竞争中立于不败之地。

以阿里巴巴为例，它所做的事情，就是搭建一个让交易双方都可信的交易平台，提供七天无理由退钱、退货的保证，一边连接买家，一边连接商家，疏通财富流向的渠道，让天下没有难做的生意。在这个平台上，财富自由地流动，各方都能够安心地获得利益，从而实现共赢。

同样，美团也是搭建了一个方便快捷的外卖交易平台，一边连接客户，一边连接店铺，疏通财富流向的渠道，且提供送货上门服务，让消费者买东西、吃东西更加便捷高效。在这个平台上，客户可以方便地找到自己需要的商品和服务，商家也可以获得更多的客户和订单，从而实现双赢。

因此，只要掌握了财富的流向之道，并且获得财富的途径合乎天道、世道、人道，给更多人的生活带来幸福和美好，那么财富就能为自己所用。如果没有掌握财富的流向之道，不知道财富的吸引力法则，那么连致富的门槛都摸不到，财富自然跟自己没有一点关系。即便一时靠幸运获得意外之财，如彩票中大奖、拆迁补偿、巨额遗产等，许多人也因为无德无才，最终凭借自己那并不足以支撑财富的"实力"，很快将钱财败光，甚至落得凄惨的下场。古往今来，这样的案例比比皆是。

（2）凸显价值，赢得认可

利益往来，本质上是价值的交换，财富之道亦是如此。只有当自己的价值被认可和接受时，利益才会向自己倾斜。因此，无论是企业还是个人，都需要找准自己的发力点，通过不断提升自身价值，赢得社会的认可和尊重。

■ 企业：让用户赞叹

让用户赞叹，是企业立足于社会的唯一理由。

企业的成功离不开用户的支持和认可。而让用户赞叹，就需要企业在产品和服务上不断创新和提升，凸显自身的价值。例如，苹果公司始终坚持以用户为中心，不断推出具有创新性和实用性的产品，让用户在使用过程中感受到便捷和愉悦，从而赢得了用户的信任和忠诚。成功企业的案例告诉我们，要让用户赞叹，企业就需要在产品和服务上不断创新和提升，真正满足用户的需求和期望。只有这样，才能在激烈的市场竞争中脱颖而出，赢得用户的青睐和支持。

■ 个人：让团队赞叹

让团队赞叹，是个人立足于企业的唯一理由。

个人在企业中的成功，同样离不开团队的认可和支持。而让团队赞叹，就需要个人在专业技能、工作态度、团队合作等方面展现出卓越的价值。例如，华为首席执行官任正非，就是一位让团队赞叹的领导者。他注重人才培养和技术创新，为华为打造了一支高素质、高执行力的团队。在任正非的领导下，华为团队不断突破技术难题、拓展国际市场，取得了令人瞩目的成绩。成功的案例告诉我们，要让团队赞叹，个人需要不断提升自己，展现出卓越的价值。只有这样，才能在团队中脱颖而出，赢得同事和领导的认可和支持。

（3）弱水三千，只取一瓢

一个人所需的并不多，而想要的却很多。所谓"欲望"，本质上就是超过自身实际所需的占有欲。正如古人云："弱水三千，只取一瓢。"面对美好的事物，不能贪婪，不能"既要、又要、还要"，而应该学会如何正确选择和取舍。

在这个世界上，美好的事物不计其数，而财富只是其中的一部分，甚至只是排在靠后的位置，为什么呢？因为金钱只是手段，而非目的。渴望金钱表面上是为了获得更好的消费体验，最终也不过是想让自己和家人更开心一点。逢年过节送花送礼送红包，以物表意，以物传情，归根结底在意的只是钱财背后的情感表达。那么，想要开心快乐，除了采用消费的方式，用其他不花钱的方式好像也未尝不可，更何况很多时候千金也难买人开心。

当然，也不能走向另一个极端，视钱财如粪土。人要衣食住行，没钱也是行不通的。我们生活在一个物质丰富的时代，各种诱惑摆在面前，不可能全部拥有。财富是否与我们相关，取决于我们对于财富之道的理解和把握，以及对于财富之道的选择。不同的选择，自然会导致不同的结果。

对于财富，更是不能贪婪。不能被金钱所迷惑，而应该理性地控制自己的欲望，找到自己真正"需要"的。如果能甄别出哪些是属于自己的、本该拿到的，通过正确、正道的方式去获得，就能在财富的道路上走得更稳健、更长久。

然而，有许多人却因为贪婪，控制不住自己的欲望，最终"竹篮打水一场空"，甚至被财富所反噬，身败名裂。比如，有些人曾经显赫一时，但是因为贪污受贿取之无道，最终财富被没收，自己还成了阶下囚。有些人生意做得风生水起，可谓一时呼风唤雨，但因为取之无道，控制不住人性的贪婪，最终结局悲惨。

（4）水到渠成，厚德载物

老子在《道德经》中所言："上善若水，水善利万物而不争。"在中华优秀传统文化中，水被赋予了极为丰富的象征意义，其中最为人们津津乐道的，莫过于"水"与"财富"之间的深刻联系。人们常常以水喻财，水无形无状，却能滋养万物，生生不息。它代表着生命的源泉，也象征着财富的流动与汇聚。

真正的"利"，并非一己之私，而是如同水一般，泽被万物。真正的利益，不是短暂的、有限的，而是长久的、无限的。它来自内心的善良与厚道，来自与他人的和谐与共融。当人们学会像水一样无私地付出，像水一样包容万物，便能汇聚起更多的力量，实现更大的价值。这种利益，不是外在的、物质上的，而是内在的、精神上的。它让人们感受到内心的满足与喜悦，赢得他人的尊重与信任。

水，无常态，无固定之形，时而涓涓细流，时而波涛汹涌。财富亦无定态，利益纷繁复杂、纠葛多变，两者皆需有"器具"来承载，方能展现出其真正的力量。此中深意，揭示了财富背后的底层逻辑——利的背后是事，事的背后是人。利，看似是物质的积累，实则源于事的成就；而事的成就，又离不开人的智慧与努力。这一逻辑贯穿始终，成为水到渠成、积累财富的必经之路。水到渠成，言下之意就是"功到自然成"，成功并非一蹴而就，而是需要经过漫长的沉淀与努力的积累。如同水流经过曲折的河道，最终汇入大海，努力与付出也会在时间的沉淀中，汇聚成强大的力量，推动人们走向成功。

然而，想要承载住如水般"泼天的富贵"，不仅需要拥有足够的实力与智慧，更需要拥有像大地一样厚德载物的品质。大地包容万物，即便再多的水也能在其怀抱中变成江河湖海，滋养万物；无论山川河流还是草木虫鱼，都能在其怀抱中生长繁衍。同样，我们也要学会包容与接纳，以厚德之心去承载世间的美好。

反之，如果失去了厚德载物之道，那么即便拥有再多的财富与名利，也终将难以承受其重。因为水一旦脱离了承载它的"器具"，便会变得肆虐无度，如同决堤的洪水猛兽一般危害人间。同样，当内心失去了善良与厚道，便会变得狭隘与自私，甚至唯利是图，从此堕入深不见底的欲望深渊，人生的道路只会越走越窄，越来越孤独，最终众叛亲离。

《道德经》有言："天之道，利而不害；圣人之道，为而不争。"大意是：大道的法则是给予万物利益却不伤害万物，圣人的准则是有所作为却不与人争抢。时刻保持一颗善良的心，修行厚德载物之道，以包容与接纳的态度去面对生活，领悟水到渠成、厚德载物的智慧，才能在人生的道路上越走越宽广、越走越从容。

二、功名利禄"忽上忽下"，谁可主沉浮

功名利禄，犹如海上的波涛，变幻无常。身处其中的人，内心状态"忽上忽下"，如同漂泊在波涛汹涌的海面上的船只，时而被巨浪推向高峰，时而又被暗流卷入深渊。在这漫长的历史长河中，无数英雄豪杰拼搏付出，就是为了在这功名利禄的浪潮中占据一席之地。然而，世事难料，谁又能真正主宰自己命运的沉浮呢？

1. 功名利禄面前，多少人拎不清

在功名利禄面前，我们见证了人性的光辉与丑恶，也感受到了世间的冷暖。有多少人因为拎不清楚功名利禄背后应遵循的逻辑，而不择手段、放弃原则、好高骛远，最终适得其反？有人春风得意，一时风光无限，享受着万人羡慕的荣光，可转眼间便跌落谷底，失去了一切，人生以凄凉收场。有人一生默默无闻，始终未能登上功名利禄的高峰，在这沉浮之中，平平凡凡地度过一生直至终老。

（1）多少人不择手段

在追求功名利禄的道路上，人们往往会面临各种诱惑和挑战。尽管以理服人、以德服人是一种高尚的品质，但在现实生活中，真正能做到这一点的人却寥寥无几。有的人选择以权压人、以势威人、以利诱人、以色诱人、以力降人，为达目的不择手段。

在山东烟台，有一个名叫朱某某的村霸，他为了达到自己的商业目的，不择手段地抢占他人的养殖场。朱某某盯上了孙某的海参养殖场，看中了孙某养殖场的高效益优质海参。为了达到目的，朱某某派人找到孙某，试图通过谈判达成合作。然而，当孙某拒绝了他的要求后，朱某某采取了激进的手段，竟带着30多个人，开着挖掘机把孙某的码头拆了。面对朱某某的威胁，孙某并没有妥协，但朱某某也不肯就此罢休，于是便安排了一位

"骨干"带着上百名"小弟"来到了孙某的家中,并给孙某甩下了一份650亩海域的承包合同,表示相关单位早已将此海域租给自己,谁知孙某等人拿过合同一看,上面的承包租金却只写了5万元。而要拿下这么大一片海域的承包权,500万元租金可能都做不来,这显然是对方伪造的合同。孙某接二连三的拒绝让朱某某十分恼火,于是他便安排了2名"小弟"趁其落单之际,用钢管将其打成重伤以示警告,孙某因此全身9处骨折,在床上躺了大半年。孙某报警后,对方假意和解,背地里却直接抢走了近9万斤的海参,孙某被逼上了绝路,当着警察的面直言,如果相关单位处理不当,自己就和他同归于尽。

谁知等警察去调查的时候,村民们对朱某某的暴行却异口同声地矢口否认,无一人敢出面指认罪行,手下"小弟"更是争相顶罪。朱某某到底使了什么手段?接到群众报案后,当地警方多次对村里的养殖户进行调查,询问他们是否有被朱某某团伙敲诈勒索,谁知他们却异口同声地否认。其中的原因除了有害怕遭到报复外,也是担心警方中会有朱某某的卧底告密,经过连续数月的排查和多次劝说,才有村民敢说出自己的遭遇,但令所有人都没想到的是,罪行败露后,朱某某的不少"小弟"竟主动抢着投案自首。

细查之下才发现,原来朱某某成立了十多家公司,最大的支出就是给"小弟"发工资,上百名"小弟"每天什么都不用干,就能拿到高额报酬。朱某某还给"核心骨干"买房买车,这也导致不少人都心甘情愿为其卖命。然而,法网恢恢,疏而不漏,经过近两年的调查,朱某某最终还是被捉拿归案,并被判处25年有期徒刑,他的30多把"保护伞"也一同落网。

(2)多少人放弃原则

原则,让人们在功名利禄的"忽上忽下"中守住良知的底线。它是天道、世道、人道的综合体现,是每个人应该遵循的道德指南。在功名利禄的诱惑下,一旦放弃了原则,就如同打开了"潘多拉的魔盒",人性的丑恶便会疯狂地吞噬人的良知,这是何等的可怕与危险。

上海某广告传媒股份有限公司合同诈骗一案就是典型的例子。具体案情较为复杂,在此不展开详述,网上已有公开的信息。但是不得不感叹,放弃原则的结果令人唏嘘。对于该案子,法院依照刑法相关规定,做出下述判决:

- 被告单位上海某广告传媒股份有限公司犯合同诈骗罪，判处罚金一千万元；犯单位行贿罪，判处罚金一百万元，决定执行罚金一千一百万元。
- 被告人叶某犯合同诈骗罪，判处有期徒刑十五年，并处罚金五百万元；犯单位行贿罪，判处有期徒刑一年，决定执行有期徒刑十五年六个月，并处罚金五百万元。
- 被告人乔某某犯合同诈骗罪，判处有期徒刑十年，并处罚金三百万元。
- 被告人周某某犯合同诈骗罪，判处有期徒刑四年，并处罚金二十万元。
- 追缴上海某广告传媒股份有限公司违法所得4.95亿元，其中包括追缴被告人叶某、乔某某及与被告单位其他原股东的违法所得及收益，发还投资方，不足部分责令上述单位、个人分别予以退赔。公安机关已查封、扣押、冻结的上述单位、个人及相关违法所得获得者的财物作为该项判决执行。

在商业领域，原则往往被视为商业道德的基石。然而，有些企业为了追求短期的经济利益，不顾一切地放弃了诚信经营的原则。这样的例子并不少见，一些企业通过产品掺假、合同造假欺诈、侵犯知识产权、偷税漏税、恶意竞争等手段，谋求不正当利益。这种行为虽然在短期内可能带来一定的经济利益，但从长远来看，却会给企业带来无法挽回的声誉损失，甚至可能导致企业破产和倒闭。

（3）多少人好高骛远

在追求功名利禄的道路上，有多少人因为好高骛远而陷入困境？他们不满足于现状，总是期待更好的未来，却不愿意躬身入局、脚踏实地做事，因为妄自尊大而付出了沉重的代价。

■ 学习好高骛远会忽视基础

在学业方面，好高骛远的学生往往过于追求高分和名校，却忽视了基础知识的学习和实际应用能力的培养。他们或许会花费大量时间在课外辅导和应试技巧上，而忽略了课堂学习和深度思考。这种心态不仅会让他们在学业上陷入困境，无法真正掌握知识和技能，还可能导致他们在未来的职业生涯中失去竞争力。因为真正的成功不仅取决于学历和成绩，更取决于实践能力和综合素质。

■ 就业好高骛远会错失机会

在职业规划方面，好高骛远的人往往对自己的未来过于乐观，认为自己能够迅速晋升到高层管理职位。然而，他们往往忽视了实现目标的基础，是来自积累经验、提升技能和处理好人际关系。他们可能过于关注做表面功夫，而忽视了能够带来职业成长的工作历练。这种眼高手低的心态，不仅让他们在职场上难以取得长足进步，还可能让他们错失真正的机会和成就。

■ 投资好高骛远会风险巨大

在投资领域，好高骛远的投资者为了追求高额回报，会不顾风险地投资高风险的项目。他们往往渴望"一夜暴富"，被不切实际的收益预期所吸引，而忽视了投资本身的风险和可持续性。这种心态不仅可能导致巨大的经济损失，甚至可能让他们陷入破产的境地。

在功名利禄的诱惑面前，好高骛远的态度和行为会导致人们忽视现实条件和实际困难，最终无法实现自己的目标。因此，我们应该保持清醒的头脑，秉持务实的态度，做到躬身入局、脚踏实地，才能真正有所成就。

（4）多少人适得其反

佛家认为"相由心生"，有了"物相"，才能感知到这个世界是真实存在的；有了"心相"，内心才会有"色、想、受、行、识"这些东西，进而才能在"物相"的基础上，产生各式各样的想法、看法和感受。

然而，人一旦"着相"[①]，不管是"物相"层面的功名利禄，还是"心相"层面的爱恨情仇，都会滋生贪爱、执着与挂碍，从而在"妄想执着"中迷失自己。现实生活中，又有多少人被这些身外之物所迷惑而"着相"，最终落得适得其反的结果呢？

■ 功名：一旦着相，害人害己

《资治通鉴》中讲道，孙膑与庞涓本是同门师兄，一同学习兵法，庞涓比孙膑早几年下山，在魏国做了大将军。后来，孙膑下山去投奔师兄庞涓，二人联手共谋大业本来是一件好事情。然而，庞涓却因为担心孙膑的才能超过自己，抢了自己的风头，夺了自己的功名，因此心生嫉妒，并且狠心设计陷害于他，想置他于死地。故此，他设计圈套陷害孙膑，在魏惠王面

[①] "着相"，常见于佛家术语，意思是执着于外相、虚相或个体意识而偏离了本质。"相"指某一事物在我们脑中形成的认识，或称概念，可分为有形的、可见的物相和无形的即意识上的心相。

前诬陷他。魏惠王听信谗言，无端处孙膑以膑刑，挖掉他的膝盖骨，砍断他的双脚，在他脸上刺字。最后，孙膑为庞涓设下了减灶计，让他以为齐军溃散，便带领少数精兵追赶，孙膑还在马陵道设下埋伏，将庞涓乱箭射死。

贪图功名的人，常常为人做事得寸进尺而不知节制，恃才傲物，行事心狠手辣，为达目的不择手段，最终害人害己。殊不知，少取反能多得，贪多反遭反噬。

■ 利禄：一旦着相，自毁前程

西晋有一位著名的文学家、政治家，被誉为"古代第一美男"，他就是"貌比潘安"中的潘安。他出身儒学世家，少年时随父亲宦游各地，见多识广，青年时就读于著名的洛阳太学，二十多岁就已经入仕，在权臣贾充手下当值。

他才华非凡，却总是与荣华富贵无缘，后有机会到京都做官，便开始处心积虑地挤入权贵富人的圈子。他遂与巨富石崇、陆机、左思、刘琨等人混在一起，被称为"鲁公二十四友"。巨富石崇曾经因为与王凯斗富而名噪一时，潘安等人也时常活跃在石崇的金谷园中，密谋一些不可告人的事情。

潘安的母亲曾经不止一次地劝诫他，不要因为贪图名利而攀炎附势，盲目站队，妄议朝中党争，卷入阴谋之中，而他表面上答应，私底下却依然不满足。最终，八王之乱后，赵王司马伦夺权成功，将潘安抓捕，并灭了他的三族。

潘安本来是一个文才俱佳的美男子，家世也不错，虽非极尽富贵，却也颇为殷实。然而，他却因为自己的贪欲，不仅自毁前程丢了性命，而且还连累了整个家族被诛。

自古以来，贪图金钱利禄的人，往往没有好下场。人想要富贵，本身是没有错的，但是"君子爱财，取之有道"。要想获得富贵，就必须踏踏实实地付出，赚干净的钱，走安心的路。好比一个普通人，努力攒钱，终于有了自己的房和车，一家人住在一起其乐融融。但如果看到别人住大房子、开豪车，心里不平衡，起了歪心思，走上了违法的不归路，虽然暂时得到了自己想要的一切，但是总有东窗事发的一天，最终自取灭亡，一切又竹篮打水转头空。

■ 爱恨：一旦着相，贻误终生

在金庸先生经典武侠之作《射雕英雄传》中，前大理皇帝、五绝之一的"南帝"段智兴，可谓是因爱生恨、贻误终生的典型。

他本是文能提笔治天下、武能上马定乾坤的大理国皇帝，身居高位之上，受万人敬仰。然而，他的爱妃瑛姑与周伯通私通，在皇宫做出了荒唐之事，并且有了孩子。

他不仅没有迁怒杀了那二人，反倒忍痛割爱成全了他们，还容忍爱妃生下私生子，并且一如既往地供她锦衣玉食。但是，当瑛姑带着奄奄一息的孩子跑来求助于他的时候，他却因爱生恨，狠心拒绝为其救治。最终皇妃瑛姑的儿子早夭，二人反目成仇，他懊悔终身，出家为僧，一直默默照顾瑛姑十几年，来救赎一生的悔恨和愧疚。

人这一生，少不了两件事：谋生、谋爱。爱，在一个人的生命中占据着不可或缺的位置。这世间，不知有多少痴情男女，因爱恨怨念，曾经蹉跎了岁月，曾经误了芳华。"命里有时终须有，命里无时莫强求。"得到或失去，皆是常态。情缘在时好好爱，情缘去时好好散，才能不折磨自己，不畏难别人。洒脱转身，大步向前，才能让过往随风，让未来可期。

■ 情仇：一旦着相，深陷泥潭

明朝时期，女真各部之间曾经因为第一美人东哥，演绎了一场又一场的情仇大战。

当时女真分为东海、海西、建州三大部分，海西女真分哈达、叶赫、乌拉、辉发这四部，对他们最有威胁的是努尔哈赤领导的建州。叶赫部联合各部与努尔哈赤大战几次后皆惨败，而且努尔哈赤还将叶赫贝勒布桑斩于阵中，从此两部结下仇怨。

后来，叶赫贝勒布扬古、金台石忌惮努尔哈赤强大的军事力量，为了缓和关系，他们许诺将叶赫美女叶赫那拉·布喜娅玛拉（即东哥）嫁给努尔哈赤，努尔哈赤喜出望外。然而，面对昔日的杀父仇人努尔哈赤，东哥誓死不嫁，叶赫部只好悔婚，努尔哈赤感觉自己受到了奇耻大辱。

不久，哈达部内讧，叶赫部趁机掠夺，哈达部向努尔哈赤求助联盟报仇，叶赫部得知消息后，致信哈达部贝勒猛骨孛罗，答应愿将东哥嫁于他，以重修旧好。色迷心窍的猛骨孛罗竟然答应了叶赫部，背弃了努尔哈赤。努尔哈赤一怒之下攻打哈达部，猛骨孛罗被俘，哈达部灭亡。

最终，叶赫部同样怕乌拉、辉发两部与努尔哈赤联盟威胁自己，分别先后利用东哥作为联姻的诱饵，让两部纷纷背弃努尔哈赤。这一行为惹怒了努尔哈赤，让女真四部因而相继灭亡。海西女真四部的相继灭亡与情仇直接相关。

有多少人一生都在渴望一份独一无二、完美无缺的爱情。然而，现实生活中，我们总会遇到各种各样的"劣质品""伪冒品"般的感情。正如纳兰性德的词所说："人生若只如初见，何事秋风悲画扇。等闲变却故人心，却道故人心易变。"是啊，因为承诺难守，人心更是善变，有时候太过执着会让人深陷感情的泥潭，痛苦挣扎。

2. "忽上忽下"背后，遵循什么规则

在功名利禄之中"忽上忽下"，无论是处于功成名就的巅峰，还是处于碌碌无为的谷底，每个人都在为自己的认知"买单"或将其"变现"。唯有拎清楚其中的规律，才能在这起伏不定的波涛中，找到属于自己的人生方向，成为自己命运的主宰者。

（1）害怕吃亏，不情不愿

在"忽上忽下"的内心斗争中，人仿佛置身于一片迷雾之中，前方的道路模糊而难以辨认。这种不确定性，让许多人的内心充满了疑虑和恐惧，进而在潜移默化中影响着他们的行为和选择。在这背后，其实反映出了一种普遍的心理——害怕吃亏，以及由此产生的为自己或为别人做点什么都不情不愿的态度。

害怕吃亏，源于对未知的担忧，对结果的疑虑，以及对自身利益的过度保护。当一个人面临需要承担、付出或给予的时候，这种"害怕吃亏"的心理，就像一只无形的手，紧紧攥住人的心，让人变得犹豫不决，甚至不情不愿。有句话说得好，"内心富足的人才会愿意给予"。害怕吃亏的人，本质上具有精神层面的"贫穷"。他们认为：自己拥有的本来就很少了，还要再给予别人，岂不是更少了吗？

不情不愿，道出了许多人在面对承担和付出时的真实心态。许多人在面对"看不见，摸不着，感受不到"的东西，比如信任、情感、承担和付出等时，往往会感到一种深深的不安。因为这些东西没有明确的衡量标准，

也没有即刻的回报，他们害怕得不到应有的回报，害怕被他人利用或辜负，害怕自己因此而吃亏。因此，即使是为自己最亲近的人做点事，许多人也总是会有所保留，不愿意全心全意地投入。

这种害怕吃亏的心态，使有的人在给予时变得吝啬。更有甚者，为了自身的利益，不惜去算计别人，想要多拿多占。他们以为这样就能够避免吃亏，却忽略了这种行为所带来的负面影响。它不仅会破坏人与人之间的关系，也会让自己在人生的道路上越走越窄，失去那些真正宝贵的东西，比如爱与信任。

(2) 向外比较，患得患失

我们时常将目光向外投射，关注着他人的生活，计较着自己的得失，在患得患失的情绪中"忽上忽下"，难以获得内心的安宁。

向外比较，往往会让人陷入无休止的攀比之中。有的人只看到别人"吃肉"，但没看到别人"挨打"，总是一味地羡慕别人的成功和幸福，却忽略了他们背后所付出的努力。有的人总是拿自己的不足与他人的优点相比较，从而让自己陷入自卑和焦虑之中。然而，这种比较并没有任何意义，因为每个人的生活轨迹和人生经历都各不相同，无法将自己与他人进行简单地对等衡量。

患得患失，则是一种更为深层的心理困境。当人们过度关注物质层面的得失时，内心就会变得越来越脆弱。有的人因为害怕失去已拥有的东西，也害怕面对未知的风险，总是紧紧抓住手中的一切，不愿意放手。然而，这种患得患失的心态，只会让人失去冒险的勇气，错失尝试新事物的机会，在人生的道路上畏首畏尾。

然而，这种向外比较，进而患得患失的心态是普遍存在的。有的人总是担心自己在学习、工作、家庭、财富等方面的问题，担心自己得不到想要的，而得到之后又害怕失去已有的。但是需要明白的是，这种担忧并不能解决任何问题，只会让自己更加焦虑和不安。也就是说，如果一个人总是担心自己会失去已有的，那么他的内心就无法拥有真正的富足感和安全感。他总是在担心和忧虑中度过每一天，无法真正享受生活的美好。

倘若能够摆脱与外界的过度比较，转而专注于自身的成长与进步，人生会不会展现出截然不同的风貌呢？不妨试着问问自己：我是否比过去更加快乐？我是否在知识和经验上有所积累？我是否在人生的道路上稳步前行？只要坚持这样的自我反思，确保每一步都是向好向前的，那么今天将比昨天更好，明天则将超越今天。当一个人开始以自我为参照，就会发现心中的忧虑和不安开始消退，取而代之的是内心的平静和从容。同时，也会更加坚信，未来的日子里会有更多的机遇和更美好的事物等待着自己。

（3）人心不古，以为聪明

为什么人的内心世界会如坐过山车般忽上忽下，难以捉摸？因为外面的花花世界，皆是内心的投射。追根溯源，不过是因为人心不古。人们总以为自己聪明，却未曾察觉邪恶抵不过善良，聪明抵不过厚道，而这恰恰是导致人们陷入困境的根源。

人心不古，不古什么？ 这"不古"是指不再像古人那般纯粹，心中没有了那份对天道的敬畏。有多少人或为了一己私欲，或害怕他人占了便宜，或见不得别人好，而渐渐失去了承担和付出的勇气。许多人因此变得浮躁，变得功利，变得市侩，总是盘算着如何才能够快人一步占得先机，却忘了人生的真谛在于付出与收获的平衡。

人心不古，不古什么？ 这"不古"更是体现在自以为聪明过人，便妄图操控一切。许多人一直在斤斤计较、费尽心思算计别人，想要自己少付出一些、多获得一些，却未曾想过"人算不如天算"，落得个"聪明反被聪明误"的下场。有多少人为了眼前的利益，不惜牺牲自己甚至他人的幸福与尊严，却未曾想过，这样的行为最终会让自己失去更多。

比如在游戏行业，一些游戏公司为了追求更高的流量和利润，运用各种利用人心的手段。游戏设计者通过复杂的奖励机制、引人入胜的通关设置，甚至不惜加入一些低俗趣味的内容，使玩家沉迷其中，难以自拔。这种设计往往忽视了游戏的教育意义，忽视了游戏对玩家心理健康的潜在影响，导致许多人花费大量时间在虚拟世界中，忽视了现实生活中的学习、工作、家庭和人际交往。

许多人一直在舍本逐末，却不知道"德本财末"的道理。许多人只是一味地追求财富，纠结痛苦于为什么得不到功名利禄，却不曾反思自己的品性、德行、智慧、能力是否足够，自己有没有真正为之努力。如果人将"因果"都颠倒了，内心变得空虚，又如何能够通过外在的物质得到满足呢？这正是因为，人心的"妄想"与"执着"，让人变得越来越不纯粹。

人的欲望，也总是与自己的德行不相匹配。许多人总是想要得到更多，却不愿意付出相应的努力。许多人总是在等着上天、等着国家、等着父母、等着他人来给予自己想要的一切，却未曾想过自己的品性、德行、智慧和能力能否匹配自己所处的位置，最终只会让自己陷入困境和麻烦之中。这不就是古人所说的"德不配位，必有灾殃"吗？

内心世界的忽上忽下，不过是人心不古的真实写照。当我们放下心中的"妄想"与"执着"，回归内心的纯粹与真实，相信"种善因得善果，种恶因得恶果，自因自果，没有例外"，以平和的心态，去面对生活中的起伏变化，或许就能够真正领悟人生的真谛，找到属于自己内心的那片"美丽田园"。

（4）没有自我，跟风从众

在当下这个信息爆炸的时代，有的人被各种声音和潮流所左右，失去了独立思考和坚定信念的能力。有的人为了追求功名利禄而疲于奔命，像是一叶无根的浮萍四处漂泊，在社会的洪流中随波逐流。这种迷失的状态，其实很大程度上源于自己内心缺少了那份坚守自我的主见。

人是环境和氛围的产物，这一点无可否认。但关键在于，不能仅仅为了迎合环境，或是为了避免被排斥而盲目地跟风从众。在这个过程中，许多人放弃了独立思考的能力，别人说什么他们就信什么，别人怎么做他们也跟着去做。这种不假思索的盲从，不仅让人们失去了个性，更让他们失去了判断是非、黑白、曲直、对错、好歹的能力。

当一个人失去了内心的自我，就像失去了灵魂的躯壳，只能在别人的意见和行动中找寻自己的存在感。这种存在感的缺失，让人们迫切地想要通过模仿他人来填补内心的空虚。然而，这种模仿往往是肤浅的，只能触及表面，而无法触及真正的自我。

这种跟风从众的行为，其实是对自我价值的一种否定。它让人们放弃了对真理的追求，放弃了对个性的坚守，甚至放弃了对道德底线的守护。在追求功名利禄的过程中，他们忘记了遵循天道、世道和人道的根本要求——德。没有德，再多的功名利禄，也只是梦幻泡影，终究无法长久。

因此，找回内心的自我，坚持主见，刻不容缓。我们在追求功名利禄的同时，不应忘记对真理的探索，对个性的坚守、对道德的守护。如此才能在社会的洪流中保持清醒的头脑，不盲目跟风，走出一条属于自己的道路。

3. 谁可主沉浮，如何实至名归

伟大领袖毛主席以《沁园春·雪》感慨道："北国风光，千里冰封，万里雪飘。望长城内外，惟余莽莽；大河上下，顿失滔滔。山舞银蛇，原驰蜡象，欲与天公试比高。须晴日，看红装素裹，分外妖娆。江山如此多娇，引无数英雄竞折腰。惜秦皇汉武，略输文采；唐宗宋祖，稍逊风骚。一代天骄，成吉思汗，只识弯弓射大雕。俱往矣，数风流人物，还看今朝。"

"江山如此多娇，引无数英雄竞折腰"，即便是王侯将相，也绕不开功名利禄，究竟谁能在这历史的洪流中主宰沉浮呢？许多人因为拎不清楚功名利禄背后的规律，而使内心颠倒，被妄念充斥，执着于虚幻的表象，从而本末倒置，难以顺遂心愿。那么，究竟如何才能真正顺遂所愿，坐拥功名利禄且实至名归呢？

（1）不忘本位，恪守本分

人生如白驹过隙，名利场中纷纷扰扰，爱恨情仇纠葛交织，每个人似乎都在为了这些外在的纷扰而疲于奔命，这无一不在考验着我们的定力与智慧。然而，真正能够经受得住考验，做到"不着相"，"不畏浮云遮望眼"，还能坚守本心，不忘本位、恪守本分去做自己的人，又有多少呢？

本位，代表着每个人在生活中的位置，是人生不可或缺的身份角色。而本分，则意味着要恪尽职守，尽心尽力地履行那些由本位所赋予的责任与义务。

不管是谁，都有自己的位置，都需要承担相应的责任与义务，都有其独特的价值和使命。在"德"面前，人人平等。"德不配位，必有灾殃"，如果一个人的品德与他的位置不相匹配，那么他就可能会面临种种困境和灾难；反之，"德以配位，必定安然"，如果他的品德与他的地位匹配，那么他就能够平稳安泰地度过一生。

为什么要强调"不忘本位"呢？在人生的旅途中，人最容易拎不清自己，忘记自己的初心和使命。有时候，可能会因为羡慕别人的成功和地位，而错位去做一些并不适合自己的事情，背上了别人的"因果"，反而忽略了自己应该做的事情，导致"德不配位"。

为什么又要强调"恪守本分"呢？恪守，意为"谨慎而恭顺地遵守"，是对自己责任的坚守。随随便便行吗？马虎大意行吗？做做样子行吗？搞搞仪式行吗？都不行。这就要求自己，不管有没有其他人的监督，都要时刻保持敬业精神，用心去做每一件事情，努力做成事、做好事、拿到好结果。

牢记自己的本位和本分，不断提升自己的品性、德行、智慧和能力，才可能在功名利禄的诱惑面前，保持自己的定力与智慧，让自己的人生稳步向好向前。

（2）主动承担，积极付出

功名利禄并非凭空产生，归根结底，利的背后是事，都是通过"事"这一载体在工作中产生的。无论是为之奋斗的事业，还是默默付出的善业，一切都是为了人，为了让更多人过上更好的生活，奔赴更好的未来。正如稻盛和夫所言："钱不是赚来的，而是帮助别人后给予我们的回报。帮助的人越多，得到的回报就越多。"这种回报，并非仅仅局限于物质财富，更多的是一种精神上的满足感和成就感。

当一个人主动承担，积极付出，真心实意地去帮助他人、解决问题、创造价值时，就会得到相应的回报。这种回报，或许不会在当下立即显现，但只要持之以恒，就一定能够感受到它的力量。帮助的人越多，能够得到的回报自然就越多。这是因为，善举会如同涟漪一般，一圈圈地扩散出去，影响到更多的人。而这些得到帮助的人，又会将这份善意传递下去，形成一个良性的循环，最终造福一方人。

可以说，能否获得功名利禄，源于主动承担与积极付出。在承担和付出面前，关键在于愿意还是不愿意，如果心甘情愿，承担和付出就变得容易，变成幸福的来源；如果不情不愿，那么承担和付出就变成了压力，变成痛苦的来源。只要做好自己，以宽广的胸怀去拥抱这个世界，以无私的心态去帮助他人，以坚定的信念去追求自己的梦想，绵绵发力、久久为功，或许就能收获满满，实现自己的人生价值。同时，我们还要做到自达达人，去回馈社会，帮助更多的人，让这个世界因为我们的存在而变得更加美好。

（3）捍卫名誉，彰显本领

多少人在红尘中摸爬滚打，心中怀揣着对功成名就的渴望，盼望着有朝一日能够扬眉吐气。然而，现实往往不尽如人意，许多人在追逐名利的过程中，渐渐迷失了自我，最终落得个"盛名之下，其实难副"的尴尬境地。君子求名，但求实至。真正的君子，当然也追求功名利禄，但并非为了虚名浮利，而是为了实至名归。他们深知，名声并非凭空而来，而是需要凭借自己的真才实学和辛勤努力，逐步彰显自身的价值，捍卫名誉，展现本领，才能名副其实。

捍卫名誉，首先从确保给人留下良好的第一印象开始。具体应该怎么做呢？我结合自身两年来的修炼与实践，归纳和总结出自己的一些思考与体悟，不一定完全正确，仅供有缘人参考。

第一，广结善缘。珍惜每一次的相遇，力求自己在一出声、一出手时，显示出自己积极的态度，展示出自己独特的魅力，表达出自己深刻的认知。事后还应进行复盘反思，评估自己的表现以检讨得失，并持续地修炼演变自己，争取在下一次与人相遇时，给别人留下更深刻美好的印象。

第二，不攀缘。在双方的认知和实力不对等时，自己不应该一厢情愿，单方面强求结缘。也许自己费了九牛二虎之力，也未必能达成彼此所期待的状态。此时，还应回到第一点，事后进行复盘反思，评估自己的表现以检讨得失，并持续修炼演变自己，争取在下一次相遇时，给别人留下更深刻美好的印象。或许，自己与世界的关系就是这样建立起来的吧？

彰显本领，是对自我尊严的一种坚守和维护。名誉如同一个人的脊梁，只有挺直了脊梁，才能够堂堂正正地立于天地之间。因此，须时刻保持警觉，一出声显态度，一出手见人品，想到就要说到，说到就要做到。自己的名誉不可能靠别人来维护，必须通过自己的一言一行来捍卫，通过自己的本事来证明。如果没有彰显出自己过硬的本事，只是装腔作势、耍嘴皮子，这样的人如何能得到别人的尊重和认可呢？

然而，要真正做到捍卫名誉、彰显本领并不容易。有的人可能会因为一时的冲动或利益诱惑而做出违背本心的事情；有的人可能会因为害怕得罪人而选择沉默隐忍；有的人可能会因为别人的误解或诽谤而陷入困境，甚至产生自我怀疑，不敢伸张正义、坚持原则。

但是，正如鲁迅所说，"真的猛士，敢于直面惨淡的人生，敢于正视淋漓的鲜血"，真正的君子，敢于直面自己内心对于功名利禄的渴求，亦敢于同"人性""人心"恶的一面作斗争，始终坚守自己的原则与底线。只有那些视名誉如生命般重要的人，才能经受住考验，始终恪守本分，通过做成事、做好事、拿到好结果来彰显本领、证明自己，凭人品与实力获得名副其实的认可。

（4）但行好事，莫问前程

在这喧嚣的世界中，有的人被功名利禄的诱惑所困，让欲望的波涛在心中汹涌澎湃；有的人追求着更高的地位、更多的财富、更大的权势，却往往忽略了内心的平和与宁静。然而，功名利禄皆是身外之物，"人心颠倒""忽上忽下"是常态，皆因内心着了物相、心相而迷失了自我。

那么，如何在欲望的海洋中驾驭人生之舟，不被物相、心相所困，保持一颗平常心呢？答案就是——但行好事，莫问前程。

但行好事，并非盲目地随波逐流，而是要有目的地去做那些有益于自己、有益于他人的事情。这需要自己具备辨别是非、明辨善恶的智慧，更要有坚定的信念和勇气，去做那些难而正确的事。如此才能在追求自我价值的道路上，不被外界的纷扰所动摇。

而莫问前程，则是一种超脱的态度。它告诉我们，不要过分关注未来的结果和回报，而是要专注于当下的每一刻。当我们全身心地投入到每一个当下时，成功和幸福往往会在不经意间降临。而这种超脱的态度，也会让自己在面对挫折和失败时，更加从容和淡定。

人生之路漫漫，唯有不忘本位，恪守本分，才能保持内心的坚定与自信；唯有以主动承担、积极付出的姿态面对生活和工作，才能赢得他人的尊重与认可；唯有通过捍卫名誉、彰显本领，才能不断绽放自己的才华与魅力；唯有保持一颗平常心，但行好事，莫问前程，才能在纷扰的世界中保持宁静与从容。这四点相辅相成，只要我们每日践行，不断精进，便能主宰自己人生的沉浮，最终收获满满。

三、让智慧根植于心，装上导航不迷失

"天下熙熙皆为利来，天下攘攘皆为利往"，功名利禄，有谁不想多得？或许许多人都希望能够懂得真正的取舍之道，不被利益驱使。功名利禄如浮云变幻般"忽上忽下"，有谁可以主宰命运沉浮？或许许多人都希望

可以装上一套智慧导航系统，指引自己穿越迷雾。可惜啊，许多人深陷在"熙熙攘攘"与"忽上忽下"之中，逐渐变得唯利是图、沽名钓誉，彻底在欲望的汪洋大海里沉沦。那么，如何才能迷途知返，驾驭好自己的人生之舟呢？

1. 如何在心田种下"真善美"的种子

人世间的利益纷争与爱恨纠葛如同野草般蔓延，人与人之间难以达成共识，形成真正的认同，从而演化出千姿百态的表象。所有的根源，是对"什么是真正的善"的理解存在着分歧，每个人心中认为的"好"与"坏"各不相同。

因此，若想在这片纷繁之中找到真正的自我，必须从根本上明悟什么是真正的善，即开心快乐、人身安全、身体健康、成长与发展这些本自具足的东西。这部分内容已在第六章重点着墨，此处则点到为止。善，不仅是善待自己，更是对身边人的关爱，对世间万物的慈悲。将古圣先贤的智慧和科学家们的理论精髓根植于心，就如同春雨滋润着我们的心田，让我们在人生的道路上更加坚定、从容。

善知，便是对善良与厚道等一切智慧的深刻理解与体悟。它不仅仅是一种道德准则，更是一种生活态度。只有当我们真正明白什么是善、什么是恶、什么是厚、什么是道，才能在生活中做出正确的选择，避免被纷繁复杂的世事所迷惑。

心田，便是内心的世界，是情感与思想的沃土。在这片广袤的田地里，我们要像农民一样，精心耕耘，播撒真善美的种子。这些种子，或许是一个个微小的善念，或许是一丝丝温暖的关怀，但它们都是内心世界的希望与力量。只有种下真善美的种子，才能结出好的果，倘若一念为恶，也就是在心田播种的种子本身就是坏的，又怎么可能结出好的果子呢？

因此，当把善知作为根基，在心田里播种下真善美的种子时，它们便会在我们的内心深处生根发芽，茁壮成长。它们会慢慢地改变我们的思维方式，影响我们的行为举止，让我们变得更加善良、更加宽容、更加有爱心。随着时间的推移，这些种子会在心田开出美丽的花朵，结出丰硕的果实。这些果实，便是我们在生活中所收获的善缘与福报。它们不仅会让生活变得更加美好，更会让心灵得到净化与升华。

如此即为古人所说的"种善因，得善果"。只有真正地将古圣先贤的智慧和科学家们的理论精髓根植于心，时刻保持一颗善良厚道的心，用善的力量去温暖这个世界，自然就能收获一切美好。

习近平总书记强调："人民对美好生活的向往，就是我们的奋斗目标。"从个人到家庭，从企业到国家，摒弃假恶丑，坚守真善美，真实不虚，势在必行。

那么，人人都向往的真善美，究竟是一种怎样的境界呢？

至真，那是一种纯粹的境界。在许多人都取巧的时代，或许返璞归真才是大道。在现代社会，人们往往被各种诱惑和利益所左右，容易迷失自我，变得虚伪和功利。然而，只有返璞归真，回归到一种纯粹和真实的状态，我们才能找到真正的幸福和满足。对于自己，活出真我，意味着要勇于面对自己的优点和缺点，既不伪装也不逃避，真实地展现自己的个性和才华。对于他人，保持真诚和纯粹，意味着减少私心杂念，远离尔虞我诈，拒绝算计得失，以一颗赤子之心与人交往、合作，去创造一个更加和谐的社会。简而言之，真诚而勇敢地面对自己，勇敢而真实地面对别人，就能成为一个大写的人。

至善，是人文与科技向善的最高境界，它要求我们不仅仅满足于技术的进步，更要关注技术对人类社会的影响，确保科技的发展能够造福人类，而非成为破坏和谐的工具。正如老子所言："上善若水。"至善的人文，应当像水一样，滋润万物而不与任何事物相争，它应当是平和的、包容的、有益的。至善的科技，意味着在创新的同时，还应遵循伦理道德的准则，避免科技滥用带来的风险。这需要我们在科技发展的每一个阶段，都进行道德的审视和自我约束，鼓励那些能够带来积极影响的科技应用，同时避免那些可能带来负面影响的科技滥用。

至美，则是人文"真善美"精神的最终体现。它不仅仅关乎外在的美，更关乎内在的修养和心灵的境界。当一个人构建起内心的秩序，他的心灵便能感知到更多的人间美好，进而在日常生活中展现出积极向上的态度，脸上常常洋溢着幸福的笑容。在家庭中，至美体现为对家人的承担和付出、理解和宽容，减少无谓的挑剔，以此营造出和谐有爱的家庭氛围。在企业中，至美体现为认真履行自己的职责，尊重同事并与之合作，从而构建出自动自发、高效协同、保质保量、提前交付的良好干事创业环境，营造出拥抱变化、喜悦精进、实事求是、匠心独具的促进成长与发展的氛围，助力企业井然有序地运转，推动企业实现基业长青。从个人到家庭，再到企业，每一个层面的至美都是国家整体和谐的基石。当每一个人都能做好自己，每一个家庭都能和谐美满，每一个企业都能高效有序地经营，国家自然会呈现出繁荣昌盛的至美景象。

2. 如何灌溉它，使其扎根生长

当我们把古圣先贤的智慧和科学家们的理论精髓根植于心，让它们在心里生根发芽，这便是一切美好的开始。想要让真善美的种子成长为参天大树，还需要用善良与厚道去精心浇灌滋养，智慧之根扎得越深，吸收的营养就越多，生命之树的活力就越充沛，进而枝繁叶茂，能够庇护更多的人。

善良，是生命之树的甘露。它如同春雨般细腻，悄无声息地滋润着我们的心灵。当我们用善良的眼光看待世界，用善良的行为去影响他人时，生命之树便会因此得到滋养，茁壮成长。善良的力量是无穷的，它不仅能够让我们的内心充满阳光，更能够感染身边的人，让这个世界因我们的存在而变得更加美好。

厚道，则是生命之树的沃土。《周易》有云："地势坤，君子以厚德载物。""厚道"即为厚德载物之道，体现着人的品格与修养，为承载万物提供了坚实的支撑。厚道的人，总是能够赢得他人的尊重与信任，让生命之树在人际交往的土壤中茁壮成长。当我们以厚道的德行去待人接物时，生命之树便会因此而根深叶茂、硕果累累。

古圣先贤的智慧和科学家们的理论精髓，如同生命之水，源源不断地灌溉着我们的生命之树；又似阳光雨露，滋养着我们的生命之树；更似肥料一般，使我们的生命之树茁壮成长。生命之树之所以能够长青，与我们的主动作为——"施肥"密不可分。这与古圣先贤所言"活到老，学到老"一脉相承，唯有深入学习古圣先贤的智慧，将其内化为自己的品质，外化为自己的行为，生命之树才会因此得到更加丰富的养分，更加健康地成长。智慧的力量是强大的，它不仅能够提升我们的内在修养，更能够引导我们走向正确的人生道路。

生命之树，根深才能叶茂，我们要用善良与厚道等美好品质去灌溉、滋养生命之树，如此，它便会以枝繁叶茂的姿态回报我们，为这个世界带来无尽的福荫与美好。

3. 如何装上导航，使人不迷失方向

在人生的旅途中，我们如同驾驶着一辆没有导航的车，时常在十字路口徘徊，对前行的方向感到迷茫。然而，当一个人的内心装上了"导航系统"，一切便会豁然开朗，前行的道路也变得清晰明朗起来。

人有了良知，就如同树木有了根基，心中便有了坚定的道德准则。这份良知，不仅能够指引我们去往正确的方向，更能让我们在纷繁复杂的世界中保持清醒的头脑，坚守自己的原则，获得智慧与幸福。正如机器需要一套操作系统来驱动其运转，人也需要良知来重塑思维，重构自己的内心秩序。

古圣先贤的智慧和科学家们的理论精髓根植于心，就如同在我们心中装上了一套高度智能的操作系统，让我们能够"心中有，知前后，明左右"。当心中有人、心中有事，进而心中有经纬，便能朝着明确的方向稳步前进；当知前后，知道事情的前因后果与发展的承前启后，清楚过去的经历与未来的道路，便能够更好地避免重蹈覆辙；当明左右，明白左右关系与亲疏有别，就能洞悉身边的环境与人事，从而做出更加明智的决策。

古圣先贤的智慧和科学家们的理论精髓，就像一面面镜子，让人时刻观照自己的内心，反思自己"怎么想、怎么说、怎么做"，从而不断地修正和提升自己。我们要审视自己当下的念头，当内心产生"贪嗔痴慢疑""颠倒妄念执着"等恶念时，这些智慧就提醒我们及时刹车，避免心路上出现"交通事故"，更避免因为一时的恶念而导致"车毁人亡"。

装上这套"幸福智慧系统"，人生便仿佛拥有了一个得力助手。用心去感受它、领悟它、实践它，便能够更好地在人生的道路上明辨方向、判断对错，时刻做到断恶修善，确保安全，在面临选择时不再迷茫，在遭遇困境时不再慌乱，始终坚定信念勇往直前。

4. 如何指明方向，使人行稳致远

在人的内心深处，仿佛隐藏着一盏明灯，这盏明灯不是外界的任何光芒所能比拟的，它能够让人心生力量，心生万法，心生世界。一旦心灯被点亮，人便能拥有无穷的智慧和能量，能够洞察世间的真相，照亮前行的

道路。

让我们看看古人是怎么想、怎么说、怎么做的。

中国最早的医学典籍《黄帝内经》中云:"德全不危。"这是指当一个人道德完备,就不会有人心危虑、人身危险、人际危机。为什么会如此神奇?

从现代医学的角度来看,德全意味着尊重生命本身的规律,保持平和宁静的心态,克制欲望,内心安定,劳逸结合,顺应自然。这种生活方式有利于身心健康,是实现长寿的关键。

从个人修养的角度来看,德全是指一个人的品性、德行、智慧和能力都足够支撑他所处的位置,能够从容应对生活中的各种困难和挑战,承担起身上的重任。具备这些品质,人在面对困境时就能够从容应对,向好向前。

从人际关系的角度来看,德全意味着一个人的品德、功德、福德都修炼得很好,即人品和态度都过关,道德修养和能力都良好,得到了他人的信任和认可。这样一来,人际关系更加和谐,人更容易立足社会,获得发展。

正因为德全,人能够内心从容安定,没有不安和恐惧,从而避免心灵上的危虑;人能够调整自己的思想和行为,断恶修善,确保人身的安全;人能够感召到良师益友,赢得他人的信任和尊重,使人际关系更加稳固。

反之,当一个人在利益面前失去平衡,情绪"忽上忽下"产生波动时,往往会引发身体各种疾病,这就是"德不配位,必有灾殃"的体现啊!

让我们再看看国外科学家是怎么想、怎么说、怎么做的。

据世界卫生组织统计,人类90%的已知疾病,其根源在于情绪波动。而从数据来看,目前与情绪有关的疾病已达200多种,甚至还有很多疾病是医生都没有办法解决的。这恰恰与古圣先贤的智慧不谋而合。

古今中外皆如此,神奇吧?如何驾驭好自己的心,就是这一切的关键所在。点亮心灯,便是要时刻保持内心的善良与厚道。否则,"一念嗔心起",情绪就会失控,进而"百万障门开","火烧功德林"。因此,要学会觉察自己的念头,驾驭自己的情绪,让自己的内心始终保持在一种平和、喜悦的状态,如此便能抵御外界的种种诱惑。同时还要学会关爱他人,让善良与厚道充满自己的内心,去传递正能量,照亮更多人的心灵,共同创造一个更加美好、和谐的世界。

有人或许会问:是否装上了"幸福智慧系统",就能一路行稳致远,畅通无阻呢？现实往往并非如此。我们身处一个科技高度发达的时代，车辆都配备了各种先进的智能系统，其中激光雷达能够精准感知障碍，车机算力足以应对复杂的路况，甚至已经初步实现了自动驾驶的功能。但即便如此，交通事故却依然频频发生。

其中的原因何在？答案或许就在我们自身。路的上面是车，车的里面是人，真正驾驶这些车辆的，是我们的心。人心，这个最复杂、最难以捉摸的因素，往往成为决定人能否畅行天下的关键。这归根结底，又回到一个重要的原点——安心，才能立命。驾驭好人心，才能驾驭好人生。

四、持经达变立于世，游刃有余多自在

经过对智慧的播种、浇灌与培育，让自己形成一套可以灵活应变的"幸福智慧系统"，我们或许便能游刃有余地应对世间万事万物，可以自由自在、心无旁骛地在世上优雅地生活。这是不断修炼演变才能达到的境界。

王阳明龙场悟道后，为什么能够所向披靡、战无不胜？他所创立的心学中有一句至关重要的要诀："此心不动，随机而动。"

这句话可以理解为："我当下的心是'空'的，不受一丝一毫杂念的影响，不会因事物产生波动，但是外在事物的变化，我能感知到，也能洞察到其中的一切虚妄，并对这些虚妄做出正确的应对措施。"

世事变幻无常，由于"人性""人心"以及"业力"的存在，人们遇事常常容易躁动、骚动、欲动。人心容易受外在事物所影响，导致情绪激动、慌乱、惧怕，对心智造成干扰，使思绪出现较大波动，方寸策略就会乱，应对措施也会出现偏差，最后的结果往往是事情变得一团糟。

如何安抚躁动不安的心？情绪来时，我们只需知道情绪来了，觉知它，然后就随它去，情绪自然就会慢慢平复。千万不要试图强行压制它，而是要通过觉知来体验它、顺应它，当有觉知后，情绪就难以绑架我们了。如此这样，就可以恢复理性状态，做到遇事不乱，进而能够随机应变。正如曾国藩所言："物来顺应，未来不迎，当时不杂，既过不恋。"

王阳明先生平定宁王叛乱，以临时拼凑的部队，仅用了35天就摧毁了宁王的十万大军。

有弟子问先生："用兵有术否？"先生回答："用兵能有什么术？只是

学问纯笃,养得此心不动罢了。"弟子沾沾自喜道:"那我也能用兵。"

先生看向该弟子,弟子脸上充盈着自信的光:"只要临战时让此心不动,不就如您一样谈笑间击败敌人了?"

先生笑问:"你怎样让自己的心不动?"

弟子回答:"我用心控制它啊。"

先生又问:"你的心被你全力控制着不动,那你用什么运筹帷幄呢?"

弟子哑然。

此心不动,就能在面对各种情境时方寸不乱,应对自如。欲养得此心不动,须自信、学养深厚,具备谋事的大局观,在现实生活中做符合道义的事,修持善念、积累善行,心胸坦荡,才能顺应事物的变化,做到随机而动。

1. 工作上,如何闲庭信步

在古圣先贤智慧的加持下,如何能够持经达变,以不变应万变,做到游刃有余、自由自在呢?这意味着凡事都能够自己做主,做到"心中有,知前后,明左右",自然能在工作中信心满满,闲庭信步。

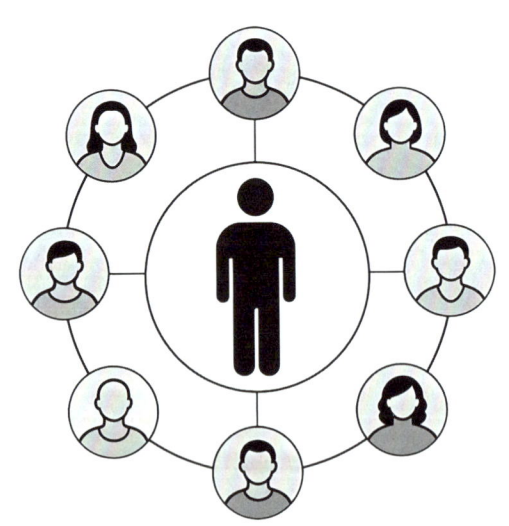

心中有,知前后,明左右

做成事,做好事,拿到好结果

（1）心中有

■ 首先，"心中有人"

"心中有人"，是指心里装着别人，这是得到别人认可、认同和支持的前提。

以我本人创办的名仁慈善基金会为例，每一次慈善活动，都是一次深度的社会互动。要想让慈善活动发挥出最大的力量，首先必须得到政策层面的支持，紧密贴合党和国家的方针政策，与各地的教育理念相契合。名仁慈善基金会在习近平文化思想的引领下凝聚力量、坚定信念，深知当前中小学肩负着"为党育人、为国育才"的崇高使命，校园文化思想建设十分重要且刻不容缓。国家蓬勃发展，慈善弥补缝隙，名仁慈善基金会始终秉承"愿世间的一切美好都与你有关"的初心使命，聚焦祖国新生代的成长与发展，助力革命老区乡村中小学教育发展，发起了公益项目"让世界看见更美的你"，致力于从根本上激活人的内生动力，赋能校长引领老师和学生成长与发展，最终实现每个人都能让世界看见更美的自己。

其次，要得到执行层面的认同。执行层面包括各中小学校校长以及出资出力的乡贤企业家。名仁慈善基金会一头连着乡贤企业家（捐赠者）吸纳善款，一头连着学校校长（执行者）资助纾困，只有实现两方的良性循环，才能把好事做好，真正发挥慈善基金会的作用。基金会按照"政府主导、基金会搭台、民间唱戏、乡贤企业家当主角"的运作模式，将重点设在教育领域还存在的缝隙与缺口，联合广大中小学校先行一步，坚定为校长赋能，构建环境造就人、营造氛围滋养人，开展"奖学奖教助学"活动，以"星星之火"感召民间的乡贤企业家出钱出力，形成"燎原之势"，给更多老师和学生鼓把劲，一起向好向前。

再次，得到受众层面的支持。受众层面包括教书育人的老师和广大学生。"成长与发展"是人永恒的主题，名仁慈善基金会立足老师和学生的"成长与发展"，真正把习近平总书记所提出的"四有"好老师和"四个引路人"目标做实、做足、做深、做细，通过构建校园文化环境、营造校风、班风、学风氛围，实现文化育人、潜移默化、润物细无声，鼓励老师成为名师，激励学生考取更好的学校，奔赴更好的前程，达到"教学相长"的效果，把"为党育人、为国育才"落到实处。

想要得到别人的认可、认同和支持，必须做到"心中有人"。带着钱和智慧去做慈善是如此，做事业则更要如此。若心中没有人，得不到别人的认可、认同与支持，又怎么能做好一家企业呢？

一家成功的企业，定是老板"心中有人"的企业。

企业活动须符合国家政策和法规的要求，这是企业的行动指南，也是企业的底线。只有得到党和国家政策层面的认可，企业才能稳健发展，为社会创造更大的价值。企业还需得到行业的认可，这不仅代表了一家企业的专业能力，也是对企业信誉和品质的肯定。只有得到行业的认可，企业才能在这个竞争激烈的市场中立足。

企业须得到客户、上下游合作伙伴以及企业内部合作伙伴的认同。客户的认同代表企业的产品和服务得到了肯定；上下游合作伙伴的认同则代表企业在产业链中的价值和地位得到了认可；企业内部合作伙伴的认同则代表企业团队精神和协作能力得到了肯定。

企业须得到客户、用户以及企业内部所有人员的支持。客户的支持是企业生存和发展的基础，用户的支持是企业产品和服务质量的直接体现，而企业内部人员的支持则是实现目标、推动企业发展的强大动力。

■ 其次，"心中有事"

"心中有事"，这里的事是特指自利利他、无我利他的事。当下要做的事情、一个阶段要处理的项目，以及一生为之努力奋斗的事业等，都属于事的范畴。然而，如果一个人心里没有别人，只关注自己的利益，这就叫"心事"，"心事"越多，自我内耗越严重。这样的"心事"，当然是越少越好。

以工作为例，"心中有事"可包括以下几种情况。

第一，清晰地知道自己要做什么事。根据自己的兴趣、专长和市场需求，进行深入的分析和比较，最终制定出一个切实可行的目标。这个过程需要对自己有深入的了解，知道自己的优势和劣势，同时也要对外部环境有敏锐的洞察力，了解市场的需求和趋势，制定出一个既符合自己价值观，又能让自己保持热情和动力，更能为社会带来价值的目标。

第二，明确要做的事要达到什么样的标准。设定具体、明确的标准和期望，这些标准既要具有挑战性，让自己在追求中不断突破自我；又要具有可实现性，让自己在努力中看到希望。

第三，知道要做的事的关键点和难点在哪。这需要对事情进行深入剖析，识别出可能影响成功的关键因素和潜在障碍。关键点可能是任务的核心环节，需要投入更多精力和资源；难点则可能是技术难题、资源限制或外部环境的挑战。了解这些后，就可以针对性地制定解决方案，采取相应措施来克服困难，确保任务顺利进行。

第四，知道如何做好事并拿到好结果。在做事的过程中，既要关注当前的业绩和成果，又要考虑未来的发展和变化，更要不断创新和改进，从失败中汲取教训，从成功中提取经验，不断反思和调整策略，让每一次的尝试都成为下一次成功的铺垫。

■ 此外，"心中有经纬"

经纬在心，纵横天下。做好自己是一切的根本，如何在心中有人、心中有事的基础上做好自己呢？还需要在心中种下经纬之线，如此方能纵横天下，游刃有余。

经纬，可视为天地之大道、人生之准则。经，是纵向的线条，可代表内心坚守的初心与使命，也可代表目标与方向；纬，是横向的线条，可象征着对人和事的连接，也象征着做事的方法与步骤。只有心中有了经纬，才能在工作上不偏不倚，既保持自己的原则，又能适应外界的变化，做到灵活变通、游刃有余。

经纬在心，首先要明理。要深知天地之间的规律，明了人世间的道理。只有明理，才能不迷失方向，才能在复杂多变的世界中保持清醒的头脑。明理之人，心如明镜，能够洞察事物的本质，从而做出正确的判断和决策。

经纬在心，其次要修身。修身是做好自己的基础，它涵盖了品性、德行、智慧、能力等多个方面。要不断提升自己的品德修养，做到诚实守信、正直无私；同时，还要不断学习新知识，提高自己的学识水平；更要锻炼自己的能力，使自己具备应对各种挑战和困难的能力。

经纬在心，最后要达变。达变是提升自我的关键，它要求在坚守原则的基础上，灵活应对外界的变化。人生不可能一帆风顺，总会遇到各种意想不到的困难和挑战。面对这些变化，不能墨守成规，更不能固步自封。要学会变通，学会在变化中寻找机遇，在挑战中寻求突破。

心中有经纬，方能纵横天下。只有我们做好自己，明确了自己的经纬，不断提升自己，无论身处何地，无论面对何种境遇，才能保持内心的平静与坚定，从容应对各种挑战。这样还能够让我们在复杂的人和事中游刃有余，在激烈的竞争中脱颖而出，更能够在不断变化的时代中保持独立思考，创造出属于自己的精彩人生。

（2）知前后

在繁忙的工作中，人们常常被琐碎的事物所困，感到迷茫和不安。为了走出这种困境，在做到"心中有"的同时，还要"知前后"，即深刻理解并把握人和事的全貌。这不仅是对过去的回顾、对未来的规划，更是对当下情境的全面分析。就像一位项目经理在处理复杂的项目时，不仅要了解项目的历史背景和目标，还要预见可能出现的困难，并制定应对策略。

■ 首先，了解"前因后果"

每一件事情、每一个选择都有其背后的意义和价值。深入挖掘事情的来龙去脉，能够让我们更好地理解当前所处的环境，做出更加明智的决策。比如，当一位销售代表面临销售业绩不佳的问题时，他不仅要关注当前的销售数据，还要深入了解市场趋势、客户需求以及竞争对手的情况，这样才能够找到业绩不佳的原因，并制定相应的解决方案，从而提升销售业绩。

■ 其次，明白"先重后轻"

在工作中，我们经常会面临多个任务同时进行的情况。这时，需要根据任务的紧急程度和重要性来合理安排时间。重要的事情往往关乎整体目标的实现，因此应该优先处理。而紧急的事情则可能影响到工作的正常进行，所以也需要尽快解决。安排事情合理的顺序可为：重要且紧急→重要不紧急→紧急不重要→不重要不紧急。比如，一位软件开发工程师在开发软件过程中会面临多个功能模块的开发任务。他需要根据功能的优先级和紧急程度来安排开发顺序，确保先完成核心功能，再处理次要功能，从而确保软件的整体质量和用户体验。

■ 再次，明白"先急后缓"

在工作中，我们常常会遇到一些突发情况或紧急任务，这时需要迅速作出反应，优先处理紧急情况。然而，在紧急情况下，也不能忽视长期规划和可持续发展的重要性。比如，一位市场营销专员在面临突发的市场危机时，需要立即采取措施进行应对，保护品牌形象。同时，他也要思考如何将这次危机转化为契机，进行市场策略的调整和优化，以实现长期的市场增长。

- 此外，体现"承前启后"

在工作中，我们既要继承前人的智慧结晶，也要敢于打破陈规，寻求新的突破。这种"承前启后"的精神是推动社会进步和发展的重要动力。就像一位科研人员在研究过程中，需要借鉴前人的研究成果和经验教训，同时也要勇于挑战现有的理论框架和研究方法，以求得新的科学发现和突破。只有在继承传统的基础上不断创新，才能够更好地应对未来的挑战。

"知前后"不仅是一种工作方法，更是一种思维方式。通过深刻理解并把握人和事的全貌，能帮助我们更好地应对工作中的挑战和困难，实现个人和组织的共同成长。

（3）明左右

在职场中，想要出类拔萃，除了"心中有"和"知前后"外，还需要"明左右"。

- 首先，明白人际左右关系

"明左右"首先体现在对人际关系的敏锐观察与深刻理解。在工作环境中，我们需精准识别同事、伙伴、上司、下属、上游供应商、下游客户以及外部的服务和合作对象。这种分辨能力不仅能促进团队内部的协作效率，也能帮助我们在纷繁复杂的人际网络中保持清醒。此外，理解人际关系的亲疏远近至关重要，它指引我们识别出哪些人值得深度交往，哪些人需保持适当的距离。这种微妙的平衡感，是职场人士不可或缺的智慧，它让我们在维护个人关系的同时，能够有效地推动工作的进展。

- 其次，掌握业务左右往来

"明左右"也体现在对业务流程的深入理解上。在任何一个工作领域，业务都是核心，而理解业务的左右往来则是每个职场人士必备的能力。我们需要明白业务流的左来右往，即业务如何从上游的价值链条传递到自己的岗位，知道上游环节的工作内容和输出，以便自己能够准确地接收工作任务并继续下一步的工作。还要知道如何将工作传递给下游环节，对下游的需求和期望有深入的了解，以确保自己的工作能够符合下游岗位的要求，实现高效协作。这种对业务流程的熟悉和掌握，能够帮助我们更好地完成工作任务，提高工作效率。

- **再次，理解信息左右流通**

在信息技术飞速发展的当下，信息的流通与传递显得尤为关键。信息的左右流通，实际上是指信息在组织、部门或个人之间的顺畅传递与共享。在任何一个团队中，信息的流通都呈现出一种动态的过程。信息从一处流向另一处，经过不同的环节和节点，最终形成一个完整的信息流。在这一过程中，信息的传递不仅要有明确的方向和路径，更需要有高效的传递机制和反馈机制。通过理解和把握信息流通的规律，可以更好地洞察市场的动态和趋势，从而做出更为准确和明智的决策。同时，信息的有效流通也能促进团队内部的沟通协作，提升整体的工作效率和竞争力。

- **此外，协调资源左右调配**

"明左右"还体现在对资源的协调和管理上。无论是内部的人力资源、财务资源、物资资源，还是外部的渠道资源、资金资源等，都需要我们进行精细地调配和高效地利用。面对市场的快速变化，要有敏锐的洞察力，及时调整资源分配方式，确保企业始终走在正确的道路上。这种对资源的合理配置和运用，不仅能够应对各种挑战，更能让人抓住机遇，为企业的可持续发展奠定坚实的基础。因此，"明左右"不仅是方向感的体现，更是一种全面而深入的战略思考方式。

当我们真正做到"明左右"时，或许便能够在职场中游刃有余，应对自如。这不仅能帮助自己更好地完成工作任务，提高工作效率，还能够在职场中脱颖而出，朝着成为行业佼佼者的目标迈进。

（4）做成事是一切的基础

当一个人做到"心中有，知前后，明左右"，就已经为做成事、做好事、拿到好结果打下了坚实的基础。做事游刃有余就体现为专业专注，处事不惊，其结果就是：做成事，做好事，拿到好结果。

做成事是一切的基础，做好事是自我精进的要求，拿到好结果是共同的期待。如果没有做成事的基础，能有做好事的机会吗？能有拿到好结果的可能吗？显然是不可能的。万丈高楼平地起，打牢基础是关键。为此，聚焦于做成事才是一切的基础，否则就没有后面的一切美好了。

所谓"做成事"，就是把一件事情按照一定的标准要求，在规定的时限内去完成，并达到预期的目标，获得相关方的认可。那么，做成事的标准在谁的手里呢？难道谁有钱、谁有权、谁声音大，谁就掌握做成事的话语权吗？非也非也。事情成不成，不是由哪一个人说了算，而是由这件事情本身的目标以及所涉及的相关方共同决定，即以相关方满意为标准。如果其中任意一方不满意，可能会招惹出一些麻烦，潜藏一些隐患，事情就不能做成。

做成事的法门可浓缩为如下"八问"，如果把以下八个问题都弄清楚了，那么做成事就八九不离十了。

① 这是什么事情？在做事之前，要深入了解事情的背景、性质、目标、要求，以便更好地把握事情的整体方向，制订相应的计划，评估事情的难度和复杂性，合理分配资源和时间。

② 这样能帮到谁？为了确保事情的顺利推进，要深入分析各个相关方的利益诉求，挖掘到他们真实的需求，仔细辨别并弄清楚最终受益者究竟是谁，以便更好地制定策略，为做成事奠定坚实的基础。

③ 怎样才能做成？要深思熟虑、全方位地剖析采用何种精准而有效的方式方法，才能有力地推动这件事情达成预期的目标，同时使包括但不限于与这件事情相关的各方都能感到满意。

④ 要做成什么样？心中对事情最终的成果产出，要有总体的认知，明确交付的内容、标准要求以及具体的期望值。如此才能更好地规划生活、学习和工作，确保最终的成果符合相关方的预期。

⑤ 需分几个步骤？要将事情的总体目标分解成若干个具体可行的小任务。要针对每个小任务，规划好合理的行动步骤，保证每个步骤都有明确的责任人和时间节点。还要按照规划好的步骤，一步一步扎实推进，确保每个阶段都能达到预期的效果。

⑥ 关键节点在哪？明确哪些关键节点是至关重要的，因为它们往往是决定事情成败的关键。牢牢抓住这些关键节点，提前做好应对预案，确保在这些节点上不出现纰漏，才能保证事情顺利进行和成功完成。

⑦ 什么时候完成？按照事情的轻重缓急进行划分，提前做好时间规划，以终为始进行倒推，优先处理重要紧急之事，确保能够在规定的时限内提前或按时完成目标。有效的时间管理方式，能够让人更有计划地进行任务分配，更好地把握进度，提高效率。在面临突发情况时，也能够让人迅速调整计划，确保目标的顺利实现。

⑧ 谁才能帮到我？在以上七个问题都思考清楚且自己做足功课的前提下，可以请这件事情的相关方帮我们把把关。因为，"三人行，必有我师焉"，只要谦虚请教，他人一定会协同我们更好地把事做成。

（5）做好事是自我精进的要求

做成事并不足以让我们脱颖而出，做好事才是我们不断精进、追求卓越、提升自我价值的关键。

做好事是一种自我职业素养的要求，它体现了专业精神和责任心。无论从事哪个行业，都需要具备精湛的技能和严谨的态度，时刻保持敬业精神，将每一项任务都当作自己的作品，用心去雕琢，力求做到更好。如此才可能在激烈的竞争中脱颖而出，成为行业的佼佼者。同时，做好事也是工匠精神的体现。工匠精神是一种追求卓越、精益求精的精神，我们应保持对工作的热情和激情，不断寻求改进和创新，不断挑战自己的极限，追求更高的成就，为社会创造更多的价值。

要做好事，首先需要树立"无论做什么事，都要把事情做好"的观念。这种观念应该深深地扎根在我们心中，成为我们的行动指南。只有在思想上重视每一项任务，才能在行动上落实，才能真正地把事情做好。我们要保持对工作的敬畏之心，以敬业和专注的态度去迎接每一个挑战。以精益求精的高标准要求自己，不断反思自己的工作，找出自身存在的差距和不足，并努力改进。比如，在学习上追求更好的成绩，不断提高自己的知识水平和技能；在工作中追求更高的效率和质量，为客户提供更优质的服务体验；在生活中注重细节和品质，让自己的生活更加美好和充实。通过不断优化和改进，提升自己的能力，积累更多的经验，可以让自己更加自信和坚定，在面对未来的挑战时游刃有余。

（6）拿到好结果是共同的期待

在追求卓越的道路上，无论是在学校还是在企业，人人都怀揣着一个共同的目标——拿到好结果。这不仅是个人努力的方向，更是集体发展的基石。

在学校中，好结果体现在学生的学习成绩、教师的教学成果以及学校的整体发展上。学生勤奋学习，希望能在考试中取得优异的成绩，因为这不仅是他们个人努力的体现，更是对老师辛勤付出的最好回报。教师用心教学，不仅希望看到学生在学业上取得进步，更希望自己的教学方法能得到认可，为教育事业贡献自己的力量。而校长作为学校的领导者，更是希望学校能在自己的带领下稳健发展，为社会培养出更多优秀的人才。

在企业中，好结果则体现在员工的工资水平、管理者的业绩以及企业的整体发展上。员工努力工作，希望能获得更高的薪酬和更好的职业发展，因为这不仅是他们个人价值的体现，也是企业发展带动个人提升的结果。管理者用心做事，不仅希望自己的事业能有所成就，更希望企业的整体效益能得到提升，为企业的长远发展奠定基础。而老板作为企业的掌舵者，更是希望企业能在自己的带领下蓬勃发展，为社会创造更多的经济效益和社会效益。

个人与学校、个人与企业之间的关系，是相互依存、共同发展的。组织期望个人能达成好的结果，而个人对组织负有责任，这种"一荣俱荣、一损俱损"的关系，决定了我们必须全力以赴，为实现好结果而共同努力。

要想拿到好结果并非易事。我们需要下足百分之百的功夫，打好做成事的基础，这包括不断学习新知识、掌握新技能，提高自己的综合素质；同时，还需要对照做好事的标准要求，找出自身的差距，并持续精进，不断完善自己。如此才能在激烈的竞争中脱颖而出，实现个人和组织的共同成长与发展。

能否拿到好结果，决定了我们的学业或事业能否走得更远，能否从胜利走向更大的胜利。因此，我们要时刻保持危机意识，不断追求进步和创新，为实现更好的结果而不懈努力。如此才能在不断变化的世界中站稳脚跟，为个人和组织的未来发展奠定坚实的基础。

2. 生活上，如何优雅活着

人生之旅，长路漫漫，生活中最大的敌人往往不是外界的风霜雨雪，而是藏匿于内心深处的那些"贼"。人的一生都在与自己的"心贼"作斗争。其实，不管是否有钱，年龄多大，只要记住并践行以下这四句话，持续修好自己，保持身心健康，或许都可以优雅地活着。

> 邪恶抵不过善良，聪明抵不过厚道；
> 能力抵不过业力，业力抵不过愿力。

若想无忧无虑、无病无灾地安然度过一生，身体健康、内心平静、家庭幸福、生活美满，秉持善良与厚道或许便足够了，这是为人处世的基础。

若想在芸芸众生中出人头地、成就一番事业，成为一个出类拔萃的社会精英，或者国家栋梁，则需要树立远大的理想和抱负，这是建功立业的基石。

从时间和空间的维度来看，人大抵都是如此。

一个人之所以迷茫、浮躁、焦虑、恐惧、不安，最大的原因就是过度精神内耗。精神内耗，实则是一种"想得多，做得少"的熵增状态，它让人思维混乱，在思想的漩涡中越陷越深，难以自拔。精神内耗如同无形的枷锁，束缚着人的心灵，使人在无尽的思索与犹豫中消耗时光与精力，虚耗宝贵的青春年华。

一个人若想要变得强大，想要活出优雅的姿态，需从停止精神内耗开始，破除"畏难、担心、害怕"等"心贼"，如此方能从容不迫。想要改变这一切，就必须做有用功，以抵抗熵增。因此，我们需要学会给人生做减法，即减少不必要的干扰和消耗，让自己的生活和工作变得简单和高效。

或许我们可以从以下这七个方面着手，躬耕好自己的"方寸心田"。

（1）停止胡思乱想

在快节奏的现代生活中，人时常会陷入一种精神困境，那就是无休止地胡思乱想。这些纷乱的思绪，就像一道无形的精神枷锁，束缚着人的心灵，让人难以摆脱烦恼和疲惫。为了释放内心的压力，我们需要学会停止胡思乱想，专注于当下的美好。

首先，要明白胡思乱想的危害。这种无谓的精神内耗，往往源于对琐事的过分关注，或是被"妄想执着"所困扰。它消耗了我们宝贵的精力，导致我们无法专注于真正重要的事情。长时间的胡思乱想，不仅会影响情绪，还可能引发焦虑、抑郁等心理问题。

为了摆脱这种困境，我们需要学会躬耕好自己的"方寸心田"，从调整自己的念头和心态做起。要明白生活中的琐事并非全部，不值得我们一直纠结。同时，也要学会分辨"妄想执着"，避免被其左右。当有这样的念头时，可以尝试转移注意力，关注一些更有意义的事情，如工作、学习、运动等。

停止无休止的胡思乱想，我们的心灵便能得到片刻的宁静。这时，我们会发现生活中的点滴美好，如阳光洒满大地的温暖、微风拂过面颊的清爽、鸟鸣带来的宁静与和谐。这些美好的瞬间，将滋养心灵，让我们在忙碌的生活中找到宁静与喜悦。

此外，为了更好地应对胡思乱想，我们还可以尝试一些具体的方法。例如，进行冥想练习，帮助自己平复思绪，放松身心；或者培养一些兴趣爱好，让自己的生活更加充实和多彩。同时，也可以与亲朋好友交流，分享彼此的感受和体验，共同寻找内心的平静。

（2）停止拖延

拖延，这个看似微不足道的行为，实际上是一种对时间的浪费，也是佛家所说的"人性五漏"中"慢"的表现。它不仅反映出对待时间的轻率态度，更揭示出对生命的漠视和不珍惜。拖延，如同一股无形的暗流，悄然侵蚀着生命，让人在时间的流逝中错失良机，与梦想渐行渐远。

拖延，说得严重点，实则是对生命的不尊重和对时间的亵渎。时间，作为衡量生命的尺度之一，它的流逝意味着生命的消耗。每一分每一秒都是宝贵的，当一个人沉浸在拖延的泥潭中时，这些宝贵的时间就在指间悄然溜走，化作无形的遗憾。

要摆脱拖延的困扰，我们需要立刻、果断行动，珍惜生命中的每一分每一秒。时间不会因为我们的犹豫和迟疑而停滞不前，它只会毫不留情地向前推进。因此，我们必须学会把握每一个稍纵即逝的时机，让生命在行动中焕发出光彩。勇敢地迈出第一步，我们会发现，原本遥不可及的梦想，或许就在前方等待着我们。每一次的尝试，每一次的努力，都是实现梦想的关键步骤。人不该因为害怕失败或担心困难而退缩，而应当在行动中真切地感受生命的价值和意义。

（3）停止自我否定

每个人都是独一无二的存在，如同夜空中闪烁的星星，各自散发着独特的光芒。然而，很多时候，人容易陷入自我怀疑的泥潭，不断否定自己的能力和价值。这种心态，就像是一道无形的屏障，阻碍人发挥真正的潜能，获得成就。因此，我们要学会停止自我否定，珍视自己的独特价值。

自我否定，往往源于内心的不安和焦虑。我们生活在一个竞争激烈的社会中，时常面临着各种挑战和压力。当面对困难时，有的人可能会感到力不从心，从而开始怀疑自己的能力和价值。然而，这种自我怀疑并不能帮助我们解决问题，反而会使我们失去前进的动力和信心。

要克服自我否定，需要培养一种积极的心态，一念转化即可达成。学会欣赏自己的优点和长处，接受自己的不足并努力改进，相信自己的存在是有意义的，这将有助于我们建立自信心，活出真正的自我。当我们认识到自己的价值所在时，也能更好地发挥自己的潜能，为社会做出更大的贡献。

停止自我否定，是成长道路上必须迈出的一步。我们只有学会欣赏自己、肯定自己，才能发现自己的价值，活出真正的自我。我们要勇敢地面对内心的恐惧和不安，拥抱自己的不完美和独特之处，成就一个更加精彩的人生。

（4）停止优柔寡断

人生中总会遇到许多需要抉择的时刻。然而，有些人却总是优柔寡断，不知道该如何选择，导致机会从手中溜走，人生道路也因此变得曲折坎坷。那么，如何才能停止优柔寡断，迈向果断决策呢？

首先，要明确自己想要什么。很多时候，人之所以无法做出决策，是因为不清楚自己真正想要的是什么。倾听自己内心的声音，明确自己的价值观和信念，才能知道自己应该追求什么。

其次，要了解各方需求和利益。在做出决策时，综合考虑自己和他人的需求和利益，以达到最优的结果。如果只考虑自己的利益而忽视他人的需求，那么最终所做出的决策，可能会受到阻碍或遭到反对。我们要善于倾听他人的意见和建议，了解他人的需求和利益，做到兼听则明，从而做出更加明智的决策。

此外，要掌握一定的决策技巧和方法。比如，可以采用利弊分析的方法，列出决策的各种可能性和结果，然后逐一分析利弊得失，从而选择最优的方案。同时，也可以借鉴他人的经验和教训，避免重蹈覆辙，提高决策的成功率。

停止优柔寡断，迈向果断决策，是我们在人生道路上必须学会的本领。通过明确自己的价值观和信念、了解自己和他人的需求和利益、掌握决策技巧和方法以及培养勇气和决心等方面的努力，可以逐渐摆脱优柔寡断的困扰，走向更加果断和明智的人生。

（5）停止活在别人眼里

人总是通过眼睛向外看，常常不自觉地被别人的眼光和评价所左右，却忘了向内看看自己。

首先，要认识到过于在乎他人看法的危害。将自我价值建立在别人的评价之上，无疑是将自己的命运交由他人掌控。这不仅容易让人陷入焦虑和不安之中，更可能使自己失去独立思考和自主行动的能力。有的人可能会为了迎合他人的期待，而牺牲自己的真实想法和感受，甚至放弃自己的梦想和追求。这样的生活，无疑是对自我价值的否定和放弃。

其次，要明白生活是自己的，不是别人的。每个人都有权决定自己的生活方式、价值观和人生目标。别人的眼光和评价，只是生活中的一部分而已。只有学会倾听自己内心的声音，尊重自己的感受和需求，才能找到真正适合自己的生活方式，活出自己的风采。

那么，如何摆脱外界眼光的束缚，活出自己的风采呢？首先，要增强自我意识，明确自己的价值观和人生目标。这样一来，在面对他人的评价时，就能更加坚定地维护自己的立场和观点。其次，要学会独立思考，不盲目听从他人的意见。每个人都有自己的独特见解和体验，应该勇敢地表达自己的想法和感受。最后，要关注自己的成长与发展，不断提升自己的能力和素质，才能更好地应对生活中的挑战和困难，绽放出生命应有的样子，拥抱属于自己的精彩人生。

（6）设定一个小目标

在人生的旅途中，目标是前行的指南针，它引导我们迈向正确的方向，让我们避免在茫茫人海中迷失自我。没有目标的人，就像无头苍蝇一样，四处乱窜，最终只能过着浑浑噩噩的生活，无法取得真正的成就。

如果把人生的大目标比作攀登一座高山，那么小目标就是走好脚下的每一步。只要每一步都走好走稳，终有一天，定能够登上人生的高峰。因此，设定明确的小目标，对于自身的成长与发展至关重要。

首先，设定小目标有助于保持专注，充满动力。当我们明确自己的目标，就能够更加专注地追求自己的梦想，不被沿途的干扰所迷惑。这种专注力能够帮助我们更加高效地完成任务，从而在追求目标的过程中不断积累经验和成就感。一个个小目标的实现，也会给我们带来满足感和自信心，成为激发我们继续努力的动力。

其次，设定小目标有助于提升能力水平。成功往往不是一蹴而就的，而是由一系列的小成就积累起来的。在达成一个又一个小目标的过程中，我们得到历练，逐步提高自己的能力水平，不断逼近最终的成功。每个小目标的实现，都是对我们能力和努力的肯定，也是迈向大目标的重要一步。

此外，设定小目标还有助于应对挑战和困难。目标虽小，但在实现的过程中，难免会遇到各种挑战和困难。这时，小目标就像一个个里程碑，让我们在遇到困难时能够保持信心和动力，不断调整和修正自己的方向，更加坚定地走向最终的目标。

（7）多读书提升认知

人这一生，每个人都要为自己的认知"买单"或者将其"变现"。前者让人付出学费或者代价，而后者让人收获财富或者健康。前者可能让人悲催无比，后者可能让人幸福无比。而快捷有效的提升认知的方式之一，便是多读书。书籍是人类智慧的结晶，是知识的海洋，它们承载了无数前人的经验与智慧，成为通往优雅人生的桥梁。

读书可以拓宽我们的视野，让我们超越自身的局限。当我们沉浸在书本的世界中，不同领域的知识和观点会不断地冲击我们的思维，促使我们打破既定的框架，重新认识世界。正如古人所说："读万卷书，行万里路。"通过读书，我们能够领略到不同地域、不同文化、不同时代的风采，拓宽自己的视野，为优雅的生活打下坚实的基础。

同时，阅读还能让我们从他人的经验和智慧中汲取营养，丰富自己的内心世界。每一本书都是一个世界，每一本书都蕴含着作者的心血与智慧。通过读书，我们能够与作者产生共鸣，感受到他们的情感与思想。我们可以从他们的经历中汲取经验，从他们的智慧中获取灵感，将这些宝贵的财富转化为自己的内在力量。大量阅读，能让我们的内心变得更加丰盈。

此外，读书还是一种优雅的生活方式。在喧嚣的城市中，找一个安静的角落，捧一本好书，沉浸在书香的世界中，这是一种难得的宁静与享受。

通过阅读，我们能够远离尘嚣，沉淀心灵，品味生活的美好。这样的生活方式不仅能够提升我们的认知水平，还能够让我们在忙碌的生活中找到一份宁静与从容。

当我们从上述这七个方面着手，躬耕好自己的"方寸心田"，在改变自己、破除"心贼"之时，便能摆脱情绪的束缚，走出低迷的人生熵增状态，构建新的人生系统。如此，不论拥有多少财富，年龄几何，只要身体健康、心灵丰盈，都可以活出自己的优雅姿态。这让我们无论面对何种挑战与困境，都能保持从容不迫的心态，让世界看见更美的自己。

3. 平衡工作和生活，做一个幸福的人

付出自己的所有努力，除了能让我们在工作上闲庭信步，在生活上优雅从容，绽放出生命应有的光彩，体现出自己的人生价值和生命意义，还能让功名利禄实至名归。然而，对于我们每一个人来说，能不能得到功名利禄、荣华富贵，都要看机缘，并不是只要努力就一定能得到。如果做好自己仅仅是为了追求这些外在的东西，那不就是"着相"了吗？其实，归根结底，我们不过是希望自己能过得更幸福一点。

人人都渴望幸福，那么幸福在哪里呢？

幸福似乎与金钱有关，又似乎无关。因为在当今时代，基本的温饱问题已无须担忧，有的人还有房有车有存款，但他们依然不觉得幸福；而有的人什么也没有，却每天都过得开心快乐。

幸福似乎与别人有关，又似乎无关。因为幸福无法直接赠予他人，如果可以，父母一定最愿意送给自己的孩子；幸福也不能用金钱买到，如果可以，幸福早已被有钱人买走了。

那么幸福到底在哪里？它就在每个人的"方寸心田"之中。有人在心田中播撒下真善美的种子，日复一日，躬耕不辍。随着时间的推移，这些真善美的种子逐渐生根发芽、茁壮成长，使得心田丰盈无比，充满生机活力，呈现出"山水繁茂、美丽田园"的和谐景象。然而，有人却任由假恶丑在心田中蔓延，没有用心躬耕自己的"方寸心田"。长此以往，心田日渐荒芜，宛如一片荒漠，失去了生机与活力，呈现出"河流干涸、田园荒芜"的衰败景象。人生是幸福美好，还是悲催丑陋，关键在于自己愿不愿、要不要、该不该，尽在于自己的一念。人生就是向死而生的过程，好好活着，

尽心尽力尽情地去享受历事炼心的过程，就幸福无比；如果总是感到畏难、担心、害怕，就痛苦无比。任何人都不例外。

一念向善，万善相随。内心丰盈者独行也从容，内心空虚者聚众也孤单。

回到现实生活中，我们能不能平衡好工作和生活，自由自在地屹立于世上，尽情展现自我，绽放出生而为人应有的光彩，为世界创造更多美好，就要靠持续修炼自己来实现。从这个意义上说，内心丰盈，心无挂碍，外无障碍，更接近真正幸福的本质，也是每个人都可以追求的人生境界。若再细细体悟，或许就不难发现，真正地做好自己，其实更在于修炼内心深处自由自在的心境，这是任何人都无法剥夺的，因为我们本自具足。

人生在世，如同站在一片广袤无垠的原野上，我们既是这片原野的旅人，也是这片原野的创造者。每个人穷极一生，似乎都在用自己的脚步丈量着世界的宽广，用自己的双手描绘着生活的色彩。在这个过程中，有多少人被功名利禄所束缚，被世俗的眼光所限制而落入俗套？与之相反，又有多少人能够勇敢地追求内心的自由自在，尽情挥洒自己的才华与热情？

自由自在，并非随心所欲地放纵，而是使内心实现解脱与超越。它让我们能够摆脱外界的干扰与束缚，专注于自己的内心世界，听从内心的声音，追寻真正的自我。当我们拥有了这份自由自在，或许就能更加从容地面对人生的起起伏伏，更加坚定地朝着自己的目标前行。

尽情挥洒，则是对自由自在的最好诠释。它意味着要敢于挑战自我，敢于突破常规，敢于追求梦想。无论是艺术创作、科技创新，还是生活中的点点滴滴，我们都应该用自己的热情与才华去创造美好，留下独特的印记。当我们尽情地展现自己时，不仅能感受到生命的活力与激情，也能为他人带来启示与鼓舞。

因此，在做好自己的道路上，不应过分追求功名利禄，而应更加注重内心的自由自在。唯有勇敢地追求自由自在，尽情地挥洒自己，在人生舞台上演绎出更多的美好与精彩，这样的幸福人生才真正值得我们去追求与珍惜。

结语七：根植于心勤修炼

回首过往，那些岁月仿佛电影般一幕幕在眼前播放，如今才知道，我过往一直在熙熙攘攘之中，忽上忽下，原来皆为功名利禄所驱使。在不断深入研究、拎清楚自己的过程中，才发现隐藏在背后的真相。

一个"利"字，人人想要，然而许多人仅仅从中看到了"金钱"。"熙熙攘攘"与"忽上忽下"皆因"利"而起，实际上这就是一种价值交换。这里的"价值"未必就是金钱，更多的是他人的认可和认同。对于企业来说，只有提供优质的产品和良好的服务，才能体现其价值；对于个人来说，拥有诚恳的态度和熟练的技能，或许才能彰显自身的价值。企业即人，人即企业，一出声显态度，一出手见人品，人品加上产品等于企品。

生而为人，每个人来到人世间，都背负着自己的"行囊"（业力）。面对功名利禄时的"忽上忽下"，也就是患得患失，即自己特别想得到，得到了又特别害怕失去。这种人生状态，在佛家智慧中被描述为"祖上没有"。作为普罗大众的我们大多如此，一点都不奇怪。若祖上福泽深厚，一出生便身处官宦人家，荣华富贵加身；或者生来就含着"金钥匙"，富贵之气逼人。然而，这样的原生家庭又有多少呢？这是每个人所能决定的吗？不少人祖上也有一些根基，即既不富贵也不贫穷，他们的心态自然也就平和平顺一些。

人生如戏，戏如人生，每个人都是自己人生的导演，又是主角，都在按照自己的剧本进行表演。可是，要让别人配合自己演好自己人生这场戏，那就有一定的难度了。因此，得到别人的认可、认同、支持尤其重要。有的人终其一生只能碌碌无为，而有的人始终都是闪亮的主角。

每个人终其一生都在为自己的认知"买单"或将其"变现"，这或许就是在背后决定命运走向的神秘力量。有的人用自己的青春年华，换来满身伤痕。鲜少有人能用自己的青春年华，换来长久的荣华富贵。大多数人都在抱怨命运的不公，却很少有人会去审视自己"我怎么了"。世界那么大，美好那么多，怎么才能与自己有关呢？这要看自己为之做了些什么。不然岂不是辜负了世间的繁华与美好，也辜负了自己来人世间一趟？

老子在《道德经》中所言："天道无亲，常与善人。"上天是公平的，绝不徇私舞弊，自然而然公平正义。但是，它却常常眷顾善人。因为善人不怕吃亏，反而觉得"吃亏是福"，别人不愿做的他做，构建美好的世间，所以上天不亏待他——这就是"德"在人世间的真实演绎。不管信与不信，做与不做，"德"都存在，不分你我他，人人平等。"德"无比珍贵，人人都想要。那么"德"从何而来？它可是金钱买不到的。

其实，我们每个人都本自具足。这无关祖上是否福泽深厚，也不论是否读过书。它不受地域限制，无论身处农村还是城市，不论地方发达还是偏僻，只要你把古圣先贤的智慧和科学家们的理论精髓根植于心，就像给自己的心装上了导航，不会再迷茫。它也像一面面镜子，让人能时常观照审视自己，勤修自己的"三德"。多行好事，莫问前程，积攒自己的"德行"，心之所向，必定力之所及。

正所谓"为人有德天长佑，行善无求福自来"，只要我们每一个人都将古圣先贤的智慧和科学家们的理论精髓根植于心、勤以修炼，持经达变也从容。

来到人世间，要拎清楚的事情不少，以下问题你能拎清楚吗？

1. 你觉得吃亏是福吗？为什么？

2. 你如何看待"功名利禄"？

3. 你认为什么是"真善美"？

4. 你为什么会在意别人的评价？

5. 你是一个幸福的人吗？

第八章　习惯沉积与修炼演变如何选择

/ 拎清楚自己如何善始善终 /

在生活中，我们常常听到一句话："平安就是福，健康就是金。"然而，现实却常常让人感到无奈。因为凡是生命都必须面对一个无比残酷的生理规律：医学上称之为"退行性变"，俗称"老化"或"衰退"。基本上，一个人成年后，其身体的各种机能就已经停止发育，开始在不知不觉中发生"退行性变"。只可惜，许多人往往要等到"说不出""听不见""看不见""记不住""吃不消""拉不出""睡不着"的时候，才猛然惊觉岁月不饶人。

如今，物质生活变得越来越好，但许多疾病却逐渐年轻化，令人感到不安。曾经，高血脂、高血压、高血糖这些疾病，仿佛是老年人的专属标签，但如今，它们却越来越频繁地出现在年轻人的体检报告上；老年痴呆症，曾经只在老年人的世界里出现，但如今，它开始悄悄地入侵年轻人的生活；一些青少年也早早地承受着痛风等原本多见于老年人的病痛。

为什么会这样呢？据世界卫生组织统计，人类90%以上的疾病都和情绪有关。而从数据来看，目前与情绪有关的疾病已达200多种，甚至还有很多疾病是医生都没有办法解决的。情绪悄悄影响我们的身体。情绪是什么？情绪就是心情，其背后体现的是一个人的修为。如果修为不够，内心秩序混乱，就会在焦虑抓狂、生气发怒、悲伤无奈中挣扎；如果修为足够，内心井然有序，面对任何事情都能心中有数，自然而然就能心平气和、从容淡定、幸福美满。

谁不希望自己能够无病无痛、长命百岁呢？人人都向往幸福和美好，于是，有人热衷于到寺庙里面求神拜佛。但生命终究要直面生老病死的自然规律。薛定谔在他的著作《生命是什么》中提到："自然万物都趋向从有序到无序，即熵值增加。而生命需要通过不断抵消其生活中产生的正熵，使自己维持在一个稳定而低的熵水平上。生命以负熵为生。"只不过有些人通过做有用功实现熵减，延缓了自己的衰老进程，享受了高质量生命的欢愉；而有些人却抵挡不住生命熵增，反而加速了自己的衰老进程，承受了更多的疾苦。

那么，为什么修炼演变能延缓衰老、提升生命质量呢？为什么习惯沉积会加速衰老、降低生命质量呢？在修炼演变与习惯沉积中，我们该如何选择呢？这正是本章要探讨的内容。且看历史上康熙和乾隆这两位赫赫有名的帝王，他们是怎么做的。

■ 电视剧主题曲中，康熙"向天再借五百年"行吗

电视剧《康熙王朝》的主题曲高唱："看铁蹄铮铮，踏遍万里河山。我站在风口浪尖，紧握住日月旋转。愿烟火人间，安得太平美满。我真的还想再活五百年！"

在该电视剧主题曲中，康熙，这位雄才大略的一代帝王，他的眼中曾映照着世间的繁华，心中却藏着对时间的感慨：时间太过匆匆，带走了世间的美好，自己却壮志未酬，希望老天能"再借他五百年"。五百年或许足以让他扫清寰宇，一统山河；五百年或许足以让他实现心中的抱负，让万民安居乐业。

然而，这真的可能吗？即便康熙贵为帝王，或许自以为可以掌控世间万物，想要向老天借点时间，那也不过是一厢情愿而已。不要说五百年，就连五分钟、五秒钟，老天也不会轻易多赠与谁。无论他拥有多少权力、多少财富，也无论他如何祈求、如何挣扎，都无法改变这个事实：上苍赐予世间万物每天的时间都是一样的，也是有限的，这是天地间不变的自然法则，任谁也不可能改变！

可惜啊，有多少人总是想要向外求，总以为依靠老天的赏赐，就能实现自己的愿望！诚然，据史料记载，康熙的生命最终永远定格在了六十九岁的壮志暮年。纵使他有遗憾和不甘，也终究随着生命的消逝而消散。而电视剧主题曲中的康熙，试图"向天再借五百年"，只是一种多么虚妄的幻想啊！

殊不知，向外求，放任自己的习惯沉积，只会加速"退行性变"而老去，越是执着越是求不得，终究一场空。无论是权力、财富，还是时间的恩赐，这些都不是自己能够真正掌控的。康熙帝王的伟业不正是他凭借自

己的才华和勤奋，一步步打拼出来的吗？真正的力量，不在于向天祈求，而在于向自己求索。也就是说，每个人真正能够依靠的，最终只有自己的品性、德行、智慧和能力。

■ 历代帝王中，为什么乾隆能活八十九岁

乾隆，康熙之孙，与祖父康熙共同开创了"康乾盛世"。在整个封建王朝的历史长河之中，乾隆堪称最长寿的帝王，于八十九岁寿终正寝。即便是在医学昌明的今天，这样的"高寿"也足以令人赞叹。

那么，乾隆是如何做到的呢？他并没有像电视剧主题曲中的康熙那样，祈望向外求助于老天，试图向老天"借取"更多的岁月。或许他天资聪颖，很早便已经明白到，生命的长度并非依靠外力所能轻易改变，真正能够依靠的，唯有自己的修炼演变。

相传，乾隆选择了另一条截然不同的道路，通过向内的自我修炼与努力，减缓生命的"退行性变"。时至今日，少林寺中仍留有他的墨宝，在天王殿内悬挂着他御笔题写的"天下第一祖庭"匾额。清乾隆十五年（1750）九月三十日，清高宗爱新觉罗·弘历（即乾隆）在少林寺内题写《宿少林寺》："明日瞻中岳，今宵宿少林。心依六禅静，寺据万山深。树古风留籁，地灵夕作阴。应教半岩雨，发我夜窗吟。"或许这就是乾隆自我修炼的例证。

或许正是通过这一系列内外兼修的努力，乾隆成功地减缓了生命的"退行性变"，最终比康熙多活了整整二十年，比雍正多活了三十三年。我认为，乾隆的长寿并非偶然，而是他一生坚持自我修炼、注重身心健康的必然结果。他用自己的行动诠释了什么是真正的"长寿之道"，也为无数后人留下了宝贵的启示与借鉴：每天只有二十四小时的有限性无法改变，生命"退行性变"的自然规律也无法改变，然而却可以通过自我不懈的修炼演变，提升自己的品性、德行、智慧和能力，从而不断拓展自己生命的长度与深度。

这一切，不都是古圣先贤所说的"因缘果报"吗？种善因得善果，种恶因得恶果，自因自果，没有例外。这一切，不正是科学家所描述的"熵增"与"熵减"吗？生命的熵增终结于"熵死"（指在一个封闭系统中，系统的熵达到最大值，系统的能量分布达到一种平衡状态，不再发生变化），唯有熵减才能激发生命的活力。康熙与乾隆可谓是"天选之人"，他们出生在帝王之家，都尚且如此。黎民百姓，又岂能例外？在无情的天道面前想善始善终，关键要看自己为之做了些什么，又为别人做了些什么。

一、多数人在习惯沉积的熵增中，慢慢老去

大多数人终其一生或许都是平凡的，有多少人在看似平淡无奇、日复一日的生活惯性中，渐渐消磨了生命的锐气。他们或许因长久以来的习惯沉积，在不知不觉中损害了自身的健康；或是由着自己的性子，放纵欲望；或是被环境左右，随波逐流迷失了自我。等到撞了南墙才幡然悔悟：自己或许已经错过了最好的时机，青春年华也早已在不知不觉中流走。为什么有那么多人非要等到失去才懂得珍惜呢？

1. 由着性子趋利避害，是对自己好吗

趋利避害是人的本能，许多人常常由着自己的性子随心所欲，以为满足自己的每一个欲望就是善待自己。但实际上，这种无节制的纵欲，往往会带来难以弥补的伤害，这看似对自己"很好"，殊不知却并非真正的善待自己。

（1）能多吃一口就多吃一口

在饮食上，有许多人总是秉持着能多吃一口就多吃一口的想法，仿佛这样就能多满足一分口腹之欲，多享受一丝生活的美好。殊不知，随着年龄的增长，人体的新陈代谢能力逐渐减弱，食物摄入过多则无法被消化和吸收，最终成为身体的负担。正所谓"病从口入"，过度的饮食摄入还可能引发各种疾病，比如，吃进去却消化不了的食物囤积在肚子里，会引发肥胖；多余的脂肪沉积在血管中，会引发高血脂、高血压等心脑血管疾病；不良饮食习惯导致的分泌系统紊乱，还可能引发糖尿病、甲状腺功能异常等疾病，严重影响生命质量。

每个人都应该懂得养生之道，适当控制日常饮食，珍惜自己的身体。可以享受美食，但不能贪多吃多，应该适可而止，避免过度。同时，要注意选择健康的食物，尽量避免食用油腻、高糖、高盐和高热量的食物。此外，还应该注意饮食的均衡和多样性，保证身体获得充足的营养。

（2）想骂人就随便骂人

良言一句三冬暖，恶语伤人六月寒。

在生活中，每个人都必然要与他人产生联系，言语沟通显得无比重要。然而，许多人常常忘乎所以，过度放纵自己，想骂人就随便骂人。这种无节制的情绪发泄，或许能在短时间内给人带来些许快感，殊不知它会让人陷入更大的麻烦之中。正所谓"祸从口出"，有多少人本无深仇大恨，却因为一言不合而拳脚相向，甚至酿成生死相搏、阴阳永隔的悲剧。

在工作中，语言沟通更加要懂得有所节制和顾忌。因为话一旦说出口，就覆水难收。尤其是在商业合作中，要建立起信任关系并非易事。很多时候，仅仅是说错一句话或表达不到位，就容易让人产生歧义、误解，心生不悦甚至生气，这会使一个人在他人心中的形象大打折扣，很可能导致努力争取很久的机会就此错失。信任一旦瓦解，事后即便付出百般努力去修复，也可能无济于事。

一出声显态度，一出手见人品。不会说话、胡言乱语，不仅会伤害他人的感情，破坏人际关系的和谐，甚至可能引发不必要的冲突和矛盾。更重要的是，还会严重损害一个人在他人心目中的名誉和形象。

（3）能不动就尽量不动

要想保持身心健康，无非就两点："管住嘴，迈开腿。"可惜啊！人性中的"贪嗔痴慢疑"，让许多人常常陷入懒惰散漫、贪图安逸的状态，能不动就尽量不动。这种任由不良习惯沉积的生活方式，对生命的熵增不做任何抵抗，实际上就是在等待"熵死"的到来，实在是令人担忧。

缺乏锻炼，身体就会逐渐变得虚弱。长期不运动，肌肉会慢慢萎缩，心肺功能也会随之下降。这种状态下，各种健康问题可能就会接踵而至。

首先是心血管问题。缺乏运动，血液循环不畅，容易导致高血压、高血脂等心血管疾病。这些疾病一旦发作，后果不堪设想。

其次是肥胖问题。长期不运动，身体的新陈代谢会变慢，热量消耗不足，自然就容易堆积脂肪。肥胖不仅影响个人形象，还可能引发一系列并发症，如糖尿病、关节炎等。

此外，骨骼问题也不能忽视。缺乏运动，骨骼密度会降低，容易导致骨质疏松，增加骨折的风险。

身体是革命的本钱，健康才是最大的财富，没有健康这个"1"，即便拥有其他再多的东西也是"0"。懒散不运动，只会让生命活力逐渐消逝。我们得让自己动起来，哪怕只是简单的散步，只要每天坚持，就能让身体得到锻炼，增强抵抗力，远离亚健康问题。

（4）想不睡就熬着不睡

说到作息，有多少人常常在不知不觉中透支自己的生命，放纵地熬夜。如今，或许很多人都有过这样的时刻：觉得夜晚的时间特别宝贵，舍不得入睡。于是，就这样百无聊赖地熬着，或捧着手机刷短视频，或沉迷于游戏。殊不知，熬夜是一个潜伏在身边的健康杀手。

现代医学研究表明，长期熬夜不仅会让人的精神始终处于疲惫状态，更糟糕的是还会影响身体的正常代谢和修复。身体在晚上本应该是休息、修复的时候，就像人们大多厌恶加班一样，可有些人却天天让身体"加班"，无休止地运作。长此以往，身体又怎么能承受得住呢？这甚至可能发展为熬夜猝死，而这类新闻也屡见不鲜。

晚上不睡觉，白天睡不醒，日夜颠倒，进而恶性循环，人越是这样就越疲惫不堪。不懂得休息的人，无法享受生活的美好。年轻时透支自己的生命，终究要用健康来偿还。我们应该好好珍惜自己的身体，养成良好的作息习惯。晚上到了该休息的时候就好好休息，保证充足的睡眠时间，第二天才能精神饱满地面对工作和生活，才能去追逐梦想，体验更多的美好。

（5）能少做就少做一点

在工作中，有多少人常常希望能少做就少做一点，仿佛这样轻轻松松把工资拿到手就多赚了。于是，在生活中无论是为自己还是为别人做些什么事，都心不甘情不愿。殊不知，这种混日子的心态，逃避困难和挑战的状态，实际上是在自我设限，剥夺了自己成长与发展的机会。选择轻松度过一天，可能就错过了一次锻炼和提升自己的机会。而机会往往更青睐于那些勇于挑战、不断追求进步的人，他们的人生道路也会越走越宽广。

很多人都明白"温水煮青蛙"的道理，但为什么仍有许多人选择留在舒适的"温水"里，不愿意跳出来呢？因为"温水"真的太舒服了，就像冬天泡温泉一样，舒适到让人忘记了外面世界的精彩，忘记了成长突破带来的喜悦。我们不妨问问自己：我会成为那只"温水里的青蛙"吗？

温水煮青蛙

（6）想玩乐就纵情玩乐

说到休闲和娱乐，许多人会觉得这是一种解脱，是从繁忙的生活和紧张的工作中暂时抽离的放松方式。确实，每个人都渴望在忙碌之余找到片刻的宁静和欢乐。然而"凡事过犹不及"，不少人时常放纵自己、尽情玩乐，却没有真正思考过，这种无节制的放纵会带来什么后果。

这其实是一种逃避。许多人渴望逃避现实，逃避责任，逃避那些给人带来压力和挑战的事情。他们以为通过纵情玩乐，就可以填补内心的空虚，但事实恰恰相反。当一个人沉迷于短暂的快乐之中，过不了多久，很快就会发现自己越来越不安，逐渐失去对生活的掌控，让自己陷入一种更深的空虚和迷茫之中。

我们不应该再让无节制的放纵主导自己的生活，而是要找到一种平衡，让工作、生活和休闲相互补充，而不是相互排斥。我们可以通过健康的娱乐方式来放松自己，比如阅读、运动、艺术创作等。这些活动不仅可以让人在忙碌之余得到休息和放松，还能陶冶情操。

2. 随着环境放任不羁，这样可以吗

"近朱者赤，近墨者黑。"古有孟母三迁，择邻而居，无不说明人是环境造就的产物。有多少人能够真正做到"出淤泥而不染"？在社会这个"大染缸"中，大多数人容易陷入一种随波逐流、放任不羁的状态，看到别人

怎么做，自己也跟着怎么做，仿佛只有这样才能融入周遭的环境，不被孤立。然而，这样对自己真的好吗？

（1）别人这样我也这样

若一个人无法拎清楚自己，特别是身处糟糕的环境之中，便总是习惯性地模仿他人，别人这样我也这样，似乎觉得只有与大家保持一致，才能找到归属感。

其实，这种盲目跟从，是放弃了对自己生活的掌控。许多人把自己的行为、决策，甚至是价值观，都拱手交给了外界环境和他人，自己仿佛成了一个失去独立思考能力的木偶，任由他人摆布。

这样的人，不正像古时候的奴隶吗？他们失去了对自己生活的掌控，把命运交到别人手中。他们不再是自己生活的主人，而是沦为别人生活的奴隶。这样的人，又如何能真正实现自己的价值，活出自己的精彩呢？

（2）麻烦不会找上门来

身处纷繁复杂的社会环境中，许多人天真地以为，只要自己不主动去惹事，麻烦和困难就不会找上门来。他们如同把头埋进沙子里的鸵鸟，以为这样就能避开所有的风险。然而，"人无远虑，必有近忧"。

事实上，麻烦和困难就像那些潜伏在暗处的猛兽，一直在静静地观察着，等待人们露出破绽。我们如果选择放任自己，不主动面对和解决问题，那么这些"猛兽"很可能会乘人不备，猛然发起攻击。

更糟糕的是，这些麻烦和困难并不会因为逃避和放任而自动消失。相反，它们会因为人的不作为而变得更加棘手和复杂。如果不及时处理，它们会像滚雪球一样越滚越大，最终变得难以控制。

所以，怕麻烦才是最大的麻烦。我们不能被动地放任麻烦和困难不管不顾，而是必须未雨绸缪，防患于未然，时刻保持警惕，像猎人一样敏锐地察觉身边的危险，然后果断地采取行动，将其制服。如此才能真正地掌控自己的生活，在复杂多变的社会环境中保持平安顺遂。

（3）事不如意，情绪失控

人生不如意之事十有八九。然而，许多人只要稍不顺心，就怨天尤人，肆意宣泄情绪，仿佛这样才能彰显自己的存在感。但很多人都不知道，情绪失控可能会危及生命。

以下三大负面情绪,就是身体健康的最大杀手,也是一些疾病突发的根源。

①焦虑:包括人际交往、拖延、自我要求过高、过度担忧引发的焦虑。

②生气:无论是闲气、怨气、怒气、赌气还是闷气,太容易生气既伤身又伤心。

③悲伤:生活不顺、工作不顺等导致的悲伤难过,会使整个人的心情持续低落,甚至堕入深渊。

以上种种,皆是心病。前文也提到,目前与情绪有关的疾病已达200多种,其中还有很多连医生都没有办法解决。也就是说,控制自己的情绪,就是给自己活路。

(4) 忽视生命"求救"信号

英国生物学家达尔文的进化论告诉我们:"物竞天择,适者生存。"人类发展进化了几百万年,已经形成了一套只有人类才具有的智慧系统,会自动发出很多或有形或无形的"求救"信号。可惜很多人都不知道,对待这些生命的信号马虎不得。

■ 预知预警的信号

疼痛和发烧是人最准确的信号。最常见的疼痛就有颈、肩、腰、腿的疼痛,预示着脊柱错位或形变;肚子疼痛,则告诉我们肚子受寒或者吃坏了东西。又如发烧,我们如果突然间觉得自己体温升高,那是因为身体的免疫系统在工作了。上述都是我们能感受到的问题,也让我们知道问题出在哪里,但是很多人怕麻烦,认为忍一忍再处理也可以。殊不知这些身体发出的信号,就是提醒我们要重视并赶紧处理,久拖未决则酿大祸。

■ 预感预报的信号

每当危险来临,人都会收到一些不祥的信号,俗称"第六感"。有些人就对自己的预感或直觉津津乐道,认为这些信号让自己避免了某次事故或意外。

■ 冤家路窄的信号

若遇到有人找你吵架,特别是脾气火暴且身体素质不好的人,或许这就是俗话所说的"冤家路窄"的表现。你与对方的一顿争执,也许就会要了对方的命。因为这种人自身就有基础代谢疾病，而且还性格火暴，极其容易触发心脏病、中风、血管破裂等风险。不巧遇上了，能让则让，能躲则躲，切莫等到不幸降临才后悔莫及。

■ 麻烦来临的信号

生活中我们常常会遇到亲人和朋友的苦苦劝阻，是听还是不听呢？宁可信其有，不可信其无。听了，或许就能避免一些不幸；不听，或许就有些麻烦等着你。比如，常常劝人要减肥、要戒酒，那些听劝的人，或许就避免了心脑血管突发疾病的不幸，而那些不听劝的人，其健康状况如何，或许自己和医生最清楚不过了。

谁都不知道意外和明天哪个先来，有些生命的信号还是不能马虎对待啊！

3. 撞了南墙才想回头，后悔还有用吗

人生就像一场没有彩排的现场直播。有多少人总是要在经历挫折、撞了南墙之后才幡然醒悟，意识到自己的错误。然而，有些路一旦走错，便再也无法回头。只可惜到那时，往往一切都为时已晚。

（1）错过方知机会难得

有些机会就像是划过夜空的流星，转瞬即逝，短暂而耀眼。许多人总是要在错过之后，才深深体会到这些机会的难得和珍贵。

在人生的道路上，我们或许会面临许多十字路口，每一个选择都可能会成为改变命运的契机。有些机会，看似毫不起眼，却可能成就一个人的一生；有些时刻，看似平淡无奇，却可能铸就一个人的辉煌。然而，不少人常常因为畏难、担心、害怕，错过了那些本可以改变自己命运的机会。

有的人可能因为一时犹豫，错过了与心爱的人共度一生的机会；有的人可能因为一次疏忽，错过了与朋友深入交往的机会；有的人可能因为一时懒惰，错过了学习新知识、提升自我能力的机会。这些错过，会让我们在回首往事时，心中充满无尽的遗憾和悔恨。

然而，生活就是这样，没有后悔药可吃。错过了便是错过了，无法重来。这些错过，会成为我们人生中的教训和警示，提醒我们要惜命、惜福、惜缘，珍惜眼前人，珍惜当下事，珍惜所拥有的一切，勇敢地抓住每一个绽放自己的机会，不要等到错过之后才后悔莫及。用心去感受生活中的每一

个瞬间，珍惜与身边人共度的每一刻，才可能让人生少些遗憾、多些精彩。

（2）蹉跎岁月青春不再

青春，本应是生命中最璀璨的华章。然而，有多少人却常常在无知和迷茫中，虚度光阴，无所事事，任由美好的时光从指尖悄然溜走。当回首往事时，才惊觉青春已逝，岁月无情，留下的只有无尽的遗憾，感到无奈与惋惜。这不正是古人所训诫的"少壮不努力，老大徒伤悲"吗？

那些本应该用来学习成长、开拓视野、追逐梦想的日子，却被浪费在无意义的消遣和虚度中，不禁让人感到痛心疾首。许多人沉浸在游戏的世界里，迷失在社交媒体的繁华中，或是陷入了无休止的纠结和迷茫之中。而当他们意识到这一点时，岁月已经无情地将青春带走，只留下无尽的遗憾。

这种蹉跎，是对生命最大的浪费。青春是有限的，它不会因为我们的犹豫和迟疑而停下脚步。每虚度一天，就意味着离梦想更远一步，错过了成长与发展的机会，让生命的价值在无形中消逝。

这种虚度，更是对自己最大的不负责任。每个人都有责任珍惜自己的生命，创造属于自己的精彩。而虚度青春，就是对自己生命的轻视和漠视。这既没有对得起自己的存在，也没有尽到自己的责任，更没有实现自己的价值。

所以，警醒吧！别再让青春在无知和迷茫中悄然流逝，别再让青春成为生命中最大的遗憾。唯有珍惜每一个当下，用实际行动去追逐梦想，创造未来，才能真正地活出自我、活出精彩。

（3）病急方知健康可贵

如今要问哪里人多，或许医院便是其中一个答案。我曾在医院的走廊，看着人来人往，听着各种语言的交谈，不由感叹着生命的脆弱与宝贵。在这里，有人因疾病而痛苦，有人因失去亲人而悲痛，又有人因得到救治而喜悦。医院的每一个角落，每天都在上演着生死离别，尽显人间百态。

只是令人惋惜的是，有人总是在疾病缠身、痛苦难当之时，才开始慌乱地四处求医问药。有些平日里对自己的健康充满自信的人，在疾病面前变得无助而焦虑。他们四处奔波，急切地寻找医生，希望能够得到一线生机。有可能当他们终于意识到健康的宝贵时，却已经错过了最佳的治疗时机。

在医院里，每一天都有太多生命消逝，我自己也曾险些丧命。为什么不能在疾病来临之前，就好好珍惜自己的身体，加强预防和锻炼呢？为什么总要等到失去健康，才追悔莫及？

（4）积重难返，回天乏术

错误和过失如果不及时纠正处理，就会像滚雪球一样越滚越大，最终让人不堪重负。前面所说的身体上的疾病，或许还能被察觉，找到好的医生或许还能挽救生命。

最可怕的是那些潜移默化的不良行为习性，它们无声无息地侵蚀着我们的生命。特别是那些看似微不足道的不好的念头，以及那些看似无害的嗜好，它们平时不显山不露水，往往等到积重难返时，灾祸才会显现。到那个时候，即使再怎么努力，也可能已经回天乏术了。这种无奈和悔恨，就像是一记重拳，直击心灵。它不仅是对过去错误行为习性的严厉审判，更是对缺乏自律、麻木不仁的人的最大惩罚，让人深刻反思：为何没能早点察觉到问题的严重性？为何没有早点采取行动改变？

然而，即使是这样，人生也不会因为谁的悔恨而按下暂停键。过去已经过去，未来还未到来，我们不应该放弃希望和努力，哪怕身处绝境，或许也能找到一线生机，能在悔恨中找到一丝救赎。

二、少数人在修炼演变的熵减中，焕发活力

撞了南墙并不可怕，可怕的是失去了回头的勇气。人生的漫漫旅途中，偏离正轨在所难免，总会有走错道的时候。此时，我们需要在前行中不断修正自己的方向，才可能避免脱轨和"南辕北辙"，从而重新回到正轨上。

事实上，历经磨难之后，还有勇气直面自己的错误，重新开始，突破自我、修炼蜕变，克服人性的弱点，不断迎难而上，在充满未知的未来中找到属于自己的使命，让生命绽放光芒的人，又有多少呢？所谓修炼，就是做有用功来修正和锤炼——通过躬耕自己的"方寸心田"，拨乱反正，让"人性"和"人心"走正道，在社会的大熔炉中"千锤百炼锻成钢"，使自己的生命状态趋向于井然有序，以减缓生命的熵增，蜕变成更好的自己，焕发出生命的活力。

1. 反着性子修正弱点，真的行得通吗

如何进行自我修炼？老子在《道德经》中告诉我们："反者道之动，弱者道之用。"这句话言简意赅地表明，朝着与自己的本意相反的方向修炼就是"道之动"，朝着自己最薄弱的方向修炼就是"道之用"，这两者都是在做有用功。

（1）越是畏难，越要勇敢

生活有时候就像一场突如其来的暴风雨，打得人措手不及。在这场风雨中，我们会遇到各种各样的未知、困难和挑战，它们像一道道高高的门槛，横在我们前进的路上。有的人站在门槛前感到畏难、担心、害怕，仿佛前方是无尽的黑暗，无法看清未来的方向。然而，也正是这些门槛，成为了我们不断向上突破、成长的催化剂。

每当感到畏难时，往往意味着我们正面临着一些从未尝试过的事情，或者需要走出自己的舒适区去面对一些新的挑战。这种时候，如果选择逃避退缩，就无法突破自己的认知局限和能力局限。而如果选择勇敢地去面对，或许就能够突破自己，不断地拓宽视野和提升能力。这种勇敢，并不是毫不畏惧地盲目向前冲，而是在感到畏难、担心、害怕时，不逃避、不退缩，毅然生出一种"明知山有虎，偏向虎山行"的勇气，坚定地迎难而上，去探索那些未知的可能。当我们相信自己有能力战胜困难时，先前的畏难、担心和害怕就会烟消云散，取而代之的是一股不可阻挡的强大力量。

越是畏难，越要勇敢。无论遇到什么样的困难和挑战，都要保持一颗勇敢的心，相信自己，相信未来，相信每一次的尝试都会成就更美好的自己。唯有如此，才能在人生的道路上越走越远，让人生的道路越走越宽广。

（2）越想得到，越要给予

在人生的道路上，人们总是渴望得到很多东西，无论是物质上的满足，还是精神上的追求。然而，究竟如何才能得到？一个简单却重要的道理告诉我们：越想得到，越要给予。

给予，是一种慷慨的态度，更是一种智慧的选择。当我们真心给予时，不仅是在帮助他人，也是在充实自己。给予让人学会珍惜，学会感恩，学会与他人分享。通过给予，我们得到的不仅仅是他人的感激和认可，更是

一种源自内心的满足和成长。

所谓舍得,有舍才有得。越想得到某些东西时,往往越容易变得焦虑和贪婪。渴望得到更多,却不愿承担和付出,越是这样反而越得不到,以至于拥有的越来越少,这就是贫穷背后的逻辑。

真正的得到,往往是通过给予得到的。当一个人愿意承担和付出,愿意为他人着想,愿意为社会做出贡献时,他的心灵将变得更加宽广,随之而来的不仅有鲜花和掌声,物质条件的改善也会水到渠成。

给予,也是一种投资。投资的不仅是金钱和时间,更是自己的善良和厚道。不要只想着索取,唯有把承担和付出当作一种习惯、一种生活方式,内心才会充满爱。爱出者爱返,福往者福来,自己因此也会得到更多的快乐和满足,人生也将变得更加幸福美好。

(3) 越是喜爱,越要克制

有的人,喜欢一朵花,就会想把它摘下来,紧紧握在手中,独自欣赏它的美丽。这样的喜爱,不在乎天长地久,只在乎自己曾经拥有。然而,这种拥有是以损害花朵的利益为代价的,可能转瞬即逝,这样的喜爱不过是一种自私的占有欲罢了。

也有的人,喜欢一朵花,就会去给它浇水、施肥,帮助它除去身边的害虫,修剪掉多余的枝叶。他们用心栽培,让花朵在自然的生长中绽放美丽,被更多人看见。

对待花如此,对待生活也如此。越是喜爱一样东西,反而越应该学会克制自己的冲动。放肆的贪婪,往往会让自己失去更多。

真正的爱,其出发点一定是让别人变得更好,而不只是为了让自己好。爱,就是无私地承担和付出,就是懂得尊重,懂得分享。当一个人学会克制自己的欲望,把喜爱转化为责任和关怀时,或许就能真正体验到那份深沉而持久的幸福。

(4) 越想自由,越要自律

自由,仿佛有一种魔力,令每个人都向往不已。有许多人常常幻想着无拘无束、随心所欲的生活,仿佛只有这样,才能真正释放自己的内心。然而,回归现实,他们却发现身边有许多约束和限制,好像做什么都要讲规矩,到处是条条框框。其实,仔细审视"自由"二字,便会发现它本身就包含着条条框框,并非毫无边界的放纵,也不是任性妄为,前提是要有思想、有能力。一个人倘若没有思想,只会人云亦云,就如同脚踩西瓜皮似的,溜到哪里算哪里,那么自由于他而言就变成了"虚妄"。一个人倘若没有能力,就如同无根的浮萍,只能随波逐流,自由也就失去了"根基"。

换句话说,自由不是想做什么就做什么,而是在遵守规则和约束的前提下,有思想、有能力做自己想做的事情。人人向往自由,就得自爱自信、自立自强,不断地突破自己的认知局限和能力局限,让自己得到成长和发展。等到自身的思想和能力足够强大之时,便能实现"海阔凭鱼跃,天高任鸟飞",自由自在地畅行天下。

自律,是实现这种自由的关键所在。自律并不是束缚自我的枷锁,而是一种更好地掌控自己的方式。正如古圣先贤所言,"君子有所为而有所不为"。自律告诉我们,哪些事情是可以做的,哪些事情是不可以做的,让人在纷繁复杂的世界中保持清醒和坚定,从而避免被欲望和冲动所左右。

你可能会问,自律和自由难道不矛盾吗?其实不然,越是自律,越能获得真正的自由。想象一下,如果每个人都不受规则和制度的约束,只是盲目地追求所谓的自由,那不过是个体的放纵,就像一匹匹脱缰的野马,横冲乱撞、相互伤害,进而集体很可能会陷入一种混乱和无序的状态中,这样的自由,又有什么意义呢?相反,当一个人能够自律地约束自己的行为时,他就能够更好地掌控自己的生活,越能够提升自己的思想境界和能力水平,自由自在地做自己,真正实现自我价值,达到幸福的状态。

(5)越是艰难,越要修炼

稻盛和夫有两句话,时常在我心中回响,一直指引着我前行,让我如磐石般坚定,受益终身。

第一句话是:"世道越是艰难,越要修自己。"每当人生陷入困境,我总会想起这句话。艰难如同砥砺之石,越是艰难,越能磨炼意志、提升能力、激发潜力;越是艰难,越是要坚持向内求,躬耕好自己的"方寸心田",才可能让自己变得更加强大。

第二句话是:"别人没做好的,就是我们的机会。"这提供了另一种视角,提醒人们即使在困境中也要满怀希望,寻找机遇。当别人退缩时,自己可以勇往直前,每一次困难都是一次成长的契机;当别人迷茫时,自己可以找到方向，每一次挫折都是一次自我超越的机会。尤其是在竞争残酷的商业世界，企业老板该如何让产品和服务保持活力和竞争力，找到企业优势和持续发展的突破口呢？其实，别人没有做好的地方，就是我们的机会。只要躬身入局，脚踏实地，躬耕好自己的"一亩三分地"，世间的美好将会与自己有关。

越是艰难，越要修炼。这不仅是一种信念，更是一种行动；这不仅是对自己的挑战，更是对人生的一种积极态度。我们要在艰难中不断成长，不断超越，历事炼心，让每一次的修炼都成为人生中最宝贵的财富。

（6）越想崇高，越要谦卑

人人都想变得崇高，期望得到他人的敬重，让别人高看一眼。然而，有多少人却仗着权势、地位，自以为高高在上，总喜欢摆架子、装腔作势。殊不知，在别人眼中不过是"小人得志"。

事实上，真正的崇高，往往与谦卑同行。因为越是谦卑，越有自知之明，越能发现自己的无知，越能看见他人的闪光点，如此才能博采众长，"择其善者而从之，其不善者而改之"。

历史上那些受人敬仰的伟大人物，他们哪一个不是待人接物谦和有礼，为人处世低调谦逊的呢？他们不会因为自己的成就而沾沾自喜，更不会恃才傲物、盛气凌人。相反，他们深知，真正的伟大并非来自自我吹嘘和炫耀，而是来自内心的谦逊和对他人的尊重。

越想崇高，越要谦卑。犹如大海处于最低处，才能海纳百川。学会谦卑，才能真正赢得他人的敬重，成为让别人高看一眼的人。

2. 突破困境锤炼德行，有没有门路

《大学》早就告诉我们在社会环境的大熔炉中锤炼成钢的路径："大学之道，在明明德，在亲民，在止于至善。知止而后有定，定而后能静，静而后能安，安而后能虑，虑而后能得。"这是曾子师承孔子的学说，告诉后人如何修炼自己的具体化，也是对后人修炼自己的期许和根本要求。

（1）知止而后有定

"知止"二字代表着，既是知道要幡然悔悟，更是知道自己锤炼德行的终极目标——明德、亲民、止于至善。这一认知，是心灵深处对自我成长

与发展的渴望，是对自己人生价值和生命意义的追求。

当一个人真正明白为何要锤炼自己，为何要达到至善之境，内心深处便会自然而然地产生一种"定力"——内心坚定的力量，也叫信念。这种定力是对自己人生方向的明确把握，是在纷扰世界中保持清醒与坚韧的力量，让自己在面对诱惑和困难时，能够坚守初心，不为外物所动。

以终为始，朝着"止于至善"这一锤炼德行的终点出发，"知止"便是内心安定与成长的起点。就像军训，一开始练立定，只有先停下来定住，才能朝着目标选择左转或右转，才能坚守初心，始终沿着正确的道路稳步前行，不断实现自我超越。

（2）定而后能静

"定"是内心的稳定与坚定，宛如内心深处一座坚固的堡垒，能够抵御外界的诱惑与纷扰。当一个人内心稳定坚定，不为外物所动，便能进入一种静谧的状态，那是一种超越外在喧嚣的宁静。

这种"静"，并非指环境的安静，而是内心的平和与宁静。静则杂念不生，没有抵抗、没有分别，安静平和地内观自己的一切。在这种状态下，能更加清晰地听见自己内心的声音，感知到生命的节奏和韵律，深入思考，探寻人生的意义和方向，从而更加清晰地认识自己，理解世界。

"定"是通往"静"的必经之路。只有内心稳定坚定、井然有序，才能在纷扰的世界中保持宁静，洞察生命的真谛，让世界看见更美的自己。

（3）静而后能安

"静"之后能"安"。"安"什么？安住当下。

"静"的状态之后，会迎来"安"的境地。这种安宁，源自内心深处的踏实与安定，不会转瞬即逝，而是建立在对自我和世界的深刻理解与真诚接纳之上，安下心来感受当下的一切喜怒哀乐，过去不念，当下不杂，未来不惧，只需认真度过每个当下。

当内心真正达到了"安"的状态时，便能从容地面对生活中的各种挑战与困难。这种从容，不是逃避，而是心无挂碍地坦然直面每一个当下。它让人在困境中不失方向，在挑战中不失自我。无论外界如何变化，内心的安宁都是人最坚实的依靠，它能生出智慧和力量来让人应对世间的一切状况。

（4）安而后能虑

"安"的状态是深入思考的基石，也是让人不断锤炼德行的重要环节。正所谓"安心才能立命"，当一个人处于"安"的状态时，能够保持头脑冷静和清晰，深思熟虑，全面分析问题，思维的深度和广度得以充分展现。

在安宁的庇护下，人不再被情绪左右，而是能够用更加客观和理性的眼光看待问题，深入思考问题的本质，探究其背后的原因，从而找到更加有效的解决方案。这种深思熟虑的过程，不仅锻炼了人的思维能力，更在无形中提升了人的品行和人格魅力。

（5）虑而后能得

最终便是"得"，有德才能得。

深思熟虑之后，通过历事炼心，便抵达了"得"的境地。这里的"得"，并非指简单的收获，而是对前面所有努力的深厚回馈，是德行与智慧的结晶。

当一个人经过深思熟虑，明晰了方向，坚定了信念，内心的宁静与平和便会创造一个无比优越的思考环境。在这个环境中，人能够洞察事物的本质，把握机遇。因此，人们获得的不仅仅是目标的达成，还是自我的成长与发展，更是精神层面的收获。

不经过这样历事炼心的过程，不可能得到想要的结果，更不可能生发智慧。"得"便是对一个人不懈努力的肯定，是对一个人德行与智慧的褒奖。它让人明白，每一次的努力都不会白费，每一次的坚持都值得。在"得"的喜悦中持续精进，就能继续前行，不断追求卓越，写下更加精彩的人生篇章。

3. 格物致知意诚心正，怎样做好知与行

选择修炼演变，去历事炼心，关键在于起心动念是否正确，否则最终得到的或许并非自己所愿，也不一定有好的结果。那么，如何才能让自己时刻保持"正念、正知、正行"，迈向"知行合一"的康庄大道呢？曾子在《大学》中告诉了我们修炼路径和方法："物格而后知至，知至而后意诚，意诚而后心正，心正而后身修。"

(1) 物格而后知至

"格物"并不仅仅是停留在表面观察事物,更是一种对事物内在本质的深入挖掘和探索。事物的根本,即真正的知识,往往隐藏在事物的深处。

这一过程,要求人超越浅显的认知,去触及事物的核心,探索其内在的逻辑和规律。这需要有足够的耐心,不急于求成,愿意在探索的道路上步步深入;还需要有足够的细心,才可能捕捉到那些不易察觉的细微之处,不被表象所迷惑,透过现象看本质;更需要有足够的恒心,不断地思考,多问"为什么",坚持不懈地追求真相。

"格物"之旅,并非一蹴而就,要付出艰辛的努力,承受失败的挫折。但正是这些挑战和困难,让人更加坚定自己的信念,激发求知欲和探索欲,在探寻本质的道路上不断前行。只有这样,才能真正地"格物",进而"知至"。

(2) 知至而后意诚

"知至"之时,认知如同拨云见日,变得越发清晰与准确。因为一旦深入了解了事物的本质,便能够清晰地看见自己的目标与方向,从而在内心深处筑起坚定的信念与决心。通俗地说,认知决定了一个人的"意愿":到底是心甘情愿,还是不情不愿?起心动念秉持什么样的认知,进而就会采取什么样的态度去行动。真诚地对己对人对事,才可能看见真善美。

这种真诚,并非仅仅体现在对自己的认知上,它更像是一面镜子,映射出自己对他人、对社会的态度。当一个人真正了解事物的内在逻辑与规律,便会更加尊重他人的差异,更加包容社会的多元,也会变得更加谦逊与和善。

只有我们以真挚的心意去追寻真理,去对待他人和社会,才能够打开那扇通往更深层次认知的大门。这样"知至"之后,心意会如同璀璨的星辰,散发出真诚与温暖的光芒。这种光芒不仅会照亮我们的道路,也会温暖那些与我们同行的人。正所谓"精诚所至,金石为开",这种精诚之心,如同金石一般坚硬而纯粹,能够穿透一切障碍,让人在探寻真理的道路上不断前行。

(3) 意诚而后心正

"意诚"之后"心正",这种内心的转变,源于对自我与世界的深刻洞察，以及对目标方向的清晰把握。这时，人的信念与决心如同磐石般稳固，不再轻易受外界的纷扰与诱惑所动摇，始终保持着一种"正念、正知、正行"的状态。

"意诚"之后，自然会秉持"正念"。所谓正直真诚的心念，即心中没有分别，没有挂碍，没有畏难、担心、害怕等情绪，也没有"贪嗔痴慢疑"的起心动念，思考变得纯粹而清晰，不再被杂念和邪念所困扰，得以专注于积极向善的思考，致力于追求善良与厚道，从而时刻保持向好向前的念头。

"意诚"也会赋予一个人"正知"。当一个人追求真实客观的知识，努力摒弃偏见和谬误，便获得了"正知"，即正确的知识，也叫智慧。拥有"正知"，人就能明辨是非、善恶，从而具备良知。良知会像树根一样深深植入人的心中，如此，人便有了良心。良心就像为心灵装上的导航系统，让人学会用正确的知识武装头脑，使人善于观察、分析和判断，并以此指导行动，这便是良行。可以说，在"正知"的指引下，人能够不断提升自我认知，通过良知、良心和良行"三部曲"，持续精进，完善自我，使自己成为更加有智慧的人。

更重要的是，"意诚"能激发人践行"正行"。以正直之心驱动自身行为，始终坚守善良厚道的底线，远离一切邪恶和不当之举。以真诚之心引领自己的思考、语言和行动，致力于为社会做出贡献，用正直的行为传递正能量，影响身边的人，共同营造一个更加和谐美好的社会。

（4）心正而后身修

当一个人内心坚定正直，始终秉持"正念、正知、正行"，便自然而然地踏入了个人修炼演变的至高境界——知行合一。

在"心正"的基础上，人的言行举止自然流露出正直、善良与厚道，"知"与"行"相互融合，浑然一体。这种知行合一的状态，不仅让人深刻明了"作为人何为正确"，更能让人身体力行地去实践，将信念转化为行动，将知识转化为智慧，还能让人更加从容自信，无论面对何种挑战与困境，都能坚守初心，坦然应对。

"心正"还意味着内心平和而宁静。在这种状态下，人会更加注重内心的修养，不断反思与自省，努力提升自己的品格与境界。人学会了倾听内心的声音，遵循内心的指引，就能让自己的言行更加符合善良厚道的准则与幸福的本质。当修炼演变达到"知行合一"的至高境界时，人的内心与行为相得益彰，尽显个人的风采与魅力，让世界看见更美的自己。

"格物致知—诚意正心—知行合一"是一个循序渐进的过程。只有真正地"格物"、深入地"致知"、真诚的心意、坚定地"正心"，才能实现"身修"，进而达到"知行合一"的境界。这是一个需要不断努力、不断追求的过程，但只要坚持不懈、勇往直前，相信每个人都能够到达"内无挂碍、外无障碍"的幸福之境。

三、鹰的重生，展现出强大的生命力

"修行"看似艰难，好像充满了"反人性"的挑战。实则不然，修行是在做有用功，以减缓生命的熵增。"在行中修，在修中行"，关键在于一个"修"字，从躬耕自己的"方寸心田"开始，及时修正自己的念头和态度，进而修正自己的语言和行为。

如何才能做到及时修正呢？在前面的章节已有阐述。将古圣先贤的智慧和科学家们的理论精髓根植于心，就像给自己的心灵装上了导航系统，能时刻观照自己怎么想、怎么说、怎么做，从自身的念头开始，为善去恶，向好向前。

然而，有多少人能够做到出淤泥而不染，克服本性的驱使，在生活中坚持修行，实现生命的蜕变呢？谈及生命的蜕变，我不禁想起多年以前看《动物世界》那震撼人心的一幕——鹰的重生。在大众认知中，鹰是翱翔天际、无畏无惧的生物。它搏击长空的勇猛姿态，总是给人无尽的鼓舞与力量。

1. 生命怎么蜕变？鹰置之死地而后生

有人专门研究过鹰的生命历程，从中发现了一个令人惊叹的现象。鹰的寿命约为70年，当鹰到40岁左右的时候，它的身体机能开始衰退。爪子开始老化，无法有力地抓住猎物；喙变得又长又弯，几乎能够碰到胸膛；翅膀变得沉重，严重影响飞行。这个时候，鹰会飞上山巅筑巢，停留在那里，先用喙将脚趾一个个地拔掉，然后再将羽毛一根根地拔掉，最后用喙猛烈撞击岩石，直至喙脱落。经过150天左右，鹰的脚趾、羽毛和喙会重新长出。随后，鹰就自动滚落悬崖完成蜕变，从此又可以展翅高飞了。

我们可以看到，鹰有两种选择：一种是慢慢老去，随着身体的逐渐老化，承受着生命中因习惯沉积而带来的命运；另一种是修炼演变，伴随着"我想、我要、我能"的愿力去锤炼自己，置之死地而后生，享受重新展翅高飞的喜悦。鹰为什么要选择后者呢？这多么残忍又痛苦啊！

兽犹如此，人何以堪。细细思量：无论是鹰还是人，不都是在体验着自己的生命，渴望享受修炼演变后带来的幸福和快乐吗？

2. 脱胎怎么换骨？达摩祖师悟《易筋经》

鹰之蜕变，浴火重生后振翅高飞。而人类，亦能于尘世之中寻求超脱凡尘的蜕变之路。相传，禅宗的开创者达摩祖师，为传真经只身东来，到了嵩山少林寺，见僧人终日打坐参禅，大多气血不通，尚未修得正果而命不久矣。于是，他在达摩洞中面壁九年，闭目静修，终于悟出了那套被后世誉为上乘"武功绝学"的宝典——《易筋经》（又名《易筋洗髓经》），此经历来被视为少林核心机密的镇寺之宝。

此经非比寻常，它不仅仅是一套武学秘籍，更是一部关于身心蜕变的修行宝典。修习此经，如同经历一场凤凰涅槃般的重生，让人"脱胎换骨"，焕发新生。那么，"脱胎换骨"究竟是何等境界？又是如何通过这套功法实现的呢？

从现代医学的角度来看，《易筋经》的修炼过程实际上是一种内外兼修、深度调理身心的功法。它的一招一式，涵盖吐纳、垂吊、拍打、易筋、静坐……看似简单易学，内里却蕴含着无穷奥妙。这些动作不仅锻炼了人体的经络、肌肉和骨骼，更通过协调呼吸与动作，调和人体的气血，使人体五脏六腑、十二经脉及全身得到充分的调理。它具有平衡阴阳、舒筋活络的作用，能够从根本上激活身体的内生动力和自愈能力，从而达到强健体魄、祛病益寿的功效。

所谓"易筋"，即改善人体的筋络。《黄帝内经》记载："筋长一寸，命长十年；骨正筋柔，气血自流"。因此，人在易筋修炼的过程中，能逐渐感受到身体的变化，即原本疲惫的身体充满活力。更重要的是，通过易筋修炼，人能够通过持续锻炼做有用功来减缓身体的"退行性变"，提升自身代谢能力和免疫力，从而达到预防各种疾病的目的。

据说，这套功法的神奇之处不止于此，它更是一部关于心灵成长的修行宝典。所谓"洗髓"，即净化心灵的杂质，让心灵回归井然有序的状态。在修炼过程中，通过打坐、静坐或参禅，人会逐渐抛却世俗的纷扰，内心变得宁静而平和。这种内心的平静与安宁，不仅能够让人在面对生活的挑战时保持冷静与理智，更能让人在修行的道路上不断前行，实现自我超越。

通过易筋洗髓这套功法的修炼，不仅能够实现身体上的"脱胎换骨"，更能达成心灵上的升华与蜕变。这种蜕变不仅仅是外在形象的改变，更是从根本上改善和提升内在的精气神，让人在面对生活挑战时更加从容不迫，在追求理想的道路上更加坚定。

回顾达摩祖师的传奇功绩，我不禁被他的智慧与慈悲深深打动。他以毕生修行悟出了这套《易筋经》，为后世留下了宝贵的财富。而我作为后来人，也是这套功法的受益者，将更加珍视这份传承，用心去修炼、去感悟、去传播，让更多人也能因此自强不息、厚德载物。

3. 逆境怎么涅槃？褚时健白首再创业

褚时健老先生堪称一位传奇人物。在74岁满头白发的高龄，他没有选择"认命"，去过隐退江湖的安逸生活，相反，他毅然决然地走入云南的深山之中，靠种植"不起眼"的橙子，再度白手起家。他的故事，就像一部逆境中涅槃的传奇史诗，激励着无数在困境中挣扎的人。

在云南的土地上，褚老先生开启了他的橙子种植事业。对他来说，这是一个全新的领域，充满了挑战。然而，他并没有被这些困难吓倒，而是深入研究橙子的种植技术，引进先进的农业设备，与科研机构合作，不断提升橙子的品质。他坚信，只有品质过硬的产品，才能在竞争激烈的市场中站稳脚跟。终于，他的努力没有白费，他种的橙子很快就在市场上获得了极高的赞誉，成为消费者心目中的佳品。

褚老先生74岁再创业，可曾考虑过安享晚年？可曾顾念过自己的安逸？答案是否定的。虽历经磨难，他心中唯有一个信念：生命不息，奋斗不止。他用自己的智慧和勤奋告诉我们，年龄并不是追求梦想的障碍，只要拥有坚定的信念和不屈的精神，就能够战胜一切困难，实现自己的梦想，创造出属于自己的辉煌。让我们向褚时健老先生的勇气和决心致敬，向他的创新精神和不屈不挠的毅力致敬。何为生命的意义？活着，就应当为人世间创造更多美好。

4. 日航怎么重生？稻盛和夫临危受命

稻盛和夫，一个在日本商业史上留下诸多传奇故事的名字。他一生创办了京瓷集团和KDDI两家世界500强企业，是我最为敬佩的企业家之一。当时日本航空陷入困境，巨额的亏损使其濒临破产清算。日本首相鸠山由纪夫请求稻盛和夫出手拯救。出于对航空事业的热爱和对国家的责任感，这位已经78岁高龄、与癌症搏斗而退休出家修行多年的老人，毅然决然地站出来接管，只是象征性地收取一日元薪资，这种无私的精神和非凡的勇气，让人敬佩。

接手日航后，稻盛和夫迅速展开了一系列重组计划。他深知，想要扭亏为盈，不仅需要短期的急救措施，更需要长远的战略眼光。因此，他首先从内部管理入手，优化流程，降低成本，提高效率。同时，他也注重对员工的培训和激励，让每一个员工都感受到自己的价值和重要性。这些做法，都是在最大程度上给企业做熵减，以激活企业的组织活力。

在经营策略上，稻盛和夫也展现出过人的智慧和胆识。他准确地把握市场趋势和客户需求，推出了一系列符合市场需求的新产品和服务。这些举措不仅使日航的市场份额逐步回升，也让其品牌形象得到了极大的提升。

当然，成功的背后总是充满艰辛和挑战。在重组的过程中，稻盛和夫和他的整个团队遭遇了各种困难和压力。但他们没有放弃，而是凭借坚定的信念和顽强的毅力，一步一步地走了过来。

最终，在稻盛和夫的带领下，短短一年多时间内，日航便成功实现了扭亏为盈，重获新生，再度跻身世界500强之列。这一商业奇迹，让人们对稻盛和夫的才华和智慧赞叹不已，也让整个航空界为之震惊。

稻盛和夫的故事告诉我们，真正的企业家不仅要有远见卓识和创新能力，更要有担当和勇气。在困境面前，真正的企业家不会选择逃避或妥协，而是勇敢地站出来，带领团队一起迎接挑战、战胜困难。这样的企业家，才是真正的商业领袖，值得我们敬佩和学习。

5. 华为怎么腾飞？任正非绝境突重围

在风起云涌的商业战场上，华为在创业初期曾一度面临生死存亡的考验。但正是在这样的绝境中，任正非展现出了超凡的毅力和智慧，带领华为突出重围，实现起死回生，最终走向腾飞之路。

彼时的华为遭遇了前所未有的外部压力：市场份额被蚕食，资金链紧张，内部士气低落。但任正非没有被困境击垮，反而更加坚定了自己的信念。或许他深知，作为企业的掌舵人，自己必须先修炼好内功，才能带领团队走出困境。

开始时，任正非深入市场一线，亲自了解客户的需求和反馈。他不再局限于办公室，而是频繁地与一线员工、合作伙伴和客户交流，从中汲取智慧和力量。同时，他也加强自我学习，不断学习新的管理理念和商业模式，以提升自己的领导力和决策能力。

在修炼自身的同时，任正非也积极调整战略，推动华为进行业务创新。他鼓励团队成员提出新的想法和建议，充分激发团队的创造力和创新精神。在任正非的带领下，华为开始了一系列的技术研发和创新，推出了多款具有竞争力的产品和服务，成功开拓新市场。

此外，任正非还非常注重企业文化的建设。在"为什么而做什么"，也就是初心，即起心动念上，华为"以客户为中心，以奋斗者为本，长期艰苦奋斗，坚持自我批判"。这或许就是一个企业家在创业之路上，扣好企业"第一颗扣子"的关键所在，员工因此在困境中更加团结和坚定。"力出一孔，利出一孔"，华为上下一心，聚心聚力聚智，形成一股推动企业持续向好向前发展的磅礴力量。一个人若力量不足，便会软弱无力；一家企业若力量不足，就容易内耗，这不正是走向衰落的开端吗？

在任正非的带领下，华为逐渐走出了困境，市场份额逐步恢复，资金链也得到了有效缓解。更重要的是，华为的团队士气得到了极大的提升，员工们更加信任和拥护任正非，也更加愿意为企业的发展贡献自己的智慧和力量，最终成就了华为的腾飞。如今，华为的产品和服务已经遍布全球，成为全球领先的信息和通信技术解决方案供应商。华为的成功，不仅印证了任正非的领导力和决断力，也彰显了华为团队的团结和创造力。

任正非在绝境中修炼自身、调整战略、创新业务、建设企业文化，最终带领华为走出危机、实现腾飞。他的故事告诉我们，面对困境和挑战时，只要拥有坚定的信念、卓越的领导力、创新的思维和团结的团队，定能像华为一样突破困境，创造佳绩。

在企业管理上，任正非是极具智慧的企业家，他深谙熵增定律，并将其运用到了极致。华为大学编著的《熵减：华为活力之源》中提到，华为通过"厚积薄发"和"开放合作"来对抗企业的熵增，通过"激发生命活力促进发展"来对抗个人的熵增。这不仅是华为保持企业活力的秘诀，也是推动华为迅速成长为国际顶尖企业的关键因素。

四、历事炼心，持续精进中绽放生命

古往今来，有多少人不惧艰难险阻，选择历事炼心、修炼演变，最终成就一番伟业。或许有人心生疑惑，不禁要问：难道非得如此严苛地锤炼自己，追求那所谓的"知行合一"吗？难道非要做"圣人"吗？难道不可以平庸一些，做平凡大众中的一员，过平凡的生活吗？

当然可以。作为曾在生死边缘徘徊几次，最终幸运存活下来的人，我丝毫没有要做"圣人"的想法。只是深刻体会到，生命如此宝贵和脆弱，我只想安住当下，感受当下这一刻的幸福，就这样平平淡淡、无病无灾地过好自己平凡的一生。

然而，即便如此，也并非易事。可别忘了，人性的"五漏"——"贪嗔痴慢疑"，以及影响万事万物的熵增定律，它们时刻都在伺机而动，让人在不知不觉中就漏尽了福禄寿。若不去修行补漏，生命中本自具足的一切都会慢慢漏尽，更别说拥有更美好的人生了。

是选择修炼演变，还是碌碌无为地慢慢老去？这是一道非常现实的选择题，几乎没有中间选项，唯有选择向好向前去历事炼心，修补自身的漏洞，躬耕好自己的"方寸心田"。千万不要像曾经的我一样，活了大半辈子才明白：自强不息，关键在于"不息"；厚德载物，关键在于"载物"。修炼品性才能让自己"不息"，行善积德才能让自己"载物"。做好自己是一切的根本，一方面修炼自强不息的精神，一方面修炼厚德载物的品德，两手都要抓，两手都要硬，双管齐下，不可偏废，如此才能在持续精进中绽放生命光彩。

那么，如何才能修好自己呢？回到"为什么而做什么"这个原点，必须始终坚持向内求，躬耕好自己的"方寸心田"，以古圣先贤的标准为镜，以科学家的理论为鞭策，时刻内观自身，反思自己存在的问题和差距，如此才能在持续精进的过程中修好品性、德行、智慧、能力。修好了这四样，做人的根本或许就十分稳当了。

那么，修品性、修德行、修智慧、修能力分别意味着什么呢？从根本上说就是从善待自己开始，向内求，做好自己是一切的根本。

1. 自强不息"修品性"

品性体现的是一个人的品德与性格特质。它关乎生命的质量，而生命的质量如何，只有我们自己最清楚。生命其实就在一呼一吸之间，一旦气息断绝，生命也就终结，人世间的美好便与我们再无关联。因此，修好品性，让我们的生命有质量地延续，是一切的前提。

"天行健，君子以自强不息。"自强不息，关键在于"不息"，"不息"的意思是生命不止，从一呼一吸开始，修好自己的品性。可惜有许多人在这一点上忘乎所以，贪天之功，以为生命唾手可得，殊不知生而为人如"盲龟浮木"，获得生命的机会如此宝贵难得。有的人对自己和他人的生命缺乏敬畏之心，肆意挥霍，过度消耗自身健康；有的人不知道自己为什么而活着，在得过且过中活成了"空心人"；有的人甚至作贱自己，虚度青春年华，最终只换来满身伤痛。

身体是革命的本钱，只有拥有健康的体魄，才能支撑我们追逐梦想，实现自我价值。因此，想要自强不息"修品性"，就要增加有用功，减少无用功，对己对人对事，用秩序抵消熵增。

（1）多做有用功

什么叫有用功呢？对人体有正向促进作用的功，才叫有用功。它是推动个人成长与发展的重要力量，不仅能够提升个体的身体素质，还能够促进心灵的健康。

有的人通过静坐、冥想、看书等方式修炼内功，调节呼吸，使内心平静，提升自我觉察能力。这种方式叫"蠕蠕不动"，即别人看不见你在动，实际却能有效地调整内心秩序，给自己带来深刻的改变。古圣先贤有云："静坐一须臾，胜造恒沙七宝塔。"这句话生动说明练习内功有极大的益处，让自己的内心平稳，避免情绪忽上忽下，从某种程度上讲，这无异于挽救自己的生命。

而有的人通过运动等方式练习外功，比如吐纳、跑步、游泳等，增强体质，提升活力。这种方式叫"蠕蠕而动"，即别人看得见你在动。通过运动，人可以明显感受到身体素质的提升，如精力更加充沛、精神状态更加饱满、皮肤变得更加健康、行动变得更加敏捷等，生命力十足。

（2）减少无用功

无用功，顾名思义，是指对人体产生反向作用的功，包括对个人成长与发展无益甚至有害的行为和活动。它们不仅消耗我们宝贵的时间和精力，还可能导致身心的混乱与无序，加剧熵增。长期积累无用功，可能会引发各种身心疾病，对个人的健康和幸福产生负面影响。因此，识别并减少无用功，是提升个人品性的重要一环。

在现实生活中，不少人误以为自己在努力，实际上却在做无用功。他们可能整日忙于琐碎、无关紧要的事务，或者在错误的方向上投入过多的精力。然而，很少有人愿意正视这一点，承认自己的努力并未转化为有效的成果。

例如，内心混乱、焦虑不安的人，可能会过度依赖药物来寻求内心暂时的平静。然而，如果不从根本上修炼内心的平静，一旦停止服用药物，他们可能就会变得着急、抓狂、烧心，发现自己的状况恶化，情绪更加不稳定，病情更加严重。

再比如，当我们在运动的时候，如果运动姿势不正确，那么随着时间的推移，不仅无法达到预期的健身效果，反而可能对身体造成伤害。例如，不正确的跑步姿势可能导致膝盖受损,不恰当的健身动作可能引起腰背拉伤,这些都属于典型的无用功,甚至可能带来长期的负面影响。

减少无用功,关键在于自我反省和持续学习。我们需要定期审视自己的行为和习惯,剔除无效或有害的活动,将时间和精力聚焦到真正有益于个人成长和发展的活动上。

2. 厚德载物"修德行"

德行体现的是人的心理素养层面,即怎么想、怎么说、怎么做,关键在于态度。那么,"德"是什么?所谓"德",从字形上看,十目一心,直入人心,有心是基础,外得于人,内得于己。在"德"面前人人平等,有德才有得,无德便无得。一般来说,"德"涵盖品德、功德、福德三重含义。

① 修品德。品德,即人品和态度。一出声显态度,一出手见人品,反映为对己、对人、对事的态度。无论是积极主动,还是消极被动,都体现了态度。从怎么想、怎么说、怎么做,就可以看出一个人的品德。

② 修功德。功德,即修为和能力。做事体现修为,在工作上是否有扎实的基本功和高水平的专业度,能否做成事、做好事并拿到好结果,决定一个人有无功德。历事炼心是根本,一个人面对事情是束手无策还是游刃有余,就体现了他的功夫和本事。功德厚的人,他们在生活、学习、工作中,总是能够展现出卓越的专业素养和扎实的基本功。

③ 修福德。福德,即贡献和认可。通过自己的善行和付出,获得他人的尊重和认同。当我们所说的话、所做的事有益于别人,并被别人所赞叹,甚至还能长久地影响周围时,就能获得别人的认可和好评。福德跟品德、功德不太一样,我们所能掌控的,只有做好自己,尽己所能修好自己的品德、建立自己的功德,却无法自己给予自己福德。福德只能通过赢得别人由衷的认同和赞誉来获得。可见,福德非常难得,可遇不可求。

若想要稳稳当当地前行,不被风浪掀翻人生,就得持续践行"厚德载物"之道。从夯实基本功和提升行动力两个维度着手,一分耕耘一分收获,厚德才能载物。

(1) 夯实基本功

一个人的基本功,即专业素养,是其赢得尊重与信任的基石。一个人若有真功夫与本事，别人就会佩服他；如一个人没有功夫和本事，别人就会质疑他。

学生的基本功在于扎实的学科知识和良好的学习习惯以及独立思考和解决问题的能力。这些能力是他们未来在学术和职业道路上取得成功的关键。

老师的基本功在于深厚的学科知识储备、扎实的教学技巧以及对学生心理的深刻理解。一位优秀的老师不仅能够传授知识，更能激发学生的学习兴趣，引导他们全面发展。

保洁人员的基本功在于掌握清洁技巧，了解各种清洁工具和化学清洁剂的使用方法，以及保持环境卫生的高效方式。这些技能确保他们能够为人们提供一个干净、整洁的生活和工作空间。

医生的基本功在于扎实的医学知识、精湛的临床技能以及良好的沟通能力。这些能力能保证医生具备准确诊断疾病、制定有效治疗方案的能力，并且能够与患者建立信任关系，提供心理支持。

显而易见，无论我们身处何地，扮演何种角色，都必须具备一定的基本功。这些基本功是我们能够在自己所选择的领域中立足和发展的根本。无论是在学术研究、艺术创作、体育竞技等领域还是从事其他任何行业，扎实的基础技能和知识都是不可或缺的。它们是我们应对挑战、解决问题和实现目标的坚实基石。只有通过不断学习和练习，积累丰富的经验和技能，才能在激烈的竞争中脱颖而出，成为各自领域的佼佼者。因此，每个人都应该重视并投入时间和精力去培养和提升自己的基本功，这是实现个人价值和职业发展的关键。

（2）提升行动力

德行不能仅停留在嘴巴上，更体现在行动上。一个人如果言行不一，即使说得天花乱坠，也难以让人信服。因此，提升行动力是修炼德行的重要一环。行动力的强弱直接关系到一个人能否将道德理念转化为实际成果，能否在社会中树立良好的形象和信誉。

行就是行，不行就是不行。一个人不付诸行动，怎么体现出他的能力呢？说了就要立马去做，不能迟迟不动，不能犹豫不决，不要拖泥带水。做了就要把它做好，不能半途而废，不能做表面工作，不能浅尝辄止。

在现代社会，我们不难发现，那些在各自领域取得卓越成就的人，大多都是德行兼备的典范。他们不仅有着明确的目标和计划，更有着持之以恒的执行力和追求完美的精神。

晓华，一位平凡的理发师，通过自己的努力和精湛技艺，不仅赢得了顾客的信任和喜爱，更带动了周边的商业氛围，成为社区中的一股正能量。她的故事告诉我们，行动力是通往梦想的阶梯，是将个人价值转化为社会价值的桥梁。

于东来，一家连锁超市的创始人，秉持"顾客至上"的服务理念，迅速响应市场变化，不断优化服务流程，使得胖东来超市在激烈的市场竞争中脱颖而出。于东来的成功，正是因为他能够迅速将想法转化为实际行动，以迅雷不及掩耳之势牢牢抓住市场机遇。

晓华和于东来的案例，生动地诠释了行动力的重要性。他们不仅在道德上有着良好的修养，更在行动上展现了坚定的决心和不懈的努力。

3. 历事炼心"修智慧"

智慧体现的是思维模式，即透过现象看本质的认知水平，其高低取决于自己能不能判断和把握天下大势，顺势而为；能不能在历事炼心的过程中突破自己的认知局限，与时俱进；能不能清晰洞察隐藏在"人、事、财、物"四要素和"功、名、利、禄"四利益背后的本质，不偏不倚；能不能迅速制定行之有效的解决方案，有的放矢；能不能始终坚定不移地向好向前。

那么，智慧来自哪里呢？

佛说："众生皆有如来智慧德相，只因妄想执着不能证得。"

有些人升了官就"妄"乎所以，以为自己是"神"；有些人赚了点钱就"妄"自尊大，迷失自我；有些人倒了霉就"妄"自菲薄，随意作贱自己。"妄"乎所以、"妄"自尊大、"妄"自菲薄，这"三妄"蒙蔽了多少人的智慧和力量？

我们唯有向内求，躬耕好自己的"方寸心田"，通过不断学习与历练，去除自身的"妄想"和"执着"，做到心中有人、心中有事、心中有经纬，以主动为前提，以勤劳生智慧，便能让智慧生发。

（1）主动是前提

在人类历史的长河中，无数的发现和创新都源于一个共同的起点——

主动。

正如《半山文集》所言："主动性是人类产生智慧的条件和前提。没有任何人会被动去攀登一座高峰。"主动，促使我们不满足于现状，勇于探索未知，积极解决问题，不断向好向前。

一个苹果掉下来，砸到你的头上，你会有什么反应？牛顿主动去思考、了解、探索，最终提出了改写世界科学进程的万有引力定律。牛顿的故事告诉我们，面对生活中的每一个"苹果"，我们除了被动接受，也可以主动探寻其背后的奥秘。

一道闪电打过来，仿佛将天空劈成两半，你会有什么反应？富兰克林没有像旁人一样，仅仅感到恐惧或好奇，而是主动钻研这一自然现象。他的实验和探索最终促成了避雷针的问世，极大地减少了闪电对人类社会的危害。富兰克林的主动性，不仅体现了他对知识的渴求，也展示了他将这份渴求转化为实际行动的能力。

一架火箭飞上天，冲向遥远的太空，你会有什么反应？马斯克主动思考如何实现火箭回收和重复利用。他的这种主动性，最终推动SpaceX公司发展壮大，并成功实现了火箭的回收与再利用，为人类探索太空开辟了新的道路。

由此可以看出，主动性不仅能够帮助我们攻克难题，还能够推动社会进步和科技发展。在我们的日常生活中，主动性同样重要。无论是学习新技能、改善工作方法，还是提升个人修养，秉持主动的态度都是成功的关键。

（2）勤劳生智慧

"一勤遮百丑，一懒毁所有"，这话很有道理。勤奋的劳动人民往往能获得智慧，因为勤奋能够磨炼人的意志，激发人的潜能，进而让人生发出智慧。相反，那些什么都不想自己动手，只想着"等靠要"的懒惰之人，往往不肯开动脑筋，不愿付出努力，不愿面对挑战，因此也就失去了生发智慧的机会，自然谈不上有智慧。

孔子曰："吾少也贱，故多能鄙事。"大意是：我小时候生活艰难，所以会干一些粗活。孔子通过勤奋学习和不懈努力，在不断的历事炼心中修炼自己，最终成为伟大的思想家、教育家，他的智慧和学识影响了后世无数人。

伟大的科学家、"杂交水稻之父"袁隆平，一生致力于杂交水稻的研究，通过不懈努力和勤奋工作，最终成功培育出杂交水稻，解决了中国人民的粮食问题。袁隆平的智慧，正是源于他日复一日、年复一年的勤劳和坚持。

日本"经营之圣"稻盛和夫，他创立的京瓷公司和KDDI电信公司都取得了巨大的成功。稻盛和夫认为"工作现场有神灵"。只有全身心投入工作，付出不亚于任何人的努力，才能获得解决问题的智慧。他的成功，正是勤劳与智慧结合的典范。

勤劳与智慧相辅相成，勤劳是智慧的土壤，智慧是勤劳的花朵。我们只有勤劳地工作，不断地学习和思考，才能在实践中积累经验，提升能力，最终获得解决问题的智慧。正如古人所言："业精于勤荒于嬉，行成于思毁于随。"只有勤奋不懈，才能在人生的道路上越走越远，最终到达智慧的彼岸。

4. 勤勉精进"修能力"

能力体现的是拿到好结果的实力，即将上述品性、德行和智慧转化为解决现实问题的成效成果，所有努力最终都要通过结果证明。因此，判断一个人有能力还是没能力，要看能不能"做成事、做好事、拿到好结果"——做成事是一切的基础，做好事是自我精进的要求，拿到好结果则是大家共同的期望。然而，能力有大小之分，由小变大，关键因素是什么呢？行善积德是提升个人能力最好的成长路径，没有之一。

一方面，个人能力是否提升取决于其心是否向"善"。从过程来看，始终坚信"一念向善，万善相随"，心正才能身正，心正才能战胜自己的私心杂念。当一个人了无私心，做到无我而利他的时候，智慧便会涌现，内无挂碍（即内心不再畏难、担心、害怕），外无障碍（即自己能够看得见、听得进、想得到、说得出、做得到），因而能够行稳致远；反之，心若不正，一念向恶，便会误入歧途、万恶缠身，"德不配位，必有灾殃"，各种问题和麻烦就会接踵而来。正如《论语》所说："其身正，不令而行；其身不正，虽令不从。"唯有自己真正修身做人，自己的所思所想、一言一行才会给人以启迪，以生命唤醒生命，真正激发出他人的内生动力，引领他人一同绽放生命的光彩。

另一方面，个人能力是否提升在于其功德是否无量。从结果来看，我们所修的功德越深厚，能够造福的人就越多，体现出的能力就越大，可以大到无法计量的程度（即"无量"）。我们要成为光，散发光，在自己受益的同时，也让更多人受益，将自己的功德传递给更多的人，就像阳光一样无差别地普照大地，让功德一传十、十传百、百传千、千传万……能力无限，助人无数，自然功德无量。

具体而言，我们可通过每日一精进、拿到好结果来证明自己的能力。

（1）每日一精进

勤勉精进，是一种态度，更是一种智慧，它要求我们每日都能审视自我，不断地学习，不断地超越，从而成为一个能力出众的人。

时时内观自己，只有清楚自身的不足之处，才能更好地精进。这就如同照镜子，只有敢于正视自己的不足，才能找到成长的方向。例如，一个学生如果知道自己数学薄弱，便可以有针对性地加强练习，通过请教老师和同学，逐步提高自己的数学成绩。

寻找榜样并汲取力量，才能努力向好向前。榜样的力量是无穷的，他们像灯塔一样，照亮我们前行的道路。例如，若自己工作业绩不佳，就去找工作业绩出色的同事，找出自己和对方的差距，学习对方的工作方法和态度，逐步缩小差距，进而提升自己的工作能力。

每天进步一点点，才能做到今天比昨天好、明天比今天好。这看似微不足道的进步，却是能力提升的基石。日本著名作家村上春树，每天坚持写作四千字，无论发生什么，从不间断。正是这种日复一日的坚持，每日一精进，让他成为世界级的文学大师。这告诉我们，持续的小进步最终会打磨出巨大的成就。

然而，每日一精进并非易事，它需要我们持之以恒的努力和不懈的追求。在这个过程中，我们可能会遭遇挫折和失败，但正是这些挑战，塑造了我们的意志，提升了我们的能力。正如古人所言："不积跬步，无以至千里；不积小流，无以成江海。"我们在精进的道路上，要一步一个脚印，勇往直前。

（2）拿到好结果

判断一个人有无能力，最终要看其能否"做成事、做好事、拿到好结果"。做成事是一切的基础。所谓"做成事"，就是按照一定的标准要求，在规定的时限内完成一件事,并达到预期的目标,获得相关方的认可。"做好事"是自我精进的要求,体现了个人的专业精神和责任心,无论做什么,都需要具备这种精益求精的态度,用心去做,力求做到更好。而拿到好结果是大家共同的期望。

学习能否拿到好结果,决定了我们能否考上理想的学校。例如,一个高考生在学习过程中不断设定目标,通过努力学习和有效的时间管理,最终在考试中取得优异成绩,考上了一所心仪的大学。

工作能否拿到好结果,决定了我们的事业能否长远发展。例如,一位项目经理在面对一个复杂的项目时,通过精心策划、团队协作和持续监控项目进度,最终不仅使项目按时完成,还让项目超出客户的预期,赢得了客户的高度评价和后续的合作机会。这位项目经理不仅证明了自身的能力,也为公司带来了更多的业务和声誉。

企业能否拿到好结果,决定了能否从胜利走向更大的胜利。华为深谙此道,为取得卓越成果,采取了一系列有力举措。它始终以客户为中心构建组织能力,借助流程变革达成高效协同;精心打造能打硬仗的干部队伍,在实战火线中选拔人才;构建以胜利为导向的授权体系,赋予一线充分决策权。这些举措协同发力,推动华为不断突破,实现跨越式发展。

在人生的旅途中,我们总会遇到形形色色的"急难愁盼漏"之事。它们如同磨刀石,不断磨砺着我们的能力。每一次面对挑战,都是一次成长的契机。我们要敢于直面这些困难,做成事、做好事、拿到好结果。我们还应在勤勉精进之中,提升自己的专业技能,增强自己的综合素质,让自己在学业或工作中能够游刃有余、得心应手。

5. 强大自我绽放光芒

如此,修好品性、德行、智慧、能力,四者循序渐进、步步深入,环环相扣、缺一不可,才能强大自我,让世界看见更美的自己,让自己屹立在人生舞台上绽放生命光芒。

修好品性,实现健康长寿,才有足够的时间和精力去修德行、智慧和能力。德行归根结底体现为态度,即对待人、事、财、物的态度,行善才能积德,厚德方可载物;智慧是在端正态度的基础上,形成有效的思维模式,能够一眼洞悉万变不离其宗的本质,打破认知局限与思想障碍,无论面对什么事情都能得心应手，心随所愿皆如愿；能力则是品性、德行和智慧的结果表现。世界瞬息万变，我们必须与时俱进，活到老、学到老、修到老，最终体现在"造福一方人"的功德上，有多少作为，是建功立业还是碌碌无为，其间的差距自然是天壤之别。

纵观古往今来无数成大事者，从被尊为"万世师表"的孔子，到一生践行"父教育而母实业"理念的张謇，再到带领中国人民翻身做主人的伟大领袖毛主席……在他们成长与发展的过程中，无一不注重对品性、德行、智慧、能力的修炼。

人生有不同的阶段，在学习阶段要明白，自己的使命就是好好学习，才能报效祖国；在工作阶段要明白，自己的使命就是好好工作，才能建设国家……随着自身能力不断提升、影响力逐步扩大，"造福一方人"便不再是一句空话，将个人情怀与家国天下关联起来，意义非凡。唯有如此，我们才能在人生的道路上越走越宽广、越走越顺畅，成就更加美好且充满意义的人生。

结语八：修行补漏才关键

生死之外无大事。为什么要修行补漏？因为事关生死，关乎能否善始善终。

人生伊始，我们几乎都是懵懵懂懂，在国家和家人的庇护下，觉得似乎一切都很平常且容易。然而，只要被社会"毒打"过一番，或许大多数人也就"认命"了。"善终"是一道难以跨越的门槛，直接将大部分人阻挡在了门外。春天播种很容易，可秋天想要丰收，谈何容易？古往今来，且不说尽享人天福报、厚生之德，就是无病无灾，能够做到善始善终的人又有多少呢？

回望我自己走南闯北的成长道路，在20岁之前，除了逢年过节，我几乎没吃过一顿饱饭，得益于祖国的蓬勃发展，我才有机会从那被戏称为"饿死蛤蟆旱死狗蚤"的穷乡僻壤，来到改革开放的前沿阵地。我被眼前的繁华景象所震撼，内心涌起一定要在此出人头地的强烈愿望，于是我毅然决然地踏上了奋斗的征程。半生拼搏，不敢懈怠，其间摸爬滚打，充满艰辛，从白手起家到小有所成。我曾以为自己能够善始善终，可命运却在庚子年间给我当头一棒，我两次进出ICU，险些丢了性命。那时我才明白，原来自己一直懵懵懂懂，任性妄为，一直没有拎清楚生命的价值与意义——生命的价值并非源于外在的功名利禄，而源自内心的本自具足。

我们在各种场合祝福许愿时，有谁不想无病无灾、长命百岁、荣华富贵、子孙满堂等世间的一切美好都与自己有关呢？然而许多人往往只纠结于自己为什么没有得到（果），却很少去反思自己是否有真正去努力付出（因）。荣华富贵、爱恨情仇，宏大到宇宙，微小到分子，一切都是因缘和合，缘来缘去，缘聚缘散，没有什么是固定不变的，这便是"不着相"。佛家说："若见诸相非相，即见如来。"明白万事万物从无到有又从有到无的规律，这就是"即见如来"。无论最终能不能有所得，做好自己是一切的根本。

许多人即便退而求其次，天真地以为只要不奢求所谓的大富大贵、子孙满堂，就能平平淡淡过好自己的一生。殊不知，他们活了大半辈子，等到疾病来袭，无常降临，才惊觉：连平日里最容易得到的空气，也要付费才能获得——躺在ICU依靠呼吸机维护生命。生命没有例外，任由自己被习惯沉积的熵增所牵引，始终要为自己的认知买单，付出健康的代价。许多人放松了对自己做人的底线和要求，把无耻当无畏，把无知当无辜，把无明当自明，把无常当正常。若不及时悬崖勒马，通过修炼演变实现熵减，躬耕好自己的"方寸心田"，修补自身的漏洞，那么人性的"五漏"就会漏尽人的福禄寿：当一个人自私又自利之时，就打开了漏财之洞；当一个人愤怒又愤懑之时，就打开了漏富之洞；当一个人有认知障碍之时，就打开了漏禄之洞；当一个人傲慢又轻慢之时，就打开了漏寿之洞；当一个人自己都怀疑自己之时，就打开了漏尽之洞。

漏尽则寿终。许多所谓的杰出人物都难以善终。如何善终是人人都要面对的问题。人生旅途，福禄寿需自我修行，修行补漏是关键。

人生在世，每个人都身处各种"相"中，如何才能不眼花缭乱，迷失自己？唯有在前行中不断躬耕自己的"方寸心田"，功到自然成，修行补漏才可能善始善终。关键是要将古圣先贤的智慧和科学家们的理论精髓根植于心，如此方能持经达变，时刻引领自己先行一步，主动去承担和付出，这就是爱，也是幸福的源泉。

根据作用和反作用定律，主动一点，积极一点，多承担，多付出，多给予，付出的爱就会以能量的形式回流到我们的生命当中，得到的爱就会越多，幸福也会越多。相反，如果不去承担和付出，只是一味地索取，一味地抱怨，输出的只有负能量，那最终也只能收到负能量，陷入负能量的漩涡之中。这在现实生活中往往表现为灾祸、病痛、无常、意外的降临，可能让人失去金钱，乃至家道中落，也可能让人失去健康，乃至失去生命。

科学已经证实，宇宙是由各种能量组成的，而真善美或许就是宇宙中最美好的正能量。"爱出者爱返，福往者福来"，播撒真善美，传递正能量，便是获得幸福的法门，也是远离怨恨的秘诀。

人生海海，山山而川，不过尔尔。

历尽千帆，到头来才发现，唯有好好活着，让生命绽放出应有的光彩，人间才最值得。

❓ 来到人世间,要拎清楚的事情不少,以下问题你能拎清楚吗?

1. 你觉得成长是一件快乐的事吗?

2. 你觉得怎样才是对自己好?

3. 你认为随心所欲好吗?为什么?

4. 你撞过"南墙"吗?为什么会撞"南墙"?

5. 你觉得"爱"是什么?

第九章　积万贯家产还是造福一方人更重要

/ 拎清楚自己应该传承什么 /

古往今来，日月轮转，生而为人，我们究竟在追求什么？

多少人渴望荣华富贵加身？可是，世界上的财富分布几乎遵循二八原则，即80%的财富聚集在20%的人手上，大多数人都过着比上不足、比下有余的小康生活。而且，财富还遵循流动法则，它总会流向那些能承载得住它的地方。有人白手起家，却能位居世界富豪榜；有人前半生聚集了无数财富，后半生却一夜返贫；有人将财富留给子孙后代，却富不过三代。究竟如何才能坐享荣华富贵？

多少人期盼子孙满堂？许多人到了一定的年纪，就希望能有子孙承欢膝下，热热闹闹尽享天伦之乐。在我成长的那个年代，一个家庭拥有五六个孩子是很普遍的现象，我家有九个兄弟姐妹，那时的我时常觉得自己幸福无比。可是，如今时代不同，年轻人的结婚年龄逐步升高，甚至越来越多的人不想结婚，不想生孩子，人口开始负增长，国家都在为此发愁。究竟如何才能实现子孙满堂？

实际上，一切都是因缘和合，我们内心追求什么，最终得到或失去什么，都存在内在的因果关系。世界那么大，美好那么多，一切美好是否与自己有关，要看自己为之做了些什么。

回首我的过往，不也是这样吗？过去的我，在功名利禄中忽上忽下，奔波劳碌，几度徘徊于生死的边缘。年过半百，差点无法善终，这迫使我不得不重新审视自己：往后余生到底为了什么而活着？

人生已行至当下，我重新站在熙熙攘攘的十字路口，面前摆着一道无比现实的选择题：是继续追逐物质财富，为子孙后代留下万贯家产，还是去做点能造福一方人的事情，让自己了无遗憾，得以善始善终呢？

到底应该如何拎清楚自己对待财富的态度，确保能够正确地利用财富，而不被财富压身,导致寝食难安?到底什么才是人生中最重要的呢?到底应该传承些什么给子孙后代呢?时光不语,人来人往。面对这些问题,已有无数过来人曾做出自己的选择,或许我们能够从中找到一些可供参考的答案。

一、积万贯家产,人人都想

我们都爱说"恭喜发财"祝福他人,积攒万贯家产,许多人都心向往之,甚至有人为此茶饭不思、夜不能寐。然而,究竟有多少人能实现呢?其结果又如何呢?回顾历史,太久远的暂且不说,中国近几百年来,不乏有人倾其一生拥有过巨额财富,我们不妨先来看看他们的故事。

1. 和珅的家族今何在

和珅,清朝乾隆时期的一代贪官,家喻户晓的"和中堂",以其出众的才智和狡黠的手段权倾朝野。和珅利用职务之便,大肆贪污公款,中饱私囊,还通过各种手段巧取豪夺,可以毫不夸张地说是积攒了"泼天"的富贵,各种豪宅、金银财宝数不胜数,极尽奢华,令人难以想象。

然而,这种一时的荣华富贵,并没有给他带来真正的幸福和满足,反而使他陷入了贪婪的泥潭之中无法自拔,以至于变本加厉,越来越明目张胆,最终再也无法掩盖自己的罪行,被嘉庆帝"赏赐"一条白绫处死。和珅家族财产被全部抄没,据说历时四个多月才盘点清楚。其家产合计约11亿两白银,相当于当时清廷15年财政收入之和,真可谓"和珅跌倒,嘉庆吃饱"。

到头来,和珅也就一了百了,那么其家族命运又如何呢?和珅有三个孩子,只有长子丰绅殷德长大成人,次子刚出生就夭折,女儿长相丑陋且瞎了一只眼睛,郁郁而终。丰绅殷德虽被嘉庆帝放过一马,但也被流放到乌里雅苏台。他与固伦和孝公主育有一子,但这个孩子很快也夭折了。从此和珅家族后继无人,只在历史上留下千古骂名,被人人唾弃。

2. 李鸿章的财富失传

李鸿章,清朝末年洋务运动的主要领导人之一,先后创办江南制造局、轮船招商局、上海机器织布局和上海广方言馆等洋务机构,并组建北洋水师，与曾国藩、张之洞、左宗棠并称为"中兴四大名臣"。

1901年寒冬，李鸿章在北京与世长辞，享年78岁。他在政坛数十载，一生煊赫风光，据说给子孙留下的遗产超过了4000万两白银，还有大量土地和数不清的家产。在那个年代，这样的巨额财富足以让后代子孙锦衣玉食、生活无忧。

现实能否如李鸿章所愿呢？且看一下其家人的命运。李鸿章在不惑之年膝下仍无子，便将小弟李昭庆6岁的长子过继到其名下，取名经方。李经方的小儿子李国燃长得俊俏机灵，自幼便备受李鸿章和家人宠溺，要风得风，要雨得雨，也因此养成了好逸恶劳、不务正业的习性。他玩世不恭，沉迷享乐，十来岁便出入勾栏酒肆、烟馆赌坊，每天吞云吐雾，花起钱来更是挥霍无度。纵情声色致使身体垮掉之后，他更是终日沉迷赌博，很快便败光了家产，导致妻离子散、家破人亡。李鸿章去世52年后，43岁的李国燃竟因为穷得买不起食物，在街头活活饿死，死后身上只裹了一张破草席，被人找了一个空旷的地方草草埋葬了事。

超4000万两白银和数不清的家产，足够多吗？多少人穷极一生都无法积攒到这么多财富，可是最终传承下去了吗？李鸿章后代子孙的经历，似乎也再次验证了那句老话：富不过三代。

3. 盛宣怀的遗嘱"失效"

盛宣怀，清朝末年著名官商，在李鸿章主导的洋务运动中崭露头角，踏上了与西方列强打交道的"买办"之路。他所创办的企业涉足轮船、铁路、钢铁、银行等诸多领域。他所成立的北洋西学学堂，是中国第一所现代大学北洋大学的前身。因其开创了许多个历史先河，被称为"中国实业之父""中国商父"和"中国高等教育之父"。

凭借在诸多领域的苦心经营，盛宣怀在自己有限的生命里为家族积累了庞大的家业和数不尽的财富。家族鼎盛时期，单单是佣人就多达300多人，盛宣怀是名副其实的"清末首富"。尽管富可敌国，但是盛宣怀的日常生活仍十分节俭，一日三餐还是粗茶淡饭，从不铺张浪费。临终之际，他立下遗嘱：第一，整个葬礼必须节约开支，丧事一切从简；第二，财产必须交给专门机构打理，不能一次性分给子孙，而且必须将所有财产中的一半用于慈善事业。

然而，盛宣怀去世，他的遗嘱便立马"失效"，他的家族为其举办了极其盛大的葬礼，规格堪比"国葬"，借此宣扬家族荣光。葬礼耗时4个多月，盛家也由此开始走向衰败。

盛宣怀子女众多，可三房正室所生的儿子之中，真正长大成人的就一个，就是当时在上海赫赫有名的"盛老四"盛恩颐。虽然盛宣怀自己节俭，但对这个儿子却十分大方，教养方面更是溺爱，这让盛恩颐从小就被金钱冲昏了头脑，不知道"努力"的意义何在，因为一切已经唾手可得。据说，盛恩颐常常大把大把地砸钱，挥霍无度，曾一夜之间将自己在上海的100多栋房子输得精光。在抗战胜利前，盛恩颐就已经把盛宣怀留给他的家产基本败光。

此番情景，是不是觉得异常熟悉？天下败家子的行径何其相似。祖辈、父母留下的万贯家财，子孙后代能不能守得住，关键在于他们自身做了些什么。

4. 曾国藩的家风传承

曾国藩，被誉为"晚清第一名臣""官场楷模"，他力挽狂澜扶晚清王朝垂而不死，在"同光中兴"时起到中流砥柱的作用。他在学问与文章方面兼收并蓄，达到了儒家立德、立功、立言"三不朽"的理想境界，被誉为"中华千古第一完人"。

生前权倾朝野、封侯拜相的曾文正公，一生并没有给子孙留下什么金银财宝，仅留下一本家书和四条遗言。然而，曾氏家族历经一百多年而长盛不衰，繁衍240多个子孙，竟然没出过一个败家子，还打破了"富不过三代"的魔咒，就连毛主席也曾公开承认自己对曾国藩的推崇和敬佩。

曾国藩留下的到底是什么，竟有这样无穷的力量，一直流传至今？在从政的32年间，曾国藩写下约1500封家书。这些家书篇幅大都不长，短则百来字，长不过千言。初读时，看似家长里短并无大用，实则字字珠玑，可抵万金。这些家书内容涵盖面非常宽广，凝结了曾国藩一生为人处世的大智慧。在他离世后，这些家书被编著成书，广为流传，主要包含修身篇、劝学篇、治家篇、理财篇、交友篇、为政篇、用人篇等多个部分。无用之用，是为大用。关于曾国藩家书的内容，在此就不赘述了，留待有心之人自行品读吧。

这里我着重分享曾国藩的四条遗嘱：

慎独则心安。
主敬则身强。
求仁则人悦。
习劳则神钦。

这短短二十个字的遗嘱，言简意赅，用心至诚。四句话的逻辑依次递进，由内而外、由己及人、由人通"神"。曾国藩要告诫后世子孙的，不正是"安心才能立命"的因果道理吗？

这四句遗嘱具体是什么意思呢？用通俗的语言大致解读如下：

第一，"慎独"是因，"心安"是果。一个人若想要自己的内心安宁踏实，那么独处时也要保持谨慎自律。当下的互联网时代，资讯发达，网络让诸多丑恶嘴脸无所遁形，有诸多热搜视频中的主角，在人群中自以为没人认识自己，便放松对自己的要求，更别说四下无人时在天眼下任性妄为。越是放纵自我，生活就越是混乱无序，内耗严重，无法心安，麻烦也不断。唯有先做到自控，控制自己的大脑不胡思乱想，控制自己的嘴巴不胡言乱语，控制自己的身体不胡作非为，做到自律，才能够抵抗熵增带来的无序，获得内心的安宁。

第二，"主敬"是因，"身强"是果。若想要自己的身体强健无病，那么凡事就要自己做主并保持敬畏谦卑。若没有自强锻炼，如何能够生生不息？若没有钢铁般的意志，如何能够百炼成钢？这正是"天行健，君子以自强不息"的写照。这个道理似乎人人都懂，但在现实中，真正践行的人少之又少。许多人往往只是想要"身强"，却不愿意日复一日地坚持"主敬"，为自己付出点什么都心不甘情不愿。要知道，熵增是持续不断的过程，任何一天的懒惰和懈怠都会导致"反弹"。因此，保持身体强健没有一劳永逸的方法，只有持之以恒地坚持锻炼，才能确保生命活力源源不断。

第三，"求仁"是因，"人悦"是果。若想要人人都开心快乐，就要去追求仁爱，多为他人付出与担当。功名利禄、荣华富贵，世间人人趋之若鹜。那么如何才能创造美好？答案就是主动去帮助别人。正所谓"助人为快乐之本"，这种切身体验相信很多人都曾有过，却是多少金钱都买不来的。更何况，帮助的人越多，就越是"得道多助"，自然也能够得到更多回报。这也就是"地势坤，君子以厚德载物"的内涵。但现实中又有多少人眼中只盯着"载物",却对"厚德"视而不见呢?

第四,"习劳"是因,"神钦"是果。若想要得到"神明"的庇佑,就要不断劳作,精进自己的基本功。为什么"习劳"可以"神钦"呢?答案或许就在于,在成千上万次的尝试之中,在精益求精的过程之中,量变引发质变,从而迸发出了所谓的心灵感应,即"灵感",由此成就了自己的神来之笔。这种体会,相信很多人曾有过,一切仿佛妙不可言,或许也只好以"神明"之说来解释了。

100多年后,远在日本的"经营之圣"稻盛和夫深受影响,也提出了"六项精进"等主张,其中"付出不亚于任何人的努力""工作现场有神明",与曾国藩的核心思想一脉相承。

5. 林则徐的财富态度

我尤其欣赏林则徐对待财富的态度,他有四句名言简单明了、直戳我心:

> 子孙若如我,留钱做什么?贤而多财,则损其志。
> 子孙不如我,留钱做什么?愚而多财,益增其过。

许多人都想积万贯家财,但鲜少有人像林则徐这般拎得如此清楚。金钱与财富都不过是身外之物,并不能让人获得内心的富足。况且,若是品性、德行、智慧、能力不够,钱财反而可能成为生命中不能承受之重。

林则徐将自己视为一面镜子,给子孙后代时时观照:如果子孙能像自己一样贤能,留钱做什么?子孙贤能却留有这么多钱财,往往会折损他们的雄心壮志,失去奋斗的动力。如果子孙不如自己,留钱给子孙做什么?子孙愚昧却留有这么多钱财,一旦沾染上"黄赌毒"等恶习,岂不是加重他们的罪过?

所以说,真正的传承,并不是只给后代留下钱财这么简单。能够一直传承下去的东西,必定不会因为时间的流逝而消失,反而会随着岁月的沉淀而越发珍贵、历久弥新。

二、造福一方人,大有人在

现如今我身处盛世中华,内心充满了幸福与感恩。当我放眼望去,看到的不只是繁华与喧嚣，更有无数为造福一方人而默默奉献、不懈努力的身影。他们如同点点繁星，用智慧和爱心点亮了人间的希望，绘就了这绚丽多彩的时代画卷。这些人才是真正的财富创造者，他们的精神与贡献将永远流传。

1. 革命先烈为国捐躯

在共和国波澜壮阔的百年征程中，无数革命先烈舍生忘死，前仆后继。他们用坚定的信念和炽热的血肉，为伟大的中华民族谱写了一曲又一曲壮丽的史诗。为了民族解放和人民幸福，他们毅然决然地投身到革命的洪流之中，不惜付出生命，为我们换来了今天来之不易的和平与繁荣。

据统计，近代以来，我国有超过2000万名烈士为国捐躯，其中能追溯到姓名的仅有196万名。我的爷爷林名仁（1909—1934），就是江西省20多万名在册革命烈士英名录中的一员。他是一名光荣的红军模范营战士，于1934年在宁都第五次反"围剿"战斗中壮烈牺牲，年仅25岁。爷爷牺牲后，他年仅3岁的儿子在他的祖父的照顾以及父老乡亲的接济下长大。中华人民共和国成立后，我的父亲作为烈士遗孤受惠于党和国家的深切关怀与政策优待，走上党组织建设的阳光大道。他不仅拥有了稳定的工作，还组建了温馨的家庭。他的子孙后代也在党的阳光照耀下茁壮成长，紧跟着建设新中国的步伐，乘着改革开放的春风，赶上了新时代的好光景，才有了今天的幸福生活。

我国的革命先烈，心中装着天下苍生，肩负着民族的希望。他们深知，只有通过革命，才能推翻压在人民头上的"三座大山"，人民才能真正当家作主，成为自己命运的主人。因此，他们义无反顾地投身于一场又一场伟大的斗争中，用青春和热血谱写了一曲又一曲感天动地的英雄赞歌。

在这些革命先烈中，有英勇无畏的战士，为了民族的解放，不惜付出生命的代价。他们在战场上英勇杀敌，用血肉之躯筑起了坚不可摧的钢铁长城，保卫了祖国的疆土和人民的安宁。同时，也有许多仁人志士，为了人民的幸福，默默付出，无私奉献。他们用自己的智慧和力量，为革命事业的胜利立下了赫赫战功。

正是这些革命先烈的英勇奋斗和无私奉献，为我们换来了今天的和平与繁荣。我们才得以摆脱过去的苦难和屈辱，翻身当家做了主人，拥有了自主选择和决定自己命运的权利。我们可以自由地追求自己的梦想和事业，为自己和家人的幸福而努力奋斗。

我们当然不能忘记这些为新中国付出生命的革命先烈，他们的精神是我们永远的财富和动力。我们不仅要铭记他们的英勇事迹和崇高精神，更要传承他们的革命遗志，发扬他们的奋斗精神，为实现中华民族伟大复兴的中国梦而努力奋斗。

2. 国家领导开创太平

在历经风雨洗礼的华夏大地上，一代又一代国家领导人接过了历史的接力棒。他们高瞻远瞩，昂首阔步，引领着国家迎来了一个又一个的繁荣盛世。他们不仅是国家的掌舵者，更是中华民族伟大复兴征程中的领航者。他们胸怀天下、勤政爱民，为国家的繁荣稳定、人民的幸福安康而夙兴夜寐、不懈奋斗。

自古以来，华夏儿女便以天下为己任，传承着深厚的家国情怀。这种情怀，在一代代国家领导人身上体现得淋漓尽致。他们不仅关注国家大政方针，更关心百姓疾苦，始终秉持"全心全意为人民服务"的宗旨。在他们的带领下，国家在发展的大潮中破浪前行，现代化建设日新月异，人民生活水平不断提高，社会文明程度持续提升。

一代又一代国家领导人，秉承"为中国人民谋幸福，为中华民族谋复兴"的初心和使命，始终把国家和人民的利益放在首位。他们敢于担当，勇于创新，不断推动改革开放和现代化建设更上一层楼，为国家的繁荣富强奠定了坚实基础。在他们的带领下，我国取得了举世瞩目的伟大成就，让中华民族在世界舞台上焕发出璀璨的光芒。

党的十八大以来，在以习近平同志为核心的党中央领导下，中国特色社会主义事业不断取得重大成就。这意味着近代以来久经磨难的中华民族实现了从"站起来""富起来"到"强起来"的历史性飞跃；意味着社会主义在中国焕发出强大的生机活力并不断开辟发展新境界；意味着中国特色社会主义拓展了发展中国家走向现代化的路径，为解决人类面临的诸多问题贡献了中国智慧，提供了中国方案。如今，我国已经全面建成小康社会，历史性地解决了绝对贫困问题，构建起了健全的社会保障体系，正迈向全民共同富裕的新征程。

正是辛勤付出和无私奉献的一代又一代国家领导人，带领全国各族人民一起开创了太平盛世。他们不仅为国家的发展奠定了坚实基础，更为民族的复兴注入了强大动力。他们用自己的实际行动，诠释了什么是真正的家国情怀，为我们树立了榜样。站在新的历史征程上，我们要继续传承和发扬这种家国情怀，为国家的繁荣富强、民族的伟大复兴贡献自己的力量。

3. 科学家们勇攀高峰

我们当然也不能忘记那些功勋卓著的伟大科学家，他们为人们更加幸福美好的生活创造了卓越的科技奇迹。在我国这片土地上，无数科学家凭借坚韧不拔的毅力和卓越的智慧，勇攀科技高峰，为人类的进步和发展做出了巨大贡献。他们用才华和汗水，点亮了科技领域的星辰大海。

提及我国科学家的丰功伟绩，我不禁想起那些令人肃然起敬的科技成果。在航天领域，我国科学家凭借着智慧和努力，实现了从无人航天到载人航天的历史性跨越。从东方红一号卫星的成功发射，到嫦娥探月工程的圆满完成，再到天和核心舱的成功进驻太空，以及天问一号探测器成功着陆火星……我国航天人不断刷新着航天史上的纪录，为人类探索太空注入了源源不断的动力。

在国防科技领域，钱学森、邓稼先等"两弹一星"元勋同样展现出了非凡的才华和勇气。他们成功研制出了"两弹一星"，为我国的国防事业奠定了坚实的基础。这些科技成果不仅彰显了我国科学家的智慧和勇气，更为国家的安全和稳定提供了强有力的保障。

此外，在生命科学、材料科学、信息科学等领域，我国科学家也取得了许多举世瞩目的成就。在材料科学领域，我国科学家研发出了许多高性能材料，如碳纤维、石墨烯等，为国家的工业发展提供了强有力的支撑。

这些伟大科学家的不懈努力和创新精神，推动着科技不断向前发展。他们的研究成果不仅为我国解决了许多实际问题，更为人类社会的进步注入了源源不断的动力。正是有了他们的贡献，我们才能享受到现代科技带来的便捷和美好。

他们为科技发展而创下的丰功伟绩将永远积淀在历史长河中，激励着后人不断前行。在这个快速发展的时代，我们对伟大科学家的智慧和才华有着更为迫切的需求。我们应该尊重科学、支持科学，为科学家提供更好的工作环境和条件，让他们能够充分发挥自己的才能，继续推动科学的进步，点亮更多未知的领域，为人类的未来创造更加美好的明天。

4. 平凡英雄默默奉献

在祖国大好河山这幅美丽的画卷中，有着多少平凡英雄默默奉献的身影。在平凡却重要的岗位上，没有璀璨的光芒，没有响亮的掌声，他们或许并不引人注目，名字也不为大众所熟知，我们可能只知道他们是医护人员、教师、警察、消防员等。然而，他们的存在和付出却至关重要，是他们守护着我们的幸福，为社会的和谐稳定做出了巨大的贡献。

医护人员，是抗击疫情的主力军。在疫情肆虐的时候，他们挺身而出，无畏逆行。他们日夜不停地工作，舍小家为大家，只为了守护每一个生命。他们的身影在病房中穿梭，他们的声音在诊室里回荡，他们的汗水在防护服下流淌。他们用自己的专业知识和技能，为我们筑起了一道道坚固的生命防线。

教师，是培育下一代的园丁。他们默默耕耘，教书育人，用知识的力量点亮学生的未来。他们用心血和汗水浇灌着每一颗希望的种子，让学生的梦想在学校这片沃土中生根发芽。他们不仅教授知识，更传递着做人做事的智慧和道理，为社会的进步贡献着自己的力量。

警察，是维护社会治安的守护者。他们身负重任，时刻准备应对各种突发事件，为人们的生命财产安全保驾护航。无论是烈日炎炎还是寒风凛冽，他们都坚守岗位，在街头巷尾巡逻，警恶惩奸，守护着我们的安全。在危险时，他们毫不畏惧，冲锋在前，用他们的勇敢和智慧，守护我们的平安。

消防员，更是最美的逆行者。在火灾、洪水等各种灾害面前，他们总是第一时间奔赴前线。他们不顾个人安危，舍生忘死地救援被困群众。他们的身影在火光中穿梭，他们的声音在灾难中回响。他们用自己的勇敢和无私，守护着我们的生命和财产安全。

在这个充满挑战和机遇的时代，我们需要更多这样的平凡英雄。他们是社会的脊梁，是百姓幸福的守护者。他们用行动诠释着责任和担当，为我们营造了一个安全、和谐、美好的社会环境。让我们向他们致敬，感谢他们的默默付出和无私奉献。同时，我们也要积极投身社会，用自己的行动为社会贡献一份力量，让我们的社会更加美好。

5. 拳拳赤子挺身而出

在这个飞速发展的时代，社会的喧嚣和忙碌常让人心变得浮躁。许多人只顾着追逐个人的利益得失，忘却了人与人之间的简单和真挚。人心不古，当自私自利的行为日益盛行，有些人对周围人的需求选择忽视，对周围人的痛苦选择漠视。我们的目光是不是应该更加坚定地聚焦那些勇敢的身影，也像那些人一样总是义无反顾地挺身而出，用自己的行动去影响和改变周围的环境？

这些挺身而出的人，他们或许不是社会上的名人，没有耀眼的头衔和光环，却有一颗愿意为他人付出的赤子之心。他们或许是志愿者，默默地为社会贡献自己的力量；他们或许是公益人士，用爱心和关怀去温暖那些需要帮助的人；他们也可能是社会工作者，凭借专业的知识和技能去解决社会的问题。他们一直在用自己的行动，传递着正能量和爱心，成为这个时代的温暖之光。

他们的存在，唤醒了许多人内心的良知。他们的行动，如同一股清流，冲刷着社会上自私自利的风气，让更多的人意识到，其实我们同在一片蓝天下呼吸，生活在一个大家庭中，每个人的幸福与安宁都息息相关。他们的付出，如同一种无声的力量，激励着更多的人加入到公益事业活动中，为社会的进步和发展贡献自己的力量。

当然，面对现实，这个社会中仍然存在着许多问题和挑战。自私自利的现象时常发生，冷漠和无情的场景也屡见不鲜。但正是因为有这些挺身而出的身影，我们才看到了未来的希望，看到了改变的可能。他们用行动告诉我们，即使面对困难和挑战，只要有一颗愿意为他人付出的心，就可能创造美好的未来。

同时，我们是不是也应该反思一下自己，思考自己能否为这个社会贡献自己的一份力量？其实这并非难事，我们可以从小事做起，关注身边的人，给予他们关爱和帮助；我们或许可以参与到公益活动中，为社会添砖加瓦；我们或许也可以传播正能量，让更多的人看到希望和美好。每个人的付出都是宝贵的，只有每个人都尽自己的一份力，我们的社会才能更加和谐，世界才能更加美好。人生最幸福的事情，莫过于能为他人付出。

正是这些默默奉献、为造福一方而不懈努力的人们，构筑起我们这个美好社会的基石。他们播撒真善美，传递正能量，用自己的热情、善良和爱心点亮了人间的希望，让我们对未来充满了信心和期待。

三、为何发大愿？家国天下

现实中，积万贯家产，人人都想；造福一方人，大有人在。鲜少人会愿意让自己的生命就此庸庸碌碌地消耗掉。多少人穷极一生拼命赚钱，说到底不就是为了给家人和自己创造更好的物质条件吗？出发点固然是好的，然而这种做法真的能得偿所愿吗？

回归现实，我们必须拎清楚自己对待财富的态度，知道自己应该怎么做，才是真正地对自己好、对自己人好、对别人好。否则，方向错了，再美好的愿望，结果也可能是南辕北辙。纵观古今中外，不难发现，唯有胸怀家国天下的情怀，才是我们前行的动力，才是最值得传承的宝贵精神财富。

1. 自己选择传承什么

人人都想要荣华富贵、子孙满堂；人人都知道财富"生不带来，死不带去"。

为什么还有那么多人，穷极一生去拼命赚钱，不择手段去积攒万贯家产？我想，除了部分人想要生前过得更好一些，更多的人或许是希望通过传承物质财富，让后代子孙锦衣玉食，让家族兴盛、基业长青吧？

然而，每个人都始终处于各种复杂的社会关系之中，各有所求。面对这样的现实，摆在我们面前的又是一道选择题：是积万贯家产重要，还是造福一方人重要？我们应该如何做出正确的选择呢？

纵观历史，无数风流人物曾名震一时，他们凭借过人的智谋与手段，积攒了万贯家产，甚至富可敌国，一度辉煌无比。然而，这一切荣华富贵，如果没有"厚德"的承载，终究只是"竹篮打水一场空"，都如过眼云烟，转瞬间便化为乌有，很快就消散在历史长河之中。有多少人过度追求财富与权力，为家族私利而不择手段，这种自身无德之人，其结局往往悲惨无比。有多少人一生"立德""修德"，严于律己，为子孙后代留下无数金银财宝，却在"树人""爱人"层面没教育好子孙后代，就算是金山银山也会因后代任性妄为被挥霍一空。

回顾自己的过去，我在人生这条崎岖路上苦苦挣扎，为了赚钱劳碌奔波，不也差点失去生命吗？要不是无常降临，我或许还不会去审视自己，思考到底应该如何正确对待财富，到底应该给子孙后代积攒什么，才能福泽后世，让他们真正受益，让家族在美好的人世间得以长久繁荣。

直到我开始领悟王阳明、曾国藩、林则徐等前人的智慧，才逐渐坚定内心的想法。由此我感悟到，一个家族的繁荣与昌盛，一定不是依赖物质财富的积累，而是能够与家国命运紧密相连，在时代的变迁中保持活力与竞争力，能够不断积淀与创新发展；一个家族的繁荣与昌盛，一定非常注重精神的传承，让子孙后代在耳濡目染中受到熏陶与影响，成为有思想、有品格、有能力的人。

唯有能够启迪智慧、塑造品格、传承精神的"东西"，才具备以上特点，形成家风，流芳百世，福泽万代子孙。这个"东西"究竟是什么呢？

2. 什么才能流芳百世

古今多少事，都付笑谈中。

唯有情怀，让人潸然泪下，唏嘘不已。

自古以来，无数英雄豪杰、文人墨客在历史长河中留下了他们的足迹。他们的事迹、作品，或许已经成为人们茶余饭后的谈资，但那些渗透着真挚情感的情怀，历经千百年仍然动人心弦，仿佛一曲悠长的歌谣，穿越时空的尘埃，回响在我们的耳畔。

情怀，是历史人物的内心独白，是他们对生活、对理想、对家国天下的深深眷恋。正是这份眷恋，让他们的生命变得璀璨夺目，使他们的故事成为永恒的传奇。无论是岳飞的"精忠报国"，还是李白的"长风破浪会有时，直挂云帆济沧海"，都是他们内心深处最真挚动人的情怀写照。

在当今社会，情怀同样有着不可替代的价值。它激发着我们去关注那些被忽视的问题，去关心那些需要帮助的人，去为社会的和谐与进步贡献自己的力量。正是因为有了情怀，我们才能够不断超越自我，实现个人价值，也为社会的进步贡献自己的力量，让情怀成为我们生命中最宝贵的财富。

人若有了情怀，内心便会涌起一股不凡的力量，使得我们对己、对人、对事的态度和追求变得与众不同。这种情怀如同明灯，照亮前行的道路，引导人们在生活的各个领域，以更加积极、主动的态度去承担和付出。

人若有了情怀，对待自己会更加严谨和自律。我们明白，自我成长和提升是实现梦想和目标的基础。因此，我们唯有投入更多的时间和精力去学习新知识、掌握新技能，不断提升自己的综合素质。我们也深知，只有不断进取，才能在竞争激烈的社会中立足。

人若有了情怀，对待工作会更加认真和敬业。我们明白，工作是实现自我价值和社会价值的重要途径。因此，我们唯有全身心地投入到工作中，尽职尽责地完成每一项任务，不仅关注工作的结果，更注重工作的过程，力求在每一个环节都做到尽善尽美。只有这样，我们的付出和努力，才能够为企业创造更多的价值，为社会做出更大的贡献。

人若有了情怀，在与他人相处时会展现出更多的关爱和尊重。我们明白，想要得到别人的认同，就要懂得换位思考，理解他人的需求和感受，愿意倾听他人的声音，尊重他人的选择。在与他人合作时，我们只有愿意承担更多的责任，为团队的共同目标付出努力，才能凭借自己的付出和贡献，赢得他人的信任和尊重，为自己赢得更多的朋友和支持者。

人若有了情怀，在家国天下面前将会承担起报效祖国的责任。我们明白，个人的命运与国家和民族的命运紧密相连。因此，我们愿意为国家的繁荣富强和社会的和谐稳定贡献自己的力量。我们不仅关注个人的发展，更关心国家的未来和民族的振兴，愿意在关键时刻挺身而出，为国家和民族的利益而努力奋斗。

人若有了情怀，就会愿意主动承担和付出，不断提升自己，关爱他人，敬业工作，为社会做出贡献，为国家奉献力量。这种情怀的力量，不仅可以让我们的生命变得更加充实和有意义，也可以为周围的人和社会带来更多的正能量和美好。个人的力量虽然有限，但只要每个人都能激发自己的情怀，充分发挥自己的作用，成为更好的自己，就能够汇聚成一股强大的力量，推动社会的进步和发展。

3. 自己肩负什么使命

随着人生阅历的增长，我们会更加深刻地体会到，无论任何人任何事，只要与家国天下的繁荣发展关联起来，就将意义非凡和光荣无比。

每个人都有自己的使命,这就是"天命"。孔子说:"三十而立,四十而不惑,五十而知天命。"人到了五十岁之后,才知道自己的"天命"是什么,即明白自己来到人世间的使命。多数人知道自己的使命的时候,已经老了。活了大半辈子才知道自己的使命,还有用吗?有用,太有用了!关键是,知道自己的使命的时候,自己是仍旧有心有力,还是心有余而力不足?若是自己还有心有力,便能心之所向、力之所及;若是心有余而力不足,不就只能心存遗憾了吗?决定自己是"心安理得"还是"心存遗憾",在于知道"天命"之时自己的能量状态。

可是,反观自己,这些人生道理,竟然还是我历经生死磨难,"重回人间"之后才领悟到的。通过如此残酷无情而又真实不虚的方式让我"开窍",打通了我的"任督二脉",让我长了"智慧"。一切为了人,一切都是人。若没有拎清楚自己、拎清楚人、拎清楚事情,世间的美好怎么会与自己有关呢?我通过"三拎清"研究方知,自己的责任如此重大,活着的意义如此美好。我从自己的名字演变便知其中深意:

林本周王赞叹比干所赐,
礼仪之邦明大德众庆幸,
君子之德风人间华夏兴。

● 林本周王赞叹比干所赐。林姓本是周文王为赞叹"以死谏忠"的爱国忠臣比干所赐。据史料记载,比干是商朝的重臣,历经两朝,忠君爱国,为民请命,敢于直言劝谏。他因商纣王暴虐荒淫,横征暴敛,而强谏三日,最终因被纣王剖胸而死。周文王推翻商纣王之后,听闻比干忠君爱国的事迹,甚是赞叹,遂派人将逃难至山林躲避灾祸的比干之妻及其遗腹子找到,为让其遗腹子感恩感谢山林野果的养育之恩,特赐林姓于他,并命名为"林坚"。所以,林姓始祖含有"忠君爱国,为民请命"的家国情怀,这种情怀也因此源远流长,随林姓后世子孙遍布海内外。

● 礼仪之邦明大德众庆幸,君子之德风人间华夏兴。这两句话包含着理想与现实、路径与方法、美好与展望。倘若举国上下都能明大德,就意味着没有坑蒙拐骗,没有假冒伪劣,没有尔虞我诈,没有纠葛纷争,人人都会感到庆幸;倘若人人都像君子一样修德爱人,让君子之德像风一样吹拂人间,就意味着没有自我内耗,没有互相伤害,没有资源浪费,没有低质低效。如此，实现中华民族的伟大复兴，是不是也将指日可待？

知道自己的名字竟肩负如此伟大的"天命"时，我已经五十六岁了。与孔子"五十而知天命"的要求差距六年之多。这是不是意味着我浪费了六年的光景呢？六年的时光是多么宝贵啊！感恩感谢上天的眷顾和包容，感恩感谢诸位的福报加持，不然我也不可能还有这个机会通过这本书给大家分享自己的感悟。承蒙上天眷顾，我们都如此荣幸。怎样做才能对得起老天爷的厚爱呢？

4. 为什么要发出大愿

人生旅途走到当下，无比感恩上天把难能可贵的百分之五的机会给予我，让我还能活着。因此，上天一定是还有什么重要的使命需要我去完成。

深受未曾谋面的爷爷的家国情怀与理想信念的鼓舞，我领悟到自己身上流淌着"名仁"血脉的意义，同时也明白了上天留给我的重要使命。为不负伟大使命所托，不负党的引领和祖国的庇护，不负祖辈的护佑和父母的养育之恩，感恩感谢曾经给予我帮助的贵人，我以为国捐躯的爷爷的名号"名仁"，发起成立广州市名仁慈善基金会，由心而发两大愿望：

第一大愿：愿因我的存在，为人世间创造更多美好。我希望自己自强不息"修品性"，厚德载物"修德行"，历事炼心"修智慧"，勤勉精进"修能力"。愿自己还有这样的品性、德行、智慧和能力，为人世间创造更多美好。否则，不就辜负了老天爷对我的眷顾和厚爱了不是？！

第二大愿：愿世间的一切美好都与你有关。由于自己差点失去生命，我知道要过好自己的一生实在不容易，便希望能用已绵延数千年的中华民族古圣先贤智慧，以及古今中外伟大科学家总结出的自然科学规律，来指导我们的实践，拎清楚该怎么想、怎么说、怎么做，以期探寻这人世间的背后，到底有没有一套适合凡夫俗子"连接幸福与美好"的底层逻辑呢？以此造福天下有缘人行稳致远！

世界那么大，美好那么多，要看自己为之做了些什么。一切美好的切入点，莫过于从难而有意义的事开始。然而，世界那么大，多我一个不多，少我一个不少；如果我能创造出一个美好，这世界就多一个美好。这就是我心底里的声音，我希望自己像祖辈们一样自强不息，绽放出自己的光和热。以此，深切缅怀无数如同"名仁"一样的革命先烈，真切感恩回馈为民族独立、人民幸福做出巨大牺牲的革命老区，为祖国新生代做点事，把"真善美"的种子播撒到神州大地上，或许就是我最好的选择。

因此，我回到当年红军战斗过的革命老区，发起"感恩回馈母校，重走长征路再出发"活动，面向中小学校，开展公益项目"让世界看见更美的你"。这就是我死里逃生后创造的其中一个美好。这种从"无所能"，到"我还可以"，到"真可以"的心路历程，刻骨铭心，催人奋进。

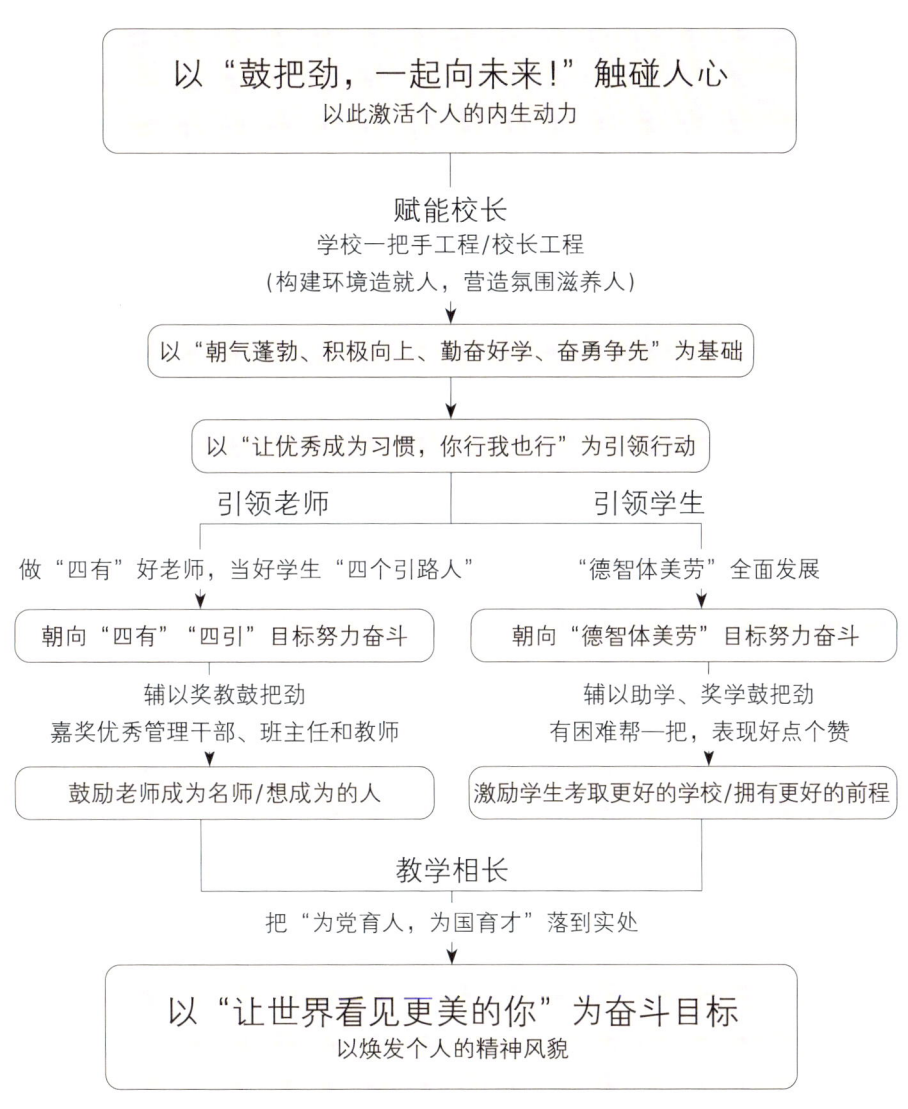

"让世界看见更美的你"公益项目思想脉络

"让世界看见更美的你"这一信念，让我受益匪浅，我也希望能让更多人受益。为此，我通过触碰人心、亲近有效的方法将这一信念落到实处，给革命老区乡村中小学老师和学生"鼓把劲，一起向未来"，共同奋斗在实现中华民族伟大复兴的新征程上。

于是，公益项目"让世界看见更美的你"应运而生。基金会成员们了无私心，不图名也不图利，只是真心实意地赋能乡村中小学校长，从根本上激活老师和学生的内生动力。我们采取"构建环境造就人，营造氛围滋养人"这种润物细无声的方式，按照"上墙、上会、上心"校园文化治校"三部曲"规划，做好一二三四件实事：

一是"一校一品"特色校园文化"上墙"。根据"让世界看见更美的你"总体设计方案，我们重点将校长鲜明的办学治校理念与特色校园文化内容融合"上墙"，让老师和学生时刻都能"看得见、摸得着、感受得到"。

二是"心生力量"校园文化营造"上会"。我们重点组建一支以校长为首的思政教育工作队伍，通过开展"心生力量"校园文化志愿者行动，把"鼓把劲，一起向未来""让世界看见更美的你"的精神理念传递到校园的每一个角落。

三是"向好向前"校园文化育人"上心"。我们把校园文化理念与评优评选标准融合，通过奖学奖教等方式，以榜样的力量，引领老师和学生落实好"个人未来成长与发展计划""让优秀成为习惯，你行我也行"。

四是辅以"援梦助学"激发自强不息。与传统模式不同，我们特别强调"助困"先"扶智"，应在扎实做好校园文化"上墙、上会、上心"工作后，才能开展奖学奖教，再辅以"心伞接力"援梦助学活动。我们持续帮助有困难的学生，激发他们自强不息的内生动力，"授人以鱼不如授人以渔"。

我们紧紧围绕"为党育人，为国育才"这一总目标，秉持"教学相长"这一规律，采取"激活人内生动力"的有效方法，有条不紊、环环相扣、步步深入、扎实有序地推进"让世界看见更美的你"公益项目。如此，尽心尽力尽情为祖国新生代做好一二三四件实事，形成适合师生成长与发展的"扶智助困"长效机制。

这一切都只是以个人的力量去创造更多美好的开始。然而，个人的力量始终是渺小的。我希望借个人的"两大愿望"，感召更多的有识之士，携手为祖国的新生代做点事。余生愿以自己的微薄之力，"一手连接老板，一手连接校长"，行善积德修自己，接引八方有缘人。

"一手连接老板"，代表着事业和财富。企业家是社会经济发展的重要推动力量，承担着创造就业、推动创新、促进社会繁荣的重任。我深知企业家的苦痛，自己也曾因为没有拎清楚老板的"位"，没有修好老板应有的"德"，才差点失去生命。为此，我希望通过自己的切身体悟和点滴智慧，倾尽所能，给予他们有力的支持和帮助，让他们不要走我的老路，跳出利益的沼泽，有心有力，向好向前，共同推动事业发展，为社会创造更多的财富和价值。

"一手连接校长"，代表着教育和知识。校长是塑造未来、培养人才的关键人物。教育是国家的根基，是培养人才的摇篮。我深知教育是改变命运的钥匙，少年强则国强，乡村基础教育强则少年强。伟大领袖毛泽东、邓小平等众多老一辈国家领导人，于敏、孙家栋、钱三强等众多功勋卓越的科学家，以及任正非、曹德旺、宗庆后等众多卓越企业家，无不是从乡村中小学开始获取无穷的力量，进而学以成才造福一方人。乡村中小学孕育着无限的希望和未来，扎根于乡村中小学的校长和老师们更是功不可没，他们都是新时代最可爱的人。我不也正是受益于新中国乡村基础教育发展和无数人的帮助，才得以拥有今天美好的幸福生活的吗？为此，我希望以自己的微薄力量，坚定为乡村中小学校长赋能，以激活乡村老师和学生的内生动力为己任，共同探索教育的未来和发展方向，为革命老区的乡村基础教育事业贡献一份力量，为国家培养更多优秀的人才贡献一份爱心。

一念向善，万善相随。只要行善积德，在"修自己"的路途中，就一定能够与更多的有缘人相遇、相知、相助。无论身份如何、来自何方，只要有心，我们就可以一起携手为祖国的新生代做点事，共同奔赴更美好的未来。

5. 为什么要修德爱人

积万贯家产的背后是什么？厚德才能载物。

造福一方人的本质是什么？行善才能积德。

可见，"德"才是人真正要传承的最宝贵的"东西"。

"为祖国的新生代做点事"，便是"修德爱人"的具体行动体现。为民族独立，为人民幸福，革命先烈抛头颅、洒热血，就是为了让子孙后代都能翻身做主人，就是为了人人都能过上幸福的生活，让世界看见更美的自己。如今，国泰民安，人民幸福，在祖国新生代发展的道路上，父母、老师、校长、企业家等，亦扮演着至关重要的角色——引路人。他们共同肩负着引领祖国新生代的重任，致力于培养未来各行各业的杰出人才。父母、老师、校长在前"育人"，企业家在后"用人"，在"人"这一根本点上，一以贯之。唯有"教育好人"，才有"可用之人"；唯有"用好人才"，才能"建设国家"。可以说，一切为了人，一切都是人。

作为一名父亲，也作为企业家，更作为名仁慈善基金的发起人，我深知自己肩上所担的责任和使命，更加坚定自己"修德爱人""造福一方人"的信念，用自己的行动去影响和改变周围的环境，用自己的行动告诉世界：心怀善良或许就是这个时代最美的风景。

特别是作为一名企业家，不仅要有卓越的领导能力，更要具备修德爱人的高尚品质。这里的"修德"指的是修炼自己的品德、功德、福德，而"爱人"则是要关爱他人，关注管理者和员工的成长与发展，为他们提供良好的工作环境和成长发展氛围。

我国近代杰出的实业家张謇就是"修德爱人"的好榜样。他不仅在商业领域取得了非凡成就，更是一位教育家和慈善家。张謇的事业始于仕途，但他选择回归故里，投身于兴办实业，致力于推动国家的现代化进程。他的一生中，创办了超过20家企业，并建立了370多所学校，为我国近代民族工业的崛起和教育事业的进步做出了不可磨灭的贡献。在他的家乡南通，张謇的影响无处不在，无论是建筑业、纺织业，还是教育和交通业，都深深烙上了他的印记。可以说，他以一己之力影响了一座城市。张謇的企业家精神，以爱国情怀、创新精神、民本意识为核心，代代相传，成为后世企业家学习的典范，激励着无数企业家为国家发展和民族复兴而不懈奋斗。

修德，是企业家智慧的源泉。企业家的道德修养构成了企业文化的坚实基石，是企业可持续发展的关键。一个道德修养深厚的企业家，能够以身作则，修自己的品性、德行、智慧和能力，树立起企业家的榜样。他们不仅关注企业的经济效益，更将企业的社会责任和道德规范视为己任。在经营决策中，他们坚持公平竞争，抵制不正当竞争，维护市场秩序，促进社会公平正义。通过自己的言传身教，企业家能够影响和激励员工，培养他们的职业道德和社会责任感，共同营造一个向好向前的企业环境。

爱人，是企业家修德的目的。修德爱人，重点在于爱人，即爱谁、如何爱，这意义重大。一个企业家是否爱人，不仅仅以他为社会创造了多少就业岗位来衡量，还要关注有多少员工在他的企业里得到了成长和发展，最终还要看他能否将企业和员工推向世界这个更广阔的舞台。成长和发展是永恒的主题，没有成长就没有发展。若没有发展，世间的一切美好怎么会与自己有关？员工加入公司，不仅是为了挣那几两碎银，他们更渴望得到成长和发展。如果一个员工来到企业之后虚度光阴、毫无长进，那是对生命最大程度的不负责任。不仅员工自己要承担后果，企业老板也要背负责任。

在"为什么而做什么"这一初心上，企业家一定不能只盯着能挣多少钱，而要将"爱人"放在首要位置。这样的企业家，才能教会员工怎么做人、怎么做事；这样的企业家，才能真正关心员工的成长和发展，懂得如何通过"构建环境造就人，营造氛围滋养人"，搭建好企业平台，激发出员工无限的潜能，让员工尽心尽力尽情绽放自我，帮助员工实现个人价值和职业目标。这样的企业家，才能聚心、聚力、聚智，形成强大的企业组织力，创造事业的辉煌。

四、一手做事业，一手积善业

学校是人生启航的地方，特别是中小学奠定了人生希望的基石；企业是人生绽放的舞台，特别是中小企业最能锻炼人；慈善是人生修炼的道场，特别是年过半百才能感悟生命真正的意义；修炼是人生再出发的基础，否则人就只能碌碌无为地慢慢老去。如此，构成了一个人从"启航—绽放—修炼—再出发"的人生旅途。这也算是对好心人常问我的"为什么要做慈善"这一问题的回答。

1. 学校是人生启航的地方

学校是人生启航的地方，是每个人成长旅程中不可或缺的重要起点。在这个起点上，孩子们开始接触知识，塑造性格，培养习惯，孕育梦想。而国家和民族的兴衰，则与这个起点息息相关，因为这里孕育着未来的希望——祖国新生代。

学校是人生启航的地方

  一个学生喜欢自己的学校,往往是从喜欢自己的校长和老师开始的。特别是在中小学阶段,正值学生人格塑造、三观形成的关键时期,在这里他们开始了解社会、认识世界,开始思考人生、规划未来。校长是引领学校教育教学发展的领航舵手,肩负立德树人的使命;老师是学生学习与成长的关键引路人,肩负教书育人的使命。校长和老师共同为学生提供了丰富的知识资源,塑造了他们的思维方式,培养了他们的创新能力和实践能力。正是这些经历,让孩子们能够在人生的航程中,更加坚定、自信、勇敢地面对未来的挑战。

  中国近代伟大教育家梁启超先生在《少年中国说》中提到:"故今日之责任,不在他人,而全在我少年。少年智则国智,少年富则国富;少年强则国强,少年独立则国独立;少年自由则国自由;少年进步则国进步;少年胜于欧洲,则国胜于欧洲;少年雄于地球,则国雄于地球。"

  中国当今杰出企业家任正非先生也表达了类似的观点:"我们国家百年振兴中国梦的基础在教育,教育的基础在老师。教育要瞄准未来。未来社会是一个智能社会,不是以一般劳动力为中心的社会,没有文化不能驾驭。"任正非先生还提出:"一个国家首先要重视教育,重视基础教育,特别是农村的基础教育。国外有人说过,一个国家的强盛,是在小学教室的讲台上完成的。教育是最廉价的国防，国防并不一定是最厉害的武器。"

由此可见，无论是伟大的教育家还是杰出的企业家，他们的见解都惊人地相似。国家和民族的兴衰，与新生代的素质和能力紧密相连。新生代是国家和民族的未来，他们的思想、观念、知识和技能将决定国家和民族未来的发展方向。校长是肩负这一使命的关键人，一个好校长能够成就一所好学校，造福老师和学生。一个学校遇到一个好校长，就可造福一方人，让老师和学生都受益。

因此，唯有抓住关键的少数人，赋能乡村中小学校长，从根本上助力校长为新生代创造良好的校园环境和成长氛围，给老师和学生鼓把劲，做得好点个赞，犯迷糊拉一把，有困难帮一把，由内而外激发出老师和学生的内生动力，才能达到教学相长的效果，真正把"为党育人，为国育才"落到实处。

2. 企业是人生绽放的舞台

企业，是一个充满挑战与机遇的人生舞台。特别是在中小企业，虽然它们较大型企业规模较小、资源有限，但正是无数这样的企业，培养了许多优秀人才。中小企业在有限的资源下，需要更加精明地决策，更加高效地经营，更加团结地协作。因此，每一次的决策都是对人性的考验，每一次的成功都是对能力的证明，每一次的失败都是对意志的锤炼。

所有伟大的企业，都是从中小企业成长而来，都是由一群有梦想、有才华、有决心的人共同创造的。这些人在市场的浪潮中勇往直前，面对困难不屈不挠，用智慧和汗水书写着企业的辉煌。他们的存在，让企业焕发出勃勃生机。

然而，企业的衰败也同样是由人造成的。其最大的问题或许是人的内耗与组织的内耗。企业内部无序发展，熵增到一定程度，便是导致企业衰败最致命的原因。

构成企业"向下扎根，向上生长"的力量是什么？企业即人，人即企业。企业的成败，归根结底还是取决于人。只有把人放在最重要的位置，才能真正地做好企业。企业中的每一个人都是独一无二的，他们或许有着不同的背景、不同的性格、不同的能力，做好企业关键在于如何把人激活，形成合力和创造力。否则，各种内耗将接踵而来，问题层出不穷。这也是我潜心研究、决心要去拎清楚的课题，以此从根本上帮助自己和更多中小企业老板解决人的问题。让人人都能自动自发，做自己工作的主人；让经营回归本质，用大的价值创造更大的价值；让管理回归常识，在无常中管理无常。

这看似很难，其实不难，对每个人、每家企业来说都一样。行就是行，不行就是不行。唯有从老板开始，从每一个人开始，落脚点、立足点、发力点都聚于人心，即让每一个人都能躬耕好自己的"方寸心田"，用"像农民一样思考"的思维模式对待自己，以及对待自己的工作，一切问题都可以迎刃而解。

3. 慈善是人生修炼的道场

站在这人生的半山腰上回望，我见证了无数人生的悲欢离合，也看见了人性中熠熠生辉的光芒。直至此刻，我才幡然醒悟，生命的真谛，并不在于你拥有多少，而在于你承担了多少、付出了多少、创造了多少、给予了多少、传承了多少。

"活着，真好！"每当夜深人静时，我总会这样感慨。因为活着，就意味着还有机会去体验这个世界的美好与温暖；活着，就意味着还有机会去帮助那些需要帮助的人，去传递爱与希望。而死亡，则意味着一切都将化为虚无，这个世界将再也与自己无关。

从小父亲便告诉我："有人才有世界。"在这个纷繁复杂的世界里，每个人都是独一无二的存在，每个人的生命都是宝贵的。我们的存在不仅仅是为了自己，更是为了那些与我们息息相关的人。我们的每一个选择、每一个行动，都应该以人的福祉为出发点，都应该以"造福一方人"为归宿。

慈善，正是我人生修炼的道场。因为，人生最好的成长路径就是做慈善。"慈"是什么意思？"慈"是慈悲慈爱，就像母亲爱自己的孩子一样爱己爱人。"善"是什么意思？"善"是善待善良，就是善待自己、善待自己人、善待别人。

由此可知，做慈善不是什么"高大上"的事。有钱没钱都可做慈善，有能力没能力都可做慈善，都可以从自己开始，从身边的人开始，目的就是"让世界看见更美的自己"。

通过慈善，我学会了如何去拎清楚自己，拎清楚如何善待自己，进而懂得如何去善待、关爱他人，如何用善的力量去做成事、做好事、拿到好结果，进而为人世间创造更多美好。

做慈善不仅仅是一种行为，更是修行补漏的过程。在修行的道路上，我还需要不断地反省自己、完善自己，努力修炼自己的品德和功德，才可能修补"人性五漏"，积攒福德，以求得福禄寿的圆满。

每当想起那些因为我们的帮助而露出笑容的老师和学生，每当想起那些因为我们的赋能而热泪盈眶的校长，我的内心也充满了喜悦和满足。这种喜悦和满足，是金钱和地位无法比拟的，也是多少财富都买不来的。我深知，只有通过慈善去修炼自己，躬耕好自己的"方寸心田"，进而躬耕好"一亩三分地"，才能更好地感受到生命的价值和意义。

慈善是人生修炼的道场，祖上有德，还要自己有德。如果自己德不够厚，那就更加需要修炼。只要我们心中种下了真善美的种子，愿意先行一步对他人释放一点善意，乃至贡献自己的一点力量，或许我们的爱就能够让更多的人受益，也让自己的人生变得更加美好。

4. 修炼是重新出发的基础

每个人都向往美好的生活，能不能顺遂心中所愿，关键要看自己为之做了些什么。是沉浸在过去的回忆中，任由自己放纵与任性，带着遗憾漏尽寿终，还是选择走上修炼之路，不断地完善自己，让自己变得更加智慧与通透？

修炼不仅仅是对身心的磨炼，更是为自己人生的重新出发打下坚实的基础。否则，人生就只能如同枯枝落叶慢慢老去，失去生机与活力。唯有通过修炼，唤醒自己内心深处的力量，重新点燃生命的火焰，才能让老树焕发出新的枝叶。只有这样，才可能向死而生，尽心尽力尽情绽放生命的光彩。

许多人都想要美好和幸福，但这并非上天注定，也不是唾手可得。这需要我们不断地挑战自己，突破自己的认知局限和能力局限，才能做成事、做好事、拿到好结果，最终得偿所愿。实际上，这种实现梦想的内在力量，我们与生俱来，只是被人心的"妄想"与"执着"蒙蔽，被人性的"贪嗔痴慢疑"所影响，被业力的"非意识和感性意识"所牵引，被生命的"熵增熵减"所左右。因此，关键在于，我们能否激活作为人的内生动力，为自己的人生作主。这也就是——做好自己是一切的根本。

如今，我虽然已经年过半百，却庆幸自己重获新生之后，依然充满了激情与斗志，思想还如此鲜活。那是因为我才刚"死里逃生"不久。面对自己的不足与缺陷时，不再选择逃避，而是勇敢地正视它们，有偏差就立马去改正。真诚而勇敢地面对自己、面对他人，让自己时刻保持一颗谦卑与感恩的心，珍惜每一个当下，感恩每一次遇见，努力让自己的心灵更加真诚和纯粹。

修炼是人生重新出发的基础，唯有坚持下去，勇于面对自己、敢于挑战自己、不断修炼自己，才可能收获内心的成长与蜕变，才可能历尽千帆之后遇见更美的自己，让生命绽放出更加耀眼的光芒。

5. 尽心尽力尽情造福一方人

那时的我从ICU出来，躺在病床上，等到清醒过来才大概明白自己遭遇了什么，便开始反复思考：人生到底为了什么？忽然有一天，两句话十个字，无比清晰地浮现在我的脑海中：一切为了人，一切都是人。

我知道，这是上天给我的启示，也是让我活着的使命。无论是事业还是善业，都是为了人的福祉，都离不开人的参与。任何事情想要成功，绝非凭借一人之力可以实现，有赖于他人的支持，有赖于他人的付出。唯有每个人都尽心尽力尽情去造福他人，才能感召更多的有心人、有缘人一起为愿携手，共同实现心中所愿。

经营事业，追求的不仅仅是利润，更重要的是如何为社会创造价值，为人民谋福祉。事业的成功，不仅仅在于我们赚了多少钱，更在于我们为社会做了多少贡献，为人民解决了多少问题。只有这样，我们的事业才可能赢得社会的尊重和人民的信赖，也才能真正地长久发展。

力行善业，更是要尽心尽力尽情。慈善从善待自己、善待自己人、善待别人开始。它不仅仅是给予，更是一种情感的交流，是一种精神的传承。授人以鱼不如授人以渔，用真诚之心去关心他人，去感召影响他人，从根本上激发其内生动力，使他们满怀信心与希望，热爱学习、生活和工作，才可能让他们感受到社会的温暖与人间的真情所在。只有这样，我们的善举才可能真正地发挥出它的力量，造福于社会，造福于人民。

人生真正的价值和意义，或许就在于不断地去承担，去付出，去创造，去贡献，去造福一方人。只有这样，我们才可能真正地感受到生活的美好。唯有秉承"让世界看见更美的自己"的信念，始终坚持向好向前，无论前方的路有多么艰难和曲折，都有信心、有决心、去克服它、战胜它，最终一切艰难之路都将变成"内无挂碍、外无障碍"的人生坦途。只要尽心尽力尽情去造福一方人，一切美好都会自然而然地直奔我们，世间的一切美好都与我们有关。

结语九：仁爱厚德最重要

古人常说的"无功不受禄"是什么意思呢？"功"表面是功名，实质是功德。经过前述章节的深入探讨，我们此刻或许已经拎清楚了功德的内涵与作用。那么，这句话为什么用"功"字，而不是"工"字，更不是"公"字来表达呢？因为功到自然成。功即功夫，功夫到了自然成就自己；功名后面的利禄自然也水到渠成。若没有一番厚实的功德，如何得来、承载和消受这世间的荣华富贵呢？这既是"厚德才能载物"之道，也是"德不配位，必有灾殃"之理。

那么，这无比关键的"功"，别人能直接给予我们，或是我们能够自己花钱去买吗？哪怕是父母之于孩子，师父之于徒弟，校长之于老师，老师之于学生，老板之于员工，都无法做到。若每个人自己不去修行苦练，不去躬耕好自己的"方寸心田"，不去躬耕好"一亩三分地"，那么世间的美好有可能从天而降吗？

俗话说："师父领进门，修行在个人。"父母、师父、校长、老师和老板等都是过来人，能够给予我们的最多只是修炼功夫的方法，能不能练就一身真功夫、真本领，最终还得靠个人努力修行、苦练基本功。

然而，现实当中，又有多少人还一直处于"妄想"与"执着"之中？特别是为人父母者，一生拼命给子女赚钱，以为这就是对子女好。殊不知，如果没有从小教会子女修炼自己的功夫，反而让他们过着"衣来伸手饭来张口"的生活，没有经过自己动手实践的过程，他们用什么来抵抗自己生命的熵增？没有经过历事炼心的过程，他们用什么去建立自己的功德？没有厚德的加持，又怎么能载物呢？

反之，如果从小言传身教，让子女对自己的人生负责，让他们修炼一身本领，那么他们自己就能够独当一面，有能力抵抗熵增，让自己过得更好，同时还有能力去造福一方人。这世间的一切美好不就随之而来了吗？

这不就是古人所说的"德本财末"的真实意思吗？可惜啊，许多人却一直在本末倒置，眼睛只盯着财，却对为人立身之本的德视而不见。正如有的人选择积攒万贯家产，却没有立德树人，疏于对子女的管教，一生机关算尽，不满足于荣华富贵，即便拥有富可敌国的财富也传不过三代，子孙命运更是无比悲惨。而有的人选择修德爱人，去造福天下苍生，一生淡泊名利、两袖清风，只给后代子孙留下如何才能安心立命的家风遗训，却成为其家族长盛不衰的传世箴言。

万般不带去，唯有爱留存。
仁爱厚德本，传承千万年。

- 仁爱：真正的爱，不仅在于自己主动承担和付出，更在于能够通过以身作则，从根本上感召、影响和激活他人的内生动力，让他人也能够主动去承担和付出，这就是人世间"爱"的传承。爱自己，更爱自己人，达则兼济爱他人，这不就是"仁爱"的真正含义吗？

- 厚德：真正的德，体现在我们的一言一行之中。我们的为人是积极的还是消极的，是坚定不移的还是摇摆不定的，完全取决于我们自己那在内心深处涌动的念头。面对现实生活，大部分人都懵懵懂懂，左右畏难；只有极少数人拎得清楚，其选择也坚定不移。如此一步步造就演化，各人的人生命运也往往天差地别，这就是造化弄人的真实演绎。

儿孙自有儿孙福，做好自己才是一切的根本。每个人只要能够拎清楚自己，"在其位谋其职"，"在其位尽其职"，即在"本位""本分"上拎清楚，在自己的角色和位置上拎清楚自己愿不愿、要不要、该不该，修好自己的德，并把这些修德爱人的人生智慧传播出去，让更多的有缘人也能领悟到，将古圣先贤的智慧和科学家们的理论精髓根植于心，"持经达变，修诸功德，植众德本"，或许便能一生安然无恙，子孙满堂，让德行延绵后世。

> 来到人世间，要拎清楚的事情不少，以下问题你能拎清楚吗？

1. 有钱难道不好吗？

2. 你觉得你能给后代留些什么？

3. 你认为情怀是什么？

4. 你觉得人生最好的成长路径是什么？

5. 你有什么愿望吗？

第十章 "一厢情愿"还是"两情相悦"更舒适

/ 拎清楚自己如何正确思考 /

我经常在思考这样一个问题：每个人都要为自己的认知"买单"或将其"变现"。前者付的是学费或代价，而后者赚的是财富或健康。一个可能让人悲催，另一个可能让人幸福。若也参照"二八定律"来预测，幸福的人是不是就少之又少？如此现实与真实，其结果完全取决于自己的承担和付出。

最快捷有效提升认知的方式之一，便是多读书。书籍是人类智慧的结晶，是知识的海洋，它们承载了无数前人的经验与智慧，是通往优雅人生的桥梁。是否能提升认知取决于自己平时是否养成了良好的习惯，厚积薄发，书到用时才得心应手，而不至于用时方恨少。

观察后发现，大部分人就是不愿意静下心来看一本书，甚至不愿意花点时间让自己静下心来。他们宁愿让自己沉迷于短暂的快乐，比如看短视频、玩游戏等。为了告诉众人静下心来很重要，佛陀就把静坐一须臾之功德，比喻成胜造恒沙七宝塔之重要。可是知道这个道理的人或者相信的人少之又少。

畏难、担心、害怕成了众人之常态。人若是一直处于这种心态，那么当经历点事情和干点事情时，怎么能体会到其中的乐趣呢？更别说有什么成就感了。一切都显得艰难无比，可以说突破认知局限之难，犹如井底之蛙仰望井口之深——挣扎不已，亦犹如山脚之人遥望山顶之巅——遥不可及。

面对此情此景，我不禁想问，除了上述修为之外，难道就没其他方法能让自己过得优雅一点吗？或许，回归人的本能，从"一厢情愿"转变到"两情相悦"的思维模式中，就自然而然可以找到解决之道了。

人的社会属性，注定了每个人都必须与他人互动，没有人能够孤立存在，也没有人能够独善其身。如果只是"一厢情愿"，恐怕得不到任何人的认同。而"两情相悦",是人与人之间自然的本能。

既然认知局限决定了自己与世界的关系,何不尝试一下,回归人的本能,回到人与人之间相处最纯粹的状态,调整自己的思维模式,从"一厢情愿"到"两情相悦"的简单转变?再不济,最起码还有"两情相悦"托底,要是能够更进一步,想着"你好、我好、大家好,才是真的好",朝着皆大欢喜的方向努力,那么幸福是不是就一定会飞奔而来,与自己撞个满怀呢?

一、认知局限,决定了我与世界的关系

茫茫宇宙中,人类是渺小的存在,而每个人的认知,更是局限在心中这片狭小的天地之间。受成长环境、所学知识以及经验积累等因素影响,每个人都有自己的认知局限。这种局限性深刻影响着人们怎么想、怎么说、怎么做,最终也决定了个人与自己、与他人以及与世间万事万物的关系。

就最终呈现出的结果而言,人与人之间的关系,或许可以总结为三种样子,也代表着三种不同的思维模式——"一厢情愿""两情相悦""皆大欢喜"。

1. "一厢情愿"是什么样子

"一厢情愿",就是"我以为"。因为这种"我以为",有人为自己编了个剧本,一直按照自己设想的剧情本色出演,却往往入戏太深而不自知,甚至还觉得自己演得很好而自我陶醉其中,对别人的无动于衷而心生不解、埋怨和愤怒。殊不知,许多人就这样一直处于被动、痛苦、悲催、悲哀的局面中,苦苦挣扎却难以自拔。

（1）"我以为这样就好"

当一个人深陷"我以为这样就好"的思维时，往往已经陷入了一种盲目的自我满足之中。"我以为"会让人认为自己的付出和努力是对他人最好的关怀和帮助。然而，事实上这样的思维却可能让人忽略了他人真正的需要和感受。殊不知这种自以为是的"主动"是一种被动的行为，并没有真正建立起与他人的真实连接。

一个人的付出，如果只是单方面的给予或强加，而不是基于对方的需求和期望，那么很可能只是一种自欺欺人的行为。有多少人自我感动、自我陶醉于"我以为"的付出之中，并没有真正触及对方的心灵深处，反而可能让对方感到困扰和不舒服，结果让自己陷入了一种"吃力不讨好"的尴尬境地。

一个人的行为，如果只是单方面的表演和展示，而没有真正与他人建立起情感上的共鸣和互动，那么很可能只是一场独角戏。"我以为"的思维让人认为自己的付出会得到他人的认同和感激，过于关注自己，却忽略了他人是否真正接受和欣赏。这终究只是自我感动，无法真正获得他人的认同和尊重。

（2）"我以为非得如此"

当一个人陷入"我以为非得如此"的执念时，便深陷于钻牛角尖的困境之中，无法自拔。"我以为"这就是最完美的剧情安排，也是自己追求的最好结果。然而，事实上或许只是执着于自己的想法和信念，对任何与之相悖的选择都视而不见，将自己紧紧地束缚在一个狭小的思维空间里，无法挣脱。

许多人沉浸在自己的执念中，不断地挣扎和追求，却忽略了生活中的其他美好，也因此忽视了生活的丰富性，忘记了世界上还存在着无数种可能。许多人固执己见，对别人的意见和想法持否定态度，将自己封闭在一个狭小的世界里。许多人执着于自己想要的结果，不断地挣扎和追求，却忽略了过程中的享受和成长，往往陷入了求而不得的痛苦中。

这些痛苦，其实都是"我以为非得如此"的执念造成的。自己不肯放过自己，非得执着于想要的结果，就越是追求越是求而不得。这样怎么可能不痛苦呢？

（3）"我以为聪明过人"

当一个人陷入"我以为聪明过人"的错觉时，其实已经踏上了自作聪明的道路，可能会让自己陷入灾祸连连的悲催中而不自知。

"我以为"的思维让人认为自己高人一等，能够洞察一切，洞悉天机。然而，这种自以为是的人，忘记了"人外有人、天外有天"的道理。许多人盲目地与别人比较，却忘记了充实自己，忘记了自我反省和成长。

"我以为"自己能够掌控一切，却忽略了世界的无常和变幻。许多人机关算尽，却"人算不如天算"，最终让自己陷入困境和失败中。这种自以为是的聪明，让人失去了对世界的敬畏之心，这样的人往往容易栽跟头。

"我以为聪明过人"的错觉，还容易让人变得傲慢和自大。许多人自视甚高，轻视别人，认为自己无所不知、无所不能，忘记了谦逊和学习的重要性。这样不仅会失去别人的尊重和信任，也会让自己陷入孤独和失败的境地。

（4）"我以为人能胜天"

当一个人陷入"我以为人能胜天"的狂妄时，便仿佛站在了自以为是的巅峰，自不量力地挑战着"天道"的秩序。"我以为"的思维让人认为来日方长，所有事情都可以胜天半子，由着性子去任性妄为。然而，这种无视天道的"我以为"，缺少了敬畏之心、慈悲之心、感恩之心，让许多人陷入失去性命的无可奈何之中，人生也就只能如此了。

"我以为"的思维让人认为凭借自己的聪明和力量可以超越天道，可以为所欲为，无须顾忌任何后果。许多人因此目空一切，开始盲目地追求自己的欲望和利益，却忽略了天道的规律和法则。"天地不仁，以万物为刍狗。"当遭遇天道的惩罚时，才开始意识到自己的无知和狂妄。古希腊悲剧作家欧里庇德斯说："上天欲使之灭亡，必先使之疯狂。"有多少人因此失去内心的平静与快乐，有的人甚至因此失去生命。人生也就只能这样无可奈何了。

2. "两情相悦"是什么样子

"一厢情愿"，就像恋爱中的单相思，自以为爱得深沉，却只是一直在上演自己的内心戏而已。要是能够"两情相悦"，那该多好。

"两情相悦"并不局限于情侣之间、夫妻之间，任何两个人之间都有可能产生这种美好的情感连接。人人都向往这种美好，每当提及，心中总会浮现出一幅温馨而美好的画面，就像是一首优美的交响曲，每个音符都充满了和谐与共鸣。那是一种无须言语，只需眼神交流就能明了的默契；那是一种在对方眼中看到自己，仿佛找到灵魂归属的温暖。那么，人与人之间的"两情相悦"到底是什么样子呢？

（1）相互认可

在一段"两情相悦"的关系中，双方都会给予对方充分的认可。一开始，两个人给彼此留下的第一印象，往往决定了两个人是否有可能进一步发展。初次相遇时给别人留下一个好印象，以便"日后好相见"，实在太重要了。尽量避免让自己给别人的印象打折，成了一个人重要的修为。特别是在移动互联网时代，人们常尽量避免线下见面的尴尬场合，若有人愿意跟自己见上一面，显得尤为珍贵。

一出声显态度，一出手见人品。在每一次的互动中，我们都应力求给别人留下良好的印象，这是彼此进一步相互认可的前提。通过真诚的沟通与交流，以及持续不断的互动，双方能更深入地了解彼此，从而在情感上找到共鸣与契合。这种相互认可的过程，就是一种情感的逐步积累和深化，助力双方建立起更为稳固且长久的关系。

（2）双方满意

在一段"两情相悦"的关系中，双方都会对对方的态度和表现感到满意。这种满意主要来自双方各自的态度、执行力以及对方所能提供的价值。在态度上，如果双方都积极主动，充满热情和诚意，那么这种积极的能量会传递给彼此，从而加深双方的情感纽带；在执行力上，如果双方都能坚定而有力，情感不走样、不变样、不缩水、不打折，那么这种坚定和可靠会使得彼此更加信任对方，从而使关系更加稳固；在提供的价值上，如果双方都能满足对方的需求，无论是物质上的还是情感上的，就能让对方感到被理解和被关怀。

在这样的关系中，双方都会感到愉悦，因为彼此的存在让生活变得更加美好。他们不会感到被束缚或被忽视，而是感到自己是被理解的、被需要的、被重视的。这种双方的满意建立在平等和尊重的基础上，它让两个人的关系更加和谐、更加持久。

（3）互相赞叹

在一段"两情相悦"的关系中，双方都会对对方的优点和成就表示赞叹。当一方的表现超出了另一方的预期时，便会得到对方的赞叹。比如，能提前想到对方所想，让对方感受到深深的关怀和体贴，这种细致入微的考虑，无疑会引发对方的赞叹。又或者，能把话说到对方心坎里，用恰当的言辞温暖对方的心，触动对方，对方就会觉得被理解和支持，从而对说话者产生由衷的赞叹。再比如，能把事做到对方心坎里，准确把握对方的需求和期望，让对方感到惊喜和满足，这种精准的洞察力和执行力，也会让对方不由得佩服自己。

这种赞叹不是简单的夸奖，而是发自内心的欣赏和敬佩。它让双方都感到自豪，毕竟对方的优秀也是自己的骄傲。这种互相赞叹建立在相互鼓励和共同成长的基础上，它让两个人的关系更具活力，更加积极向上。在这样的关系中，双方都会不断地努力提升自己，以期达到对方的期望，同时也不断地给予对方肯定和支持，从而形成一种良性循环。

（4）彼此感恩

在一段"两情相悦"的关系中，双方都会对彼此的承担和付出心怀感恩。这种感激之情源于对方给自己带来了积极的变化，创造了重大的价值贡献，甚至是避免了某些灾祸。比如，帮助对方解决了重大难题，或者在对方遇到困难时及时伸出援手，那么受益的一方自然会对这种无私帮助心存感激。此外，如果一方的话语能使另一方醍醐灌顶，让其领悟到一些重要的人生道理，改变了其人生轨迹，那么这种精神上的启迪会使得对方感恩戴德，铭记在心。

人与人之间最好的关系，莫过于"彼此成就，相互眷顾"。任何一段美好的关系，都不是自然而然形成的，而是在双方共同维护和珍惜下维持的，这就是所谓的"惜缘"。在彼此的感恩中，双方都能感受到对方的真诚和善意，从而使得这段关系更加珍贵，值得珍惜。

3. "皆大欢喜"是什么样子

我之所想，就是你之所愿，两个人一拍即合，相互认同，便能携手同行，这种"两情相悦"的状态多么美好。然而，这仅仅是处理好了两个人之间的关系。在家庭生活、学校学习和企业工作中，我们会和各种各样的人打交道。如何才能处理好纷繁复杂的人际关系，让每个人都能其乐融融、皆大欢喜呢？

"皆大欢喜"是一种人人都能得到快乐和满足的状态：人人面带笑容，彼此间充满了和谐与友爱。这种状态扩展到整个家庭和团队，乃至整个社会和国家，就是其中每一个成员都感到被尊重、被理解、被接纳，并且他们的贡献和价值能够被认可和赞赏。那么，"皆大欢喜"具体是什么样子呢？

（1）和谐友爱

在"皆大欢喜"的场景中，人与人相处如同置身于和睦的家庭之中，大家欢聚一堂，共享着和谐友爱的氛围。无论是亲子间的血缘情深，还是同事间的默契合作，抑或邻里间的守望相助，都汇聚成一股股暖流，滋润着每个人的心田。

在这样和谐友爱的环境氛围中，大家都会愿意放下心中的隔阂与偏见，敞开心扉，用心聆听他人的心声。大家还会尊重彼此的差异，欣赏各自的优点，共同营造出一个充满理解与包容的温馨空间。在这里，每个人都可以自由地表达自己的想法和感受，而不用担心被误解或排斥。

这种和谐友爱的氛围，激发了人们内在的潜能与创造力。当每个人都感受到被接纳和被尊重时，自然而然便会产生一种强烈的归属感和责任感，愿意为共同的目标而努力奋斗。

（2）团结协作

在"皆大欢喜"的状态下，大家以团结协作的姿态，共同迈向美好的未来。只有心往一处想，劲往一处使，拧成一股绳，才可能攀登至更高的山峰，实现更伟大的梦想。一旦达成这样的共识，大家都会愿意放下个人的得失，全心全意投入到团队的共同目标中。

这种团结协作的精神，如同磁石般吸引着每个人，让大家紧密地凝聚在一起，相互支持、相互鼓励，携手并肩，共同面对挑战。在团结协作的氛围中，每个人的力量都得到了最大的发挥，整个团队的效率也因此得到了显著提升。

当大家为了共同的目标而努力奋斗时，坚定的信念和勇敢的精神会相互感染。人与人彼此间的关系和情感，会在这一过程中得到升华，变得更加深厚和珍贵。

（3）同心同德

在"皆大欢喜"的场景中，大家怀着对美好的无限憧憬，将目光投向了未来。只有不断地成长与发展，才能响应时代的号召，满足人民日益增长的美好生活需要。为了实现这一目标，大家同心同德，携手并肩，共同描绘未来的发展蓝图。

这种同心同德的精神，让每个人在面对挑战时变得更加坚定和勇敢，不畏艰难，不惧风险，勇往直前。大家会齐心协力，愿意为了共同的目标而努力奋斗，不断探索新的技术和方法，开拓新领域，创造更多的机会和可能。

这种同心同德的美好状态，如同春风，会给整个社会带来勃勃生机和活力。它像星星之火相互点燃，让更多人聚集起来，携手共谋发展，将每个人的智慧和力量汇聚成一股不可阻挡的磅礴力量，推动社会不断向好向前发展。它不仅会推动社会的进步，让文明之花更加绚丽多彩，也会提高人的生活质量，让每个人的生活都更加美好和充实。

（4）人人满意

"皆大欢喜"，其最终结果最直接也最为动人的表现，莫过于人人满意、乐在其中。当这一幕呈现在大家眼前，每个人的心灵都会得到滋养和升华。

此刻，每个人都感到自己的生活是充实且有意义的。大家不仅在物质上得到了满足，更在精神上获得了前所未有的富足。每个人各自的价值得到了充分体现和认可。大家共同追求的美好事物——得以实现。这种成就感和满足感会让每个人都露出幸福的笑容，整个社会弥漫着快乐和满足的氛围。

总的来说，"皆大欢喜"是一种人人都能得到快乐和满足的状态。它体现在人们和谐友爱的关系中、团结协作的精神中、同心同德的发展中以及人人满意的笑容中。在"皆大欢喜"的环境和氛围中，每个人都感到被尊重、被理解、被接纳，各自的价值贡献也能够被认可和赞赏。这种快乐和满足不仅让个体感到幸福，也让整个社会变得更加美好与和谐。当人人都能共同努力追求这种状态时，大家便会发现生活变得更加美好、更加有意义。

4. 有多少人为认知买单

"皆大欢喜"的样子之所以美好，是因为它并非与生俱来，更不可能唾手可得。两个人之间要达到"两情相悦"的状态尚且不易，更何况是让人人都能满足的"皆大欢喜"呢？或许有人会问：每个人的因缘际遇虽各不相同，但一生所要经历的过程都大同小异，为什么会演变出"一厢情愿""两情相悦""皆大欢喜"等迥然不同的人生状态呢？

正所谓"造化弄人"，每个人在面对类似的情景、同样的事情时，都会沿着"我想、我要、我能"的路径，做出自认为正确的反应和行为。然而，事实上自己是不是真的做对、做好了呢？还是仅仅只是"我以为"呢？

不同的选择造就了不同的命运走向：天下大势浩浩荡荡，从个人层面来说，人们对美好生活的向往，便是大势；从国家层面来说，全心全意为人民服务，便是大势；从自然层面来说，万事万物遵循能量守恒定律，便是大势。在大势面前，顺应者昌盛，会拥有幸福的人生；违背者衰败，则会有悲催的人生。也就是说，每个人不同的人生态度和认知水平，造就了不同的人生状态和命运。

回归现实，"人性五漏""人心颠倒"以及"人的业力"，造成了太多痛苦、障碍和求而不得。有多少人一直在为自己的"一厢情愿"买单呢？

（1）多少人耗费青春

在这纷繁复杂的现实中，有多少人仍在茫茫人海中苦苦寻觅，一直在寻找那份能让自己心动的"两情相悦"呢？然而，如果自己不改变"一厢情愿"的思维模式，想要找到真正能触动自己内心的那个对的人，也许只是痴心妄想。或许，这便是很多人常说的真爱难求、知音难觅。

现实生活中，又有多少人在家庭的琐碎与繁杂中，默默耗尽了自己的青春年华。夫妻之间没完没了的争吵，婆媳之间鸡毛蒜皮的纷争，亲子之间互不相让的冲突……这些看似微不足道的平常小事，如同无形的枷锁，束缚着许多人的心灵，让家庭生活变得一地鸡毛。有多少人就这样每天都在纷扰之中度过，仿佛置身于喧嚣的漩涡之中，无法找到一片宁静的天地。每当夜幕降临，他们只能在疲惫与无奈中叹息，期盼着新的一天能带来一丝新的希望。

（2）多少人一事无成

现实生活中，究竟还有多少人，在日复一日的工作中，仿佛身陷泥沼，挣扎不已，最终一事无成呢？

有人看似忙忙碌碌，频繁地召开各种会议，从早到晚，从大会到小会，左右沟通，上下协调，身心俱疲，却拿不到好结果。有人渴望得到同事的理解与配合，期待领导的支持与肯定，但自己不去改变"一厢情愿"的思维模式，往往事与愿违，得到的是误解与冷漠、挫败与无助。

有人不禁要问：为什么做成一件事就那么难呢？是自己的能力真的不足，还是自己所处的环境太过复杂，抑或团队的默契度不够，还是领导的决策有误？行有不得，反求诸己。可有许多人只是向外求，以为能找到答案，结果无比迷茫与困惑。就这样，他们在无尽的挣扎与失望中度过了一天又一天。曾经的豪言壮志，如今已化为泡影；曾经的梦想与追求，如今已变得遥不可及，最终只能无奈地接受现实，承认自己在岁月的长河中一事无成。

（3）多少人付出生命

有人在漫长的人生旅途中，始终处于"一厢情愿"的执着之中，任由自己的习惯沉积，逐渐陷入百无聊赖的境地，了此残生。或许有人曾试图挣扎，寻求出路，但如果自己不去改变"一厢情愿"的思维模式，便终究不能挣脱那束缚自己的枷锁。许多人的生命，如同一颗颗黯淡无光的星辰，在黑暗中默默消逝。

庚子年以来，有人在内外交困中难以为继：内心充斥着畏难、担心、害怕的情绪，外部到处是"不理解、不支持、不配合"，蹉跎了岁月，牺牲了健康和对家人的陪伴，到头来弄得怨声载道，甚至因此众叛亲离，背负着沉重的心理负担，最终走向了生命的尽头。有人为了追寻名利、权势等自己以为很重要的身外之物，甚至不惜付出生命的代价，一生汲汲以求却不能如愿，最终得到的只有无尽的遗憾与悔恨。

（4）为什么"我不能"呢

现在或许才发现，原来"一厢情愿"的样子无须刻意雕琢，每个人生来便带着那份"我想，我要，我能"的本能，由着性子放任便习惯成自然。

然而，历经生活中太多的琐碎与复杂，有多少人才开始逐渐清醒过来，"两情相悦"并非易事。或许对于大多数人而言，寻找一个伴侣，组建一个家庭，似乎并不那么艰难。同住一个屋檐下，避免争吵，共进晚餐，这些看似简单的生活日常，却往往难以实现，反而一地鸡毛成为常态。

人们渴望的，或许是那份深入骨髓的"懂我"。然而，仅仅渴望别人"懂我"，自己却不去敞开心扉，不去承担和付出，这样的渴望不就成了妄想吗？正因如此，在现实的纷扰中，有多少人难以寻觅到这样的伴侣。面对繁忙的工作、复杂的人际，不仅要理解领导的意思，还要与同事协作，甚至还要面对客户的诉求、合作伙伴的要求，多少人在追求"两情相悦"的道路上步履维艰，而要实现"皆大欢喜"更是难上加难。

"山重水复疑无路，柳暗花明又一村"，希望往往在转角。当一个人开始问自己"我怎么了"，探索为何在追求"两情相悦"的道路上处处碰壁，问是自己太过执着还是现实太过残酷时，命运的转机可能就在前方；当一个人开始由外向内去审视自己，试图找到问题的根源时，或许就能够找到打开自己人生幸福之门的钥匙。

5. 认知决定这样的我吗

每个人来到世上，内心都有一扇通往幸福的门，也都含着一把"金钥匙"，关键就看自己用这把钥匙去开谁的门，又用谁的钥匙来开自己的门。若想要进入别人的内心世界去看个究竟，用自己的钥匙可能让其敞开心扉吗？同理，我们也常常听说这样一句话："人只能赚到自己认知范围之内的钱。"这句话揭示了一个深刻的道理：认知，即一个人的思维模式，决定了他与世界互动的方式，最终也决定他的所得所失。在这个意义上，每个人所含着的那把"金钥匙"，实质上就是自己的认知，也就是说每个人一生都在为自己的认知"买单"或将其"变现"。为什么会这样呢？

（1）已有的认知决定世界观、人生观、价值观

■ 认知决定世界观

世界观，是每个人看待世界的眼光和作出的反应，是理解宇宙万物运行规律的基石。而这份理解，深受认知的影响。认知如同一扇窗，决定了观察世界的位置、角度和高度。透过这扇窗，我们解读世界的色彩、形状

和温度，构建出各自独特的世界图景。

想象一下，当认知的窗户打开得足够宽广时，所看到的世界便如同一幅色彩斑斓的壮丽画卷，展现着无尽的魅力和可能。那些拥有开阔认知的人，他们的世界是多元而包容的，他们能够看到世界的多元性，欣赏不同文化之间的美丽碰撞，能够紧紧把握时代的脉搏，从而在生活的海洋中自由翱翔。

然而，当认知的窗户紧闭或狭窄时，所看到的世界便成了一座狭小的灰暗的囚笼，限制了人的视野和想象力。这样的人往往只看到世界的表面，难以洞察其深层结构和规律。他们可能固守着陈旧的观念，排斥新事物，甚至对变革产生恐惧。在他们的世界里，可能缺少了色彩，缺少了温度，更缺少了无尽的可能性。我们从小所熟知的"井底之蛙"的故事，所讲的不正是这样吗？

认知的深浅，决定了我们如何看待世界，如何与世界互动；也决定了世界观的宽窄，而世界观的宽窄又反过来影响我们的认知。这是一个相互影响、相互塑造的过程。而这份认知，往往需要我们不断地学习、实践和反思，才能逐渐开阔和深化。

在这个信息爆炸的新时代，每个人都在不断地接收和处理信息，而如何处理这些信息，如何形成自己的认知，就显得尤为重要。我们要保持更加开放的心态，勇于接受新事物，敢于挑战旧观念，谨记"兼听则明，偏信则暗"。只有这样，认知的窗户才能越开越宽，我们所能看见的世界才可能越来越丰富多彩。

■ 认知决定人生观

人生观，是对人生的看法和态度。它像是一盏明灯，指引着我们对待生活的态度，照亮我们前行的道路。这盏灯的亮度，同样深受认知的影响。

当一个人怀着积极的心态和认知时，面对人生的种种挑战，会满怀希望，坚信风雨之后必有彩虹。即使遭遇困境，也能保持坚韧不拔的精神，勇往直前。这种积极的人生观，让人在生活的海洋中乘风破浪，无惧风雨。

然而，如果一个人怀着消极的心态和认知，面对困境时可能会感到无助和绝望，甚至对生活失去信心。这种消极的人生观，如同沉重的枷锁，束缚着人的思想和行动，让人难以跨越前行道路上各种自己想象出来的"障碍"。

认知对人生观的塑造起着决定性的作用。因此，我们要时刻审视自身的认知，不仅要学习知识，更要培养积极的认知态度，塑造健康、向真、向善、向美的人生观。

■ 认知决定价值观

价值观，是对事物价值的评判标准。它是人们内心深处的一杆秤，用以衡量世间万事万物的轻重和价值。认知，如同心灵的土壤，决定着价值观的种子在其中如何生根发芽。

当一个人具有正面认知倾向时，价值观的大树便会挺拔，根深叶茂，能做到尊重他人、珍视自己，视每一个生命为独特而宝贵的存在。在这样的价值观指导下，便能做到行为端正，决策明智，绽放自我，报效国家，服务人民。

然而，当一个人具有负面认知倾向时，价值观的大树便可能会倾斜甚至枯萎。他可能会轻视他人，忽视自己的价值，将物质和利益视为生活的唯一追求。这样的价值观，如同荒漠中的狂风，带走了人内心的温度，让人在冷漠与疏离中迷失方向。

认知对价值观的塑造具有深远的影响，决定了我们如何看待自己和他人，如何评价我们的行为和选择。在这个过程中，我们需要时刻保持清醒的头脑，审视自己是否善良厚道、是否健康正直。唯有如此，才能用正面倾向的认知，孕育出健康正直的价值观，让生命之树始终挺拔向上，永葆绿意盎然。

（2）以新的认知重塑世界观、人生观、价值观

认知如此重要，不仅在于已有的认知决定了一个人的世界观、人生观、价值观，形成了人对世界、对他人、对事物的看法，以及考量是非、对错、轻重的评判；更在于人们可以通过改变认知，来重塑自己的世界观、人生观、价值观。

■ 对认知进行升维以更新观念

由过去的认知形成的自己当下的意识，叫作观念，即怎么看、怎么想。如果过去的认知有局限性，那么其所形成的观念也有局限性。如果我们使自己的认知提升一个维度，那么其所形成的观念，也就截然不同了。如果我们的认知一直停留在过去的经验判断，不能与时俱进，能适应这个日新

月异的世界吗？恐怕不行。

■ 换个角度看问题以改变观点

由当下的站位观看某个点，所看到的结果就是观点。如换个站位再看某个点，由于其位置、角度和高度都不一样，所看到的结果也就不一样了，就像"横看成岭侧成峰，远近高低各不同"所描述的那样。如果我们不肯改变站位，自以为这种片面认知就是真相，这就叫固执。如果当下的站位是井底，那么我们所看到的天自然就只有井口那般大。

■ 不带预设地对事物进行观察

不带预设结论，认真地察看事物的时候所产生的感知，叫作察觉；基于察觉有了更进一步的认识，形成的新的认知，叫作觉知；有了觉知并找出了其中的规律之后，用以预测未来而形成的结果，叫作觉察；有了觉察之后领悟到的解决问题的方法，叫作觉悟。如果不观察客观事实，完全靠自己的感观产生所谓的"觉"，即主观感觉，往往并不可靠。

世界上的一切人、事、物都是客观存在的，不以人的意志为转移。然而，有多少人却心存妄想，面对当下的新世界，还妄图完全依靠过去的认知来应对？诚然，过去经年累月反复探索所形成的认知，确实让我们掌握了一些世界运行基本的原理与规律。但是，每一天都是崭新的一天，每一次面临的挑战都是全新的挑战，所遇到的人、事、物可能完全一样吗？

伟大的中国共产党之所以能够引领全国各族人民走向胜利，其中的制胜法宝之一就是"解放思想，实事求是"。中国共产党没有照搬照套俄国十月革命的成功经验，而是走出了一条"农村包围城市"的中国特色革命道路，持续迈向中国特色社会主义现代化建设的胜利征程。

通过改变认知重塑三观，不再拘泥于原先的认知，这是一个始终坚持立足当下、贴近现实，不断刷新和完善自我，形成新的世界观、人生观、价值观的动态过程。不断对已有的认知进行修补和迭代，由量变形成质变，就是"活到老、学到老"的内涵。如此一来，或许能从根本上改变自己的思维模式，扫除思维盲区，突破自我认知的局限，彻底走出经验主义和教条主义的思想牢笼，不管在当下遇到什么问题都能随机应变。

世界观、人生观、价值观的重塑，是一个突破认知局限、提升认知水平的好方法，而且人人随时随地都可以实操。这样做有助于人们看到一个更大的世界，拥有更开阔的视野，对人、事、财、物有更深刻的理解，也才能够让人从根本上拎清楚自己。

人人都在为自己的认知"买单"或将其"变现",自然都不希望为悲催的人生"买单",而是希望为幸福的人生"变现",让世界看见更美的自己。

二、换个位,升个维,转个念,我的世界大不相同

世界是五彩斑斓的,还是非黑即白的?这往往取决于我们如何看待它。不要一味地相信自己所看到的和想到的,如果"换个位,升个维,转个念",再去看世界,世界未必是自己原本以为的样子。

当一个人求而不得、深陷痛苦时,或许已经陷入"一厢情愿"的泥潭之中。这时就要从自己所处的位置上抽离出来,"换个位",站到对方的立场上去看一看,弄清楚对方的需求。如此一来,是不是就更容易实现"两情相悦"了呢?

"换个位"仅仅是成就美好的基础,若要想处理好复杂的人、事、财、物关系,还需进一步"升个维",从更高的维度看清事情本来的面目,找到对大家都好的正确之道。如此一来,是不是就能够尽可能让相关方都"皆大欢喜"了呢?

做好了"换个位,升个维"这两步,最终是为了改变他人吗?事实上,我们唯一能改变的,只有自己。那么"转个念",是不是就能够让人马上调整自己的想法,走出自己的思想牢笼呢?

贴近现实,才能走进现实。用新的世界观、人生观、价值观切实指导自身实践,按照"换个位,升个维,转个念"三部曲不断精进,重构并完善自己的内心秩序,如此一来,自己眼中的世界是不是自然也大不相同了呢?

1. 世界在变,唯我不变行吗

从宏观的角度看,世界无时无刻不在发生变化。山川河流、草木花鸟,都在岁月的洗礼下不断地演变、成长、发展和消亡。而从微观的角度看,每个人的思想、情感和经历,也都在随着时间的推移和经历的增加而不断地演变和发展。这种变化是宇宙的自然法则,也是生命的美妙韵律。

然而,人类在浩瀚宇宙中渺小如沙粒,很多人似乎对变化感到惶恐不安。人们渴望稳定,追求永恒,希望某些东西能够保持不变,不少人还一

直将此视作最美的誓言。但现实却是残酷的，世界著名作家和思想家斯宾塞·约翰逊说过："世界上唯一不变的就是变化本身。"无论人们怎样努力，都无法阻止时间的流逝和世界的变迁。

然而，有多少人还在一成不变地固守着自己的观念与认知，用过去的思维来应对当下的变化呢？如果固步自封、拒绝改变，只会让自己的世界变得越来越狭隘且单调。或许会因此错过许多美好的风景，无法理解他人的思想，更无法与时俱进，把握时代的脉搏，终将会被时代所淘汰。

因此，我们要敢于走出自己的舒适区，时刻保持开放的心态，勇于接受新事物，敢于接触新思想、挑战旧观念，以此不断刷新和完善自己。只有这样，我们的世界或许才会变得更加丰富多彩，生活或许才会变得更加充实有意义。

当然，保持开放的心态，并不意味着要盲目地接受一切变化，放弃自我而随波逐流。而是要在变化中寻找不变的本质和规律，保持独立思考和判断，不人云亦云，不随波逐流，不盲目跟风，这样或许才能够在不断变化的世界中，保持自己的独特性和竞争力，活出自己的精彩人生。

2. 换什么位？如何换个位

换个位，就是尝试将自己换到其他位置，站在对方的立场看世界。这不仅仅是换一个位置，换一个角度，更是换一种心态，换一种情感，换一种理解。要抛开自己先入为主的立场和观点，尝试站在他人的角度，用他人的视角去观察世界，以他们的心境去感受生活。这是一种设身处地的理解，是一种真挚的共情，是一种对他人需求的深入洞察。只有这样换位思考，我们才有可能真正理解他人的苦与乐，实现情感的共鸣、思想的共振，做到"两情相悦"，进而实现"皆大欢喜"。

那么，如何换个位？

首先，要摒弃以自我为中心的偏见，打破固有的思维定式。世界是多元的，每个人都有自己的立场、观点和情感。我们不能仅仅从自己的角度出发，去评判、指责他人，去理解世界，而要尝试站在他人的立场上思考问题、感知世界。

其次，要善于倾听。所谓"兼听则明"，我们必须真正做到倾听他人的声音，了解他人的需求和感受。这需要我们有耐心，有同理心，有开放包容的心态。我们不能仅仅听他人说话，更要理解话语背后的含义，以及所要表达的情感诉求。

最后，要勇于实践。所谓"实践出真知"，"实践是检验真理的唯一标准"。只有亲身实践，才可能真正体会到他人的生活，理解他人的感受。因此，我们不妨先从身边找到值得自己学习的优秀榜样，观察其是怎么想、怎么说、怎么做的，并尝试代入其中，调整自己的思维模式，让自己的"频率"向榜样靠近。或许不出多时，我们就能真正地像榜样那样思考、表达、行动，成功实现换位思考。

换位思考，是一种生活态度，更是一种人生智慧。它让我们更加包容和理解他人，也让我们更加谦逊，懂得自省。在换位的过程中，我们或许就会发现，原来世界并不是自己想象的那样简单，而是充满了多样性和复杂性。但也正是这种多样性和复杂性，让我们的生活变得更加丰富多彩，更加有意义。

3. 升什么维？如何升个维

升个维，意味着要从更高的层次、更广阔的视角去看待问题，从更高的维度去看待自己和世间的一切。这不仅仅是思维方式的转变，更是人生态度的进阶。在日常工作和生活中，人们常常会被眼前的琐事所困扰，从而陷入狭隘的视野和思维中，无法看清问题的全貌。而升维思考，正是要人跳出这样的局限，从更高的维度来审视自己和周围的世界。

那么，如何升个维？

首先，拓宽自己的知识领域。知识是思维的基石，只有掌握了丰富的知识，才能站在更高的层次思考问题。因此，我们应当保持好奇心和求知欲，不断地学习和积累更多知识，使自己的知识体系更加完善。

其次，从宏观的角度看问题。人往往容易被眼前的细节所牵绊，而忽略了问题的本质和规律。因此，我们要学会把自己从复杂的人、事、财、物的纠葛中抽离出来，以一种"无我"的客观第三方视角，从如同"站在宇宙看地球"一样的宏观角度出发，把握问题的全局和脉络。如此才能更加深入地理解世界，发现更多的可能性和机遇，从而找到让大家都满意的做法。

最后，保持开放积极的心态。我们要敢于挑战自己的固有观念，以开放的心态接受新的事物和观点。同时，我们也要保持积极向上的心态，相信自己有能力去解决问题、创造价值。

升维思考不仅让我们看得更远、更透彻，更让我们在人生的道路上更加自信和坚定。在升维的过程中，我们或许会发现世界并不是自己想象的那样局限和一成不变，而是充满了无限的可能性和机遇。只要我们不断地学习、实践和思考，就有可能不断地突破自己的认知局限，提升自己的认知维度和境界，从而收获更多的智慧、成长和喜悦。

4. 转什么念？如何转个念

转个念，意味着从起心动念开始，从根本上转变自己的思维模式，也就是转变自己当下的一念，破除"我以为"的自我执念，做到兼听则明。许多人常常深陷自己的念头中，听不进别人的意见和建议，更无法感知外界变化的信号。很多时候，自我执念就像是一道无形的枷锁，束缚着每个人的思想和行为，使人难以看清真相，难以接纳新事物。

那么，如何转个念？

首先，要审视并转变自己当下的不良念头。诸如"贪嗔痴慢疑"这类"妄想"与"执着"，一旦"假恶丑"的念头在我们的内心生根发芽，就会像野草一样疯狂蔓延，侵蚀我们的内心，最终导致耕耘已久的心田变得荒芜，让我们一无所获。因此，一旦发现"假恶丑"的苗头，我们就要立刻警觉，用善良厚道的心态去化解，将它们转化为积极向上的"真善美"念头。

其次，要有刀刃向内的勇气，敢于放下自己所谓的面子，以谦卑之心直面自己，打破固有的观念。很多时候，人之所以难以转变念头，是因为被过去的经验和认知所限制。我们要勇于挑战固有的观念，敢于质疑自己，敢于接受新的思想和观念。如此才能真正实现自我执念的转化，以更加开放和包容的心态，去面对别人善意的批评与建议，去发现更美好的世界。

回到现实，其根本就在于我们要做一个有心人，因为有心是一切美好的开始。佛家认为，"断恶修善种福田，六度万行积福报"。时时生起羞耻之心、惭愧之心、忏悔之心，便可以断恶；刻刻生起敬畏之心、慈悲之心、感恩之心，便可以修善。当我们成为一个有心人，从起心动念就能够明辨善恶，自然而然就会一念转化，转变自己的念头，进而断恶修善。如此一来，我们或许就会欣喜地发现世界已经大不相同，再也不是自己之前所想象的那样刻板僵化、非黑即白。许多矛盾和痛苦，原来都是"我以为"而已。

相反，世界这么大，美好这么多，处处都充满了无限的可能性。每一次的念头转变，都像是一次思维的调整，不再被固有的观念所束缚，不再被"假恶丑"的念头所侵蚀，让我们更加清晰地认识到世界的多元。在这个过程中，我们或许就会慢慢发现一个更加广阔美好的世界，一直在等待我们去探索。而自己所看到的世界，也将因为转念而变得更加美好，充满希望。

5. 为什么自己一变，世界全变

子贡问曰："有一言而可以终身行之者乎？"

子曰："其恕乎！己所不欲，勿施于人。"

人不是物体，也不是机器零件，每个人都有其特殊性，对于同一个触动的反应可能大相径庭，情绪和行为的波动幅度也很大。但人类作为一个整体，必有其普遍性，总的来说，需遵循一些基本规律和准则。孔子所提出的"己所不欲，勿施于人"，就是其中一条基本规律和准则。

"己所不欲，勿施于人"，用一个字概括就是"恕"。恕，如心，人心如我心，也就是要"换个位、升个维、转个念"去思考。这既是同理心的起源，也是博弈论的基础。由此可推崇一切感恩，也可由此预防一切邪恶。理解这一准则并不困难，它可以说是全人类共通的底层逻辑，然而，要真正做到并不容易。人的一生，遵守恕道，就是美好的人生。人人遵守恕道，就是美好的世界。"换个位、升个维、转个念"去思考，既可修身，也可平天下，永远不能丢掉。

每个人都身处于一定的关系网络中，生活上有夫妻、父母、子女、兄弟姐妹、朋友等关系，工作上有老板、领导、同事、客户、合作伙伴，乃至一切人与社会的关系。完全不与人形成关系，几乎是不可能的。所以，只顾自己的行事方式做事是不行的，不考虑他人感受的个人也必然会被他人孤立。人要活得好，一定要有健康的关系，而健康的关系，就要人遵守"恕"的规律，"换个位、升个维、转个念"去思考。我们每天做事时，都得想一想，在家人眼里，在他人眼里，这样做对不对、好不好。一旦养成这种思考习惯，就不会在该做的事情上偷懒。按恕道经营每一天，光阴便不会虚度。同理，按恕道经营事业、善业，又何愁不能基业长青呢？

因此，当"换个位、升个维、转个念"时，我们或许就会发现，随着这些内在的转变，内心所映射的世界似乎也在一夜之间焕然一新。这是因为，我们的认知已经发生了深刻的变化，看待世界的眼光也随之发生改变。

内心世界与外部世界，看似是两个独立的存在，实则是紧密相连、互为镜像的。一个人的认知，是塑造与外部世界互动的方式的强大力量。当我们调整心态、拓宽视野、转变思维方式时，这些内在的变化就像是一道道涟漪，逐渐扩散到我们的生活中，影响我们与他人的关系，以及对世界万事万物的理解，甚至是人生的走向。

换句话说，我们看待世界的方式，决定了世界对待我们的方式。当一个人以狭隘、局限的视角看待世界时，世界也会回应他以狭隘与局限；而当一个人以开放、包容的心态去拥抱世界时，世界则会向他展现出它无限的宽广与精彩。这种互动是双向的。一个人内在认知的变化，不仅可以改变自己与世界互动的方式，也可以改变世界对待自己的方式。

我们要时刻保持开放和包容的心态，不断地更新自己的认知，持续完善自我，才能够去突破自己的认知局限和能力局限。千万不要小看这些看似微小的内在转变，它们蕴藏着巨大的力量，能够改变我们的生活，甚至改变我们的人生。在这个瞬息万变的世界里，当我们主动"换个位、升个维、转个念"时，或许就会发现，不仅自己的世界发生了改变，自己所看到的外部世界也会因自己的改变而焕发出新的生机和活力。这就是我们每个人打开自己幸福之门的"金钥匙"，也是每个人因此走向不同人生道路的关键所在。

三、扭转命运的齿轮，有心人，天不负，向好向前走畅途

命运，看似神秘而又深不可测。我时常在思考，是什么决定了人的命运？是出生背景、家庭环境，还是自己的选择和努力？

冥冥之中仿佛有一股巨大的、无形的力量，一直在决定着人的生死、贫富、得失。如果把人生比作一台精密的钟表，那么决定秒针走向与精准度的，便是命运的齿轮。命运齿轮有时候运转得平稳而顺畅，带给人欢笑、成功与满足；有时候却会突然卡顿，甚至逆转，让人陷入困境、挫折与迷茫。它不同的运转状态，就像是人生中的高潮与低谷，起伏不定，充满了

变数与未知。也正因如此,人们才能更加深刻地认识到,唯有扭转命运的齿轮,或许才能够真正实现"有心人,天不负,向好向前走畅途"的幸福人生。

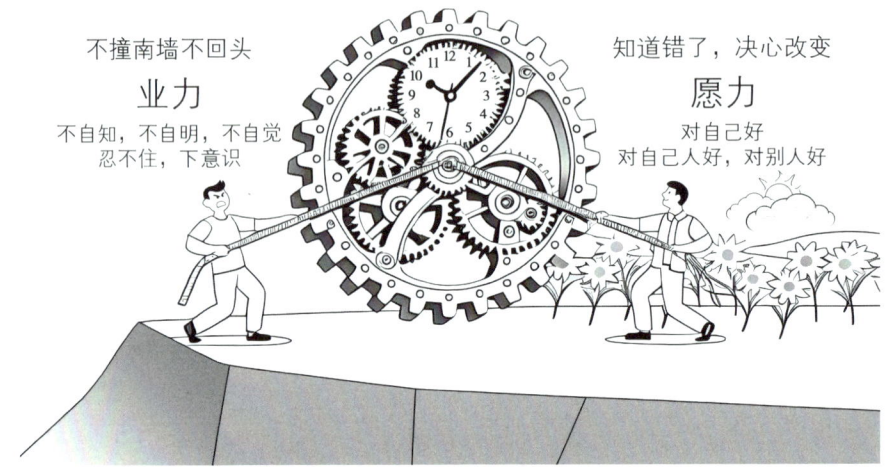

1. 命运有怎样的底层逻辑

命运如此神秘莫测,令人不禁深思:命运到底是什么?其中有什么关键环节?它又是如何推动着每个人的命运轨迹呢?或许只有把命运的这些底层逻辑拎清楚,才可能知道如何扭转命运的齿轮。

"命运"是什么?古人有云:"命由前因所定,运则随缘而变。"由过去造成的命局已成定数、无法改变,但人的运势却可以随着机缘而改变。通俗点说,一个人出生在什么样的家庭,"命"不能随意改变。唯一能改变的,便是"运"。读什么学校,做什么工作,与谁成为伴侣,都可以由自己把握、争取,通过与自己相遇的一切人、事、财、物改变自己的运势。因此,改变"命运"的关键,就在于如何把握"缘"。"缘"如此宝贵,往往可遇不可求,这辈子遇见谁、认识谁,真是半点不由人。所以,我们不仅要惜命、惜福,更要惜缘。然而,"打铁还需自身硬",唯有做好自己,才可能遇善缘、识善缘、结善缘。试问,自己若没做好,能上好的学校吗?能有好的工作并得到领导的赏识吗?可能与好人缔结良缘吗?倘若自己不主动、不积极，不去做好自己，世间的一切美好，又怎会与自己有关呢？

"前因"是什么？ 人生在世，每个人身上都背负着自己的"业力"，或多或少，或重或轻。这是一个人从小到大，由过去的认知所形成的世界观、人生观和价值观。这些过往的认知，决定了人当下的命运状态，以及与世界形成的关系。所以，做好自己是一切的根本。若自己的认知出现偏差，那么所见的世界看起来也处处不对劲，自身的命运自然也就"不顺"了。

"随缘"是什么？ 所谓"缘"，就如同阳光雨露、空气水分和土壤等外部环境，回归人自身，即与自己产生连接的人、事、财、物，它们共同构成了我们的"缘"。"缘"可遇但不可强求，只能顺随天意、遵循规律。这辈子出生在什么家庭，能遇见谁，缘来缘去，一切都不是自己能够左右的。唯一能做的，就是从根本上拎清楚什么是真正的好，让自己保持善良厚道，自然就能明善恶、知好歹，把握好机会，好好惜缘，广积善缘不攀缘，与恶缘断舍离。

如何"随缘而变"？ 一切都需要"因缘和合"，佛家说："因上努力，果上随缘，随缘不变，不变随缘。"伴随着当下环境中的人、事、财、物（"随缘"），从"因上努力"去拥抱变化、主动求变，通过重塑世界观、人生观和价值观，换个位、升个维、转个念，即便没有条件，也要创造条件积极作为，如此才能扭转命运的齿轮。

要想真正借助"随缘"改变命运，"有心"是一切美好的开始，而"感恩"是解决自身一切问题的良方。"感"字，上面是"咸"，意为"全部、都"；下面是"心"，提示我们对身边任何人、事、财、物都要用心感受，才能真正地"感"知。"恩"字，上"因"下"心"，"心"上有"因"，即用心去感知人、事、财、物的前因后果、来龙去脉。"感恩"两个字连在一起看，就是自己真正感知到了人、事、财、物背后的缘由，并对这一切表示感激。也就是说，心里清楚明白一切发生的因缘，自然便能生起感恩之心，进而对世间所遇的一切心怀感激与珍惜。善的继续保持，让自己更善，不善的警醒自己，有则改之，无则加勉。如此一来，世界之大，美好之多，再也没有所谓的"敌人"，命运还会不好吗？当我们对生活心怀感恩时，我们更容易获得内心的平和富足，成为幸福的人。

"人不为己，天诛地灭。"这句古训常常被后人曲解，其本意是向我们揭示扭转命运齿轮的关键：作为人，如果不主动去修炼自己、成就自己，最终就无法安身立命，被天地摒弃。如今，我们身处和平年代，拥有这么好的天赐的良缘，为什么还有些人一直活在被动、痛苦、悲催、悲哀的不幸之中呢？原因不就是自己没做好吗？又怎能怨天尤人呢？这或许也是"因上努力，果上随缘；随缘不变，不变随缘"的道理，以命运的形式让我们真切感受到真实不虚的"造化弄人"。

2. 什么是扭转命运的齿轮

每个人，仿佛无时无刻不在命运的漩涡中探寻。那么，这个所谓的"命运的齿轮"究竟是指什么呢？

或许，它是每个人自出生以来便背负着的那些"不自知、不自明、不自觉、忍不住、下意识"的业力（无意识或感性意识），以及我们在日常的学习、生活和工作中由着性子慢慢被环境影响而习惯沉积的种种习性与思维模式。它们共同构成了我们的世界观、人生观、价值观。这些观念有好有坏、鱼龙混杂，倘若不能及时去伪存真，那些错误的认知就会如同无形的枷锁，束缚着自己的思想和行为，影响着我们每一个选择、每一个决定。

这些选择和决定，就像齿轮上的每一个齿，相互咬合，一环扣一环，悄无声息地推动着人的生命轨迹。它们仿佛有一股巨大的力量，无论我们是否察觉，都在暗中牵引着我们向前走。好的认知让人以积极的态度去做对的事情，不好的认知让人以消极的态度去做错的事情。主动和被动的一念之差，推动着命运的齿轮朝着不同的方向转动，由此演绎出不一样的人生。

那么，究竟什么是扭转命运的齿轮呢？

扭转，是一种力量，一种挣脱束缚、推动改变的力量，它意味着我们要主动改变，打破原有的轨迹，寻找一个新的、正确的方向。而扭转命运的齿轮，就是勇敢地面对自己的业力，主动选择去修炼演变，抵抗生命的熵增，从根本上改掉自己身上那些顽固的坏习惯与行为。对每一个可能影响我们命运的选择，做出正确的决断，进而改变自己的人生轨迹。只有当我们真正意识到自己的命运并非完全由外界决定，而是掌握在我们自己手中时，我们才能真正扭转"命运的齿轮"，让它带领我们去创造更加辉煌、更加美好的人生。

3. 为什么要扭转命运的齿轮

如果选择不扭转命运的齿轮，任由习惯沉积的业力牵引自己的命运走向，就如同"脚踩西瓜皮，溜到哪里算哪里"，那每个人的人生将会呈现出怎样的状态呢？

首先，人生可能会变得极其"被动"。有多少人会在无意识中被推着走，被习惯、环境所左右，甚至是被自己的惯性思维所束缚。有多少人会成为生活的奴隶，而不是主人，从而失去对人生的掌控，只能随波逐流。

其次，人生可能会陷入"痛苦"的深渊。这种痛苦不仅仅是身体上的折磨，更是心灵上的煎熬。有人会感到自己的存在变得毫无意义，自己的生活如同一潭死水，毫无生气。有人会不断地在自责和悔恨中挣扎，知道这一切都是因为自己没有勇气去扭转命运的齿轮，没有决心去摆脱那些束缚自己的力量。

再次，人生可能会走进"悲催"的沼泽。有人会看到自己的亲人、朋友，甚至是自己，陷入无尽的苦难之中，眼睁睁看着他们甚至是自己被命运所折磨，被业力所吞噬，却无能为力。有人会深感自己的无力和渺小，因为自己没有勇气去扭转命运的齿轮，没有智慧也没有力量去改变这一切。

最后，人生可能会陷入深深的"悲哀"之中。有人会感到自己的人生已经失去了意义，彻底被命运所打败。有人会失去对未来的信心、对自己的期待、对生活的热情，感到自己已经彻底沦为命运的奴隶，再也无法摆脱它的束缚，最终只能在碌碌无为中慢慢老去。

然而，这样的生活，这样的命运，真的有人想要吗？有多少人真的愿意让自己的人生变得如此被动、痛苦、悲催和悲哀呢？

多少人穷尽一生所追求的，只不过是让世界看见更美的自己。我们渴望自由、渴望幸福、渴望成功，不愿意被命运束缚，不想受业力牵引走向悲催的人生。因此，我们要扭转命运的齿轮，摆脱那些束缚我们的业力，凭借自己的智慧和勇气，追求真正属于自己的梦想和目标，创造属于自己的幸福人生。扭转命运的齿轮，不仅仅是为了我们自己，更是为了那些我们关心、爱护的人。我们希望通过自己的努力和改变，可以为更多所爱与被爱的人带来希望和勇气，也为他们创造一个更加美好的未来。

4. 怎样扭转命运的齿轮

怎样才能真正地扭转命运的齿轮，彻底改变那种"被动、痛苦、悲催、悲哀"的命运轨迹呢？

扭转命运的齿轮，并非一蹴而就的事情，而是需要持续的、不懈的努力。这是一段漫长而充满挑战的旅程，是一辈子的修行，但只要心中有着坚定的信念和决心，便可能抵达幸福的彼岸。

首先，要勇敢地直面自己的业力。业力，就像是一道无形的枷锁，也是人身上背负着的沉重行囊，束缚着人的思想和行为。然而，佛家有言："业力抵不过愿力。"人可以通过发大愿的愿力来抵挡业力对自己的牵引。小一点的愿望就是希望自己成为更好的人；大一点的愿望就是希望自己和他人都能变得更好；而更大的愿望，就是树立起远大的理想和抱负，将个人的荣辱得失置之度外，一心只为他人、为社会、为国家谋求福祉。如此一来，我们的愿力便升华至家国情怀的至高境界。愿力越大就越能摆脱业力的束缚，自然就越能驱动自己去接触、学习古圣先贤的智慧，从而驱动自己改善业力，避免其给自己带来不良影响，进而帮助自己突破认知局限与能力局限，促进自己的成长与发展。

其次，还要正视自己原先的三观，即人在成长过程中所形成的固定思维模式。这些旧观念可能真假莫辨，也可能因时过境迁而限制了人的视野和思维，使人无法看到更广阔的世界和更多的可能性。因此，要敢于打破这些束缚，将它们转变成积极的、感恩的、躬耕的（像农民耕田一样的）思维模式，勇敢地接受新的思想和观念，不断更新和完善自己的认知，让自己的内心变得更加开放和包容。

然后，更要主动选择去修炼演变。修炼，就是修自己的品性、德行、智慧和能力，通过不断地学习、实践和反思，逐渐改变自己的思维方式、行为模式和认知，更好地引导自己沿着正确的方向和道路前行。

只有这样，我们才可能在面对每一个可能影响命运的选择时，做出当下最正确的决定。这需要我们具备敏锐的洞察力和判断力，准确地把握时机和机遇。同时，还需要有一种坚定的决心和行动力，能够勇敢地面对困难和挑战，不轻易放弃自己的目标和梦想。

以上这些道理好像我们都懂，却又有些似是而非。到底怎样才能真正扭转命运的齿轮呢？有没有直抵人心的方法？就我的体悟而言，不妨先问自己：在什么情况下无法扭转命运的齿轮？原因在于不自知、不自明、不自觉、忍不住、下意识，也就是一开始自认为自己是对的，无法从根本上判断善恶好坏，以至于到最后才知道自己站错了位、走错了道，最终被命运捉弄了一番。

因此，万变不离其宗，扭转命运的根本原点，就在于知道什么是真正的"好"。如此追根究底，时刻内观自己在起心动念的那一刻，念头是不是真正的"好"。只有这样，才可能对自己好，对自己人好，对别人好，进而对社会和国家好。当自身状态良好时，眼中所见的世界处处都是美好的，命运自然也就顺遂了。

在这个过程中，"有心"是一切美好的开始，将古圣先贤的智慧和科学家们的理论精髓根植于心，拎清楚什么是真正的好，就能"换个位，升个维，转个念"，一念转化，做到真正扭转命运的齿轮。"有心"就是扭转命运齿轮的钥匙，做生活的有心人，做工作的明白人，当我们用心去感受生活的美好，心怀梦想、充满热情地去追求自己的理想和抱负时，自然会"有心人，天不负，向好向前走畅途"。

5. 为什么"有心人，天不负"

俗话说，"世上无难事，只怕有心人"。古人亦云："自助者天助"，一个人越努力，越幸运，就越能得到上天的眷顾，也越能感召别人的帮助。所以，一个人只要下定决心、肯下功夫，上天是不会辜负他的。

那么，有心人具备哪些特质呢？

- 坚定信念：拥有强烈的信念和目标导向，内心深处蕴藏一股不屈不挠的力量，驱使自己坚定地向着目标不断前进。
- 勇攀高峰：敢于挑战困难和挫折，不会因为一时的失败而气馁，而是勇敢地面对问题，寻找解决方案。
- 持之以恒：具备持之以恒的精神，相信成功需要时间的磨砺和不懈的努力，故而始终保持专注和毅力，不断努力。
- 自我激励：善于自我激励，能够调动内心的积极性，用乐观的心态面对一切困难。
- 善于总结：在遇到挫折和失败时，会主动反思自己的不足，并总结经验教训，为下一次的成功做好准备。

反之，没心人的表现又是怎样的呢？

- 缺乏信念：没有明确的目标和信念，随波逐流，不知道自己真正想要的是什么。
- 惧怕困难：面对困难和挑战时，容易产生恐惧心理，总是选择逃避，而不是勇敢面对。
- 缺乏毅力：遇到困难时容易放弃，缺乏足够的毅力和耐心，无法坚持到最后。
- 消极被动：习惯于消极被动地对待生活，可能因为一次失败而一蹶不振，自暴自弃。
- 拒绝反思：在遭遇失败时，不愿意承认自己的错误，更不愿意反思和总结，难以找到通往成功的方法。

6. 为什么要"向好向前走畅途"

佛家有一个著名的比喻叫"二河白道"。意思是：人生就像是走在一条向死而生的二河白道之上，面临着种种困难和挑战，左边水深，右边火热，身后是万丈悬崖，该怎么办呢？

■ 左顾右盼，行吗

人生中的困难和挑战总是难以避免的，就像面对左边的深水和右边的热火，左顾右盼只会让我们无法专注当下的脚步，在犹豫不决中左右摇摆，一不留神就会陷入水深火热的困境之中。

■ 回头后退，行吗

时光可以倒流吗？我们还能回到过去吗？显然不能。人生是一条单行道，过去已然成为过去，我们无法回头后退，就像身后是万丈悬崖，后退一步便意味着坠入深渊。

■ 唯有向好向前

在人生的道路上，我们只能向前看，才能迎接更美好的未来。向好向前，意味着我们要有坚定的信念、果敢的决心，与自身的业力和熵增作斗争，积极地应对生活中的困难和挑战，不断地躬耕好自己的"方寸心田"，让自身本自具足的智慧和力量得以绽放。唯有这样，我们才能勇往直前，让世界看见更美的自己。

苏轼曾说："人生如逆旅，我亦是行人。"人生就是一趟向死而生的旅程，我们不能左顾右盼，也不能回头后退，唯有向好向前走畅途，坚定信念去追求更好的未来。

有个关键点必须特别强调并再次提醒自己：原先的世界观、人生观、价值观，是由过去的认知形成的，却用来决定当下的一切，是不是就是一成不变、被动的样子呢？通过过去的认知，自己主动拥抱变化，形成当下的观念；再由自己的站位，观看某个点，形成在该站位的观点；进而通过观察，察觉到不妥，则主动刷新自己旧有的观念和观点……如此反复，则是主动求变，自我修炼演变持续完善的过程。只有从被动变为主动，扭转命运的齿轮才成为可能啊！

四、愿因我的存在，为人世间创造更多美好

历经生死劫难后，我深知生命无比珍贵，我也懂得了如何去扭转自己命运的齿轮，与过去的自己告别，从此一心向好向前。我无比感恩上天的眷顾，在深入探讨"拎清楚自己"课题之后，发出两大愿：

愿因我的存在，为人世间创造更多美好。
愿世间的一切美好都与你有关。

怀揣着这份美好，我将尽己所能善待自己、善待他人，像阳光铺洒大地一样，去播撒真善美的种子，传递正能量。这两大愿，既是我前行路上的初心和使命，也是我生命的意义和价值所在。

那么，应该怎么去做呢？在拎清楚自己的过程中，我深刻体悟到：一个人最美好、最幸福的状态，莫过于达到"心无挂碍、外无障碍"的通透圆满之境。要实现这一境界，就需要先拎清楚自己，进而拎清楚人、拎清楚事情，然后把古圣先贤的智慧和科学家们的理论精髓根植于心、持经达变，修诸功德、植众德本，最终才可能实现"你好，我好，大家好"的皆大欢喜局面。

1. 如何才能心无挂碍

心有挂碍，挂碍从何而来？是外界强加给我们的吗？表面上看好像是

这样,但是否将其挂在心里,不都是由自己决定的吗?诸如畏难、担心、害怕这些挂碍,不正是自己给自己打造的囚笼吗?那么,怎样才能让自己心无挂碍呢?其实,无须向外寻求,答案就藏在对自身的理解和反应之中。当我们能够拎清楚自己,明白自己的所求所想,就能处理好自己与自己的关系,内心的纷扰和挂碍自然就会烟消云散。

(1)"两少一多"

在这里我想讲讲我母亲的故事。提及母亲,我心中总是充满了无尽的敬意和感恩之情。这位慈祥且坚韧的老人,已经走过了九十多个春秋,她用一生的辛劳和付出,经营好了我们家这个大家庭。作为革命烈士遗孤的父亲受党和国家庇护,踏上了建设国家的征程,家中里里外外全靠母亲操持。她没有公婆的帮扶,全靠自身的吃苦耐劳和勤俭节约,将我们兄弟姐妹九人抚养长大。在那个物资匮乏的年代,这一切简直难以想象。

曾经有段时间,母亲总是会在电话中向我倾诉,抱怨守在她身边的两个姐姐这没做好,那也没做好。每当这时,我只能耐着性子听完,以"打哈哈"的方式去安慰她(因为家庭是个讲爱的地方,两个姐姐劳苦功高,好不好也不由我评说),试图化解她心中的不满,却一直没什么效果。

然而,后来我逐渐领悟到了一种能够化解母亲内心困扰的方法。一天,当母亲再次在电话中又忍不住抱怨两个姐姐时,我听完后轻声地对她说:"现在大家都尊称您老人家为'老菩萨'呢,作为'老菩萨',您是不是就得修行'菩萨道'呀?是不是得有像菩萨[①]那样的心态来面对生活才行呀?您老人家想不想做真正的'老菩萨'呢?"

母亲乐呵呵地问:"想啊!要怎么修?"

我告诉她:"哈哈,其实这很简单,一点都不难。您只需要做到'两少一多'——少埋怨、少批评、多表扬,自然就是名副其实的'老菩萨'啦。"

母亲听了我的话,似乎有所触动。从那以后,她开始尝试改变自己的态度,慢慢地也减少了对身边人的埋怨和批评,更多地给予表扬。渐渐地,我发现母亲的笑声越来越多,精神状态也变得越来越好。

看到母亲的转变,我深感"两少一多"的力量之大。我觉得,这不仅仅是一种简单的生活态度调整,更是思维模式的根本转变。当我们学会减

---

① 菩萨,指大慈大悲的神话人物,在这里比喻有慈悲心的人。

少埋怨和批评，多表扬别人的付出，以感恩的心态面对生活中的一切时，我们不仅能够让自己的内心变得了无挂碍、宁静平和，也能够深切地体验到真正的快乐和满足。当你真正做到"两少一多"，或许就会欣喜地发现，原来自己的生活也能够变得更加美好和充实，就像我的母亲一样，活得开心快乐，内心没有挂碍。

（2）放心好了

在人生的旅途中，我们时常憧憬着圆满的幸福，期待着一切美好都能如期而至。然而，真正的幸福，其实并不在于外在的繁华与成就，而是源于内心的宁静与满足。当我们真正明白这一点，便会发现，自己想要的一切幸福原来本自具足，一直潜藏在内心深处，等待着我们去发掘和感受。

善良厚道，是人生的底色，也是通往幸福的康庄大道。幸福，并不是遥不可及的目标，而是一种触手可及的生活态度。它不需要华丽的辞藻与张扬的举动，只需要一颗善良厚道的心。当我们放下自我设下的执念和挂碍，以善良之心去待人接物，以厚道之德去处理事务，生活中的困难和挫折便不再那么令人畏惧，而是成为我们历事炼心的好机会，化作我们成长的阶梯和智慧的源泉。如此，我们便能体验到真正的幸福，尽享人天福报。

福报，是我们在生活中所积累的正能量和善行的回报。当我们怀着善良与厚道去待人接物时，或许就能够在对他人的关心和帮助中赢得认可与赞叹，从而积累无尽的福报。

所以，放心好了。当我们始终秉持善良厚道的品行去生活时，我们便能在这个纷繁复杂的世界中安心立命，不再被名利所累，不再为得失所困，能够坦然面对生活中的一切，内心世界也将变得更加宽广宁静。

正如那句"为人有德天长佑，行善无求福自来"所言，我们只需善良厚道，一切尽可放心。在这个喧嚣纷扰、熙熙攘攘的世界中，只要我们学会珍惜内心的宝藏，就能用善良与厚道去照亮生活的每一个角落。当我们明白什么是真正的幸福时，用心去感受、去实践，便能体验到这份源自内心的幸福与满足，便能心无挂碍地生活在这个大千世界之中，安心立命于人生向好向前的征程里，尽享人天福报与厚生之德带来的美好与恩赐。

（3）心随所愿

心随所愿，这是每个人内心深处的呼唤。我们的愿望，无论大小，都源自内心深处那份对美好生活的向往。然而，如何才能心随所愿呢？想要实现心中所愿，关键就在于找到自己的初心——我想成为一个什么样的人。当我们明确了自己的初心使命，也就找到了自己内生动力的源泉。自身的愿力越强，前行的动力就越足。也就是说，从"我想、我要、我能"的起点出发，我们便踏上了"心想事成"的征程。

"我想、我要、我能"，这不仅仅是一种信念动力，更是一条助力梦想成真的修炼演变路径。它提醒我们，有梦想、有追求、具备实现愿望的勇气，一切所愿与所不愿，皆源于自己。只有当我们真心想要让世界看见更美的自己，想要出人头地成就一番事业、造福一方人，不仅对自己好、对自己人好、对别人好，还对家庭好、对社会好、对国家好时，内心的力量才会驱使我们不断前行，克服困难，直至成功。而这种内心的力量，正是源于我们的初心和愿力。

在追求梦想的过程中，"我想、我要"是与生俱来的欲望，然而能不能实现心中所要所想，关键在于自己有没有做好，有没有沿着正确的道路不断地修炼和演变。这意味着我们要不断地汲取古圣先贤的智慧和科学家们的理论精髓，突破认知局限和能力局限，在历事炼心的过程中修炼自己的品性、德行、智慧和能力。如此才能德以配位，更好地应对生活中的挑战和困难，更好地实现自己的心愿。而当我们通过不懈努力，逐渐接近目标时，那种成就感和满足感，将让我们更加坚信"心随所愿"的力量。

这也就是"人定胜天"的道理。这并非意味着我们可以随心所欲地改变命运，而是指当我们的内心安定下来，一心一意地专注于某个目标，心往一处想，劲往一处使，就像放大镜将阳光的全部能量聚焦在一个点上，我们便能够迸发出无穷的智慧和力量，去应对工作和生活中的各种事情。这种力量，让我们能够胜任上天赋予自己的使命，绽放出自身本自具足的生命光彩，尽享人天福报与厚生之德。

心随所愿，所愿，所不愿，皆源于自己。当一个人始终坚守自己的初心使命，树立远大的理想抱负，提升自己的愿力，不断地修炼演变，躬耕好自己的"方寸心田"，进而躬耕好"一亩三分地"，用实际行动去造福社会、报效祖国、服务人民，就能够有心有力地实现心中的愿望，创造出属于自己的美好人生。

2. 如何才能外无障碍

身处社会之中，我们无时无刻不在与他人打交道。一切外在障碍，可体现为别人对自己的"不理解、不支持、不配合"。那么，如何才能让自己外无障碍呢？

每个人都有自己独特的性格、价值观和生活方式，这些因素构成了我们多元化的世界。因此，我们要拎清楚人与人之间的关系，处理好自己与他人的关系。唯有"顺其自然""顺势而为""顺水推舟"，才能在与他人的交往中获得更多的信任和支持。如此一来，自然外无障碍，进而携手他人共同成长，创造更美好的未来。

（1）顺其自然

在与他人交往时，要顺应他人的本性和本心、个性和特长、情感和需求，用心接纳并尊重彼此的差异，这样才能建立更加真实、深入与和谐的关系。

顺着他人的本性和本心。我们不能只站在自己的立场上，简单地否定或批评他人，而是要学会倾听他人的意见，思考他人的观点和立场，从而调整自己的行为和言语，使交流互动更加顺畅。以教育孩子为例，许多孩子都爱玩游戏。然而，大人常将孩子玩的电子游戏视为洪水猛兽，深恶痛绝，认为这样会影响他们的学习。常规的操作，就是简单粗暴地没收电子设备，再对孩子进行批评教育。但这种教育方式，很可能会引起孩子的反感和抵触。如果大人能顺着孩子的本性和本心，倾听他们的想法，理解他们对游戏的喜好和需求，为他们挑选有益的游戏，并引导他们合理安排时间，提前做好平衡学习和游戏的约定，不仅能增进与孩子之间的感情，还能借此机会引导孩子学会自律，远离不良游戏。

顺着他人的个性和特长。我们应该理解并尊重他人的个性，更多地去欣赏他人的优点，而不是总盯着他们的不足。与他人交往中保持真诚，这样才能得到别人的信任，反过来，他人也会更加愿意理解和尊重我们。孔子倡导"因材施教"，老师需要关注每个学生的个性和特长，根据学生的具体情况，灵活调整教学方法，从而最大限度地发挥每个学生的潜力。同样，在企业里，管理者也要用人之所长，结合每位员工的个性和特长，将合适的人放在合适的岗位上，才能最大限度地发挥每个人才的潜能。

顺着他人的情感和需求。用心感受他人的内心世界，我们便可以更好地理解他们的行为和反应，进而调整自己的态度和方式，满足他们的需求，使交往更加和谐。例如，有一位往常表现还不错的员工，最近工作成果交付经常拖拉，而且交付质量也严重下降，甚至出现一些低级错误。这个时候，管理者最应该做的，不是去批评他、教育他，而是去关心他，询问他的工作情况和生活状态，了解他的需求和困难：是不是家里发生什么变故了？是不是遇到什么麻烦事了？管理者要主动向员工提供帮助和支持，给予一些鼓励和建议。这样一来，员工能感受到团队的关心和支持，一定会从心里感激企业，也会更有力量去克服困难，做好工作。

（2）顺势而为

俗话说："天下大势，浩浩荡荡，顺之者昌，逆之者亡。"

顺应个人成长与发展趋势。在人生的旅途中，成长与发展是人永恒的主题。成长，就是不断突破自己的认知局限和能力局限；发展，就是做成事、做好事、拿到好结果。只有顺应这个趋势，真心实意地帮助他人成长与发展，才能有所作为。如果逆势而上，违背了个人成长与发展的规律，结果往往会适得其反，甚至令身边人不开心，便无益于促进人与人之间的良好关系。

顺应当下事件发展的趋势。在与人共事时，我们要敏锐地把握事情的发展趋势，顺势而为。如果势头不顺，我们应该耐心等待，而不是强行推进。毕竟，成功往往需要时间的沉淀和耐心培育。比如在推进某个项目的过程中，发现外部政策调整，市场势头还不明朗，此时还不是推出项目的最好时机。那么最好的办法就是耐心等待，打铁也要自身硬，先练好内功，精心打磨好产品和服务。等待政策落定、市场向好时，再将产品和服务推出市场，项目才有可能取得成功。

顺应这个时代的发展趋势。时代洪流滚滚前行，无人能够阻挡。唯有顺应时势，敏锐地捕捉机遇，灵活地应对挑战，我们才能在人生的舞台上有所作为。人工智能的飞速发展已成为一个不可逆转的趋势，机器替代人力在诸多领域已渐成必然。在这样的背景下，每个人都必须积极拥抱变化，适应时代的发展步伐，否则将被时代所淘汰。为此，学校应积极开设人工智能相关课程，培养人才；企业应做好人工智能产品的布局和研发，提升竞争力；国家则应加大对人工智能产业的支持力度，推动其发展。如此培养出来的人才才能在这个时代中立于不败之地。

（3）顺水推舟

成就别人就是成就自己。我们要成人之美，顺水推舟，给别人锦上添花的事情要多做，给别人雪中送炭的事情更要多做。因为在现实生活中，我们常常会遇到各种困难和挑战，而帮助别人解决困难、实现目标、获得更大的胜利，不仅能让别人受益，同时也能在历事炼心中让自己得到更大程度的成长。

帮助他人解决困难。每个人都有遇到难处的时候，有太多的"怎么办"等着去解决。如果我们能够主动伸出援手，给予他人帮助和支持，给他人鼓把劲，不仅能够让他人感到温暖，同时也能让自己有成就感和自豪感。比如我们名仁慈善基金会举办"援梦助学"活动，就是希望尽绵薄之力，为困难学生鼓把劲，让他们更加勇敢坚强地面对生活中的困难，好好学习，天天向上。

帮助他人实现目标。每个人都有自己的目标，如果我们能够鼓励和支持他人，帮助他人实现目标，不仅能让他人绽放光芒，同时也能体现出自己的价值。比如，一个好校长能够激发老师和学生的内生动力，鼓励老师掌握更好的教学方法，为老师提供更多的教学便利，帮助老师成为优秀老师；培养学生"德智体美劳"全面发展，帮助学生考取更好的学校，让桃李满天下。

帮助他人获得胜利。每个人都有自己的优点和特长，我们可以尽己所能，发掘他人的潜力，给予他们更多的机会和更大的平台，让他们尽情地展现自己的才华、实现自己的价值，帮助他们从胜利走向更大的胜利。比如，一个优秀的企业家，不仅能够引领管理者带队伍冲锋向前，敢打硬拼拿结果，鼓励管理者成为卓越领导，最终成为事业的主人，一起分享企业发展带来的红利，还能够引领员工自动自发显身手、保质保量出成效，激励员工实现能力方面的成长，获得职业的晋升，以及物质精神双丰收。

3. 如何才能修诸功德

问世间何为功德之本，苦练基本功是关键。

那么，一切功夫都必须回归现实，拎清楚事情的轻重缓急，妥善处理自身与宇宙万物的关系，如此一来，无论做什么都能游刃有余，自然便能够修诸功德。

利的背后是事，事的背后是人。因此，处理好自己与万事万物的关系，归根结底，还是要回到处理好与人的关系，使其与自己同频共振、同心同德，朝着共同的目标去努力，才可能最终实现"皆大欢喜"的圆满。

年过半百，回过头看，一切都是那么因缘和合地发生在自己身上。现在想想，这辈子遇见谁、认识谁，真是半点不由人。人与人之间的各种因缘际遇，全凭彼此一瞬间的认同产生信任，进而才可能携手共事。只有上辈子积攒了足够深的缘分，才能够一起生活、一起工作。所谓"缘分"如此玄妙，其实不就是"你在意我、我在意你"吗？而这一切的基础，就在于彼此之间的认同。否则，即便本是上天注定的一家人，最终也可能分道扬镳。这样的现实例子还少吗？因此，我们要无比珍惜与身边人的缘分，与之求同存异，方能和谐共处，也才有可能在日常生活中自然而然地修得"诸般功德"，成就自身的无量功德。

（1）站位不同，所求不同，所见也不同

我非常认同一位智者说的一句话："世上从来就没有庸才，只不过有人走错了方向，站错了位置，被命运捉弄一场罢了。"的确，在这个世界上，每个人都是独一无二的，只是因为不同的立场、站位和视角，从而导致各不相同的人生际遇。这句话深深触动了我，让我意识到：每个人的经历不同，站位不同，所求不同，所见也不同。

想象一下，如果将人生比作一幅巨大的画卷，那么每个人所处的位置，就是我们观察这幅画卷的视角。视角不同，看到的不同，收获的也就不同。有些人站在山脚下，看到的是起伏的山峦和缭绕的云雾；有些人站在山顶，看到的是更广阔的天际。

也正因为如此，我们对世界的理解也有所不同。有些人可能更看重物质的富足，有些人可能更追求精神的满足；有些人可能喜欢热闹的相聚，有些人可能更喜欢宁静的独处。这些不同的追求和喜好，并没有对错之分，只是每个人心中的世界观、人生观和价值观不同罢了。

然而，这种不同也带来了挑战，这就需要我们学会求同存异。当我们

的观点、立场、追求与他人产生分歧时，如何才能够和谐共处、共同进步呢？这需要达成一种平衡：既能尊重每个人的差异，理解各自的立场和选择，勇敢地走出自己的道路，找到属于自己的那片天空；也能够在差异之中寻求协同一致、和谐共生，聚识聚心聚力，拧成一股绳，共同去做成事、做好事，并拿到好结果。

人生旅途中，无论站在哪个位置，无论追求什么，每个人都有自己的价值和意义。差异是常态，而求同存异，才是我们要努力的方向。

（2）"求同"是一辈子的事情

"求同"是人与人之间建立连接不可或缺的纽带，始终贯穿我们的一生。无论是在理念、目标还是在行动步伐上，"求同"都是凝心聚力的关键。只有达成共识才能团结一致，只有同频共振才能携手前行，才能在多元的世界里找到共鸣，共同书写属于我们的精彩篇章。

理念求同，是聚识的关键。拥有相似的文化背景和价值观，才能更好地相互理解和沟通。反之，文化差异较大、价值观截然不同的个体之间，便容易产生分歧和矛盾。俗话说，道不同不相为谋。倘若理念都不相同，便很难在一起做成事，更别说做好事、拿到好结果了。比如和别人合伙创业，作为创业者，一定要认真选好合伙人，全面评估合伙人为人处世的理念。只有理念一致，同频共振，才能携手前行。否则，会因为理念不合，最终让企业鸡飞狗跳、分崩离析，这样的前车之鉴不在少数。

目标求同，是聚心的关键。拥有相同的目标时，才会产生强烈的归属感和凝聚力。只有大家的目标一致，才能团结在一起，朝着一个方向努力，形成巨大的团队合力。例如，一家企业内的每个成员如果拥有共同的目标，即让企业成为行业第一，那么他们都会为了这个目标而努力，从而形成强大的团队力量。否则，有人希望长远谋划而稳步前行，有人希望赚快钱而急功近利，目标不一致必然导致所采取的行动各异，这样的团队又怎么会有力量呢？

步伐求同，是聚力的关键。行动一致时，才会产生巨大的力量。如果一个团队中的成员步伐不一致，有人拖后腿，有人掉链子，就会影响到整个团队工作的进展和成果。例如，在业务链上，如果每个岗位都按照相同的节奏和步骤进行操作，那么，整个业务链的运作过程就会更加顺畅和高效。相反，如果有人步伐不一致，就会导致团队效率下降，内耗增加，力量发挥不出来。

（3）"存异"是真实不虚的存在

在这个世界上，每个人都是独一无二的个体，拥有自己独特的认知、能力和方法，"存异"是真实不虚的存在。当承认和尊重"人各不同"的现实，才能更好地理解和运用彼此的差异，来促成我们做成事、做好事、拿到好结果。

认知各异。每个人的生活经历、教育背景、工作经历等都不尽相同，这些因素都会影响每个人的认知。例如，不同的人因为站位不同，所求不同，所见也就不同，面对同一件事情，可能会有完全不同的看法和解读。如果我们能够运用好这种认知差异，便可以更加全面地了解问题，也能够激发我们的创新思维。

能力各异。每个人都有自己的天赋和擅长的领域，有的人可能在设计方面有天赋，有的人可能在编程方面有天赋，还有的人可能在人际沟通方面有天赋。这种差异并不意味着某些人比其他人更优秀，而是说明每个人都有自己独特的优势和价值。我们应该尊重每个人的能力差异，并为他们提供适当的机会去发挥他们的优势。

方法各异。在实现目标的过程中，不同的人可能会采取不同的方式方法。有的人喜欢独自行动，有的人喜欢团队合作；有的人善于沟通交流，有的人善于独立思考。只要能够达到相同的目标效果，就不应该过于强调方法的差异。这种包容和理解，可以让我们更加灵活地配合，以适应不同的情境和挑战，更好地发挥出团队的整体实力。

（4）求同存异，方能一起建功立业

求同存异，是一种非常重要的人生哲学。简单来说，求同就是追求共同点，存异就是保留差异。然而，仅仅求同或存异都是不现实的，因为不同才是常态。不同的观点、想法和背景，才让世界变得更加丰富和多彩。

如果只求同，就会失去创新和进步的动力，因为不同的观点和想法，往往能够碰撞激发出新的思路和创意；如果只存异，也不能做成事、做好事、拿到好结果，因为不同的人有不同的想法和背景，唯有达成共识，才能把事情做好。

因此，求同存异是每个人一生都需要修炼的事情。只有我们处理好与自己的关系，才能处理好与他人的关系，进而才能处理好与很多人的关系，最终才能处理好与万事万物的关系。

其中的诀窍，就在于回归到"一切为了人，一切都是人"这个根本点上。我们需要尊重每个人的个性和差异，同时也要关注人类的共同点和本质，即"人性""人心"和"业力"。如此才能够更好地理解他人、尊重他人、帮助他人，进而才能达成共识、共同前进。

而处理好"人"的这一切，需要有足够的人生智慧。唯有不断历事炼心，积累自己的品德、功德、福德，才能够与更多有缘人携手，一起去建功立业，做成事、做好事、拿到好结果。唯有如此，才可能修诸功德，厚德载物，承载世间反馈给自己的一切美好。

4. 如何才能植众德本

人生在世，何为福德之本？无数仁人志士穷极一生，似乎都在追寻着这样一种能够滋养自己也能惠及他人的智慧与方法。上求佛家修慧，下度众生修福，福慧双修，人生方能圆满。而法华经序品所言的"植众德本"，即普度众生修福的法门——了无私心地去弘扬正能量，像播撒种子一样让真善美植入众人的心里，让个体与社会共同进步、和谐共生，实现"你好、我好、大家好"，就是福德的根本。那么，如何才能植众德本呢？

（1）播撒真善美：自己知道，也要让别人知道

在探寻人生幸福的旅途中，领悟启迪心智、指引方向的智慧，才能让我们过好自己的人生。什么是智慧？它不仅仅是一种理论或知识，更是一种能够让我们安心立命、向好向前的力量，即"作为人何为正确"的思维模式。它涵盖了"因缘果"的道理，融合了自然科学的规律，揭示了善良厚道是一家的底层逻辑，更让我们深刻理解在"德"面前人人平等的真谛。这些来自古圣先贤的智慧和科学家们的理论精髓，犹如灯塔般照亮我们前行的道路，能够让我们在纷繁复杂的世界中，始终保持清醒，坚定地向好向前。

哲学社会科学和自然科学的价值，并不在于拥有，而在于传递与转化，就像种子一样栽种在土壤里长出美好的果实。倘若将这些宝贵的智慧深藏

于心底，而不与他人分享，慢慢地，这些"真善美"的种子便可能失去它应有的价值，不再能够生长发芽，经年累月，我们的心田也将一片荒芜。因此，传播古圣先贤的智慧和科学家们的理论精髓，已经成为人生修行中植众德本不可或缺的环节。

那么，如何传播古圣先贤的智慧和科学家们的理论精髓呢？首先要自己深知其理，知其然，更要知其所以然，将其根植于心。只有当我们真正理解和掌握，才能够更好地将其传递给他人。我们要像播撒种子一样，也将这些"真善美"的种子植入他人的心中，让它们在他人的生命中生根发芽，开出美丽的花朵，结出丰硕的果实。

播撒真善美的过程，实际上也是一个自我提升和完善的过程。子曰："学而时习之，不亦说乎""温故而知新，可以为师矣"。把古圣先贤的智慧和科学家们的理论精髓根植于心，自己每一次不厌其烦地反复给别人讲授的过程，都是自我精进和完善的过程。每次遇到不同的人和情况，所做出的不同的演绎，也会让自己常讲常新，有不同的感悟，这就是教学相长。况且，每当我们与他人分享智慧，也是在为自己积攒福德。这种福德不仅体现在他人的感激与回馈上，也体现在我们内心的满足和成长上。我们也会欣喜地发现，播撒真善美是一种力量。随着分享的智慧越来越多，我们的内心也会因此变得越来越宽广和深邃，境界也会得到相应的提升。这是因为，我们在积攒福德的同时，也在不断地塑造一个更加美好的自己。

播撒真善美，还能够促进社会的和谐与进步。当越来越多的人开始学习、理解、践行和传播古圣先贤的智慧和科学家们的理论精髓时，人们便会相互尊重、理解和帮助，社会自然也会因此更加充满爱与温暖。当我们将这些宝贵的智慧传递给更多的人，不仅自己受益，也能够让更多的人从中受益，就能够为这个美好世界播撒下更多"真善美"的种子，让它们生根发芽，开花结果，为这个世界创造更多的美好。

（2）接引鼓把劲：点个赞，拉一把，帮一把

植众德本最好的方式是什么？是古圣先贤所说的"接引"。

什么是"接引"？既接又引。为了方便更好地理解这个词，我们不妨想象一下这样的场景：当别人第一次来拜访自己时，是不是给个地址，或者发个定位就可以了呢？如果对方是自己特别重视的人，要想真正打动对方，我们还要给予适当的指引，温馨地提示具体路线，以及过程中有哪些可能需要注意的事项，才能避免对方走错路。或许这样还不够，在对方快要到达的时候，我们还要告知对方，自己已经在路口或门口恭候对方光临，并在其到来时亲自上前迎接，引导对方，并适时做些简单而不失礼貌的介绍，以消除其内心的陌生感和不安。由此引申开来，前往有形之地是这样，那前往无形之地是不是更应如此？通过"接引"的方式，引导他人自然而然、顺顺当当地走向目的地，这是一种温暖而有力的行为。所谓"德"，不就是这样自然而然，直抵人心，从而让人各有所得吗？

就好比一头牛，当它渴了想喝水时，不应该强行按住它的头去"帮助"它喝水，而是应该轻柔地将它牵引到河边，让它自由地、痛快地畅饮。这种顺其自然、激发内生动力的方式，正是我们在接引他人时应该秉持的态度。具体而言，就是要以激发人的内生动力为根本出发点，做得好点个赞，犯迷糊拉一把，有困难帮一把，给有需要的人"鼓把劲"，"一起向未来"。

做得好点个赞。当他人取得一些成就时，我们的赞美和鼓励就像阳光般温暖，让他们感受到自己的价值被认可和肯定。我们的赞美，也可能成为他们继续前行的动力源泉，让他们更加自信地迈向未来。这种点赞并不需要夸张的言辞，很多时候只需一个真诚的祝贺、一个肯定的眼神，就足以表达我们的认可与支持。

犯迷糊拉一把。当他人在迷茫中徘徊不前时，我们的一个提醒可能就像一盏明灯，照亮他人前行的道路。我们一句鼓励的话语，也可能成为他人心中的指南针，引导他人找到属于自己的方向。这种提醒并不需要华丽的言辞，很多时候只需一个简单的建议、一个温馨的提示，就足以让他人感受到我们的关怀和支持。

有困难帮一把。当他人遇到困难时，我们的帮助可能就像一场及时雨，滋润他们干涸的心田。我们的援手，也可能成为他人重新站起来的动力，让他们感受到世间的温暖与美好。这种帮助并不需要轰轰烈烈，很多时候只需一个鼓励的眼神、一次有力的握手，就足以传递我们的力量与信念。

在人生的旅途中，每个人都有自己闪亮的时刻，也难免会遇到迷茫、困难和挑战。这时，一句鼓励的赞美，一个及时的提醒，一次实际的帮助，都可能成为他人继续前进的勇气和动力。接引鼓把劲，就是在帮助他人的同时，不断地完善自己。每一个微小的善举，都可能成为他人生命中的一道光，照亮他们前行的道路。

（3）践行"三好"之道：你好、我好、大家好，才是真的好

怎样才能植众德本？经过大半辈子生活的洗礼与创业的磨砺，我深深地领悟到何为真正的"好"。这"好"，便是所有善良与厚道的源泉。为此，我总结出一个简单易懂、切实可行的"三好"之道：对自己好，对自己人好，对别人好。虽然前面已提到过，在此也与大家一起重温一遍：

● 对自己好。真正的好一定是我们本自具足的，诸如开心快乐、人身安全、身体健康、成长（即突破认知局限和能力局限）和发展（即做成事，做好事，并拿到好结果），如此层层递进、修炼演变，但凡少做一点都不是对自己好。

● 对自己人好。在同一个屋檐下同吃一锅饭的家人、同学、同事、朋友，都是与我们亲近的自己人，对自己人就是要主动承担和付出，接纳他们、引领他们、关爱他们，做得好点个赞，犯迷糊拉一把，有困难帮一把。

● 对别人好。世间的所有相逢都是缘分，对有缘的陌生人，我们要把别人看在眼里，先行一步释放自己的善意，一个微笑，一个点头，一次礼让，就是好的开始。要是能把别人放在心上，给人信心，给人欢喜，给人希望，给人方便，便是有德之人，进而由己及人、从小到大，对家庭、社会、国家好，也存好心、说好话、做好事，如此你好、我好、大家好，才是真的好。

这"三好"之道不仅是对自己的要求，更是对他人的尊重与关爱。"三好"之道相辅相成，构成了我们与人为善的基石。

当我们真正做到对自己好、对自己人好、对别人好时，不仅能够成就他人，更能够完善自己。我们会欣喜地发现，在这个过程中，我们内心收获的喜悦与满足感会与日俱增。这是因为，我们通过自己的行动传递了正能量，让这个世界因为我们的存在而变得更加美好。爱出者爱返，福往者福来，我们也会因此收获无数的感激，为自己积累更多的福德，让生命更加丰富多彩。

在这种状态下，始终践行"三好"之道去成人达己，也就能够达到自己与人、与世界万物和谐共生的状态：每个人都能够感受到自心和悦、家庭和顺、人我和敬、社会和谐、世界和平的美好氛围。这样的状态，不仅是个人的追求，更是整个社会的理想。当每个人都能够发自内心地去关心

他人、帮助他人时，"你好、我好、大家好，才是真的好"的美好愿景也将成为现实。

植众德本，就是我们去自觉觉人、自度度人，积攒自己福德的根本。这不仅仅是一种"两情相悦"的美好，更是一种"皆大欢喜"的追求。我们需要在日常生活中，以无私的心态去播撒真善美、弘扬正能量，用自己的实际行动，给更多的有缘人接引鼓把劲，始终践行"三好"之道去成人达己。如此才可能真正实现个人与社会的共同进步，让世界因为我们的存在而变得更加美好。

结语十：皆大欢喜方圆满

"幸福的人都是相似的，不幸的人各有各的不幸。"

俄国作家列夫·托尔斯泰《安娜·卡列尼娜》中的这句话，让我记忆犹新，特别是在历经半生风雨洗礼后，我对此更加感同身受。许多人也像曾经的我一样，在为"幸福"二字摸爬滚打，到头来却事与愿违。

历经两进两出ICU，深刻反省自己的可怜可恨之处，从内而外、由己及人，一步步抽丝剥茧，我才惊觉：人的一生都在为自己的认知"买单"或将其"变现"。前者付的是学费或代价，而后者赚的是财富或健康。一个可能让人悲催无比，一个可能让人幸福无比。

● **为什么幸福的人都是相似的？** 因为他们的思维模式大致相同，都愿意"换个位"多替别人着想，愿意"升个维"去立体思考问题，愿意"转个念"始终保持正念，如此便可"心无挂碍、外无障碍"。这不就是最幸福的样子吗？

● **为什么不幸的人各有各的不幸？** 因为他们陷入各自"我以为"的思维牢笼当中，活在自己打造的虚幻世界里，眼里只有自己没有别人，只索取而不愿承担和付出，最终只会得不到自己心心念念的东西。只是"一厢情愿"，而不是"两情相悦"，更没有"皆大欢喜"，何谈幸福？

如此看来，要想成为一个幸福的人，道理是不是很简单？只需要回归到人的本能，从"一厢情愿"转变到"两情相悦"或者"皆大欢喜"的思维模式中，换个位、升个维、转个念即可。如此简单明了的方法，不管是在学习，还是在工作，抑或在生活中，是不是人人都可以实操呢？

知难不难，不知才难，人人都一样。很少有人真正拎清楚这个道理，因为不知道，才觉得很难做到。因此，换不了位、升不了维、转不了念，一直生活在痛苦之中。我自己不就是花费了半生才顿悟到这个道理吗？如今，既然我知道了，就有责任义务用通俗易懂的语言把它阐述出来，分享给更多的有缘人。

在此，我怀着无比感恩感谢之情，将本书的内容浓缩成这篇总结，作为本书的结尾。愿因我的存在，为人世间创造更多美好，愿世间的一切美好都与你有关。

■ "三视一照"拎清楚，知道"我执"在哪

感恩感谢上天如此眷顾我，我才有了审视自己、环视周遭、检视当下和观照自己这"三视一照"拎清楚自己的机会。

审视自己——"我怎么了"。回首来时路，自己都是懵懵懂懂，只顾着一路狂奔。殊不知，古圣先贤早已留下这么多智慧，科学家早已总结出这么多理论精髓，而自己只是略知一二，却不知道如何深刻理解，只能任性妄为，有时妄自菲薄，有时妄自尊大，在"三妄"之中忽上忽下。然而，"德不配位，必有灾殃"。

环视周遭——"世界怎么了"。睁眼所见，人世间每天上演"惑业苦"，这时我才知道原来善良厚道方能立身。"利"，人人想要，造化出"熙熙攘攘"和"忽上忽下"的人生百态，多少人也因此困住了自己，失去了自由，甚至失去了生命，最终"竹篮打水一场空"。

检视当下——"世间怎么了"。"天地不仁，以万物为刍狗"，天道无亲，常与善人。在灾祸与无常面前，有人幸运，有人不幸，半点不由人，这让我知道古圣先贤所说的让人"逢凶化吉，遇难成祥"的福德如此珍贵。在"德"面前，人人平等，古往今来无人例外。明德惟馨，德全不危，大德必寿，厚德载物，德以配位，才能安然。

观照自己——"我该怎么办"。儒释道三家思想博大精深，似乎都在表达同一个意思：做好自己才是一切的根本。因此，常常内观自己，以古训为镜，且常常问："我是谁？为了谁？依靠谁？"用这觉醒"三问"来对治自己的"三妄"，或许就不会迷失自己，甚至葬送自己。

所谓命运"造化弄人"，只不过是"福祸无门，惟人自召"。福祸相依，幸与不幸，自己"想要什么"，就会"在意什么"，进而"亲近什么"，最

终"感召什么"。这就是万有引力定律真实不虚的反映。因此，除了态度，我们一无所有，有心就是一切美好的开始。"主动做主人，被动做奴隶"，就看自己是心甘情愿，还是不情不愿，还是直接逃避，不同的态度造就不一样的人生命运。面对人生考验，大多数人都是让习惯沉积，由着性子任性妄为，可是最终熵增严重，也未能得偿所愿；只有少数人修炼演变，敢于直面人性的"贪嗔痴慢疑"和人心的"一念天堂、一念地狱"以及业力的"不自知、不自明、不自觉、忍不住、下意识"，敢于抵抗生命的熵增，去行善积德，修行补漏，像雄鹰一样实现生命的蜕变，展翅翱翔。

可惜啊，如今我才拎清楚这些道理。真心希望，再也没有人像曾经的我一样"站错位，走错道，被命运捉弄一场"。这不就是"一厢情愿"的样子，为自己的认知"买单"吗？因为拎不清自己，一直处于"我以为"之中，不断地给自己"加戏"，但凡一点风吹草动就觉得被冒犯，内心便如波涛汹涌；因为拎不清人，便不相信别人，将原本的善意误解为恶意，错失了许多美好；因为拎不清事情，自己都不相信能处理好，便在畏难、担心、害怕之中挣扎徘徊。真心希望，再也没有人处于这种"拎不清"之中，互相猜忌，彼此伤害，糊里糊涂地度过自己漫长却又短暂的一生。

■ 享受历事炼心的过程，就幸福无比

苦难或许是人生最好的老师，痛定思痛让人学会成长。我并非歌颂苦难，而是深知人生苦短，历经生死劫难才有所体悟：人生旅途，就是历事炼心的过程。若享受它，就幸福无比，还能获得智慧和成就；若排斥它，就痛苦煎熬，终将一无所获。人生在世，唯有历事炼心，去修炼演变，抵抗生命的熵增，躬耕好自己的"方寸心田"，进而躬耕好"一亩三分地"（学业、家业、事业、善业），才可能修诸功德，拥有智慧，得到美好；唯有把历事炼心、主动承担和付出的观念传承给下一代，才是人世间真正爱的传承。

正如稻盛和夫所言，"世道越是艰难，越要修自己"，"别人没做好的，就是我们的机会"。日本经历三十年大萧条，恰逢中国改革开放，告诉我们此消彼长才是"经济之道"。如何重构这条"道"？这需要一大批优秀企业家、校长、老师和父母一起，引领祖国新生代在历事炼心中，持续修炼自己的真功夫、真本领，才可能在大浪淘沙的时代之中，绽放出作为人应有的生命之光。

人人讨厌苦难,但又必须面对苦难。只有少数人是"生而知之者",大多数人都属于"困而学之者"。撞了南墙方知痛,从问自己"我怎么了"开始,行有不得反求诸己。由于认知存在局限性,我自己一直深陷被动、痛苦、悲催、悲哀的思维困境之中,感受到诸事不顺。这时,我才开始探索如何扭转命运的齿轮,才开始由外向内求,去寻找那份内心的自由与自洽。

■ 改变思维模式,方能扭转命运的齿轮

从最初的"一厢情愿",各种碰壁"求不得",努力尝试"换个位、升个维、转个念"根除"我执",突破自己的认知局限和能力局限;渐渐地,开始理解生命的真谛,学会"换个位"思考,用生命去唤醒另一个生命,与之"两情相悦";后来,跳出你我的局限性,"升个维"去看清事情的全貌,真正懂得"己所不欲,勿施于人",懂得将心比心、真诚地去关心他人,去帮助他人,去植众德本追求"皆大欢喜",造福一方人,达到天下大同的美好境界;最终,做到起心动念,明辨善恶,一念转化,修炼达成有心有力、向好向前的通透圆满。这是一个无比美妙的过程,如同花开引蝶,心灵间的交流让人感受到生命的真谛。

这个"皆大欢喜方圆满"的修炼过程,看似无比艰难,其实知难不难。觉得"难"是因为不知,一直执着于过去的认知,不愿意由内而外突破自己的认知局限,被业力牵引而习惯沉积。这样又如何能够从根本上突破自己的能力局限呢?

觉得"不难"是因为知,改变认知、重塑三观,主动刷新自我,顺应当下的趋势,灵活应变,让自己游刃有余。于是便会发现,扭转命运齿轮的关键其实一直掌握在自己手中,就是"换个位、升个维、转个念",核心就在于自己当下的一念,犹如古圣先贤所认为的,一念向善便是"天堂",一念向恶便如坠"地狱"。

只要突破这个临界点,一切便妙不可言。我们一念便可扭转,化被动为主动,走出自己思维的困境,不再畏难、担心、害怕,便能让自己安住当下。应无所住而生其心,便能根除一切私心杂念,便能生出本自具足的智慧;因无我而利他,便能"心无挂碍、外无障碍",便能"制心一处,无事不办"。

■ 愿世间的一切美好都与你有关

这就是我康复后,将很多事情都按下暂停键,穷尽所有力气和功夫去深入研究"三拎清"的初心——以自己、以人、以事为主题，即以"拎清楚自己、拎清楚人、拎清楚事情"这"三拎清"为主线，紧紧围绕"怎么做好自己、怎么做好人、怎么做成事"为目标，最终实现"让世界看见更美的自己"。我以亲身体悟与通俗易懂的语言，传播古圣先贤的智慧和科学家们的理论精髓，弄明白"人心向背"与"人心不古"的底层逻辑，弄明白"能量守恒""熵增熵减""作用与反作用"和"万有引力"的基本规律，从而告别"妄想执着"之类的虚幻，贴近现实、走进现实，成为一个幸福的人。心中有、知前后、明左右，活出本自具足的样子，才能平衡好工作与生活，闲庭信步地工作，优雅地活着；不要"我以为"，不要一事无成，也不要活得苦大仇深，见谁都是敌人；心无挂碍，外无障碍，轻松自在做自己，才是修炼的方向。

具体怎么做呢？沿着幸福人生"三部曲"去修炼演变，或许人人都可以做到：

① 做自己的主人，不给别人添麻烦，活着就是为人世间增添美好。
② 靠自己的专业，创造自己的价值，以突出的价值赢得别人认可。
③ 凭自己的努力，驾驭自己的人生，修行补漏成就别人成就自己。

自己怎么样，所看到的世界就怎么样。有心人，天不负，大道自然而然直抵人心，才可能与天下有缘人一起，向好向前走畅途。你好、我好、大家好，才是真的好。

时维四月，天气无常。窗外风雨大作，我忽然间想起徐志摩在《林徽因传》的"序"中写下的唯美祝愿："你若安好，便是晴天。"年轻时只是觉得，人世间如此"两情相悦"之美好爱情令人向往；此刻心境不同，顿悟造福一方人的"皆大欢喜"，更加让人幸福无比。

真正的平静，不是避开车马喧嚣，而是在心中修篱种菊。尽管往事如流，每一天都涛声依旧，只要我们躬耕心田，便可使内心宁静安然，"山水繁茂，美丽田园"。

如果可以，请让我预支一段如莲的时光，哪怕将来有一天加倍偿还。这个雨季会在何时停歇，无从知晓。但我知道，你若安好，便是晴天。

愿因我的存在，为人世间创造更多美好。
愿世间的一切美好都与你有关。

> 来到人世间，要拎清楚的事情不少，以下问题你能拎清楚吗？

1. 你经历过哪些"一厢情愿"的事？

2. 你是否为自己的认知买过单？可以列举一二吗？

3. 你认为"自己一变，世界就会变"吗？为什么？

4. 你觉得要如何才能够心想事成？

5. 当你遇到困难时，怎么办？